气象标准汇编

2017

中国气象局政策法规司 编

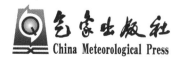

气象出版社
China Meteorological Press

图书在版编目(CIP)数据

气象标准汇编. 2017 / 中国气象局政策法规司编
. — 北京：气象出版社，2018.5
    ISBN 978-7-5029-6758-1

    Ⅰ.①气…　Ⅱ.①中…　Ⅲ.①气象-标准-汇编-中
国-2017　Ⅳ.①P4-65

    中国版本图书馆 CIP 数据核字(2018)第 071591 号

气象标准汇编 2017

中国气象局政策法规司　编

出版发行：气象出版社
地　　址：北京市海淀区中关村南大街 46 号　　　　邮政编码：100081
电　　话：010-68407112(总编室)　010-68408042(发行部)
网　　址：http://www.qxcbs.com　　　E-mail：qxcbs@cma.gov.cn
责任编辑：王萃萃　　　　　　　　　　终　　审：吴晓鹏
责任校对：王丽梅　　　　　　　　　　责任技编：赵相宁
封面设计：王　伟
印　　刷：三河市君旺印务有限公司
开　　本：880mm×1230mm　1/16　　　印　　张：46.75
字　　数：1415 千字　　　　　　　　彩　　插：2
版　　次：2018 年 5 月第 1 版　　　　印　　次：2018 年 5 月第 1 次印刷
定　　价：150.00 元

前　言

　　气象事业是科技型、基础性社会公益事业,对国家安全、社会进步具有重要的基础性作用,对经济发展具有很强的现实性作用,对可持续发展具有深远的前瞻性作用。气象标准化工作是气象事业发展的基础性工作,涉及气象事业发展的各个方面,渗透于公共气象、安全气象、资源气象的各个领域。《国务院关于加快气象事业发展的若干意见》(国发〔2006〕3号)中要求:"建立健全以综合探测、气象仪器设备和气象服务技术为重点的气象标准体系,加强气象业务工作的标准化、规范化管理。"因此,加强气象标准化建设,对于强化气象工作的社会管理,统一气象工作的技术和规范,加强气象信息的共享与合作,促进气象事业又好又快发展,更好地为全面建设小康社会提供优质的气象服务具有十分重要的意义。

　　为了进一步加大对气象标准的学习、宣传和贯彻实施工作力度,使各级政府、广大社会公众和气象行业的广大气象工作者做到了解标准、熟悉标准、掌握标准、正确运用标准,充分发挥气象标准在现代气象业务体系建设、气象防灾减灾、应对气候变化等方面中的技术支撑和保障作用,中国气象局政策法规司对已颁布实施的气象行业标准按年度进行编辑,已出版了13册。本册是第14册,汇编了2017年颁布实施的气象行业标准共46项,供广大气象人员和有关单位学习使用。

中国气象局政策法规司

2018年4月

目　录

ICS 07. 060
A 47
备案号：61275—2018

中华人民共和国气象行业标准

QX/T 93—2017
代替 QX/T 93—2008

气象数据归档格式　地面气象辐射

Meteorological data archive format—Surface radiation

2017-10-30 发布　　　　　　　　　　　　2018-03-01 实施

中 国 气 象 局　发 布

前　言

本标准按照 GB/T 1.1—2009 给出的规则起草。

本标准代替 QX/T 93—2008《气象数据归档格式　地面气象辐射》。与 QX/T 93—2008 相比,除编辑性修改外主要技术变化如下:

——删除了台站级别(见 2008 年版的 4.3 e)),增加了观测项目标识码(见 4.3 e));

——增加了紫外辐射、大气长波辐射、地面长波辐射、光合有效辐射要素数据段(见 4.4.2.2.2.6～4.4.2.2.2.9);

——增加了逐小时正点辐照度和小时内辐照度极值观测数据子段(见 4.4.2.2.2.1 b)、c),4.4.2.2.2.2 b)～d),4.4.2.2.2.3 b)、c),4.4.2.2.2.4 b)、c),4.4.2.2.2.5 b)、c));

——增加了紫外辐射、大气长波辐射、地面长波辐射、光合有效辐射要素质量控制码段(见 4.4.2.2.2,4.5.2.2 a)、b));

——增加了逐小时正点辐照度和小时内辐照度极值观测数据质量控制码子段(见 4.4.2.2.2,4.5.2.2 a)、b));

——原标准"订正数据不替代'观测数据'部分的原数据"中(见 2008 年版的 4.5.2.1),"不替代"改为"替代"(见 4.5.3.2);

——增加了紫外辐射、大气长波辐射、地面长波辐射、光合有效辐射观测仪器离地高度项(见 4.6.2.3 f)、g));

——增加了紫外辐射、大气长波辐射、地面长波辐射、光合有效辐射、太阳跟踪器仪器性能记录(见 4.6.3.3);

——增加了地面气象辐射分钟观测月数据文件(RJ 文件)的归档格式(见第 5 章)。

本标准由全国气象基本信息标准化技术委员会(SAC/TC 346)提出并归口。

本标准起草单位:国家气象信息中心。

本标准主要起草人:任芝花、刘娜。

本标准所代替标准的历次版本发布情况为:

——QX/T 93—2008。

引　言

　　QX/T 93—2008《气象数据归档格式　地面气象辐射》规定了由地面气象站观测的辐射数据而形成的月文件(简称R文件)的归档格式。随着辐射观测站网建设和观测技术的发展,逐步增加了紫外辐射、大气长波辐射、地面长波辐射、光合有效辐射等观测项目,观测记录时间密度也逐步提高。为完整、正确、规范地记录所有地面气象辐射观测数据及相关背景信息,有效地对数据进行归档、存储、管理和使用,有必要对QX/T 93—2008《气象数据归档格式　地面气象辐射》进行修订。

气象数据归档格式 地面气象辐射

1 范围

本标准规定了地面气象辐射观测数据月归档文件的格式。

本标准适用于我国地面气象辐射观测数据的归档,是对地面气象辐射数据进行加工、统计和制作数据服务产品的依据。

2 规范性引用文件

下列文件对于本文件的应用是必不可少的。凡是注日期的引用文件,仅注日期的版本适用于本文件。凡是不注日期的引用文件,其最新版本(包括所有的修改单)适用于本文件。

QX/T 55—2007 地面气象观测规范 第11部分:辐射观测

3 术语和定义

QX/T 55—2007界定的以及下列术语和定义适用于本文件。

3.1

指示码 indicator

数据文件中标识气象要素名称或数据类别的字符。

3.2

质量控制码 quality control flag

标识观测资料质量状况的数字。

3.3

订正数据 corrected data

当原始观测数据疑误或缺测时,通过一定的方法计算或估算,可用以代替原疑误或缺测数据的数据。

3.4

修改数据 revised data

当原始观测数据疑误或缺测时,经查询用以代替原疑误或缺测数据的数据。

3.5

辐射作用层 radiation interaction layer

辐射测量时,辐射传感器感应面直对的地球表面。

4 地面气象辐射观测月数据文件(R文件)

4.1 文件名

地面气象辐射观测月数据文件为文本文件(简称R文件),文件名由23位字母、数字、符号组成,其结构为"RIIiii-YYYYMM-Vyyyy.TXT"。

其中,"R"为固定字符,代表文件类别;"IIiii"为区站号;"YYYY"为观测年份;"MM"为观测月份,位数不足,高位补"0";"V"为固定字符,代表文件格式版本标识;"yyyy"为本标准实施年份;"TXT"为文件扩展名。

4.2 文件结构

R 文件由台站参数、观测数据、质量控制信息和附加信息四个部分构成。观测数据部分的结束符为记录"??????〈CR〉",质量控制信息部分的结束符为记录"******〈CR〉",附加信息部分的结束符为记录"######〈CR〉"。"〈CR〉"表示回车换行,下同。

具体结构见附录 A。

4.3 台站参数

台站参数为文件的第一条记录,由 8 组数据构成,排列顺序为区站号、纬度、经度、观测场海拔高度、观测项目标识码、质量控制指示码、观测年份和观测月份。各组数据间分隔符为 1 位空格,记录结束符为"〈CR〉"。各组数据规定如下:

a) 区站号(IIiii)。由 5 位字符组成。前 2 位为区号,后 3 位为站号。

b) 纬度(QQQQQQQ)。由 7 位字符组成。前 6 位为纬度,其中 1～2 位为度、3～4 位为分、5～6 位为秒,位数不足,高位补"0";最后一位为"S"或"N",分别表示南纬、北纬。

c) 经度(LLLLLLLL)。由 8 位字符组成。前 7 位为经度,其中 1～3 位为度、4～5 位为分、6～7 位为秒,位数不足,高位补"0";最后一位为"E"或"W",分别表示东经、西经。

d) 观测场海拔高度(HHHHHH)。由 6 位数字组成。第 1 位为海拔高度获取方式,"0"表示海拔高度为实测值,"1"表示海拔高度为约测值;后 5 位表示海拔高度,单位为 0.1 m,位数不足,高位补"0"。若测站位于海平面以下,第 2 位用"–"表示。

e) 观测项目标识码($x_1 x_2 x_3 x_4 x_5 x_6 x_7 x_8 x_9 x_{10}$)。由 10 位字符组成。按照顺序依次标识辐射作用层状态、总辐射、净全辐射、散射辐射、直接辐射、反射辐射、紫外辐射、大气长波辐射、地面长波辐射、光合有效辐射 10 个项目是否有观测任务。某项目有观测任务时为 1,无观测任务时为 0。某项目无观测任务时,与该项目有关的信息在文件中不再出现。

f) 质量控制指示码(C)。C＝0 表示文件无质量控制信息部分;C＝1 表示文件有质量控制信息部分。

g) 观测年份(YYYY)。由 4 位数字组成。

h) 观测月份(MM)。由 2 位数字组成,位数不足,高位补"0"。

4.4 观测数据

4.4.1 数据结构

4.4.1.1 观测数据的组成

观测数据部分由各要素数据段组成,包括辐射作用层状态数据段和各辐射要素数据段。排列顺序依次为辐射作用层状态、总辐射、净全辐射、散射辐射、直接辐射、反射辐射、紫外辐射、大气长波辐射、地面长波辐射、光合有效辐射。

4.4.1.2 各要素数据段基本数据格式

辐射作用层状态数据段由作用层状态指示码记录及一条观测数据记录(一个月的观测数据为一条记录)组成;各辐射要素数据段由该辐射要素指示码记录及该辐射要素若干个观测数据子段组成,各观测数据子段由一个月观测数据记录(一日的观测数据为一条记录)组成。记录结束符为"〈CR〉",各观测数据子段最后一条记录的结束符使用数据段结束符"＝〈CR〉"。各记录规定如下:

a) 指示码记录格式。指示码记录是辐射作用层状态和各项辐射要素数据段的第 1 条记录,由 1 位字母组成。辐射作用层状态、总辐射、净全辐射、散射辐射、直接辐射、反射辐射、紫外辐射、大气长波辐射、地面长波辐射、光合有效辐射指示码分别为 Z、Q、N、D、S、R、U、L、O、P。如果某要素全月缺测,则该要素指示码记录结束符使用数据段结束符"=⟨CR⟩",该要素各观测数据子段不再出现。

b) 各要素观测数据记录结构。各要素观测数据记录由若干组数据组成,数据组之间用 1 位空格分隔。

4.4.2 各要素数据段格式规定

4.4.2.1 辐射作用层状态数据段

辐射作用层状态包含作用层情况及作用层状况,有关规定如下。

辐射作用层状态观测数据记录由每日作用层状态数据组顺序排列组成。数据组由两位数码组成,十位数码为作用层情况编码,个位数码为作用层状况编码。某日作用层情况及作用层状况缺测,相应位置编报"//"。作用层情况及作用层状况编码见表 1。

表 1 辐射作用层状态编码表

十位数码	作用层情况	个位数码	作用层状况
0	青草	0	干燥
1	枯(黄)草	1	潮湿
2	裸露黏土	2	积水
3	裸露沙土	3	泛碱(盐碱)
4	裸露硬(石子)土	4	新雪
5	裸露黄(红)土	5	陈雪
6	水面	6	溶化雪
7	其他	7	结冰

4.4.2.2 各辐射要素数据段

4.4.2.2.1 各辐射要素数据段一般规定

各辐射要素数据段一般规定如下:

a) 辐射观测时制采用地方平均太阳时,日界为 24 时。

b) 总辐射、净全辐射、散射辐射、直接辐射、反射辐射、大气长波辐射、地面长波辐射曝辐量单位为 $0.01\ MJ/m^2$,辐照度单位为 W/m^2;紫外辐射曝辐量单位为 $0.001\ MJ/m^2$,辐照度单位为 W/m^2;光合有效辐射曝辐量单位为 $0.01\ mol/m^2$,辐照度单位为 $\mu mol/(s \cdot m^2)$;日反射比单位为 1%;大气浑浊度指标单位为 0.01。

c) 出现时间由 4 位数字组成,前 2 位为时,后 2 位为分。

d) 各辐射要素当月有观测记录,在要素指示码记录后,应录入辐射观测数据。各项辐射观测数据由时曝辐量、正点辐照度、时辐照度极值观测数据子段组成。若某观测数据子段全月缺省,直接录入段结束符"=⟨CR⟩"。

e) 各辐射要素除要素指示码记录外,各观测数据子段每日为一条记录。

f) 各项辐射时曝辐量、时辐照度极值观测组数,分别由 0—1 时,1—2 时,…,23—24 时 24 组观测值组成;正点辐照度由 1 时,2 时,…,23 时,24 时 24 组观测值组成。因日出、日落时间变化原因,实际观测组数少于规定组数,无观测值的数据组按规定位数编报"."。

g) 各组数据位数固定,位数不足时,高位补"0"。

h) 除净全辐射、大气长波辐射、地面长波辐射外的各项辐射某日各时曝辐量均为"0",日最大或日最小辐射辐照度为"0"时,出现时间编报相应长度的"."。

i) 各项辐射观测数据凡因仪器故障或人为原因造成记录缺测,一律按规定位数,在相应位置上编报"/"。

4.4.2.2.2 各辐射要素观测数据格式规定

4.4.2.2.2.1 总辐射(Q)

总辐射由 3 个观测数据子段组成。每段数据记录规定如下:

a) 第 1 段:每条记录含时总辐射曝辐量 24 组及日总辐射曝辐量、日最大总辐射辐照度及其出现时间各 1 组,共 27 组。时总辐射曝辐量每组由 3 位数组成;日总辐射曝辐量、日最大总辐射辐照度及其出现时间各由 4 位数组成。

b) 第 2 段:每条记录含正点总辐射辐照度 24 组,每组由 4 位数组成。

c) 第 3 段:每条记录含时总辐射最大辐照度 24 组,每组由 4 位数组成。

4.4.2.2.2.2 净全辐射(N)

净全辐射由 4 个观测数据子段组成。每段数据记录规定如下:

a) 第 1 段:每条记录含时净全辐射曝辐量 24 组及日净全辐射曝辐量、日最大净全辐射辐照度及其出现时间、日最小净全辐射辐照度及其出现时间各 1 组,共 29 组。时净全辐射曝辐量每组由 4 位数组成;日净全辐射曝辐量和日最大净全辐射辐照度各 5 位数组成;日最小净全辐射辐照度和日最大、日最小净全辐射辐照度出现时间各由 4 位数组成。

b) 第 2 段:每条记录含正点净全辐射辐照度 24 组,每组由 5 位数组成。

c) 第 3 段:每条记录含时最大净全辐射辐照度 24 组,每组由 5 位数组成。

d) 第 4 段:每条记录含时最小净全辐射辐照度 24 组,每组由 5 位数组成。

注:净全辐射曝辐量、辐照度第一位均为符号位,正为"0",负为"-"。

4.4.2.2.2.3 散射辐射(D)

散射辐射由 3 个观测数据子段组成。每段数据记录规定如下:

a) 第 1 段:每条记录含时散射辐射曝辐量 24 组及日散射辐射曝辐量、日最大散射辐射辐照度及其出现时间各 1 组,共 27 组。时散射辐射曝辐量每组由 3 位数组成;日散射辐射曝辐量、日最大散射辐射辐照度及其出现时间各由 4 位数组成。

b) 第 2 段:每条记录含正点散射辐射辐照度 24 组,每组由 4 位数组成。

c) 第 3 段:每条记录含时最大散射辐射辐照度 24 组,每组由 4 位数组成。

4.4.2.2.2.4 直接辐射(S)

直接辐射由 3 个观测数据子段组成。每段数据记录规定如下:

a) 第 1 段:每条记录含时直接辐射曝辐量 24 组及日直接辐射曝辐量、日最大直接辐射辐照度及其出现时间和日水平面直接辐射曝辐量各 1 组,共 28 组。时直接辐射曝辐量每组由 3 位数组成;日直接辐射曝辐量、日最大直接辐射辐照度及其出现时间和日水平面直接辐射曝辐量各由 4 位数组成。

b) 第 2 段:每条记录含正点直接辐射辐照度 24 组,每组由 4 位数组成。

c) 第 3 段:每条记录含时最大直接辐射辐照度 24 组,每组由 4 位数组成。

4.4.2.2.2.5 反射辐射(R)

反射辐射由 3 个观测数据子段组成。每组数据规定如下:

a) 第 1 段:每条记录含时反射辐射曝辐量 24 组及日反射辐射曝辐量、日反射比、日最大反射辐射辐照度及其出现时间各 1 组,9 时、12 时、15 时太阳直接辐射辐照度和 9 时、12 时、15 时大气浑浊度指标各 3 组,共 34 组。时反射辐射曝辐量每组由 3 位数组成;日反射辐射曝辐量由 4 位数组成;日反射比由 2 位数组成;日最大反射辐射辐照度及其出现时间,9 时、12 时、15 时太阳直射辐射辐照度和 9 时、12 时、15 时大气浑浊度指标各组均由 4 位数组成;9 时、12 时、15 时太阳直射辐射辐照度和 9 时、12 时、15 时大气浑浊度指标各组,若某组不观测时,该组相应位置上编报"."。

b) 第 2 段:每条记录含正点反射辐射辐照度 24 组,每组由 4 位数组成。

c) 第 3 段:每条记录含时最大反射辐射辐照度 24 组,每组由 4 位数组成。

4.4.2.2.2.6 紫外辐射(U)

紫外辐射由 9 个观测数据子段组成。每段数据记录规定如下:

a) 第 1 段:每条记录含时紫外辐射曝辐量 24 组及日紫外辐射曝辐量、日最大紫外辐射辐照度及其出现时间各 1 组,共 27 组。时紫外辐射曝辐量每组由 3 位数组成;紫外辐射日曝辐量、日最大紫外辐射辐照度及其出现时间各由 4 位数组成。

b) 第 2 段:每条记录含时紫外辐射 A 波段曝辐量 24 组及日紫外辐射 A 波段曝辐量、日最大紫外辐射 A 波段辐照度及其出现时间各 1 组,共 27 组。时紫外辐射 A 波段曝辐量每组由 3 位数组成;日紫外辐射 A 波段最大辐照度及其出现时间各由 4 位数组成。

c) 第 3 段:每条记录含时紫外辐射 B 波段曝辐量 24 组及日紫外辐射 B 波段曝辐量、日最大紫外辐射 B 波段辐照度及其出现时间各 1 组,共 27 组。时紫外辐射 B 波段曝辐量每组由 3 位数组成;日紫外辐射 B 波段最大辐照度及其出现时间各由 4 位数组成。

d) 第 4 段:每条记录含正点紫外辐射辐照度 24 组,每组由 4 位数组成。

e) 第 5 段:每条记录含正点紫外辐射 A 波段辐照度 24 组,每组由 4 位数组成。

f) 第 6 段:每条记录含正点紫外辐射 B 波段辐照度 24 组,每组由 4 位数组成。

g) 第 7 段:每条记录含时紫外辐射最大辐照度 24 组,每组由 4 位数组成。

h) 第 8 段:每条记录含时紫外辐射 A 波段最大辐照度 24 组,每组由 4 位数组成。

i) 第 9 段:每条记录含时紫外辐射 B 波段最大辐照度 24 组,每组由 4 位数组成。

4.4.2.2.2.7 大气长波辐射(L)

大气长波辐射由 4 个观测数据子段组成。每段数据记录规定如下:

a) 第 1 段:每条记录含时大气长波辐射曝辐量 24 组及日大气长波辐射曝辐量、日最大大气长波辐射辐照度及其出现时间、日最小大气长波辐射辐照度及其出现时间各 1 组,共 29 组。时大气长波辐射曝辐量、日最小大气长波辐射辐照度各由 3 位数组成,日最大大气长波辐射辐照度和日最大、日最小大气长波辐射辐照度出现时间各由 4 位数组成。

b) 第 2 段:每条记录含正点大气长波辐射辐照度 24 组,每组由 4 位数组成。

c) 第 3 段:每条记录含时最大大气长波辐射辐照度 24 组,每组由 4 位数组成。

d) 第 4 段:每条记录含时最小大气长波辐射辐照度 24 组,每组由 4 位数组成。

4.4.2.2.2.8 地面长波辐射(O)

地面长波辐射由 4 个观测数据子段组成。每段数据记录规定如下：
a) 第 1 段：每条记录含时地面长波辐射曝辐量 24 组及日地面长波辐射曝辐量、日最大地面长波辐射辐照度及其出现时间、日最小地面长波辐射辐照度及其出现时间各 1 组，共 29 组。时地面长波辐射曝辐量、日最小地面长波辐射辐照度各由 3 位数组成，日最大地面长波辐射辐照度和日最大、日最小地面长波辐射辐照度出现时间各由 4 位数组成。
b) 第 2 段：每条记录含正点地面长波辐射辐照度 24 组，每组由 4 位数组成。
c) 第 3 段：每条记录含时最大地面长波辐射辐照度 24 组，每组由 4 位数组成。
d) 第 4 段：每条记录含时最小地面长波辐射辐照度 24 组，每组由 4 位数组成。

4.4.2.2.2.9 光合有效辐射(P)

光合有效辐射由 3 个观测数据子段组成。每段数据记录规定如下：
a) 第 1 段：每条记录含时光合有效辐射曝辐量 24 组及日光合有效辐射曝辐量、日最大光合有效辐射辐照度及其出现时间各 1 组，共 27 组。时光合有效辐射曝辐量每组由 3 位数组成；日光合有效辐射曝辐量、日最大光合有效辐射辐照度及其出现时间各由 4 位数组成。
b) 第 2 段：每条记录含正点光合有效辐射辐照度 24 组，每组由 4 位数组成。
c) 第 3 段：每条记录含时最大光合有效辐射辐照度 24 组，每组由 4 位数组成。

4.5 质量控制信息

4.5.1 数据结构

质量控制信息部分位于观测数据之后，若文件首部质量控制指示码为"0"，则无质量控制信息部分，在观测数据部分结束符"??????〈CR〉"后直接录入质量控制信息部分结束符"******〈CR〉"。

质量控制信息部分，分为质量控制码段和更正数据段。若没有更正数据段，则质量控制码段后直接录入"＝〈CR〉"。

4.5.2 质量控制码段

4.5.2.1 质量控制码

质量控制码表示数据质量的状况。根据数据质量控制流程，将其分为三级：台站级、省(地区)级、国家级。质量控制码用三位数字表示，第一位表示台站级，第二位表示省(地区)级，第三位表示国家级。各级质量控制码含义为：
0：数据正确；
1：数据可疑；
2：数据错误；
3：数据为订正值；
4：数据为修改值；
8：数据缺测；
9：数据未作质量控制。

4.5.2.2 质量控制码段技术规定

质量控制码段技术规定如下：
a) 质量控制码段由各要素质量控制码分段组成，其排列顺序同观测数据部分。

b) 观测数据部分的每个数据组都有相应的质量控制码数据组,其排列顺序同观测数据组。

c) 各要素指示码前加字母"Q",即为相应要素质量控制码段指示码。

d) 要素质量控制码段指示码记录为该要素质量控制码段的第一条记录,观测数据部分若某要素全月缺测,则该要素质量控制码段指示码记录结束符使用数据段结束符"=〈CR〉",观测数据质量控制码逐日记录不再出现。

e) 作用层状态质量控制数据段除指示码记录外,每月一条记录,由每日作用层状态的三级质量控制码数据组组成,各数据组间分隔符为1位空格,记录最后的"=〈CR〉"为该项质量控制码段结束标志。

f) 各项辐射要素质量控制码数据段除指示码记录外,每日为一条记录,由辐射要素各数据三级质量控制码数据组组成,各数据组间分隔符为1位空格,每条记录的数据组数与观测数据部分相应记录的数据组数相同,每条记录结束符为"〈CR〉",数据段最后一条记录的结束符使用数据段结束符"=〈CR〉",若某段观测数据仅有段结束符"=〈CR〉",则相应的质量控制码段只用段结束符"=〈CR〉"表示。

4.5.3 更正数据段

4.5.3.1 更正数据段基本规定

更正数据段记录订正和修改观测数据的情况。更正数据段的记录个数不限,每个订正或修改数据为一条记录,每条记录结束符为"〈CR〉",数据段最后一条记录的结束符使用数据段结束符"=〈CR〉"。更正数据段的记录按数据更正的时间顺序排列。

4.5.3.2 订正数据和修改数据的技术规定

订正数据和修改数据均替代"观测数据"部分的原数据,同时按规定格式在更正数据段记录其修改状况。

4.5.3.3 更正数据段格式

更正数据由8组数据构成,排列顺序为:更正数据标识、要素指示码、观测数据子段序号、观测日期、组序号、更正级别、原始数据和更正数据。各组数据说明如下:

——更正数据标识由1位数字组成,"3"表示订正数据,"4"表示修改数据;

——要素指示码由1位字符组成,各要素指示码规定同4.4.1.2;

——观测数据子段序号指各要素观测数据子段的顺序号,由1位数字组成;

——观测日期由2位数字组成,位数不足时,高位补"0";

——组序号指记录中数据组的顺序号,由两位数字组成,位数不足时,高位补"0";

——更正级别由1位数字组成,台站级为"1",省或地级为"2",国家级为"3";

——"原始数据"和"更正数据"分别用"[ ]"括起,数据格式同各要素数据有关规定;

——各组数据之间用1位空格分隔;

——由于辐射作用层状态一个月只有一条记录,日期组一律编报为"01"。

4.6 附加信息

4.6.1 数据结构

附加信息部分由封面、仪器类型性能、场地周围环境(包括作用层)变化描述和备注四个数据段组成。如果没有附加信息部分,在质量控制信息部分结束符"******〈CR〉"后面直接录入附加信息部分结束符"######〈CR〉"。数据段结束符为"=〈CR〉",并作为本数据段最后一条记录结束符。如果某数据段无数据,则该数据段指示码记录结束符使用数据段结束符"=〈CR〉"。

4.6.2 封面

4.6.2.1 封面组成

封面数据段由封面指示码记录和 13～14 条数据记录组成。

4.6.2.2 封面指示码

记录为:FM〈CR〉。

4.6.2.3 数据记录

数据记录各有 1～6 组数据,记录结束符为"〈CR〉"。各条记录按顺序规定如下:
a) 档案号:指气象台站档案编号,5 位数字,前 2 位为省(自治区、直辖市)编号,后 3 位为台站编号。
b) 省(自治区、直辖市)名:不定长,最大字符数为 20。编报台站所在省(自治区、直辖市)名全称。
c) 台站名称:不定长,最大字符数为 36。编报本台站的名称。台站名称若不是以县(市、区、旗)名为台站名的,在台站名称前加县(市、区、旗)名。
d) 地址:不定长,最大字符数为 42。编报本站所在地的详细地址,所属省(自治区、直辖市)名称可省略。
e) 地理环境:不定长,最大字符数为 20。根据实际状况选择编报台站周围地理环境情况,台站若同时处于两个以上环境,并列编报,其间用";"分隔,如:"市区;山顶"。
f) 总辐射表、散射辐射表、直接辐射表、紫外辐射表、大气长波辐射表、光合有效辐射表离地高度:各辐射表离地高度由三位数组成,单位为 0.1 m,位数不足,高位补"0",数据组间分隔符为 1 位空格。如果某辐射表安装在平台上,离地高度为该表感应面离平台高度与平台面离地面高度之和。根据 4.3e)观测项目标识码,判断台站是否安装了上述辐射表,若某辐射表未安装,则本记录中不保留该辐射表的记录位置。
g) 净全辐射表、反射辐射表、地面长波辐射表离地高度:数据格式同 f)。根据 4.3e)观测项目标识码,判断台站是否安装了上述辐射表,若某辐射表未安装,则本记录中不保留该辐射表的记录位置;若净全辐射表、反射辐射表和地面长波辐射表均未安装,则本记录不出现。
h) 台(站)长:不定长,最大字符数为 16。即台(站)长姓名,姓名中可加必要的符号,如"·",以下相同情况按此处理。
i) 输入:不定长,最大字符数为 16。即观测数据录入人员的姓名,如多人参加编报,选报一名主要编报者。
j) 校对:不定长,最大字符数为 16。即观测数据校对人员姓名,如多人参加校对,选报一名主要校对者。
k) 预审:不定长,最大字符数为 16。即月报数据文件预审人员姓名。
l) 审核:不定长,最大字符数为 16。即月报数据文件审核人员姓名。
m) 传输:不定长,最大字符数为 16。即月报数据文件传输人员姓名。
n) 传输日期:指报表数据报送传输时间,8 位数字,其中"年"占 4 位,"月""日"各占两位,位数不足,高位补"0"。

4.6.3 仪器类型性能

4.6.3.1 仪器类型性能组成

仪器类型性能数据段由仪器类型性能指示码记录和 2～11 个仪器类型数据子段组成。

4.6.3.2 仪器类型性能指示码

记录为：YX〈CR〉。

4.6.3.3 仪器类型数据子段

仪器类型数据子段由仪器类型指示码记录和若干仪器性能记录组成。

"〈CR〉"为各记录结束符。数据子段的结束符与数据段结束符相同，为"=〈CR〉"，并作为本数据子段最后一条记录结束符。

4.6.3.4 仪器类型指示码记录

仪器类型指示码为各仪器类型的标识，由 2 个大写字母组成，分别用 YQ、YN、YD、YS 、YR 、YU、YL、YO、YP、YT、YJ 表示总辐射表、净全辐射表、散射辐射表、直接辐射表、反射辐射表、紫外辐射表、大气长波辐射表、地面长波辐射表、光合有效辐射表、太阳跟踪器和记录器。

4.6.3.5 仪器性能记录

4.6.3.5.1 记录格式规定

记录格式规定如下：
a) 总辐射表、散射辐射表、大气长波辐射表性能记录，有仪器型号、号码、灵敏度 K 值、响应时间 t 值、电阻 R 值、检定时间、开始工作时间、强制通风与加热功能 8 个数据组。
b) 直接辐射表、反射辐射表、紫外辐射表、地面长波辐射表、光合有效辐射表性能记录，有仪器型号、号码、灵敏度 K 值、响应时间 t 值、电阻 R 值、检定时间和开始工作时间 7 个数据组。
c) 净全辐射表性能记录，有仪器型号、号码、白天灵敏度 K 值、夜晚灵敏度 K 值、响应时间 t 值、电阻 R 值、检定时间和开始工作时间 8 个数据组。
d) 太阳跟踪器和记录器性能记录，有仪器型号、号码、检定（标定）时间和开始工作时间 4 个数据组。
e) 各数据组之间以 1 位空格分隔。

4.6.3.5.2 数据组格式规定

数据组格式规定如下：
a) 辐射表型号组由字母或数字组成，不定长，按实有字符，最大位数为 10。
b) 辐射表号码组由字母或数字组成，不定长，按实有字符，最大位数为 10。
c) 太阳跟踪器和记录器号码由字母或数字组成，不定长，按实有字符，最大位数为 10。
d) 紫外辐射表灵敏度 K 值由 5 位数字组成，单位为 0.01 $\mu V/(W/m^2)$；光合有效辐射表灵敏度 K 值由 4 位数字组成，单位为 0.01 $\mu V/(\mu mol/(s \cdot m^2))$；其他辐射表灵敏度 K 值由 4 位数字组成，单位为 0.01 $\mu V/(W/m^2)$。
e) 辐射表响应时间 t 值由 2 位数字组成，单位为 s。
f) 辐射表电阻 R 值由 4 位数组成，单位为 0.1 Ω。
g) 辐射表检定时间和开始工作时间分别由 8 位数字组成。第 1~4 位为年份，第 5~6 位为月份，第 7~8 位为日期。
h) d)、e)、f) 和 g)组位数不足，高位补"0"。
i) 强制通风与加热功能由 2 位数字组成。第 1 位代表强制通风功能，若有该功能为"1"，无该功能为"0"；第 2 位代表加热功能，若有该功能为"1"，无该功能为"0"。

j) d)和 e)项若无检定数据,一律按规定位数,在相应位置上编报"/"。

k) 某仪器因台站观测任务限定不安装,则该仪器类型识别码及其性能记录不必录入。

4.6.3.6 数据子段规定

数据子段规定如下:

a) 仪器类型性能数据段根据台站观测任务,分为各辐射表、太阳跟踪器和记录器数据子段。

b) 每个仪器类型数据子段,按当月仪器使用和更换的先后顺序形成相应数量的仪器性能记录。

4.6.4 场地周围环境变化描述

4.6.4.1 场地周围环境变化描述组成

场地周围环境变化描述数据段由场地周围环境变化描述指示码记录和场地周围环境变化描述、台站需要上报的其他有关事项 2 条数据记录组成。

4.6.4.2 场地周围环境变化描述指示码

记录为:CZ〈CR〉。

4.6.4.3 数据记录

记录由项目代码及项目内容文字描述 2 组数据组成,数据组之间分隔符为"/"。"〈CR〉"为记录结束符。如某项目未出现,该记录缺省。

项目代码:01:场地周围环境变化描述;02:台站需要上报的其他有关事项。

场地周围环境变化描述数据组录入规定:

a) 在建站开始观测时,用文字描述场地周围环境。每年 1 月份用文字说明场地周围环境,其他月份场地周围环境未发生变化可不录入。当站址迁移或有新的影响辐射观测障碍物出现,场地周围环境发生较大变化时,应用文字描述场地周围环境变化。

b) 有作用层状态观测任务的台站未在观测数据部分录入每日辐射表观测场地作用层状态时,加添作用层变化的内容。

4.6.5 备注

4.6.5.1 备注组成

备注数据段由备注指示码记录和若干数据记录组成。

4.6.5.2 备注指示码

记录为:BZ〈CR〉。

4.6.5.3 数据记录

数据记录包含日期(2 位数字,位数不足,高位补"0")和备注事项两组数据。记录用"〈CR〉"作为结束符,数据组间分隔符为 1 位空格。

备注事项内容表述规定:

a) 因仪器故障或人为原因造成影响辐射记录质量的情况,应说明具体情况。

b) 较大的技术措施,如更换记录仪、净全辐射表薄膜罩、改用业务程序等。

c) 不正常记录处理情况,如经审核后确定了有疑问或错误记录的取舍情况,说明取者(要素、数据)已按正式记录编报,舍者(要素、数据)已按缺测处理。

    d)   辐射表加盖情况。

    e)   台站名称、区站号、观测项目、地址、位置等变动情况(格式同4.6.2封面部分)。

    f)   台站其他需要说明的事项。

5 地面气象辐射分钟观测月数据文件(RJ文件)

5.1 文件名

地面气象辐射分钟观测月数据文件为文本文件(简称RJ文件),文件名由24位字母、数字、符号组成,其结构为"RJIIiii-YYYYMM-Vyyyy.TXT"。

其中,"RJ"为固定字符,代表文件类别;"IIiii"为区站号;"YYYY"为观测年份;"MM"为观测月份,位数不足,高位补"0";"V"为固定字符,代表文件格式版本标识;"yyyy"为本标准实施年份;"TXT"为文件扩展名。

5.2 文件结构

RJ文件由台站参数、观测数据、质量控制信息三部分构成。观测数据部分结束符为记录"??????⟨CR⟩",质量控制信息部分的结束符为记录"******⟨CR⟩"。

具体结构见附录B。

5.3 台站参数

台站参数为文件的第一条记录,由8组数据构成,排列顺序为区站号、纬度、经度、观测场海拔高度、观测项目标识码、质量控制指示码、观测年份和观测月份。各组数据间分隔符为1位空格,记录结束符为"⟨CR⟩"。各组数据规定如下:

    a)   除观测项目标识码数据组外,其他7组数据规定同4.3。

    b)   观测项目标识码($x_1 x_2 x_3 x_4 x_5 x_6 x_7 x_8 x_9$)。由9位字符组成,按照顺序依次标识总辐射、净全辐射、散射辐射、直接辐射、反射辐射、紫外辐射、大气长波辐射、地面长波辐射、光合有效辐射9个项目是否有观测任务。某项目有观测任务时为1,无观测任务时为0。某项目无观测任务时,与该项目有关的信息在文件中不再出现。

5.4 观测数据

5.4.1 数据结构

5.4.1.1 观测数据的组成

观测数据部分由各辐射要素数据段组成。排列顺序依次为总辐射、净全辐射、散射辐射、直接辐射、反射辐射、紫外辐射、大气长波辐射、地面长波辐射、光合有效辐射。

5.4.1.2 各辐射要素数据段基本数据格式

各辐射要素数据段由该辐射要素指示码记录及该辐射要素若干个观测数据子段组成。各观测数据子段由一个月观测数据记录(1小时的分钟观测数据为一条记录)组成。净全辐射、大气长波辐射、地面长波辐射每日数据由24条小时记录组成,其他辐射要素每日数据由日出至日落时段各小时记录组成。小时记录的结束符为",⟨CR⟩",日记录结束符为".⟨CR⟩",观测数据子段最后一条记录的结束符使用数据段结束符"=⟨CR⟩"。各记录规定如下:

    a)   指示码记录格式。指示码记录是各项辐射要素数据段的第1条记录,由1位大写字母组成。

总辐射、净全辐射、散射辐射、直接辐射、反射辐射、紫外辐射、大气长波辐射、地面长波辐射、光合有效辐射指示码分别为 Q、N、D、S、R、U、L、O、P。如果某要素全月缺测，则该要素指示码记录结束符使用数据段结束符"＝〈CR〉"，该要素各观测数据子段不再出现。

b) 各要素观测数据记录结构。各要素观测数据记录由若干组数据组成，数据组之间用 1 位空格分隔。

5.4.2 各辐射要素数据段格式规定

5.4.2.1 各辐射要素数据段一般规定

各辐射要素数据段一般规定如下：

a) 观测时制采用地方平均太阳时，日界为 24 时。

b) 总辐射、净全辐射、散射辐射、直接辐射、反射辐射、紫外辐射、大气长波辐射、地面长波辐射辐照度单位为 W/m^2；光合有效辐射辐照度单位为 $\mu mol/(s \cdot m^2)$。

c) 各辐射要素当月有观测记录，在要素指示码记录后，应录入辐射观测数据子段。

d) 各辐射要素除要素指示码记录外，各观测数据子段每小时为一条记录，每条记录由 1 组观测时次数据组和第 1 至第 60 分钟辐照度数据组成，共 61 组，各组数据位数固定，位数不足时，高位补"0"。

e) 观测时次由 4 位数字组成，前两位为日期，后两位为时次，位数不足时，高位补"0"。

f) 净全辐射辐照度数据每组由 5 位数组成，第一位为符号位，正为"0"，负为"-"；其他辐射辐照度数据组均由 4 位数组成。

g) 因日出、日落时间变化原因，某时次实际观测组数少于规定组数，无观测值的数据组按规定位数编报"."。

h) 各项辐射数据凡因仪器故障或人为原因造成记录缺测，一律按规定位数，在相应位置上编报"/"。

5.4.2.2 各辐射要素观测数据子段格式规定

总辐射、净全辐射、散射辐射、直接辐射、反射辐射、大气长波辐射、地面长波辐射、光合有效辐射各由 1 个观测数据子段组成。

紫外辐射由 3 个观测数据子段组成。若某观测数据子段全月缺省，直接录入段结束符"＝〈CR〉"。每段数据记录规定如下：

a) 第 1 段：每条记录含观测时次和紫外辐射分钟辐照度。

b) 第 2 段：每条记录含观测时次和紫外辐射 A 波段分钟辐照度。

c) 第 3 段：每条记录含观测时次和紫外辐射 B 波段分钟辐照度。

5.5 质量控制信息

5.5.1 数据结构

数据结构相关规定同 4.5.1。

5.5.2 质量控制码段

5.5.2.1 质量控制码

质量控制码相关规定同 4.5.2.1。

5.5.2.2 质量控制码段技术规定

质量控制码段技术规定如下：
a) 质量控制码段由各要素质量控制码分段组成，其排列顺序同观测数据部分。
b) 观测数据部分的每个数据组都有相应的质量控制码数据组，其排列顺序同观测数据组。
c) 各要素指示码前加字母"Q"，即为相应要素质量控制码段指示码。
d) 要素质量控制码段指示码记录为该要素质量控制码段的第一条记录。观测数据部分若某要素全月缺测，则该要素质量控制码段指示码记录结束符使用数据段结束符"＝〈CR〉"，观测数据质量控制码逐日记录不再出现。
e) 各项辐射要素质量控制数据段除要素指示符记录外，每小时为一条记录，由1组观测时次数据组和60组辐射数据三级质量控制码数据组组成，各数据组间分隔符为1位空格。小时记录结束符为"，〈CR〉"，日记录结束符为"．〈CR〉"，各数据段最后一条记录的结束符使用数据段结束符"＝〈CR〉"。若某段观测数据仅有段结束符"＝〈CR〉"，则相应的质量控制码段只用段结束符"＝〈CR〉"表示。
f) 观测时次由4位数字组成，前两位为日期，后两位为时次，位数不足时，高位补"0"。

5.5.3 更正数据段

5.5.3.1 更正数据段基本规定

更正数据段基本规定同4.5.3.1。

5.5.3.2 订正数据和修改数据的技术规定

订正数据和修改数据的技术规定同4.5.3.2。

5.5.3.3 更正数据段格式

更正数据由8组数据构成，排列顺序为：更正数据标识、要素指示码、观测数据子段序号、观测时次、组序号、更正级别、原始数据和更正数据。各组数据说明如下：
——更正数据标识由1位数字组成，"3"表示订正数据，"4"表示修改数据；
——要素指示码由1位字符组成，各要素指示码规定同5.4.1.2；
——观测数据子段序号指各要素观测数据子段的顺序号，由1位数字组成；
——观测时次由4位数字组成，前两位为日期，后两位为时次，位数不足时，高位补"0"；
——组序号指该小时辐射观测数据组的顺序号，由两位数字组成，位数不足时，高位补"0"；
——更正级别由1位数字组成，台站级为"1"，省或地级为"2"，国家级为"3"；
——"原始数据"和"更正数据"分别用"[ ]"括起，数据格式同各要素数据有关规定；
——各组数据之间用1个空格分隔。

附　录　A

（规范性附录）

R 文件结构

IIiii QQQQQQQ LLLLLLLL HHHHHH $x_1 x_2 x_3 x_4 x_5 x_6 x_7 x_8 x_9 x_{10}$ C YYYY MM〈CR〉（首部，8 组）

Z〈CR〉（作用层状态）

xx xx……xx xx＝〈CR〉（每日一组，每月一条记录）

Q〈CR〉（总辐射）

xxx xxx…xxx xxxx xxxx xxxx〈CR〉

……

xxx xxx…xxx xxxx xxxx xxxx＝〈CR〉（第 1 段：每日一条记录，每条记录 27 组数据）

xxxx xxxx…xxxx〈CR〉

……

xxxx xxxx…xxxx＝〈CR〉（第 2 段：每日一条记录，每条记录 24 组数据）

xxxx xxxx…xxxx〈CR〉

……

xxxx xxxx…xxxx＝〈CR〉（第 3 段：每日一条记录，每条记录 24 组数据）

N〈CR〉（净全辐射）

xxxx xxxx…xxxx xxxxx xxxxx xxxx xxxx xxxx〈CR〉

……

xxxx xxxx…xxxx xxxxx xxxxx xxxx xxxx xxxx＝〈CR〉（第 1 段：每日一条记录，每条记录 29 组数据）

xxxxx xxxxx…xxxxx〈CR〉

……

xxxxx xxxxx…xxxxx ＝〈CR〉（第 2 段：每日一条记录，每条记录 24 组数据）

xxxxx xxxxx…xxxxx〈CR〉

……

xxxxx xxxxx…xxxxx＝〈CR〉（第 3 段：每日一条记录，每条记录 24 组数据）

xxxxx xxxxx…xxxxx〈CR〉

……

xxxxx xxxxx…xxxxx＝〈CR〉（第 4 段：每日一条记录，每条记录 24 组数据）

D〈CR〉（散射辐射）

xxx xxx…xxx xxxx xxxx xxxx〈CR〉

……

xxx xxx…xxx xxxx xxxx xxxx＝〈CR〉（第 1 段：每日一条记录，每条记录 27 组数据）

xxxx xxxx…xxxx〈CR〉

……

xxxx xxxx…xxxx＝〈CR〉（第 2 段：每日一条记录，每条记录 24 组数据）

xxxx xxxx…xxxx〈CR〉

……

xxxx xxxx…xxxx＝〈CR〉（第 3 段：每日一条记录，每条记录 24 组数据）

S〈CR〉（直接辐射）

xxx xxx…xxx xxxx xxxx xxxx xxxx〈CR〉

……

xxx xxx…xxx xxxx xxxx xxxx xxxx＝〈CR〉（每日一条记录,每条记录28组数据）

xxxx xxxx…xxxx〈CR〉

……

xxxx xxxx…xxxx＝〈CR〉（第2段:每日一条记录,每条记录24组数据）

xxxx xxxx…xxxx〈CR〉

……

xxxx xxxx…xxxx＝〈CR〉（第3段:每日一条记录,每条记录24组数据）

R〈CR〉（反射辐射）

xxx xxx…xxx xxxx xx xxxx xxxx xxxx xxxx xxxx xxxx xxxx xxxx〈CR〉

……

xxx xxx…xxx xxxx xx xxxx xxxx xxxx xxxx xxxx xxxx xxxx xxxx＝〈CR〉（第1段:每日一条记录,每条记录34组数据）

xxxx xxxx…xxxx〈CR〉

……

xxxx xxxx…xxxx＝〈CR〉（第2段:每日一条记录,每条记录24组数据）

xxxx xxxx…xxxx〈CR〉

……

xxxx xxxx…xxxx＝〈CR〉（第3段:每日一条记录,每条记录24组数据）

U〈CR〉（紫外辐射）

xxx xxx…xxx xxxx xxxx xxxx〈CR〉

……

xxx xxx…xxx xxxx xxxx xxxx＝〈CR〉（第1段:每日一条记录,每条记录27组数据）

xxx xxx…xxx xxxx xxxx xxxx〈CR〉

……

xxx xxx…xxx xxxx xxxx xxxx＝〈CR〉（第2段:每日一条记录,每条记录27组数据）

xxx xxx…xxx xxxx xxxx xxxx〈CR〉

……

xxx xxx…xxx xxxx xxxx xxxx＝〈CR〉（第3段:每日一条记录,每条记录27组数据）

xxxx xxxx…xxxx〈CR〉

……

xxxx xxxx…xxxx＝〈CR〉（第4段:每日一条记录,每条记录24组数据）

xxxx xxxx…xxxx〈CR〉

……

xxxx xxxx…xxxx＝〈CR〉（第5段:每日一条记录,每条记录24组数据）

xxxx xxxx…xxxx〈CR〉

……

xxxx xxxx…xxxx＝〈CR〉（第6段:每日一条记录,每条记录24组数据）

xxxx xxxx…xxxx〈CR〉

……

xxxx xxxx…xxxx＝〈CR〉（第7段:每日一条记录,每条记录24组数据）

xxxx xxxx…xxxx〈CR〉

……

xxxx xxxx…xxxx＝〈CR〉（第 8 段：每日一条记录，每条记录 24 组数据）

xxxx xxxx…xxxx〈CR〉

……

xxxx xxxx…xxxx＝〈CR〉（第 9 段：每日一条记录，每条记录 24 组数据）

L〈CR〉（大气长波辐射）

xxx xxx…xxx xxxx xxxx xxxx xxx xxxx〈CR〉

……

xxx xxx…xxx xxxx xxxx xxxx xxx xxxx ＝〈CR〉（第 1 段：每日一条记录，每条记录 29 组数据）

xxxx xxxx…xxxx〈CR〉

……

xxxx xxxx…xxxx＝〈CR〉（第 2 段：每日一条记录，每条记录 24 组数据）

xxxx xxxx…xxxx〈CR〉

……

xxxx xxxx…xxxx＝〈CR〉（第 3 段：每日一条记录，每条记录 24 组数据）

xxxx xxxx…xxxx〈CR〉

……

xxxx xxxx…xxxx＝〈CR〉（第 4 段：每日一条记录，每条记录 24 组数据）

O〈CR〉（地面长波辐射）

xxx xxx…xxx xxxx xxxx xxxx xxx xxxx〈CR〉

……

xxx xxx…xxx xxxx xxxx xxxx xxx xxxx＝〈CR〉（第 1 段：每日一条记录，每条记录 29 组数据）

xxxx xxxx…xxxx〈CR〉

……

xxxx xxxx…xxxx＝〈CR〉（第 2 段：每日一条记录，每条记录 24 组数据）

xxxx xxxx…xxxx〈CR〉

……

xxxx xxxx…xxxx＝〈CR〉（第 3 段：每日一条记录，每条记录 24 组数据）

xxxx xxxx…xxxx〈CR〉

……

xxxx xxxx…xxxx＝〈CR〉（第 4 段：每日一条记录，每条记录 24 组数据）

P〈CR〉（光合有效辐射）

xxx xxx…xxx xxxx xxxx xxxx〈CR〉

……

xxx xxx…xxx xxxx xxxx xxxx＝〈CR〉（第 1 段：每日一条记录，每条记录 27 组数据）

xxxx xxxx…xxxx〈CR〉

……

xxxx xxxx…xxxx＝〈CR〉（第 2 段：每日一条记录，每条记录 24 组数据）

xxxx xxxx…xxxx〈CR〉

……

xxxx xxxx…xxxx＝〈CR〉（第 3 段：每日一条记录，每条记录 24 组数据）

??????（"观测数据"部分结束符）

QZ〈CR〉（作用层状态质量控制码）

xxx xxx……xxx xxx＝〈CR〉(每日一组,每月一条记录)

QQ〈CR〉(总辐射质量控制码)

xxx xxx…xxx xxx xxx xxx〈CR〉

……

xxx xxx…xxx xxx xxx xxx＝〈CR〉(第1段:每日一条记录,每条记录27组数据)

xxx xxx…xxx〈CR〉

……

xxx xxx…xxx＝〈CR〉(第2段:每日一条记录,每条记录24组数据)

xxx xxx…xxx〈CR〉

……

xxx xxx…xxx＝〈CR〉(第3段:每日一条记录,每条记录24组数据)

QN〈CR〉(净全辐射质量控制码)

xxx xxx…xxx xxx xxx xxx xxx xxx〈CR〉

……

xxx xxx…xxx xxx xxx xxx xxx xxx＝〈CR〉(第1段:每日一条记录,每条记录29组数据)

xxx xxx…xxx〈CR〉

……

xxx xxx…xxx＝〈CR〉(第2段:每日一条记录,每条记录24组数据)

xxx xxx…xxx〈CR〉

……

xxx xxx…xxx＝〈CR〉(第3段:每日一条记录,每条记录24组数据)

xxx xxx…xxx〈CR〉

……

xxx xxx…xxx＝〈CR〉(第4段:每日一条记录,每条记录24组数据)

QD〈CR〉(散射辐射质量控制码)

xxx xxx…xxx xxx xxx xxx〈CR〉

……

xxx xxx…xxx xxx xxx xxx＝〈CR〉(第1段:每日一条记录,每条记录27组数据)

xxx xxx…xxx〈CR〉

……

xxx xxx…xxx＝〈CR〉(第2段:每日一条记录,每条记录24组数据)

xxx xxx…xxx〈CR〉

……

xxx xxx…xxx＝〈CR〉(第3段:每日一条记录,每条记录24组数据)

QS〈CR〉(直接辐射质量控制码)

xxx xxx…xxx xxx xxx xxx xxx〈CR〉

……

xxx xxx…xxx xxx xxx xxx xxx＝〈CR〉(每日一条记录,每条记录28组数据)

xxx xxx…xxx〈CR〉

……

xxx xxx…xxx＝〈CR〉(第2段:每日一条记录,每条记录24组数据)

xxx xxx…xxx〈CR〉

……

xxx xxx…xxx＝〈CR〉(第 3 段:每日一条记录,每条记录 24 组数据)

QR〈CR〉(反射辐射质量控制码)

xxx xxx…xxx xxx xxx xxx xxx xxx xxx xxx xxx xxx〈CR〉

……

xxx xxx…xxx xxx xxx xxx xxx xxx xxx xxx xxx xxx xxx＝〈CR〉(第 1 段:每日一条记录,每条记录 34 组数据)

xxx xxx…xxx〈CR〉

……

xxx xxx…xxx＝〈CR〉(第 2 段:每日一条记录,每条记录 24 组数据)

xxx xxx…xxx〈CR〉

……

xxx xxx…xxx＝〈CR〉(第 3 段:每日一条记录,每条记录 24 组数据)

QU〈CR〉(紫外辐射质量控制码)

xxx xxx…xxx xxx xxx xxx〈CR〉

……

xxx xxx…xxx xxx xxx xxx＝〈CR〉(第 1 段:每日一条记录,每条记录 27 组数据)

xxx xxx…xxx xxx xxx xxx〈CR〉

……

xxx xxx…xxx xxx xxx xxx＝〈CR〉(第 2 段:每日一条记录,每条记录 27 组数据)

xxx xxx…xxx xxx xxx xxx〈CR〉

……

xxx xxx…xxx xxx xxx xxx＝〈CR〉(第 3 段:每日一条记录,每条记录 27 组数据)

xxx xxx…xxx〈CR〉

……

xxx xxx…xxx＝〈CR〉(第 4 段:每日一条记录,每条记录 24 组数据)

xxx xxx…xxx〈CR〉

……

xxx xxx…xxx＝〈CR〉(第 5 段:每日一条记录,每条记录 24 组数据)

xxx xxx…xxx〈CR〉

……

xxx xxx…xxx＝〈CR〉(第 6 段:每日一条记录,每条记录 24 组数据)

xxx xxx…xxx〈CR〉

……

xxx xxx…xxx＝〈CR〉(第 7 段:每日一条记录,每条记录 24 组数据)

xxx xxx…xxx〈CR〉

……

xxx xxx…xxx＝〈CR〉(第 8 段:每日一条记录,每条记录 24 组数据))

xxx xxx…xxx〈CR〉

……

xxx xxx…xxx＝〈CR〉(第 9 段:每日一条记录,每条记录 24 组数据))

QL〈CR〉(大气长波辐射质量控制码)

xxx xxx…xxx xxx xxx xxx xxx xxx〈CR〉

......

xxx xxx…xxx xxx xxx xxx xxx xxx＝〈CR〉（第1段：每日一条记录，每条记录29组数据）

xxx xxx…xxx〈CR〉

......

xxx xxx…xxx＝〈CR〉（第2段：每日一条记录，每条记录24组数据）

xxx xxx…xxx〈CR〉

......

xxx xxx…xxx＝〈CR〉（第3段：每日一条记录，每条记录24组数据）

xxx xxx…xxx〈CR〉

......

xxx xxx…xxx＝〈CR〉（第4段：每日一条记录，每条记录24组数据）

QO〈CR〉（地面长波辐射质量控制码）

xxx xxx…xxx xxx xxx xxx xxx xxx〈CR〉

......

xxx xxx…xxx xxx xxx xxx xxx xxx＝〈CR〉（第1段：每日一条记录，每条记录29组数据）

xxx xxx…xxx〈CR〉

......

xxx xxx…xxx＝〈CR〉（第2段：每日一条记录，每条记录24组数据）

xxx xxx…xxx〈CR〉

......

xxx xxx…xxx＝〈CR〉（第3段：每日一条记录，每条记录24组数据）

xxx xxx…xxx〈CR〉

......

xxx xxx…xxx＝〈CR〉（第4段：每日一条记录，每条记录24组数据）

QP〈CR〉（光合有效辐射质量控制码）

xxx xxx…xxx xxx xxx xxx〈CR〉

......

xxx xxx…xxx xxx xxx xxx＝〈CR〉（第1段：每日一条记录，每条记录27组数据）

xxx xxx…xxx〈CR〉

......

xxx xxx…xxx＝〈CR〉（第2段：每日一条记录，每条记录24组数据）

xxx xxx…xxx〈CR〉

......

xxx xxx…xxx＝〈CR〉（第3段：每日一条记录，每条记录24组数据）

x x x xx xx x［xxxx］［xxxx]〈CR〉（更正数据段）

......

x x x xx xx x［xxxx］［xxxx]＝〈CR〉（一个更正数据一条记录）

＊＊＊＊＊＊（"质量控制"部分结束符）

FM〈CR〉（封面）

档案号〈CR〉

省（自治区、直辖市）名〈CR〉

台站名称〈CR〉

地址〈CR〉

地理环境〈CR〉

总辐射表、散射辐射表、直接辐射表、紫外辐射表、大气长波辐射表、光合有效辐射表离地高度〈CR〉

净全辐射表、反射辐射表、地面长波辐射表离地高度〈CR〉

台(站)长〈CR〉

输入〈CR〉

校对〈CR〉

预审〈CR〉

审核〈CR〉

传输〈CR〉

传输日期＝〈CR〉

YX〈CR〉(仪器类型性能)

YQ〈CR〉(总辐射表类型)

xxxxxxxxx xxxxxxxxx xxxx xx xxxx xxxxxxxx xxxxxxxx xx〈CR〉

⋯⋯

xxxxxxxxx xxxxxxxxx xxxx xx xxxx xxxxxxxx xxxxxxxx xx＝〈CR〉(8 组数据)

YN〈CR〉(净全辐射表类型)

xxxxxxxxx xxxxxxxxx xxxx xxxx xx xxxx xxxxxxxx xxxxxxxx〈CR〉

⋯⋯

xxxxxxxxx xxxxxxxxx xxxx xxxx xx xxxx xxxxxxxx xxxxxxxx＝〈CR〉(8 组数据)

YD〈CR〉(散射辐射表类型)

xxxxxxxxx xxxxxxxxx xxxx xx xxxx xxxxxxxx xxxxxxxx xx〈CR〉

⋯⋯

xxxxxxxxx xxxxxxxxx xxxx xx xxxx xxxxxxxx xxxxxxxx xx＝〈CR〉(8 组数据)

YS〈CR〉(直接辐射表类型)

xxxxxxxxx xxxxxxxxx xxxx xx xxxx xxxxxxxx xxxxxxxx〈CR〉

⋯⋯

xxxxxxxxx xxxxxxxxx xxxx xx xxxx xxxxxxxx xxxxxxxx＝〈CR〉(7 组数据)

YR〈CR〉(反射辐射表类型)

xxxxxxxxx xxxxxxxxx xxxx xx xxxx xxxxxxxx xxxxxxxx〈CR〉

⋯⋯

xxxxxxxxx xxxxxxxxx xxxx xx xxxx xxxxxxxx xxxxxxxx＝〈CR〉(7 组数据)

YU〈CR〉(紫外辐射表类型)

xxxxxxxxx xxxxxxxxx xxxx xx xxxx xxxxxxxx xxxxxxxx〈CR〉

⋯⋯

xxxxxxxxx xxxxxxxxx xxxx xx xxxx xxxxxxxx xxxxxxxx＝〈CR〉(7 组数据)

YL〈CR〉(大气长波辐射表类型)

xxxxxxxxx xxxxxxxxx xxxx xx xxxx xxxxxxxx xxxxxxxx xx〈CR〉

⋯⋯

xxxxxxxxx xxxxxxxxx xxxx xx xxxx xxxxxxxx xxxxxxxx xx＝〈CR〉(8 组数据)

YO〈CR〉(地面长波辐射表类型)

xxxxxxxxx xxxxxxxxx xxxx xx xxxx xxxxxxxx xxxxxxxx〈CR〉

⋯⋯

xxxxxxxxx xxxxxxxxx xxxx xx xxxx xxxxxxxx xxxxxxxx＝〈CR〉(7 组数据)

YP〈CR〉(光合有效辐射表类型)

xxxxxxxxx xxxxxxxxx xxxx xx xxxx xxxxxxxx xxxxxxxx〈CR〉

……

xxxxxxxxx xxxxxxxxx xxxx xx xxxx xxxxxxxx xxxxxxxx＝〈CR〉(7 组数据)

YT〈CR〉(太阳跟踪器)

xxxxxxxxx xxxxxxxxx xxxxxxxx xxxxxxxx〈CR〉

……

xxxxxxxxx xxxxxxxxx xxxxxxxx xxxxxxxx＝〈CR〉(4 组数据)

YJ〈CR〉(记录器类型)

xxxxxxxxx xxxxxxxxx xxxxxxxx xxxxxxxx〈CR〉

……

xxxxxxxxx xxxxxxxxx xxxxxxxx xxxxxxxx＝〈CR〉(4 组数据)

CZ〈CR〉(场地周围环境变化)

01(场地周围环境变化描述)/文字描述〈CR〉

02(台站需要上报的其他有关事项)/文字描述＝〈CR〉

BZ〈CR〉(备注)

xx ……〈CR〉xx ……〈CR〉……xx ……＝〈CR〉(每月若干条记录,录入当日需要说明的事项)

######("附加信息"部分结束符)

附　录　B

（规范性附录）

RJ 文件结构

IIiii QQQQQQQ LLLLLLLL HHHHHH $x_1 x_2 x_3 x_4 x_5 x_6 x_7 x_8 x_9$ C YYYY MM〈CR〉（首部，8 组）

Q〈CR〉（总辐射）

xxxx xxxx…xxxx,〈CR〉

……

xxxx xxxx…xxxx.〈CR〉

……

……

xxxx xxxx…xxxx＝〈CR〉（第 1 段:每小时一条记录,每条记录 61 组数据）

N〈CR〉（净全辐射）

xxxx xxxxx…xxxxx,〈CR〉

……

xxxx xxxxx…xxxxx.〈CR〉

……

……

xxxx xxxxx…xxxxx＝〈CR〉（第 1 段:每小时一条记录,每条记录 61 组数据）

D〈CR〉（散射辐射）

xxxx xxxx…xxxx,〈CR〉

……

xxxx xxxx…xxxx.〈CR〉

……

……

xxxx xxxx…xxxx＝〈CR〉（第 1 段:每小时一条记录,每条记录 61 组数据）

S〈CR〉（直接辐射）

xxxx xxxx…xxxx,〈CR〉

……

xxxx xxxx…xxxx.〈CR〉

……

……

xxxx xxxx…xxxx＝〈CR〉（第 1 段:每小时一条记录,每条记录 61 组数据）

R〈CR〉（反射辐射）

xxxx xxxx…xxxx,〈CR〉

……

xxxx xxxx…xxxx.〈CR〉

……

……

xxxx xxxx…xxxx＝〈CR〉（第 1 段:每小时一条记录,每条记录 61 组数据）

U〈CR〉

xxxx xxxx…xxxx,〈CR〉

......

xxxx xxxx…xxxx.〈CR〉

......

......

xxxx xxxx…xxxx＝〈CR〉(第1段：每小时一条记录,每条记录61组数据)

xxxx xxxx…xxxx,〈CR〉

......

xxxx xxxx…xxxx.〈CR〉

......

......

xxxx xxxx…xxxx＝〈CR〉(第2段：每小时一条记,每条记录61组数据录)

xxxx xxxx…xxxx,〈CR〉

......

xxxx xxxx…xxxx.〈CR〉

......

......

xxxx xxxx…xxxx＝〈CR〉(第3段：每小时一条记录,每条记录61组数据)

L〈CR〉(大气长波辐射)

xxxx xxxx…xxxx,〈CR〉

......

xxxx xxxx…xxxx.〈CR〉

......

......

xxxx xxxx…xxxx＝〈CR〉(第1段：每小时一条记录,每条记录61组数据)

QO〈CR〉(地面长波辐射)

xxxx xxxx…xxxx,〈CR〉

......

xxxx xxxx…xxxx.〈CR〉

......

......

xxxx xxxx…xxxx＝〈CR〉(第1段：每小时一条记录,每条记录61组数据)

P〈CR〉(光合有效辐射)

xxxx xxxx…xxxx,〈CR〉

......

xxxx xxxx…xxxx.〈CR〉

......

......

xxxx xxxx…xxxx＝〈CR〉(第1段：每小时一条记录,每条记录61组数据)

??????("观测数据"部分结束符)

QQ〈CR〉(总辐射质量控制码)

xxxx xxx…xxx,〈CR〉

......

xxxx xxx…xxx.〈CR〉

......

......

xxxx xxx…xxx＝〈CR〉(第1段:每小时一条记录,每条记录61组数据)

QN〈CR〉(净全辐射质量控制码)

xxxx xxx…xxx,〈CR〉

......

xxxx xxx…xxx.〈CR〉

......

......

xxxx xxx…xxx＝〈CR〉(第1段:每小时一条记录,每条记录61组数据)

QD〈CR〉(散射辐射质量控制码)

xxxx xxx…xxx,〈CR〉

......

xxxx xxx…xxx.〈CR〉

......

......

xxxx xxx…xxx＝〈CR〉(第1段:每小时一条记录,每条记录61组数据)

QS〈CR〉(直接辐射质量控制码)

xxxx xxx…xxx,〈CR〉

......

xxxx xxx…xxx.〈CR〉

......

......

xxxx xxx…xxx＝〈CR〉(第1段:每小时一条记录,每条记录61组数据)

QR〈CR〉(反射辐射质量控制码)

xxxx xxx…xxx,〈CR〉

......

xxxx xxx…xxx.〈CR〉

......

......

xxxx xxx…xxx＝〈CR〉(第1段:每小时一条记录,每条记录61组数据)

QU〈CR〉(紫外辐射质量控制码)

xxxx xxx…xxx,〈CR〉

......

xxxx xxx…xxx.〈CR〉

......

......

xxxx xxx…xxx＝〈CR〉(第1段:每小时一条记录,每条记录61组数据)

xxxx xxx…xxx,〈CR〉

......

xxxx xxx…xxx.〈CR〉

......

......

xxxx xxx…xxx＝〈CR〉(第2段:每小时一条记录,每条记录61组数据)

xxxx xxx…xxx,〈CR〉

……

xxxx xxx…xxx.〈CR〉

……

……

xxxx xxx…xxx＝〈CR〉(第3段:每小时一条记录,每条记录61组数据)

QL〈CR〉(大气长波辐射质量控制码)

xxxx xxx…xxx,〈CR〉

……

xxxx xxx…xxx.〈CR〉

……

……

xxxx xxx…xxx＝〈CR〉(第1段:每小时一条记录,每条记录61组数据)

QO〈CR〉(地面长波辐射质量控制码)

xxxx xxx…xxx,〈CR〉

……

xxxx xxx…xxx.〈CR〉

……

……

xxxx xxx…xxx＝〈CR〉(第1段:每小时一条记录,每条记录61组数据)

QP〈CR〉(光合有效辐射质量控制码)

xxxx xxx…xxx,〈CR〉

……

xxxx xxx…xxx.〈CR〉

……

……

xxxx xxx…xxx＝〈CR〉(第1段:每小时一条记录,每条记录61组数据)

x x x xxxx xx x［xxxx］［xxxx］〈CR〉(更正数据段)

……

x x x xxxx xx x［xxxx］［xxxx］＝〈CR〉(一个更正数据一条记录)

＊＊＊＊＊＊("质量控制"部分结束符)

参 考 文 献

[1]　QX/T 45—2007　地面气象观测规范　第 1 部分:总则
[2]　QX/T 63—2007　地面气象观测规范　第 19 部分:月气象辐射记录处理和报表编制
[3]　QX/T 65—2007　地面气象观测规范　第 21 部分:缺测记录的处理和不完整记录的统计

ICS 07.060
A 47
备案号：61276—2018

中华人民共和国气象行业标准

QX/T 103—2017
代替 QX/T 103—2009

雷电灾害调查技术规范

Technical specification for lightning disaster investigation

2017-10-30 发布

2018-03-01 实施

中 国 气 象 局 发 布

前　言

本标准按照GB/T 1.1—2009给出的规则起草。

本标准代替了QX/T 103—2009,与QX/T 103—2009相比主要技术变化如下:

——修改了本标准规定的内容和适用范围(见第1章,2009年版的第1章);

——在规范性引用文件的规定中,修改了引导语,删除了正文中未引用的标准文件,增加了正文中已引用的文件(见第2章,2009年版的第2章);

——删除了正文中未使用的术语(见2009年版的3.4,3.5,3.6,3.7,3.8,3.9,3.10,3.11,3.12,3.13,3.14,3.15,3.16,3.17,3.18);

——修改了部分术语(见3.2,3.3,2009年版的3.2,3.3);

——增加了术语(见3.4);

——重新构建了章结构(见第4章,第5章,第6章,第7章,第8章,第9章,第10章,2009年版的第4章,第5章,第6章);

——增加了基本规定,修改了部分内容(见4.2,4.3,2009年版的4.2.3);

——修改了雷电灾害等级的划分(见第5章,2009年版的6.2.3);

——修改了调查组织的内容(见第6章,2009年版的4.2.1,4.2.2);

——修改了调查流程的内容(见第7章,2009年版的4.2.1,4.2.2);

——重新归纳、梳理了调查取证的内容(见第8章,2009年版的第5章);

——重新归纳、梳理了资料整理与分析判定(见第9章,2009年版的第6章);

——增加了资料上报与归档(见第10章);

——修改了调查常用表格样式(见附录A,2009年版的附录D);

——修改了调查用仪器设备及要求(见附录B,2009年版的附录A);

——删除了金相法的使用规定(见2009年版的附录B);

——修改了剩磁检测的部分内容(见附录C,2009年版的附录C);

——增加了雷电痕迹、损失统计内容(见附录D、附录E);

——修改了调查报告式样(见附录F,2009年版的附录E);

——增加了参考文献(见参考文献)。

本标准由全国雷电灾害防御行业标准化技术委员会提出并归口。

本标准起草单位:浙江省气象安全技术中心、天津市气象灾害防御技术中心、河北省气象行政技术服务中心、北京市避雷装置安全检测中心、上海市防雷中心、重庆市气象安全技术中心、云南省雷电中心、深圳市气象服务中心。

本标准主要起草人:张卫斌、刘邕、李剑、张彦勇、宋平建、陈华晖、覃彬全、郑文佳、黄晓虹、王芳、张祎、胡易生、杨悦新、扈勇。

本标准所代替标准的历次版本发布情况为:

——QX/T 103—2009。

雷电灾害调查技术规范

1 范围

本标准规定了雷电灾害调查的基本规定、雷电灾害等级、组织、流程、取证、资料整理与分析判定、资料上报与归档等要求。

本标准适用于雷电灾害调查。

2 规范性引用文件

下列文件对于本文件的应用是必不可少的。凡是注日期的引用文件,仅注日期的版本适用于本文件。凡是不注日期的引用文件,其最新版本(包括所有的修改单)适用于本文件。

GB/T 21431 建筑物防雷装置检测技术规范

3 术语和定义

下列术语和定义适用于本文件。

3.1

雷击 lightning stroke
对地闪击的一次放电。
[GB/T 19663—2005,定义3.41]

3.2

雷电灾害 lightning disaster
因雷电对生命体、建(构)筑物、电气和电子系统等所造成的损害。

3.3

雷电灾害调查 investigation of lightning disaster
雷电灾害的现场勘察和取证、资料收集、技术鉴定和分析、评估并做出结论的过程。

3.4

剩磁数据 data of residual magnetism
铁磁体被导线短路电流及雷电流形成的磁场磁化后仍保留的磁性值。
注:单位为毫特斯拉(mT)。
[GB 16840.2—1997,定义2.1]

4 基本规定

4.1 雷电灾害调查应及时、科学、公正、完整。

4.2 调查记录字迹应清晰、工整,并具有唯一识别性。签名应使用钢笔或签字笔。雷电灾害调查常用表格格式参见附录A。

4.3 用于雷电灾害调查的仪器设备应当符合国家有关标准的规定,并应在计量有效期内。主要性能和技术指标参见附录B的要求。

5 雷电灾害等级

5.1 根据雷电灾害造成的人员伤亡或者直接经济损失,将雷电灾害分为特大、重大、较大、一般四个等级。

5.2 雷电灾害等级划分为:

    a) 特大雷电灾害:一起雷击造成 4 人以上身亡,或者 3 人身亡并有 5 人以上受伤,或者没有人员身亡但有 10 人以上受伤,或者直接经济损失 500 万元以上的雷电灾害;

    b) 重大雷电灾害:一起雷击造成 2～3 人身亡,或者 1 人身亡并有 4 人以上受伤,或者没有人员身亡但有 5～9 人受伤,或者直接经济损失 100 万元～500 万元的雷电灾害;

    c) 较大雷电灾害:一起雷击造成 1 人身亡,或者没有人员身亡但有 2～4 人受伤,或直接经济损失在 20 万元～100 万元的雷电灾害;

    d) 一般雷电灾害:一起雷击造成 1 人受伤,或者直接经济损失在 20 万元以下的雷电灾害。

注:本条所称的"以上"包括本数。

6 调查组织

6.1 气象主管机构组建调查组或委托专业技术机构组建调查组进行雷电灾害调查工作。

6.2 调查组成员应 3 人以上,调查访问和现场勘查应不少于 2 人。调查组成员应具有相应(或必要)的专业知识与较丰富的实践经验,并与所调查的雷电灾害调查事件没有直接利害关系。

6.3 调查组职责应包含以下内容:

    a) 围绕与灾害事实存在客观联系的因素,查找雷击现象或效应存在与否的证据;

    b) 对获取的资料和证据进行整理、分析,确定灾害性质、致灾原因;

    c) 统计雷电灾害损失,确定雷电灾害等级;

    d) 出具调查报告,并对所出具的报告内容负责。

7 调查流程

雷电灾害调查流程宜按图 1 所示框图进行。

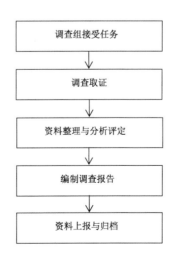

图 1 雷电灾害调查流程框图

8 调查取证

8.1 调查前期准备

8.1.1 应参考灾情信息对所描述的灾害程度、受灾对象和行业特点进行初步分析,制定相应的调查计划,并准备相应的调查资料和设备等。

8.1.2 应告知受灾单位或个人准备与受灾设备、系统、设施相关的技术资料,并通知有关人员在约定时间内到达现场配合调查。

8.2 调查内容

雷电灾害调查涉及以下内容:

a) 灾害发生的时间、地点(或区域);

b) 受灾对象所处位置及周围情况;

c) 受灾对象的损失(损坏)情况,包括种类、数量等;

d) 现场遗留的痕迹、残留物,人和其他生命体损伤特征;

e) 灾害发生前后现场物体变化情况(包括物体空间位置、形状、色泽等);

f) 灾害发生时相关时段的天气背景资料(包括闪电定位资料、邻近气象台(站)气象观测记录资料、气象雷达资料、大气电场资料、卫星云图资料等);

g) 灾害发生地地理、地质、环境、气候状况;

h) 灾害发生地历史上的雷电活动及雷电灾害情况;

i) 灾害发生前建(构)筑物及设备的防雷装置是否按照防雷相关法规、技术标准要求,采取相应的雷电防护措施;

j) 灾害发生前建(构)筑物及设备的防雷装置功能是否处于有效状态;

k) 灾害发生前建(构)筑物及设备的防雷装置是否接受过防雷检测,检测报告是否在有效期内;

l) 受灾单位是否按照有关防雷安全法规及技术标准的要求,建立完善的防雷安全管理制度;

m) 受灾单位各级相关人员是否履行防雷安全岗位职责,执行相关安全操作规程;

n) 受灾单位相关人员是否接受过防雷培训;

o) 其他需要调查的内容。

8.3 调查访问

8.3.1 调查访问对象包括:

a) 受灾当事人;

b) 最早发现灾情人员;

c) 最先报警和接警的人员;

d) 直接目睹雷击发生的人员;

e) 最早赶到灾害现场人员;

f) 最早参与抢救的人员;

g) 灾害发生时处于现场或附近的人员;

h) 了解灾害发生地当天天气实况的人员;

i) 受灾单位的安全责任人员;

j) 了解当地雷电灾害情况的人员;

k) 熟悉受灾对象灾前状态的人员;

l) 了解灾害发生地地理、地质和环境的人员；

m) 熟悉与灾情有关的设备、系统、工艺、运行情况的人员；

n) 其他需要调查的人员。

8.3.2 向被访问者询问与雷击发生和灾害事件有关的情况，详细了解其过程。

8.3.3 调查访问不应有倾向性，不透露个人对事件的看法，如实记录被访问者描述的情况。所做笔录应经被访问者签字确认。

8.4 现场勘查

8.4.1 现场勘查应在确保安全的情况下开展。

8.4.2 根据灾害情况，绘制必要的现场图，确定灾害现场勘查范围和顺序。

8.4.3 勘查对象可能涉及以下内容：

——痕迹和残留物的数量、位置、形状、大小、色泽以及残留物与母体的空间关系；

——受灾对象的空间位置、损害表现特征、与之相连或接触的物体或系统；

——因灾害直接作用导致物体位置或状态发生变化的情况；

——受灾对象附近其他物体及分布情况；

——受灾对象所在场所及周围环境情况；

——灾害发生地地理坐标（用经纬度和海拔高度表示）；

——受灾对象及周围铁磁体的剩磁数据，用于检测剩磁数据的方法参见附录C；

——防雷装置设置情况及性能，用于检测防雷装置的方法和要求按照GB/T 21431执行；

——被访问者描述的需要现场核实的情况；

——相关的影像资料；

——其他需要勘察的对象。

8.4.4 现场勘查笔录应符合下列要求：

——内容应全面、真实反映灾害现场全貌；

——及时做好笔录，笔录顺序应与勘查顺序相同；

——描述和记录用词应规范、准确、精炼，并使用国家标准计量单位。

8.4.5 拍照或摄像应全方位、多角度、分层次地进行，全景、局部与特写相结合。需要拍摄的对象有：

——受灾区域的局部、全景和周围环境；

——受灾对象、痕迹、残留物及其所在位置；

——受灾对象周围环境及各类相关金属管线的敷设情况；

——相关物体移动前后的情况；

——询问、现场勘查、提取证物的相关过程；

——防雷装置设置情况；

——其他需要拍摄的对象。

8.4.6 现场搜集到的所有物件（如碎片、残留物等）应保持原样，并进行分类管理。

8.4.7 视情况查阅现场其他资料，包括有关设备和系统使用、运行、检修、试验、验收的记录文件和灾害发生时的运行记录等，必要时应查阅设备和系统的设计、制造、施工安装以及调试等资料。

8.5 鉴定与实验

8.5.1 涉及专业性较强的事项，应委托具有相应资质或能力的专业机构确定其性质或特性。

8.5.2 当无法直接确定某种现象的真实性或必然性时，宜进行针对性实验。

9 资料整理与分析判定

9.1 资料整理

9.1.1 调查组应将询问笔录、现场勘查笔录、现场绘图和影像资料及其他各相关信息等材料,按照雷击发生、雷电波传导途径和受灾对象进行分类整理。

9.1.2 应逐项审查调查资料的客观性、关联性和合法性,对于明确存在不符合要求的资料不应采用。

9.1.3 在调查资料之间存在矛盾时,应采取措施加以甄别。当无法甄别时,对应资料均不应采用。

9.2 灾害分析

9.2.1 根据灾害发生地的气候、地理、地质、地物等因素,分析雷电发生的可能性。

9.2.2 根据灾害发生时间、地点和相关天气背景资料,分析雷电发生在时间和空间上是否与灾害发生相吻合。

9.2.3 分析受灾对象、痕迹、残留物等现场物体的物理化学效应以及关联性。雷电击在某些物体、人体时遗留的典型雷电痕迹特征和症状参见附录 D。

9.2.4 根据灾害现场防雷装置状况,结合其他调查结果,分析原有防雷装置与灾害发生之间的关系。

9.3 灾害判定

9.3.1 灾害性质的判定结论可分为:雷电灾害、非雷电灾害和不确定三种。当既不能确定为雷电灾害,也不能确定为非雷电灾害时,则为不确定。

9.3.2 直接判定为雷电灾害或非雷电灾害情形的,应同时满足以下条件:
    ——证据之间应能相互印证;
    ——判定过程符合逻辑;
    ——不存在反证。

9.3.3 当所掌握的证据不足以直接判定为某种结论时,如能找到其他可能性均不成立的证据,可采用排除法加以确定。

9.3.4 若只有一个证据资料支持某结论时,则该结论不视为成立。

9.3.5 当确定本次灾害为雷电灾害时,应参照附录 E 统计雷电灾害损失,确定雷电灾害等级。

9.4 调查报告

9.4.1 调查报告应用词规范、文字简练、准确、易懂。

9.4.2 调查报告应包含以下内容:
    ——报案和受理的基本情况;
    ——雷电灾害发生地概况;
    ——雷电灾害受灾情况概况;
    ——雷电灾害承灾体概况;
    ——灾害调查过程;
    ——调查资料分析;
    ——雷电灾害灾情统计;
    ——灾害判定和成因分析;
    ——雷电灾害防范和整改措施建议;
    ——相关人员签名和专业技术机构盖章。

9.4.3 调查报告格式参见附录 F。

10 资料上报与归档

10.1 气象主管机构组建的调查组要及时将调查资料上报气象主管机构；专业技术机构组建的调查组要及时将调查资料提交专业技术机构，经专业技术机构审核后上报气象主管机构。

10.2 雷电灾害调查归档资料应包括以下资料：
——雷电灾害调查受理表；
——雷电灾害调查报告；
——笔录、检测（测试）报告、影像等调查材料；
——提取物及相关资料；
——调查组的人员名单，内容包括姓名、职务、职称、单位等；
——其他相关材料。

10.3 雷电灾害调查档案的保管期限为永久。

附　录　A

（资料性附录）

雷电灾害调查常用表格样式

雷电灾害调查受理表格样式见表 A.1。

表 A.1　雷电灾害调查受理表

基本信息	报告时间	年　　月　　日　　时　　分
	信息来源	□ 媒体　　□ 个人　　□ 单位　　□ 主管部门　　□ 其他
	报告人姓名	
	联系方式	
	联系地址	
雷电灾害报告情况		记录人：
处理意见		经办人：
备注		

询问笔录表格样式见表 A.2。

表 A.2　询问笔录

编号：　　　　　　　　　　　　　　　　　　　　　　　　　　　　　　　　共　页　第　页

询问地点＿＿
询问时间＿＿＿＿年＿＿＿＿月＿＿＿＿日＿＿＿＿时＿＿＿＿分至＿＿＿＿时＿＿＿＿分
询问单位＿＿＿＿＿＿＿＿＿＿＿＿＿询问人＿＿＿＿＿＿＿＿＿＿记录人＿＿＿＿＿＿＿＿＿
被询问人:姓名＿＿＿＿＿性别＿＿＿＿年龄＿＿＿＿民族＿＿＿＿文化程度＿＿＿＿职业＿＿＿＿
工作单位＿＿＿＿＿＿＿＿＿＿＿＿＿＿＿＿＿＿住址＿＿＿＿＿＿＿＿＿＿＿＿＿＿＿＿＿＿
问：＿＿
答：＿＿
＿＿
＿＿
＿＿
问：＿＿
答：＿＿
被询问人签名或盖章：＿＿＿＿＿＿＿＿＿＿＿＿＿＿＿＿＿＿＿＿＿＿＿＿＿＿＿＿＿＿＿＿

现场勘查笔录表格样式见表 A.3。

表 A.3　现场勘查笔录

记录编号：　　　　　　　　　　　　　　　　　　　　　　　　　　　　　　　共　页　第　页

发现/报案时间＿＿＿＿年＿＿＿＿月＿＿＿＿日＿＿＿＿时＿＿＿＿分
勘查时间＿＿＿＿年＿＿＿＿月＿＿＿＿日＿＿＿＿时＿＿＿＿分至＿＿＿＿时＿＿＿＿分
勘查地点＿＿＿＿＿＿＿＿＿＿＿＿＿＿＿＿＿＿＿＿＿＿＿＿＿＿＿＿＿＿＿＿＿＿＿＿＿＿
现场条件＿＿＿＿＿＿＿＿＿＿＿＿＿＿＿＿＿＿＿＿＿＿＿＿＿＿＿＿＿＿＿＿＿＿＿＿＿＿
勘查过程及结果＿＿＿＿＿＿＿＿＿＿＿＿＿＿＿＿＿＿＿＿＿＿＿＿＿＿＿＿＿＿＿＿＿＿＿
＿＿
＿＿
＿＿
＿＿
＿＿
＿＿
现场勘查人:(姓名/单位/职务)＿＿＿＿＿＿＿＿＿＿＿＿＿＿＿＿＿＿＿＿＿＿＿＿＿＿＿＿
现场勘查人:(姓名/单位/职务)＿＿＿＿＿＿＿＿＿＿＿＿＿＿＿＿＿＿＿＿＿＿＿＿＿＿＿＿
现场见证人:(姓名/住址/单位)＿＿＿＿＿＿＿＿＿＿＿＿＿＿＿＿＿＿＿＿＿＿＿＿＿＿＿＿
记录人：＿＿＿＿＿＿＿＿＿＿＿＿＿＿＿＿＿＿＿＿＿＿＿＿＿＿＿＿＿＿＿＿＿＿＿＿＿＿
＿＿

灾害调查现场图样式见图 A.1。

绘图人：   复核人：

图 A.1 灾害调查现场图

现场勘查笔录表格样式见表 A.4。

表 A.4 现场测试记录表

测试时间				
测试人			记录人	
现场条件				
测试对象、内容	测试位置		测试仪器	测试结果
备 注				

提取物品、文件清单表格样式见表 A.5。

表 A.5 提取物品、文件清单

记录编号：   共　页　第　页

编号	名称	数量	特征	备注

物品、文件持有人　　　　　　　　　　　见证人　　　　　　　　　　　　提取人

　　　　　　　　　　　　　　　　　　　　　　　　　　　　　　　提取单位

年　月　日　　　　　　　　　　年　月　日　　　　　　　　　年　月　日

附 录 B

（资料性附录）

雷电灾害调查的仪器、设备主要性能和技术指标

B.1 测量工具

B.1.1 尺

卷尺：自卷式或制动式,测量上限:1 m、2 m、3 m、3.5 m、5 m。

　　　　摇卷盒式或摇卷架式,测量上限:5 m、10 m、20 m、50 m、100 m。

游标卡尺：全长:0 mm～150 mm,分度值:0.02 mm。

B.1.2 经纬仪

测量范围:仰角:-5°～180°,方位:0°～360°。

读数最小格值:0.1°。

B.1.3 激光测距仪

测量范围:0.2 m～200 m。

精度:±2 mm。

B.1.4 超声波数字式测厚仪

测量范围:0.7 mm～250 mm。

分辨率:0.1 mm。

精度:±(1%+0.06 mm)。

B.2 工频接地电阻测试仪

工频接地电阻测试仪主要参数指标见表 B.1。

表 B.1 工频接地电阻测试仪主要参数指标

测量范围 Ω	分辨率 Ω	精度
0～20	0.01	≤±5%
0～200	0.1	
0～2 000	0.1	

B.3 毫欧表

毫欧表主要参数指标见表 B.2。

表 B.2 毫欧表主要参数指标

测量范围 Ω	分辨率 mΩ	测量电流 A	精度
0～2	1	0.2	
0～20	10	0.2	±1%
0～200	100	0.02	

B.4 特斯拉计(剩磁测试仪)

测量范围:0 mT～100 mT。
精度:≤±2.5%。

B.5 数码照相机、摄像机

B.5.1 照相机

有效像素:≥1800万。

B.5.2 摄像机

有效像素:≥200万。

B.6 卫星定位设备

单机定位精度:水平:≤10 m,高度:≤10 m。

附　录　C
（资料性附录）
剩磁检测

C.1　原理

由于电流的磁效应,在电流周围空间产生磁场,处于磁场中的铁磁体受到磁化作用,当磁场逸去后铁磁体仍保持一定磁性。

处于磁场中的铁磁体被磁化后保持磁性的大小与电流和磁场的强弱有关。通常导线中的电流在正常状态下,虽然也会产生磁场,但其强度小,留在铁磁体上的剩磁也有限。当线路发生短路或有雷电经过(对雷电而言,不仅仅只限于导线,可扩展到雷电通路)时,将会产生异常大的电流,从而出现具有相当强度的磁场,铁磁体也随之受到强磁化作用,保持较大的磁性。

在灾害现场中,当怀疑灾害是由于雷击引起而又无熔痕可作依据时,则采用对金属管、线或疑似雷电通路周围铁磁体剩磁进行检测,依据剩磁的有无、大小和磁化规律判定是否出现过短路或雷击现象,为判定灾害原因提供技术依据。

C.2　设备与器材

C.2.1　特斯拉计

量程:0 mT~100 mT,精度:≤±2.5%,使用温度:+5 ℃~+40 ℃。

C.2.2　器材

采样袋、试样封装袋、毛刷、镊子、酒精、丙酮等清洗溶剂。

C.3　方法步骤

C.3.1　试样种类

试样种类包括:
——铁钉、铁丝;
——穿线铁套管;
——白炽灯、荧光灯灯具上的铁磁材料;
——配电盘上的铁磁材料;
——人字房架(有线路)上的钢筋、铁钉;
——设备器件及其他杂散金属,但以体积小的为宜。

C.3.2　试样提取

C.3.2.1　部位

对雷电灾害现场,根据实际情况进行提取,不受部位限制。

C.3.2.2 拍照

在提取试样之前应进行现场拍照,拍照分为试样方位和试样近拍两项。

C.3.2.3 提取

提取试样时应注意:
——对固定在墙壁或其他物体上的试样,提取时不应弯折、敲打和摔落;
——对位于磁性材料附近的试样不应提取;
——经证实该线路过去曾发生短路或雷击时,不应提取;
——如因不便提取时可以在试样的原位置进行检测。

C.3.2.4 保管

对提取的试样,宜装入采样袋内妥善保管,注明试样名称与提取位置,不应与磁性材料或其他物件混放在一起。

C.3.3 测量

C.3.3.1 清洗污垢

测量前采用水及溶剂清除试样表面的炭灰、污垢。

C.3.3.2 测量准备

按仪表使用说明,将仪表电源接通,经校准、预热做好准备。

C.3.3.3 操作

操作应符合以下要求:
——视试样的不同选择测量点,如铁钉、铁管、钢筋的两端,铁板的角部、杂散铁件的楞角及尖端部位;
——将探头(霍尔元件)平贴在试样上,缓慢改变探头的位置和角度进行搜索式测量,直到仪表显示稳定的最大值为止;
——探头与试样接触即可,不应用力按压;
——测量后按试样分别做好记录。

C.4 判定

C.4.1 数据判定

当接闪线上流过20 kA电流时,接闪线上的预埋支架、U形卡子剩磁数据为2.0 mT~3.0 mT。雷电流垂直通过1 m×2 m铁板,铁板四角剩磁为2.0 mT~3.0 mT。接闪杆尖端剩磁并不大,为0.6 mT~1.0 mT。处于雷电通路的杂散铁件、钉类、钢筋、金属管道的剩磁数据均为1.5 mT~10 mT。上述数据系实验和在雷电现场检测所得,可作为判定时参考使用。

C.4.2 比较判定

在现场经过比较判定,如同样两个设施上均有线路通过,但一方有剩磁另一方无剩磁,证明有剩磁一方的导线曾发生过短路。

C.4.3 磁化规律判定

铁磁体磁性的强弱与其距电流通路(如导线)的距离有关,距通路越近其磁性越强。测量时如能找到随距离的增大,剩磁值由强到弱的变化规律,再结合所测数据的数值和极性,可进一步判定该导线是否发生过短路或雷击。

C.5 注意事项

C.5.1 测量的剩磁数据越大,定性越准确,但也不能只依据个别数据判定,只有在较多数据的事实下,才可做出判定。

C.5.2 试样与磁场方向的关系对剩磁数据的影响。处于磁场某点的,形状如铁钉、铁丝这样的小试样,其长度方向与磁场在该点的切线方向相平行时剩磁数据趋于最大,相垂直时趋于最小,两者相差可能很大,因此测试时有必要关注试样的放置朝向,这对于正确使用剩磁数据和研判产生磁场的大电流方位具有重要作用。

C.5.3 试样原有的基础剩磁对测试结论的影响。由于被磁化物体的磁性能保持较长的时间,为避免因所选试样原先就存在较大的剩磁数据而发生误判,应了解试样附近在这次灾害前是否曾有过短路或雷击现象,以及试样是否曾接触过强磁性物体。

附　录　D
（资料性附录）
雷电痕迹和症状

D.1　金属物体上的痕迹

雷击金属物体痕迹具有如下特征：
——金属有熔化、变形现象；
——线路或电气设备会形成多处同时短路或烧坏，若干部位形成有多个电熔痕，整个线路成过负荷状，形成大量结疤；
——雷电流通路铁磁物质有磁化现象。

D.2　非金属难燃物体上的痕迹

雷击非金属难燃物体痕迹具有如下特征：混凝土构件、砖、石等物体局部有击穿、熔融、烧蚀、炸裂脱落和变色的现象。

D.3　非金属可燃物体上的痕迹

雷击非金属可燃物体痕迹具有如下特征：
——可燃物体、电杆、横担等木质物体有被击碎、劈裂、击断等现象；
——树木常表现为沿木纹方向的纵向劈裂，树干和树皮剥离，附近有树叶烧焦，有的呈炭化烧焦状。

D.4　人体的伤害症状

雷击对人体造成的伤害具有如下症状：
——烧伤（闪光灼伤、羽毛状烧伤、红斑、线状条纹、间断性整层皮肤损伤、金属接触烧伤）；
——心脏（心脏骤停、心室纤维性颤动、心脏损伤、高血压）；
——脑部（中枢神经系统障碍、脑损伤、闪电性麻痹、昏迷、失忆、性格改变）；
——呼吸系统（呼吸停止、支气管痉挛、肺水肿、呼吸暂停）；
——肌肉骨骼系统（闪电性麻痹、挫伤、撕裂、骨折、慢性疼痛）；
——眼睛（角膜闪光灼伤、玻璃体出血、视网膜裂孔、黄斑穿刺、视网膜脱离、眼球震颤）；
——耳朵（气压损伤、鼓膜破裂、耳聋、耳漏、共济失调）。

附 录 E

（资料性附录）

雷电灾害损失统计

E.1 人员伤亡

按一次雷击造成的人员伤亡数量进行统计。

E.2 直接经济损失

直接经济损失统计应包含以下内容：

a) 建筑物损失的价值：建筑物全部或局部损坏的经济损失金额，局部建筑物受损的按损毁部分的修缮费用计算；

b) 牲畜损失的价值：按当时的市价计算牲畜伤亡的经济损失金额；

c) 建筑物内部物品损失的价值：办公用品、生产设备、家用电器、商品等全部或局部损坏的经济损失金额，物品全部损坏的按其购买原值计算，局部损坏的按其修理费用计算；

d) 树木损失的价值：按当时的市价计算树木伤亡的经济损失金额；

e) 供电、供气、电信、网络等设备设施损失的价值：设备设施全部或局部损坏的经济损失金额，设备设施全部损坏的按其购买原值计算，局部损坏的按其修理费用计算。

E.3 间接经济损失

间接经济损失统计应包含以下内容：

a) 因 E.2 a)和 E.2 c)带来的损失，如影响正常营业、生产造成的损失等；

b) 因 E.2 b)带来的损失，如失去畜力影响农业活动的损失等；

c) 因 E.2 d)带来的损失，如环境破坏造成的损失等；

d) 因 E.2 e)带来的损失，如供电、供气、网络中断导致停工停产的损失等。

附　录　F
（资料性附录）
雷电灾害调查报告式样

雷电灾害调查报告封面式样见图 F.1。

×雷灾字〔××××〕第（×××）号

雷电灾害调查报告

事件名称＿＿＿＿＿＿＿＿＿＿＿＿＿＿＿＿＿

委托单位＿＿＿＿＿＿＿＿＿＿＿＿＿＿＿＿＿

××××××××

图 F.1　雷电灾害调查报告封面式样

雷电灾害调查报告扉页式样见图 F.2。

声　　明

1.本报告无调查人员签名无效。

2.本报告涂改或局部复制无效。

3.本报告仅对所委托的调查事件有效。

图 F.2　雷电灾害调查报告扉页式样

雷电灾害调查报告正文式样见表F.1。

表 F.1 雷电灾害调查报告正文式样

×雷灾字〔××××〕第（×××）号　　　　　　　　　　　　　　　　　共　页　第　页

灾害事件名称				
灾害发生地点				
灾害发生时间				
受灾单位（人）				
联　系　人		联系电话		
受灾单位地址			邮政编码	
委托单位名称				
联　系　人		联系电话		
委托单位地址			邮政编码	

一、报案及受理基本情况

表 F.1 雷电灾害调查报告正文式样(续)

二、雷电灾害发生地概况
三、雷电灾害受灾情况概况
四、雷电灾害承灾体概况

表 F.1　雷电灾害调查报告正文式样(续)

×雷灾字〔××××〕第(×××)号　　　　　　　　　　　　　　　　共　　页　第　　页

五、灾害调查过程

表 F.1　雷电灾害调查报告正文式样(续)

表 F.1 雷电灾害调查报告正文式样(续)

×雷灾字[××××]第(×××)号

六、调查资料分析

七、雷电灾害灾情统计

表 F.1 雷电灾害调查报告正文式样(续)

×雷灾字〔××××〕第(×××)号

八、灾害鉴定结论及成因分析	
九、雷电灾害防范和整改措施建议	
备注	

调查人员签字: 编制: 调查单位:(盖章)

签发日期: 年   月   日

QX/T 103—2017

参 考 文 献

[1] GB 16840.2—1997 电气火灾原因技术鉴定方法 第 2 部分:剩磁法
[2] GB/T 16840.5—2012 电气火灾痕迹物证技术鉴定方法 第 5 部分:电气火灾物证识别和提取方法
[3] GB/T 19663—2005 信息系统雷电防护术语
[4] GB/Z 33586—2017 降低户外雷击风险的安全措施
[5] QX/T 191—2013 雷电灾情统计规范
[6] 中国气象局.雷电灾害调查管理办法:气办发〔2013〕52 号[Z],2013 年 12 月 13 日

ICS 07. 060
A 47
备案号：61290—2018

中华人民共和国气象行业标准

QX/T 309—2017
代替 QX/T 309—2015

防雷安全管理规范

Specification for safety management of lightning protection

2017-12-29 发布

2018-04-01 实施

中 国 气 象 局 发 布

前　言

本标准按照 GB/T 1.1—2009 给出的规则起草。

本标准代替 QX/T 309—2015《防雷安全管理规范》，与 QX/T 309—2015 相比，除编辑性修改外，主要技术变化如下：

——增加了引言（见引言）；

——修改了范围（见第 1 章，2015 年版第 1 章）；

——删除了"雷电灾害敏感单位"术语和定义（见 2015 年版 3.1）；

——增加了"雷电灾害防御重点单位"术语和定义（见 3.1）；

——删除了"防雷工程"术语和定义（见 2015 年版 3.4）；

——增加了"雷电防护装置"术语和定义（见 3.4）；

——修改了"雷电灾害风险评估"的定义（见 3.3，2015 年版 3.3）；

——修改了"工程性防雷措施"的定义（见 3.6，2015 年版 3.5）；

——删除了"分级分类管理原则"（见 2015 年版 4.1）

——修改了"防雷安全管理要求"（见第 5 章，2015 年版第 5 章）；

——增加了灾后调查措施（见 6.4.1 i)）；

——修改了"工程性防雷措施"（见 6.4.2，2015 年版 6.4.2）；

——增加了"监督检查"（见 6.5）；

——修改了"雷电灾害应急处置"（见 6.6，2015 年版第 7 章）；

——删除了"防雷安全管理流程"（见 2015 年版附录 A）。

本标准由全国雷电灾害防御行业标准化技术委员会提出并归口。

本标准起草单位：重庆市气象局、广东省气象局、上海市气象局、安徽省气象局、浙江省气象局。

本标准主要起草人：李良福、余蜀豫、邹建军、刘岩、赵洋、张卫斌、黄敏辉、贾佳、洪伟、李慧武、覃彬全、李家启。

本标准所替代标准的历次版本发布情况为：

——QX/T 309—2015。

引　言

　　本标准是防雷监管标准体系的标准之一。防雷监管标准体系是贯彻落实国务院"放管服"改革和《国务院关于优化建设工程防雷许可的决定》等精神,转变防雷监管方式,加强事中事后监管而制定的系列标准。为规范防雷安全管理工作,制定本标准。

防雷安全管理规范

1 范围

本标准规定了防雷安全管理的原则、要求和措施。

本标准适用于油库、气库、弹药库、化学品仓库、烟花爆竹、石化等易燃易爆建设工程和场所,雷电易发区内的矿区、旅游景点或者投入使用的建(构)筑物、设施等需要单独安装雷电防护装置的场所,以及雷电风险高但无防雷标准规范、需要进行特殊论证的大型项目等的防雷安全管理,其他防雷安全管理可参照使用。

2 规范性引用文件

下列文件对于本文件的应用是必不可少的。凡是注日期的引用文件,仅注日期的版本适用于本文件。凡是不注日期的引用文件,其最新版本(包括所有的修改单)适用于本文件。

GB 18802.1 低压电涌保护器(SPD) 第1部分:低压配电系统的电涌保护器 性能要求和试验方法

GB/T 18802.21 低压电涌保护器 第21部分:电信和信号网络的电涌保护器(SPD) 性能要求和试验方法

GB/T 21431 建筑物防雷装置检测技术规范

GB/T 21698 复合接地体技术条件

GB/T 21714.2 雷电防护 第2部分:风险管理

QX/T 85 雷电灾害风险评估技术规范

QX/T 104 接地降阻剂

QX/T 245 雷电灾害应急处置规范

QX/T 317 防雷装置检测质量考核通则

QX/T 318 防雷装置检测机构信用评价规范

QX/T 319 防雷装置检测文件归档整理规范

QX/T 400—2017 防雷安全检查规程

QX/T 401—2017 雷电防护装置检测单位质量管理体系建设规范

QX/T 402—2017 雷电防护装置检测单位监督检查规范

QX/T 403—2017 雷电防护装置检测单位年度报告规范

3 术语和定义

下列术语和定义适用于本文件。

3.1

雷电灾害防御重点单位 key unit of lightning disaster prevention
遭受雷击后会造成巨大破坏、人身伤亡或重大社会影响的单位。

3.2

雷电灾害应急预案 lightning disaster emergency preplan

针对可能发生的雷电灾害而采取的防雷减灾应急处置方案。

注：改写 QX/T 245—2014，定义 2.1。

3.3

雷电灾害风险评估 lightning disaster risk evaluation

根据雷电特性及其致灾机理，分析雷电对评估对象的危害，计算雷电对评估对象可能导致的人员伤亡、公共服务中断、文化遗产损失、财产损失等方面的综合风险，为项目选址和功能分区布局、防雷类别（等级）与防护措施确定等提出针对性意见的过程。

注：改写 QX/T 85—2007，定义 3.1。

3.4

雷电防护装置 lightning protection system；LPS

防雷装置

用于减少闪击击于建筑物上或建筑物附近造成的物质性损害和人身伤亡，由外部雷电防护装置和内部雷电防护装置组成。

注：改写 GB 50057—2010，定义 2.0.5。

3.5

非工程性防雷措施 non-engineering measure for lightning protection

为防御雷电灾害而采取的雷电监测、雷电预报预警、雷电预警信息发布与接收、雷电灾害应急处置、雷电灾害事故调查、防雷科普宣传与技术培训以及雷电灾害防御相关法律法规、标准、制度建设等处理方法和措施。

3.6

工程性防雷措施 engineering measure for lightning protection

为防御雷电灾害而采取的雷电防护装置设计、施工和检测等工程性的处理方法和措施。

4 防雷安全管理原则

4.1 属地管理原则

防雷安全应按照行政区域进行管理。

4.2 动态管理原则

防雷安全管理应根据雷电天气的特性，适时排查雷电灾害隐患，发现问题及时消除。

4.3 系统管理原则

防雷安全管理应按照"系统管理"的理念，实行全过程、全方位管理。

4.4 超前管理原则

防雷安全管理应具有前瞻性，分析雷电灾害风险，采取相应的预防措施。

4.5 精细管理原则

防雷安全管理应细分防护对象、岗位职责及每一项具体工作并落实。

5 防雷安全管理要求

5.1 一般规定

5.1.1 防雷安全管理应按照"党委领导、政府主导、社会力量和市场机制广泛参与"的防灾减灾机制,有效落实防雷安全的政府属地责任、部门监管责任和雷电灾害防御重点单位主体责任,建立健全雷电灾害隐患排查治理体系和预防控制体系。

5.1.2 防雷安全管理应建立雷电灾害数据库,分析雷电活动规律,进行雷电灾害风险评估,并根据雷电灾害分布情况和雷电灾害风险评估结果等,划定雷电灾害风险区域。

5.1.3 防雷安全管理应根据雷电灾害风险区划,结合雷电灾害防御重点单位发生雷击事故的后果,建立防雷安全监管对象名录库,加强雷电灾害防御设施建设,强化建设项目雷电灾害源头控制,开展雷电灾害防御重点单位雷电灾害隐患排查,消除雷电灾害隐患。

5.2 雷电灾害防御重点单位

5.2.1 雷电灾害防御重点单位是雷电灾害防御的责任主体,应接受气象主管机构进行的监督管理和指导,完善相应的防雷安全措施。

5.2.2 雷电灾害防御重点单位应将雷电灾害防御工作纳入本单位安全生产考评体系,建立防雷安全工作制度,明确防雷安全工作机构和责任人,落实防雷安全工作具体职责。

5.3 雷电防护装置设计、施工单位

5.3.1 设计单位应根据设计对象所在地的地理、地质、气候背景以及雷电活动规律,结合设计对象的特性,按照防雷相关法规和标准要求进行设计,并对雷电防护装置设计文件质量负责。

5.3.2 施工单位应按照相关防雷标准和经雷电防护装置设计审核合格的设计文件组织施工,并对施工质量负责,不得擅自改变设计文件进行施工,降低施工质量。

5.3.3 设计、施工单位应建立健全质量管理体系,实行全流程质量控制,落实质量责任。

5.4 雷电防护装置检测单位

5.4.1 取得省(自治区、直辖市)气象主管机构认定的雷电防护装置检测资质,在资质许可的范围内从事雷电防护装置检测。

5.4.2 按照 QX/T 401—2017 的要求建立健全质量管理体系,并在检测活动中具体实施。

5.4.3 按照 QX/T 403—2017 的要求向资质认定机构报送年度报告。

5.4.4 出具的检测数据、结果应真实、客观、准确,并对检测数据、结果负责。

5.4.5 应实行雷电防护装置检测电子信息化管理,提高检测管理效果和检测工作水平。

5.4.6 应按照 QX/T 319 的要求建立检测档案管理制度,明确检测资料档案的保管条件和期限,做好检测委托合同、检测原始记录、检测报告、检测台账、检测设备档案、检测方案以及其他与检测相关的重要文件等检测资料档案的收集、整理、归档、分类编目和利用工作。

5.4.7 检测设备应符合国家计量法律、法规和规章的规定。

6 防雷安全管理措施

6.1 一般规定

6.1.1 雷电灾害防御重点单位应组织开展防雷安全风险分析与评估,并采取相应的防雷安全风险控制措施。

6.1.2 气象主管机构可制定年度检查计划,通过日常检查、专项检查、随机抽查、重点检查等方式,督促雷电灾害防御重点单位和雷电防护装置检测单位有效落实雷电灾害防御主体责任。

6.2 防雷安全风险分析

6.2.1 雷电天气风险分析

6.2.1.1 大气雷电环境特征分析

根据雷电灾害防御重点单位所在地近十年的雷暴天气卫星云图、雷暴天气大气环流形势、雷暴天气雷达回波、雷电观测(含闪电定位系统、大气电场观测系统等)等气象观测资料,分析雷电天气的时间分布特征,分析遭受雷击的可能性。

6.2.1.2 雷电天气影响分析

根据雷电危害机理和方式,分析雷电天气对雷电灾害防御重点单位的各种影响。

6.2.1.3 雷电天气风险识别分析

根据雷电灾害防御重点单位所在地的地理、地质、气象、环境等条件和单位的重要性及其工作特性,分析雷电天气可能引发的风险事件以及主要的影响对象和影响方式等。雷电天气风险识别表参见附录 A。

6.2.2 防雷安全措施分析

根据雷电灾害防御重点单位提供的相关资料,分析雷电灾害防御重点单位采取的雷电防护措施。

6.2.3 雷电天气可能引发的后果分析

分析雷电灾害防御重点单位遭受雷击后,可能引起人员伤亡、财产损失的程度以及可能造成的社会影响及其后果。

6.3 雷电灾害风险评估

6.3.1 易燃易爆场所、大型建设工程、重点工程、人员密集场所应进行雷电灾害风险评估,并根据评估结论采取相应的措施。

6.3.2 雷电灾害风险评估应满足 GB/T 21714.2、QX/T 85 的要求。

6.4 防雷安全风险控制措施

6.4.1 非工程性防雷措施

雷电灾害防御重点单位应采取以下措施:
a) 建立雷电防护装置定期检测及保养制度,委托有检测资质的单位实施雷电防护装置安全检测,并安排专人对雷电防护装置进行维护保养;
b) 每年开展雷电灾害防御科普宣传,普及防雷减灾知识和避险自救技能;
c) 建立手机、电子显示屏、计算机网络、电视、广播等雷电监测预警预报信息接收终端,在接收雷电预警信息后,根据预警信息,及时采取有效措施,雷电预警信号分级及防御指南见附录 B;
d) 每年组织开展防雷安全工作人员培训;
e) 根据需要建立防雷安全应急值守制度;

f) 制定雷电灾害应急预案,组建应急队伍,并按照应急预案要求定期演练,总结演练的经验和不足,不断完善应急预案,雷电灾害应急预案范本参见 QX/T 245;

g) 建立雷电灾害防御工作定期检查制度;

h) 建立雷电灾害防御工作档案;

i) 发生雷电灾害事故后,应做好灾害调查,并及时上报当地气象主管机构。

6.4.2 工程性防雷措施

6.4.2.1 雷电防护装置设计

设计文件应包含设计文本和设计图,并符合防雷相关标准的要求,设计深度要求见附录 C。

6.4.2.2 雷电防护装置设计审核

设计文件应经气象主管机构审核,符合要求后方可施工。

6.4.2.3 雷电防护装置施工

施工应符合施工安全的规定,施工工序交接、施工质量控制应满足防雷相关标准的要求。竣工前,施工单位应编制完整的工程技术档案和竣工图。

6.4.2.4 雷电防护装置竣工验收

新(改、扩)建建设项目雷电防护装置应经气象主管机构竣工验收合格后方可投入使用。

6.4.2.5 雷电防护装置检测

6.4.2.5.1 雷电防护装置投入使用后,雷电灾害防御重点单位应委托相应雷电防护装置检测资质的单位进行检测。当检测结论存在不符合项时,雷电灾害防御重点单位应及时组织整改,直至符合要求。

6.4.2.5.2 雷电防护装置检测应符合 GB/T 21431 等相关标准的规定。

6.4.2.6 防雷产品使用要求

雷电防护装置使用的防雷产品应符合 GB 18802.1、GB/T 18802.21、GB/T 21698、QX/T 104 等有关规范的要求。

6.5 监督检查

6.5.1 雷电灾害防御重点单位的监督检查

按照 QX/T 400—2017 的要求执行。

6.5.2 雷电防护装置检测单位的监督检查

按照 QX/T 317、QX/T 318、QX/T 402—2017 的要求执行。

6.6 雷电灾害应急处置

应按照当地雷电灾害应急预案和 QX/T 245 的有关规定采取相应措施。

附　录　A
（资料性附录）
雷电天气风险识别表

雷电天气风险识别表见表 A.1。

表 A.1　雷电天气风险识别表

事件	描述		
	雷电天气可能引发雷电灾害防御重点单位的安全事故（风险原因及事件描述）	后果描述	
		影响形式（直接/间接）	主要影响对象
雷电天气			

附　录　B

（规范性附录）

雷电预警信号分级及防御指南

B.1　雷电预警信号分级

雷电预警信号分为三级,分别以黄色、橙色、红色表示。

B.2　雷电黄色预警信号

B.2.1　图标

雷电黄色预警信号图标见图 B.1(彩)。

图 B.1　雷电黄色预警信号图标

B.2.2　分级标准

6 小时内可能发生雷电活动,可能会造成雷电灾害事故。

B.2.3　防御指南

B.2.3.1　政府及相关部门按照职责做好防雷工作。

B.2.3.2　人员应密切关注天气,尽量避免户外活动。

B.3　雷电橙色预警信号

B.3.1　图标

雷电橙色预警信号图标见图 B.2(彩)。

图 B.2　雷电橙色预警信号图标

B.3.2 分级标准

2 小时内发生雷电活动的可能性很大,或者已经受雷电活动影响,且可能持续,出现雷电灾害事故的可能性比较大。

B.3.3 防御指南

B.3.3.1 政府及相关部门按照职责落实防雷应急措施。

B.3.3.2 人员应当留在室内,并关好门窗。

B.3.3.3 户外人员应当躲入有防雷设施的建筑物或者汽车内。

B.3.3.4 切断危险电源,不要在树下、电杆下、塔吊下避雨。

B.3.3.5 在空旷场地不要打伞,不要把农具、羽毛球拍、高尔夫球杆等扛在肩上。

B.4 雷电红色预警信号

B.4.1 图标

雷电红色预警信号图标见图 B.3(彩)。

图 B.3 雷电红色预警信号图标

B.4.2 分级标准

2 小时内发生雷电活动的可能性非常大,或者已经有强烈的雷电活动发生,且可能持续,出现雷电灾害事故的可能性非常大。

B.4.3 防御指南

B.4.3.1 政府及相关部门按照职责做好防雷应急抢险工作。

B.4.3.2 人员应当尽量躲入有防雷设施的建筑物或者汽车内,并关好门窗。

B.4.3.3 切勿接触天线、水管、铁丝网、金属门窗、建筑物外墙,远离电线等带电设备和其他类似金属装置。

B.4.3.4 尽量不要使用无雷电防护装置或者雷电防护装置不完备的电视、电话等电器。

B.4.3.5 密切注意雷电预警信息的发布。

附 录 C

（规范性附录）

雷电防护装置初步设计和施工图设计深度要求

C.1 雷电防护装置初步设计深度要求

C.1.1 初步设计说明书应包含：

——地理、地质、土壤、气象、环境等条件；

——防雷类别、等级和接闪杆保护范围；

——直击雷防护措施、侧击雷防护措施、雷击电磁脉冲防护措施、等电位设置措施；

——各系统接地种类和接地电阻要求；

——防雷产品选型及电涌保护器（SPD）保护级数设置；

——高、低压进出线路的敷设方式和防雷保护措施等；

——需要进行雷电灾害风险评估的，应包含雷电灾害风险评估结论。

C.1.2 对于重要建筑物，应包含接地平面图、接闪器布置平面图。

C.1.3 对于重要建筑物和超过100 m的高层建筑物，应包含相关特殊防雷措施的说明等。

C.2 雷电防护装置施工图设计深度要求

C.2.1 施工图设计说明书应包含：

——防雷类别，接闪器形式、材型规格及敷设方式，接地装置型式与材型规格，接地电阻值要求；

——均压环设置和防侧击雷措施；

——其他电气系统工作或安全接地的要求（包含电源接地型式、直流接地、局部等电位连接、楼层等
　　电位连接、总等电位连接、电磁屏蔽地、防静电接地、设备接地等）；

——电涌保护器（SPD）安装数量与级数等。

C.2.2 施工图应包含：

——接闪器布置平面图（包含主要轴线号、尺寸、标高，并标注接闪杆、接闪带、引下线及其测试点位
　　置）；

——接地平面图（绘制引下线、接地线、接地极、测试点、断接卡等的平面位置，并标明材料型号、规
　　格、相对尺寸等，图纸比例）。

C.2.3 施工图设计还应根据工程性质、结构形式，绘制其他相关施工图，包括幕墙、钢结构等的防雷
图，等电位连接图，电涌保护器（SPD）配置图等。

参 考 文 献

[1] GB 50057—2010 建筑物防雷设计规范

ICS 07.060
A 47
备案号：58237—2017

中华人民共和国气象行业标准

QX/T 370—2017

厄尔尼诺/拉尼娜事件判别方法

Identification method for El Niño/La Niña events

2017-02-10 发布   2017-03-15 实施

中 国 气 象 局   发 布

前　　言

本标准按照 GB/T 1.1—2009 给出的规则起草。

本标准由全国气候与气候变化标准化技术委员会(SAC/TC 540)提出并归口。

本标准起草单位:国家气候中心。

本标准主要起草人:任宏利、孙丞虎、袁媛、陆波、田奔、万江华、左金清、刘颖、韩荣青、贾小龙、刘长征。

引　言

　　厄尔尼诺/拉尼娜事件是指赤道中、东太平洋海面温度大范围持续偏暖/冷的现象,是气候系统年际气候变化中的最强信号。厄尔尼诺/拉尼娜事件的发生,通过海气相互作用改变全球大气环流和水循环过程,不仅会直接造成热带太平洋及其附近地区的干旱、暴雨等灾害性极端天气气候事件,还会以遥相关的形式影响到全球其他许多地区的天气、气候并引发气象灾害。如1997/1998年和2015/2016年的超强厄尔尼诺事件,是造成我国夏季长江流域严重洪涝灾害的一个重要原因,给人民生命财产安全和我国经济社会发展带来巨大影响。

　　针对国内尚缺乏统一的厄尔尼诺/拉尼娜事件判别标准的现状,为了规范厄尔尼诺/拉尼娜事件的判别标准,促进气象业务和相关研究工作的开展,通过总结国内外现有厄尔尼诺/拉尼娜事件监测指数,并吸收该领域的最新研究成果,制定本标准。

厄尔尼诺/拉尼娜事件判别方法

1 范围

本标准规定了厄尔尼诺/拉尼娜事件的判别方法,包括与事件有关的概念、监测指数的定义以及强度和类型确定等。

本标准适用于厄尔尼诺/拉尼娜事件的监测、预报预测和服务业务以及科研院所、高校等相关部门的研究使用。

2 术语和定义

下列术语和定义适用于本文件。

2.1

海面温度 sea surface temperature;SST

海表温度

海洋表面温度的数值。

注:单位为摄氏度(℃)。

2.2

气候标准值 standard climate normals

气候态

世界气象组织规定,采用最近连续三个整年代的平均值作为某一气候变量的标准气候值,来描述局地这一变量的气候平均状态。气候标准值每10年进行滚动更新。如对1991—2000年间的变量使用其1961—1990年的平均值作为其气候标准值;2001—2010年间的变量使用其1971—2000的平均值作为其气候标准值;以此类推。

2.3

海面温度距平 SST anomaly;SSTA

海面温度与其气候标准值的差。

2.4

厄尔尼诺/拉尼娜事件 El Niño/La Niña events

赤道中、东太平洋海面温度(SST)出现大范围偏暖/偏冷,且强度和持续时间达到一定条件的现象,是热带海气相互作用的产物。

注:SSTA中心位于赤道东太平洋的,称为东部型(或东太平洋型、冷舌型)厄尔尼诺/拉尼娜事件;SSTA中心位于赤道中太平洋的,称为中部型(或中太平洋型、暖池型、日界线型)厄尔尼诺/拉尼娜事件。

3 主要海温监测关键区及指数

3.1 监测关键区

图1为厄尔尼诺/拉尼娜事件的主要监测关键区,包括NINO1＋2区(90°W—80°W,10°S—0°)、NINO3区(150°W—90°W,5°S—5°N)、NINO4区(160°E—150°W,5°S—5°N)和NINO3.4区(170°W—120°W,5°S—5°N)。

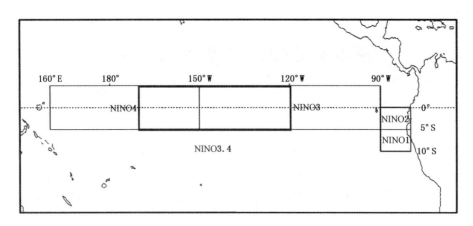

图 1　热带太平洋区域海温距平监测关键区分布

3.2 NINO3 指数

NINO3 区 SSTA 的平均值,用 I_{NINO3} 来表示,单位为摄氏度(℃)。

3.3 NINO4 指数

NINO4 区 SSTA 的平均值,用 I_{NINO4} 来表示,单位为摄氏度(℃)。

3.4 NINO3.4 指数

NINO3.4 区 SSTA 的平均值,用 $I_{NINO3.4}$ 来表示,单位为摄氏度(℃)。

3.5 东部型厄尔尼诺/拉尼娜指数

$$I_{EP} = I_{NINO3} - \alpha \times I_{NINO4} \qquad\qquad\cdots\cdots\cdots\cdots\cdots\cdots(1)$$

式中:

I_{EP} ——东部型厄尔尼诺/拉尼娜指数,单位为摄氏度(℃);

α ——当 $I_{NINO3} \times I_{NINO4} > 0$ 时,$\alpha = 0.4$;当 $I_{NINO3} \times I_{NINO4} \leqslant 0$ 时,$\alpha = 0$;α 的取值由历史经验得到。

3.6 中部型厄尔尼诺/拉尼娜指数

$$I_{CP} = I_{NINO4} - \alpha \times I_{NINO3} \qquad\qquad\cdots\cdots\cdots\cdots\cdots\cdots(2)$$

式中:

I_{CP} ——中部型厄尔尼诺/拉尼娜指数,单位为摄氏度(℃)。

4 判别方法

4.1 事件

$I_{NINO3.4}$ 的 3 个月滑动平均的绝对值(保留一位小数,下同)达到或超过 0.5℃,且持续至少 5 个月,判定为一次厄尔尼诺/拉尼娜事件($I_{NINO3.4} \geqslant 0.5$℃ 为厄尔尼诺事件;$I_{NINO3.4} \leqslant -0.5$℃ 为拉尼娜事件)。

4.2 事件持续时间

起始时间:$I_{NINO3.4}$ 满足事件判别的最早月份为事件的起始月份;

结束时间:$I_{NINO3.4}$ 满足事件判别的最晚月份为事件的结束月份;

持续时间:事件起始直至结束的总月数。

4.3 事件强度

事件峰值:厄尔尼诺/拉尼娜事件过程中,$I_{NINO3.4}$ 的 3 个月滑动平均的绝对值达到最大的时间和数值分别定义为事件的峰值时间和峰值强度(出现数值相同的多个峰值时,以首次出现的峰值为准);

事件强度:以事件的峰值强度代表其强度;

强度等级:事件峰值强度绝对值达到或超过 0.5℃但小于 1.3℃定义为弱事件,达到或超过 1.3℃但小于 2.0℃定义为中等事件,达到或超过 2.0℃定义为强事件,达到或超过 2.5℃定义为超强事件。

注:这里 1.3℃、2.0℃和 2.5℃分别接近于 1.5 倍、2.5 倍和 3 倍 $I_{NINO3.4}$ 的标准差。

4.4 事件类型

东部型事件:事件过程中 I_{EP} 的绝对值达到或超过 0.5℃且持续至少 3 个月,判定为东部型事件;

中部型事件:事件过程中 I_{CP} 的绝对值达到或超过 0.5℃且持续至少 3 个月,判定为中部型事件;

若一次事件中同时包含上述两种情况、存在两种类型间的转换,则将事件峰值所在类型定义为事件主体类型,另一种为非主体类型,整个事件的类型以事件主体类型为准。

示例:

依据上述的厄尔尼诺/拉尼娜事件判别方法,1950 年以来历史上发生的厄尔尼诺/拉尼娜事件的基本信息参见附录 A 中表 A.1。

附　录　A

（资料性附录）

厄尔尼诺/拉尼娜事件统计项目

1950 年以来厄尔尼诺/拉尼娜事件特征量综合表见表 A.1。

表 A.1　1950 年以来厄尔尼诺/拉尼娜事件

	序号	起止时间(年.月)	持续时间 月	峰值时间	峰值强度 ℃	强度等级	事件类型
厄 尔 尼 诺 事 件	1	1951.08—1952.01	6	1951.11	0.8	弱	东部型
	2	1957.04—1958.07	16	1958.01	1.7	中等	东部型
	3	1963.07—1964.01	7	1963.11	1.1	弱	东部型
	4	1965.05—1966.05	13	1965.11	1.7	中等	东部型
	5	1968.10—1970.02	17	1969.02	1.1	弱	中部型
	6	1972.05—1973.03	11	1972.11	2.1	强	东部型
	7	1976.09—1977.02	6	1976.10	0.9	弱	东部型
	8	1977.09—1978.02	6	1978.01	0.9	弱	中部型
	9	1979.09—1980.01	5	1980.01	0.6	弱	东部型
	10	1982.04—1983.06	15	1983.01	2.7	超强	东部型
	11	1986.08—1988.02	19	1987.08	1.9	中等	东部型
	12	1991.05—1992.06	14	1992.01	1.9	中等	东部型
	13	1994.09—1995.03	7	1994.12	1.3	中等	中部型
	14	1997.04—1998.04	13	1997.11	2.7	超强	东部型
	15	2002.05—2003.03	11	2002.11	1.6	中等	中部型
	16	2004.07—2005.01	7	2004.09	0.8	弱	中部型
	17	2006.08—2007.01	6	2006.11	1.1	弱	东部型
	18	2009.06—2010.04	11	2009.12	1.7	中等	中部型
	19	2014.10—2016.04	19	2015.12	2.8	超强	东部型
拉 尼 娜 事 件	1	1950.01—1951.02	14	1950.01	−1.4	中等	东部型
	2	1954.07—1956.04	22	1955.10	−1.7	中等	东部型
	3	1964.05—1965.01	9	1964.11	−1.0	弱	东部型
	4	1970.07—1972.01	19	1971.01	−1.6	中等	东部型
	5	1973.06—1974.06	13	1973.12	−1.8	中等	中部型
	6	1975.04—1976.04	13	1975.12	−1.5	中等	中部型
	7	1984.10—1985.06	9	1985.01	−1.2	弱	东部型
	8	1988.05—1989.05	13	1988.12	−2.1	强	东部型
	9	1995.09—1996.03	7	1995.11	−0.9	弱	东部型
	10	1998.07—2000.06	24	2000.01	−1.6	中等	东部型
	11	2000.10—2001.02	5	2000.12	−0.8	弱	中部型
	12	2007.08—2008.05	10	2008.01	−1.7	中等	东部型
	13	2010.06—2011.05	12	2010.12	−1.6	中等	东部型
	14	2011.08—2012.03	8	2011.12	−1.1	弱	中部型

注1：1950—1981 年采用英国哈得来中心海冰和海面温度(HadISST)数据,1982 年至今采用美国国家海洋大气局(NOAA) 1/4° 逐日优化差值海面温度(OISST v2)数据。

注2：1950 年 1 月是资料的起始月,并非表中第一个拉尼娜事件的开始月份。

参 考 文 献

[1] ENSO 监测小组.厄尔尼诺事件的划分标准和指数[J].气象,1989,15(3):37-38

[2] 王世平.埃尔尼诺事件的判据、分类和特征[J].海洋学报,1991,13(5):612-620

[3] 张人禾,黄荣辉.El Niño 事件发生和消亡中热带太平洋纬向风应力的动力作用 I. 资料诊断和理论分析[J]. 大气科学,1998,22(4):597-609

[4] 郭艳君,翟盘茂,倪允琪.一个新的 ENSO 监测指数的研究[J].应用气象学报,1998,9(2):169-177

[5] 李晓燕,翟盘茂.ENSO 事件指数与指标研究[J].气象学报,2000,58(1):102-109

[6] 李晓燕,翟盘茂,任福民.气候标准值改变对 ENSO 事件划分的影响[J].热带气象学报,2005,21(1):72-78

[7] 任福民,袁媛,孙丞虎,等.近 30 年 ENSO 研究进展回顾[J].气象科技进展,2012,2(3):17-24

[8] 曹璐,孙丞虎,任福民,等.一种综合监测两类不同分布类型 ENSO 事件指标的研究[J].热带气象学报,2013,29(1):66-74

[9] 符宗斌,J.弗莱彻."艾尔尼诺"(El Niño)时期赤道增暖的两种类型[J].科学通报,1985,30(8):596-599

[10] Fu C, Diaz H F, Fletcher J O. Characteristics of the response of sea surface temperature in the central Pacific associated with warm episodes of the Southern Oscillation[J]. Mon Weather Rev. , 1986, 114: 1716-1739

[11] Wolter K, Timlin M S. Monitoring ENSO in COADS with a seasonally adjusted principal component index[R]. Proc. of the 17th Climate Diagnostics Workshop, Norman, OK, NOAA/NMC/CAC, NSSL, Oklahoma Clim. Survey, CIMMS and the School of Meteor. , Univ. of Oklahoma,1993:52-57

[12] Zhang R H, Sumi A, Kimoto M. Impact of El Niño on the East Asia Monsoon: A diagnostic study of the '86/87 and '91/92 events[J]. J. Meteor. Soc. Japan, 1996, 74 (1):49-62

[13] Jin F F. An equatorial ocean recharge paradigm for ENSO. Part I: Conceptual model[J]. Journal of the Atmospheric Sciences, 1997,54(7): 811-829

[14] Barnston A G, Chelliah M, Goldenberg S B. Documentation of a highly ENSO-Related SST region in the Equatorial Pacific[J]. Atmosphere-Ocean, 1997, 35(3): 367-383

[15] Trenberth K E. The Definition of El Niño[J]. Bull. Amer. Meteor. Soc. , 1997, 78 (12): 2771-2777

[16] Trenberth, K E, Stepaniak D P. Indices of El Niño evolution[J]. J Climate, 2001,14: 1697-1701

[17] Reynolds R W, Rayner N A, Smith T M, et al. An improved in situ and satellite SST analysis for climate[J]. J. Climate, 2002, 15:1609-1625

[18] Hanley D E, Bourassa M A, O'brien J J, et al. A Quantitative Evaluation of ENSO Indices [J]. J. Climate, 2003, 16(8):1249-1258

[19] Larkin N K, Harrison D E. Global seasonal temperature and precipitation anomalies during El Nino autumn and winter[J]. Geophys. Res. Lett. , 2005, 32(16):3613-3619. DOI: 10.1029/2005GL022860

[20] Ashok K, Behera S K, Rao S A, et al. El Niño Modoki and its possible teleconnection[J]. J. Geophys. Res. , 2007, 112(C11):C11007. DOI: 10.1029/2006JC003798

[21]　Weng H Y, et al. Impacts of recent El Niño Modoki on dry/wet conditions in the Pacific rim during boreal summer[J]. Clim. Dyn. , 2007, 29:113-129. DOI:10. 1007/s00382-007-0234-0

[22]　Kao H Y, Yu J Y. Contrasting Eastern-Pacific and Central-Pacific Types of ENSO[J]. J. Climate, 2009, 22(3):615-632

[23]　Yeh S W, Kug J S, Dewitte B, et al. El Niño in a changing climate[J]. Nature, 2009, 461: 511-514

[24]　Ren H-L, Jin F-F. Niño indices for two types of ENSO, Geophys[J]. Res. Lett. , 2011, 38:L04704

[25]　Yu J Y, Kao H Y, Lee T, et al. Subsurface ocean temperature indices for Central-Pacific and Eastern-Pacific types of El Niño and La Niña events[J]. Theoretical and Applied Climatology, 2011, 103(3):337-344

[26]　Yuan Y, Yan H M. Different types of La Niña events and different responses of the tropical atmosphere[J]. Chinese Science Bulletin, 2013, 58:406-415. DOI: 10. 1007/s11434-012-5423-5

[27]　Yuan Y, Yang S. Impacts of different types of El Niño on the East Asian climate: Focus on ENSO cycles[J]. J. Climate , 2012,25:7702-7722. DOI: 10. 1175/ JCLI-D-11-00576. 1

[28]　Ren H-L, Jin F-F. Recharge Oscillator Mechanisms in Two Types of ENSO[J]. J. Climate, 2013, 26(17):6506-6523

[29]　Ren H-L, Jin F-F, Stuecker M F,et al. ENSO regime change since the late 1970s as manifested by two types of ENSO[J]. J. Meteor. Soc. Japan, 2013, 91(6):835-842

[30]　Yu J-Y, Kim S T. Identifying the types of major El Niño events since 1870[J]. Int. J. Climatol. , 2013, 33:2105-2112

[31]　Titchner H, Rayner N A. The Met Office Hadley Centre sea ice and sea surface temperature data set, version 2: 1. Sea ice concentrations[J]. J. Geophys. Res. Atmos. , 2014,119:2864-2889. DOI: 10. 1002/2013JD020316

[32]　Capotondi A, Wittenberg A T, Newman M, et al. Understanding ENSO diversity[J]. Bulletin of the American Meteorological Society, 2015,96(6): 921-938

ICS 07.060

A 47

备案号：58238—2017

中华人民共和国气象行业标准

QX/T 371—2017

阻塞高压监测指标

Monitoring indices of atmospheric blocking high

2017-02-10 发布 2017-06-15 实施

中 国 气 象 局 发 布

QX/T 371—2017

前　言

本标准按照 GB/T 1.1—2009 给出的规则起草。

本标准由全国气候与气候变化标准化技术委员会(SAC/TC 540)提出并归口。

本标准起草单位:国家气候中心。

本标准主要起草人:王启祎、李威、王小玲。

阻塞高压监测指标

1 范围

本标准规定了阻塞高压监测的资料要求、监测指标、判别条件和计算方法。

本标准适用于南、北半球阻塞高压的监测、预测、评价和服务。

2 术语、定义和缩略语

2.1 术语和定义

下列术语和定义适用于本文件。

2.1.1

阻塞　blocking

在 500 hPa 中高纬度位势高度场上,某个经度上出现中心位势高度大于其南北两侧位势高度且达到一定程度的环流形势。

2.1.2

阻塞高压　atmospheric blocking high

阻塞高压事件

在西风带长波槽脊的演变过程中,高压脊不断北伸并形成闭合环流和暖高压中心,连续阻塞经度宽度一般为 20°～ 50°,持续时间 5 天以上,造成气流向下游移动减缓的高压。

2.1.3

阻塞高压经度宽度　longitudinal extension of atmospheric blocking high

阻塞高压出现连续阻塞的第一个经度到最后一个经度的范围。

2.2 缩略语

下列缩略语适用于本文件。

GHGS:南侧 500 hPa 高度梯度(the southern 500 hPa geopotential height gradient)

GHGN:北侧 500 hPa 高度梯度(the northern 500 hPa geopotential height gradient)

3 资料要求

应采用逐日 500 hPa 位势高度格点资料,空间分辨率宜为 2.5°×2.5°或更高,应做 5 天滑动平均预处理。

4 阻塞

4.1 监测指标

采用阻塞形势的南侧 500 hPa 高度梯度和北侧 500 hPa 高度梯度作为阻塞的判别指标。

4.2 计算方法

4.2.1 北半球

在 500 hPa 位势高度场上,假定阻塞高压区域范围,对于每个阻塞经度,选取假设的阻塞中心所在纬度,分别向南、北各取 20°纬度计算 500 hPa 高度梯度,计算方法见式(1)和式(2)。

$$G_{GHGS}(\lambda) = \frac{H(\lambda, \varphi_0) - H(\lambda, \varphi_s)}{\varphi_0 - \varphi_s}, \lambda \in [0, 357.5] \quad \cdots\cdots\cdots(1)$$

$$G_{GHGN}(\lambda) = \frac{H(\lambda, \varphi_n) - H(\lambda, \varphi_0)}{\varphi_n - \varphi_0}, \lambda \in [0, 357.5] \quad \cdots\cdots\cdots(2)$$

式(1)和式(2)中:

$G_{GHGS}(\lambda)$ ——南侧 500 hPa 高度梯度,可用来表示该经度上的阻塞强度,单位为位势米每度 (gpm/(°));

$G_{GHGN}(\lambda)$ ——北侧 500 hPa 高度梯度,单位为位势米每度(gpm/(°));

λ ——经度,单位为度(°);

H ——5 天平均位势高度,单位为位势米(gpm);

φ_0 ——假设的阻塞中心所在纬度,计算方法见式(3),单位为度(°);

φ_s ——假设的阻塞的南部边缘纬度,计算方法见式(4),单位为度(°);

φ_n ——假设的阻塞的北部边缘纬度,计算方法见式(5),单位为度(°)。

$$\varphi_0 = 60 + \delta \quad \cdots\cdots\cdots(3)$$

$$\varphi_s = 40 + \delta \quad \cdots\cdots\cdots(4)$$

$$\varphi_n = 80 + \delta \quad \cdots\cdots\cdots(5)$$

式(3)、式(4)和式(5)中:

δ ——格点间隔,可间隔 5 经度格点取值,取值为 $-5, 0, 5$,也可间隔 2.5 经度格点取值,取值为 $-5, -2.5, 0, 2.5, 5$,单位为度(°)。

4.2.2 南半球

在 500 hPa 位势高度场上,假定阻塞高压区域范围,对于每个阻塞经度,选取假设的阻塞中心所在纬度,分别向南、北各取 15°纬度计算 500 hPa 高度梯度,计算方法见式(6)和式(7)。

$$G_{GHGS}(\lambda) = \frac{H(\lambda, \varphi_s) - H(\lambda, \varphi_0)}{\varphi_s - \varphi_0}, \lambda \in [0, 357.5] \quad \cdots\cdots\cdots(6)$$

$$G_{GHGN}(\lambda) = \frac{H(\lambda, \varphi_0) - H(\lambda, \varphi_n)}{\varphi_0 - \varphi_n}, \lambda \in [0, 357.5] \quad \cdots\cdots\cdots(7)$$

式(6)和式(7)中:

$\varphi_s, \varphi_0, \varphi_n$ 的计算方法分别见式(8)、式(9)和式(10)。

$$\varphi_s = 65 + \delta \quad \cdots\cdots\cdots(8)$$

$$\varphi_0 = 50 + \delta \quad \cdots\cdots\cdots(9)$$

$$\varphi_n = 35 + \delta \quad \cdots\cdots\cdots(10)$$

4.3 判别条件

对某日某经度的确定纬度上,满足下列条件即确认该日在此经度上出现阻塞:

a) 北半球:$G_{GHGS}(\lambda)$ 大于 0 gpm/(°),$G_{GHGN}(\lambda)$ 小于 -10 gpm/(°),且 $H(\lambda, \varphi_0) - \overline{H(\lambda, \varphi_0)} > 0$;

b) 南半球:$G_{GHGN}(\lambda)$ 大于 0 gpm/(°),$G_{GHGS}(\lambda)$ 小于 -10 gpm/(°),且 $H(\lambda, \varphi_0) - \overline{H(\lambda, \varphi_0)} > 0$。

注:$\overline{H(\lambda, \varphi_0)}$ 为 500 hPa 位势高度气候值。

5 阻塞高压

5.1 判别条件

空间上,若连续经度格点出现阻塞,且阻塞高压经度宽度至少达到12.5°(对空间分辨率为2.5°× 2.5°的格点资料,确定为5个连续的经度格点,在2个出现阻塞的经度之间允许出现1个不阻塞的经度);时间上至少持续5天,算法如下:

a) 第 i 天的阻塞高压的阻塞区域和第 $i+1$ 天的阻塞高压的阻塞区域(备选阻塞高压)至少有一个经度重合,则被认为是同一个阻塞高压。如果有多个备选阻塞高压满足条件,则重合的经度最多的阻塞高压为第 i 天的阻塞高压的持续。

b) 如果阻塞区域较小,第 i 天和第 $i+1$ 天没有重合的经度,但是如果阻塞区域小于22.5°且两个阻塞区域中心经度的距离小于20°,则前后两个阻塞区域被认为是同一个阻塞高压。

c) 在阻塞高压持续的过程中可以间隔1天没有阻塞形势,但第 i 天和第 $i+2$ 天两个阻塞之间的经度宽度要满足 a)或 b)的条件。

d) 阻塞高压应持续至少5天,阻塞高压持续的过程中可以存在间歇性的中断,即2天阻塞形势中可以间隔1天没有阻塞形势。

阻塞高压监测图示例参见附录 A 的图 A.1(彩)。

5.2 阻塞高压中心指标

东西向上,选取连续阻塞经度的第一个经度和最后一个经度分别向西、东扩展5°经度;南北向上,北半球取最大北部边缘纬度(φ_n)和最小南部边缘纬度(φ_s),南半球取最小的北部边缘纬度(φ_n)和最大的南部边缘纬度(φ_s)作为阻塞高压区域。

在选取的阻塞高压区域里,取经向平均位势高度最大点的经度作为阻塞高压中心的经度,取纬向平均位势高度最大的点的纬度作为阻塞高压中心的纬度。

5.3 阻塞高压强度指标

每天的阻塞高压强度用阻塞高压中心位势高度的标准化值来表示,计算方法见式(11)和式(12)。阻塞高压强度取其生命期强度的平均值。

$$I_b = 100.0\left(\frac{H(\lambda,\varphi)}{C_r} - 1.0\right) \qquad \cdots\cdots\cdots\cdots(11)$$

$$C_r = \frac{H(\lambda_u,\varphi) + H(\lambda_d,\varphi)}{2} \qquad \cdots\cdots\cdots\cdots(12)$$

式(11)和式(12)中:

I_b ——阻塞高压强度,单位为百分率(%);

H ——5天平均位势高度,单位为位势米(gpm);

λ ——经度,单位为度(°);

φ ——纬度,单位为度(°);

C_r ——假设的阻塞高压上游与下游位势高度的平均,单位为位势米(gpm);

λ_u ——阻塞高压上游经度,即阻塞高压中心向西扩展到阻塞高压经度宽度的一半,再向西延伸10°经度,单位为度(°);

λ_d ——阻塞高压下游经度,即阻塞高压中心向东扩展到阻塞高压经度宽度的一半,再向东延伸10°经度,单位为度(°)。

附　录　A
（资料性附录）
阻塞高压监测图

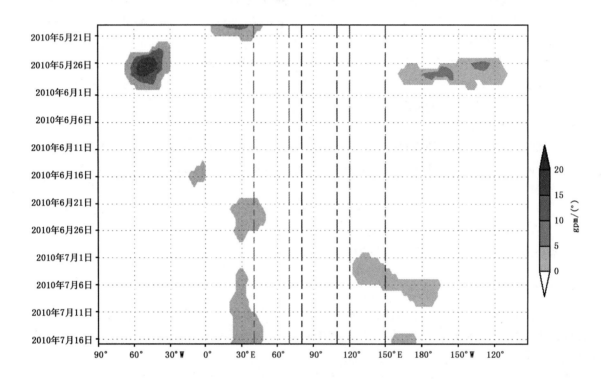

注：横坐标为经度，纵坐标为时间。资料采用逐日 500 hPa 位势高度格点资料。图中彩色区域代表北半球阻塞高压
　　（用南侧 500 hPa 高度梯度值表示），颜色深浅表示阻塞强度大小。

图 A.1　北半球阻塞高压逐日监测图

参 考 文 献

［1］ 李威,王启祎,王小玲.北半球阻塞高压实时监测诊断业务系统[J].气象,2007,33(4):77-81

［2］ 朱乾根,林锦瑞,寿绍文,等.天气学原理和方法:第3版[M].北京:气象出版社,2000

［3］ Barriopedro D,García-Herrera R,et al. A climatology of Northern Hemisphere blocking[J]. Journal of Climate. 2006,19(6):1042-1063

［4］ Ho Nam Cheung,Zhou Wen,et al. Revisiting the climatology of atmospheric blocking in the Northern Hemisphere[J]. Advances in Atmospheric Sciences,2013,30(2):397-410

［5］ Lejenas H,Okland H. Characteristics of Northern Hemisphere blocking as determined from a long time series of observational data[J]. Tellus,1983,35A:350-362

［6］ Tibaldi S,Molteni F. On the operational predictability of blocking[J]. Tellus,1990,42A:343-365

［7］ Tibaldi S, Tosi E,Navarra A,et al. Northern and Southern Hemisphere seasonal variability of blocking frequency and predictability[J]. Monthly Weather Review,1994,122:1971-2003

ICS 07.060
A 47
备案号：58239—2017

中华人民共和国气象行业标准

QX/T 372—2017

酸雨和酸雨区等级

Grades of acid rain and acid rain area

2017-02-10 发布 2017-06-15 实施

中 国 气 象 局 发布

前　言

本标准按照 GB/T 1.1—2009 给出的规则起草。

本标准由全国气候与气候变化标准化技术委员会大气成分观测预报预警服务分技术委员会(SAC/TC 540/SC 1)提出并归口。

本标准起草单位:中国气象局气象探测中心、中国气象科学研究院、安徽省气象局、中国气象局北京城市气象研究所、国家气象中心、浙江省气象局。

本标准主要起草人:汤洁、侯青、周厚福、蒲维维、毛冬艳、俞向明。

引　言

　　酸雨观测资料在政府决策、环境信息服务和科学研究中的价值已经得到了越来越广泛的认知。为规范酸雨观测服务产品的表达方式,提高服务质量,更好地为我国社会和经济发展服务,特制定本标准。

酸雨和酸雨区等级

1 范围

本标准规定了酸雨等级、酸雨频率等级、酸雨区等级的划分原则和划分级别。
本标准适用于酸雨的评估、服务与科学研究等。

2 规范性引用文件

下列文件对于本文件的应用是必不可少的。凡是注日期的引用文件，仅注日期的版本适用于本文件。凡是不注日期的引用文件，其最新版本（包括所有的修改单）适用于本文件。

GB/T 19117 酸雨观测规范

3 术语和定义

下列术语和定义适用于本文件。

3.1

[大气]降水 pH 值　pH value of precipitation

pH

大气降水的酸碱度用 pH 值表示，pH 值的定义为氢离子浓度的负对数，系无量纲量。

$$pH = -\lg c(H^+)$$

$c(H^+)$ 为氢离子浓度，单位为摩尔每升（mol·L^{-1}）。

注：改写 GB/T 19117—2003，定义 3.3。

3.2

酸雨　acid rain

降水 pH 值小于 5.6 的大气降水。大气降水的形式包括：雨、雪、雹等。

[GB/T 19117—2003，定义 3.1]

3.3

酸雨区　acid rain area

平均降水 pH 值小于 5.6 的地区。

3.4

平均降水 pH 值　averaged pH value of precipitation

pH_m

对某一时段（月、季、年）内所有的日降水 pH 值和对应的日降水量进行氢离子浓度—雨量加权平均计算的结果。

3.5

酸雨频率　frequency of acid rain

F

某一时段（月、季、年）内，日降水 pH 值小于 5.6 的次数占该时段内所有酸雨观测次数的百分率。

3.6

酸雨等级 grade of acid rain

描述日降水的酸雨强弱程度的等级。

3.7

酸雨频率等级 grade of acid rain frequency

某观测站在某一时段(月、季、年)内观测到的酸雨发生频繁程度的等级。

3.8

酸雨区等级 grade of acid rain area

描述区域内酸雨严重程度的等级。

4 酸雨等级

4.1 原则

按照日降水 pH 值划分为较弱酸雨、弱酸雨、强酸雨和特强酸雨。其中,在观测站点,按照 GB/T 19117 采集、测量当日(北京时 08:00 至次日北京时 08:00)降水 pH,其结果为当日的日降水 pH 值(pH_d)。

4.2 等级

酸雨等级见表1。

表 1 酸雨等级

级别	日降水 pH 值
较弱酸雨	$5.0 \leqslant pH_d < 5.6$
弱酸雨	$4.5 \leqslant pH_d < 5.0$
强酸雨	$4.0 \leqslant pH_d < 4.5$
特强酸雨	$pH_d < 4.0$

5 酸雨频率等级

5.1 原则

按照单站某一时段(月、季、年)内酸雨频率,划分为酸雨偶发、酸雨少发、酸雨多发、酸雨频发和酸雨高发。

5.2 统计方法

按照下式计算某一时段(月、季、年)的酸雨频率:

$$F = \frac{N_{[pH<5.6]}}{N_T} \times 100\%$$

式中:

F ——酸雨频率;

$N_{[pH<5.6]}$——该时段内日降水 pH 值小于 5.6 的次数;

N_T ——该时段内所有酸雨观测次数。

5.3 等级

酸雨频率等级见表2。

表2 酸雨频率等级

级别	酸雨频率
酸雨偶发	$F<5\%$
酸雨少发	$5\%<F\leqslant20\%$
酸雨多发	$20\%<F\leqslant50\%$
酸雨频发	$50\%<F\leqslant80\%$
酸雨高发	$F>80\%$

6 酸雨区等级

6.1 原则

由区域内全部单站(月、季、年)平均降水 pH 值,用插值方法计算得到(月、季、年)平均降水 pH 值的空间分布,据此划分较轻酸雨区、轻酸雨区、重酸雨区、特重酸雨区。

6.2 统计方法

应用氢离子浓度——雨量加权平均方法计算单站某一时段(月、季、年)的平均降水 pH 值:

$$c(H^+)_d = 10^{-pH_d}$$

$$c(H^+)_m = \frac{\sum c(H^+)_d \times V_d}{\sum V_d}$$

$$pH_m = -\lg c(H^+)_m$$

式中:

$c(H^+)_d$ ——由日降水 pH 值计算得到的日降水氢离子浓度,单位为摩尔每升(mol·L^{-1});

pH_d ——日降水 pH 值,无量纲;

$c(H^+)_m$ ——平均氢离子浓度,单位为摩尔每升(mol·L^{-1});

V_d ——与日降水 pH 值对应的日降水量,单位为毫米(mm);

pH_m ——平均降水 pH 值,无量纲。

6.3 等级

酸雨区等级见表3。

表3 酸雨区等级

级别	平均降水 pH 值
较轻酸雨区	$5.0\leqslant pH_m<5.6$
轻酸雨区	$4.5\leqslant pH_m<5.0$
重酸雨区	$4.0\leqslant pH_m<4.5$
特重酸雨区	$pH_m<4.0$

参 考 文 献

[1]　中国气象局. 酸雨观测业务规范[M]. 北京:气象出版社,2005

ICS 07.060

A 47

备案号：58240—2017

中华人民共和国气象行业标准

QX/T 373—2017

气象卫星数据共享服务评估方法

Evaluation method of meteorological satellite data sharing services

2017-02-10 发布　　　　　　　　　　　　　　　　2017-06-15 实施

中 国 气 象 局　　发布

前　言

本标准按照 GB/T 1.1—2009 给出的规则起草。

本标准由全国卫星气象与空间天气标准化技术委员会(SAC/TC 347)提出并归口。

本标准起草单位:国家卫星气象中心。

本标准主要起草人:咸迪、李雪、徐喆、孙安来。

气象卫星数据共享服务评估方法

1 范围

本标准规定了气象卫星数据共享服务评估的指标体系、指标的计算方法和评估流程。
本标准适用于对气象卫星数据共享服务工作的评估。

2 术语和定义

下列术语和定义适用于本文件。

2.1

专家评估法 **Delphi method**
一种综合多名有代表性专家经验与主观判断的分阶段、交互式的评估方法。通过两轮以上的问卷调查,专家们根据上一轮调查汇总信息调整自己的意见,最终形成比较一致、相对稳定的意见和答案作为评估的最终依据。

[QX/T 181—2013,定义 3.3]

2.2

能效评估 **capacity and benefit evaluation**
对气象卫星数据共享服务能力和效益的评估。

2.3

应用评估 **application evaluation**
对气象卫星数据共享服务平台易用性、流程规范性、响应及时性、内容完整性、工作主动性和宣传广泛性的评估。

3 评估指标体系

由两大类、八个主要指标构成。能效评估包括两个指标:共享服务能力和共享服务效益;应用评估包括六个指标:服务平台易用性、服务流程规范性、服务响应及时性、服务内容完整性、服务工作主动性以及服务宣传广泛性。评估指标在计算时均按照百分制进行计算。

评估指标体系见图 1。

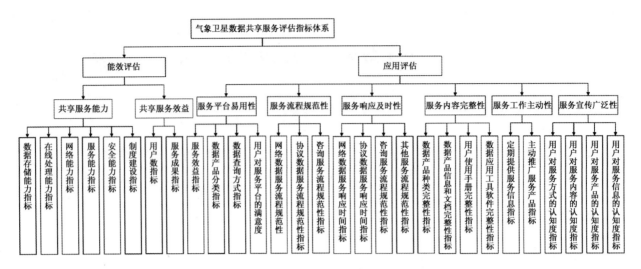

图 1　评估指标体系

4　评估指标计算方法

4.1　气象卫星数据共享服务评估计算方法

气象卫星数据共享服务评估的计算方法见式(1)：

$$S = \lambda_C C + \lambda_A A \qquad\qquad\cdots\cdots\cdots\cdots\cdots(1)$$

式中：

S ——气象卫星数据共享服务评估指标；

λ_C ——能效评估指标权重；

C ——能效评估指标；

λ_A ——应用评估指标权重；

A ——应用评估指标。

4.2　能效评估

4.2.1　能效评估计算公式

气象卫星数据共享服务能效评估由共享服务能力(C_1)和共享服务效益(C_2)两个指标进行评估,计算方法见式(2)：

$$C = \lambda_{C1} C_1 + \lambda_{C2} C_2 \qquad\qquad\cdots\cdots\cdots\cdots\cdots(2)$$

式中：

C ——能效评估指标；

λ_{C1} ——共享服务能力指标权重；

C_1 ——共享服务能力指标；

λ_{C2} ——共享服务效益指标权重；

C_2 ——共享服务效益指标。

4.2.2　共享服务能力指标

反映提供气象卫星数据共享服务的能力。

包括提供气象卫星数据共享服务的数据存储能力、在线处理能力、网络能力、服务能力、安全能力和

制度建设等二级指标,计算公式见式(3):

$$C_1 = \lambda_{C11}C_{11} + \lambda_{C12}C_{12} + \lambda_{C13}C_{13} + \lambda_{C14}C_{14} + \lambda_{C15}C_{15} + \lambda_{C16}C_{16} \quad\cdots\cdots\cdots\cdots\cdots(3)$$

式中:

C_1 ——共享服务能力指标;

λ_{C11} ——数据存储能力指标权重;

C_{11} ——数据存储能力指标;

λ_{C12} ——在线处理能力指标权重;

C_{12} ——在线处理能力指标;

λ_{C13} ——网络能力指标权重;

C_{13} ——网络能力指标;

λ_{C14} ——服务能力指标权重;

C_{14} ——服务能力指标;

λ_{C15} ——安全能力指标权重;

C_{15} ——安全能力指标;

λ_{C16} ——制度建设指标权重;

C_{16} ——制度建设指标。

4.2.3 共享服务效益指标

反映提供气象卫星数据共享服务的结果。

包括用户数、服务成果和服务效益三项二级指标,计算公式见式(4):

$$C_2 = \lambda_{C21}C_{21} + \lambda_{C22}C_{22} + \lambda_{C23}C_{23} \quad\cdots\cdots\cdots\cdots\cdots(4)$$

式中:

C_2 ——共享服务效益指标;

λ_{C21} ——用户数指标权重;

C_{21} ——用户数指标;

λ_{C22} ——服务成果指标权重;

C_{22} ——服务成果指标;

λ_{C23} ——服务效益指标权重;

C_{23} ——服务效益指标。

4.3 应用评估

4.3.1 应用评估指标计算公式

用户在接受气象卫星数据共享服务时对服务平台易用性、服务流程规范性、服务响应及时性、服务内容完整性、服务工作主动性、服务宣传广泛性等指标的评估,计算公式见式(5):

$$A = \lambda_{A1}A_1 + \lambda_{A2}A_2 + \lambda_{A3}A_3 + \lambda_{A4}A_4 + \lambda_{A5}A_5 + \lambda_{A6}A_6 \quad\cdots\cdots\cdots\cdots\cdots(5)$$

式中:

A ——应用评估指标;

λ_{A1} ——服务平台易用性指标权重;

A_1 ——服务平台易用性指标;

λ_{A2} ——服务流程规范性指标权重;

A_2 ——服务流程规范性指标;

λ_{A3} ——服务响应及时性指标权重;

A_3 ——服务响应及时性指标；

λ_{A4} ——服务内容完整性指标权重；

A_4 ——服务内容完整性指标；

λ_{A5} ——服务工作主动性指标权重；

A_5 ——服务工作主动性指标；

λ_{A6} ——服务宣传广泛性指标权重；

A_6 ——服务宣传广泛性指标。

4.3.2 服务平台易用性指标

反映用户对气象卫星数据共享服务平台易用性的满意度。

包括数据产品分类、数据查询方式和用户对服务平台的满意度三个二级指标，计算公式见式(6)：

$$A_1 = \lambda_{A11}A_{11} + \lambda_{A12}A_{12} + \lambda_{A13}A_{13} \quad\quad\quad\cdots\cdots\cdots\cdots\cdots(6)$$

式中：

A_1 ——服务平台易用性指标；

λ_{A11} ——数据产品分类指标权重；

A_{11} ——数据产品分类指标；

λ_{A12} ——数据查询方式指标权重；

A_{12} ——数据查询方式指标；

λ_{A13} ——用户对服务平台的满意度权重；

A_{13} ——用户对服务平台的满意度。

4.3.3 服务流程规范性指标

反映用户通过网络数据服务、协议数据服务、咨询服务等获取气象卫星数据共享服务的过程中是否符合相关政策和流程规范，计算公式见式(7)：

$$A_2 = \lambda_{A21}A_{21} + \lambda_{A22}A_{22} + \lambda_{A23}A_{23} \quad\quad\quad\cdots\cdots\cdots\cdots\cdots(7)$$

式中：

A_2 ——服务流程规范性指标；

λ_{A21} ——网络数据服务流程规范性指标权重；

A_{21} ——网络数据服务流程规范性指标；

λ_{A22} ——协议数据服务流程规范性指标权重；

A_{22} ——协议数据服务流程规范性指标；

λ_{A23} ——咨询服务流程规范性指标权重；

A_{23} ——咨询服务流程规范性指标。

4.3.4 服务响应及时性指标

反映用户对网络数据服务、协议数据服务、咨询服务以及其他服务过程中服务方响应用户请求、按时完成数据服务的满意度，计算公式见式(8)：

$$A_3 = \lambda_{A31}A_{31} + \lambda_{A32}A_{32} + \lambda_{A33}A_{33} + \lambda_{A34}A_{34} \quad\quad\cdots\cdots\cdots\cdots\cdots(8)$$

式中：

A_3 ——服务响应及时性指标；

λ_{A31} ——网络数据订购响应时间指标权重；

A_{31} ——网络数据订购响应时间指标；

λ_{A32} ——协议数据服务响应时间指标权重；

A_{32} ——协议数据服务响应时间指标；

λ_{A33} ——咨询服务流程规范性指标权重；

A_{33} ——咨询服务流程规范性指标；

λ_{A34} ——其他服务流程规范性指标权重；

A_{34} ——其他服务流程规范性指标。

4.3.5 服务内容完整性指标

反映用户对获取气象卫星数据产品种类、数据产品信息和文档、用户使用手册和数据应用工具软件完整性的满意度，计算公式见式(9)：

$$A_4 = \lambda_{A41}A_{41} + \lambda_{A42}A_{42} + \lambda_{A43}A_{43} + \lambda_{A44}A_{44} \quad\cdots\cdots\cdots\cdots\cdots(9)$$

式中：

A_4 ——服务内容完整性指标；

λ_{A41} ——数据产品种类完整性指标权重；

A_{41} ——数据产品种类完整性指标；

λ_{A42} ——数据产品信息和文档完整性指标权重；

A_{42} ——数据产品信息和文档完整性指标；

λ_{A43} ——用户使用手册完整性指标权重；

A_{43} ——用户使用手册完整性指标；

λ_{A44} ——数据应用工具软件完整性指标权重；

A_{44} ——数据应用工具软件完整性指标。

4.3.6 服务工作主动性指标

反映用户对数据服务提供方定期提供服务信息和主动推广服务产品的满意度，计算公式见式(10)：

$$A_5 = \lambda_{A51}A_{51} + \lambda_{A52}A_{52} \quad\cdots\cdots\cdots\cdots\cdots(10)$$

式中：

A_5 ——服务工作主动性指标；

λ_{A51} ——定期提供服务信息指标权重；

A_{51} ——定期提供服务信息指标；

λ_{A52} ——主动推广服务产品指标权重；

A_{52} ——主动推广服务产品指标。

4.3.7 服务宣传广泛性指标

反映用户对气象卫星数据共享服务方式、内容、产品和相关信息的认知度，计算公式见式(11)：

$$A_6 = \lambda_{A61}A_{61} + \lambda_{A62}A_{62} + \lambda_{A63}A_{63} + \lambda_{A64}A_{64} \quad\cdots\cdots\cdots\cdots\cdots(11)$$

式中：

A_6 ——服务宣传广泛性指标；

λ_{A61} ——用户对服务方式的认知度指标权重；

A_{61} ——用户对服务方式的认知度指标；

λ_{A62} ——用户对服务内容的认知度指标权重；

A_{62} ——用户对服务内容的认知度指标；

λ_{A63} ——用户对服务产品的认知度指标权重；

A_{63} ——用户对服务产品的认知度指标；

λ_{A64} ——用户对服务信息的认知度指标权重；

A_{64}——用户对服务信息的认知度指标。

4.4 权重的确定

气象卫星数据共享服务机构根据本标准确定具体评估指标,利用专家评估法确定各评估指标的权重,指标权重的计算方法见附录 A。

5 评估流程

5.1 问卷设计

气象卫星数据共享服务提供机构根据每个指标的特性设计合理可行的调查问卷,问卷设计完成后应进行试答和问卷修改,当问卷的信度不小于 0.6 时,形成正式的调查问卷。

5.2 能效调查

气象卫星数据共享服务管理机构负责对气象卫星数据服务提供方进行能效调查,其中参与能效评估的人数应不少于 5 人。

5.3 应用调查

气象卫星数据共享服务机构根据评估对象的用户来源选取适当比例的用户作为评估参与者,通过电话、网络、面谈等方式邀请用户进行问卷调查。

从气象卫星数据共享服务提供机构获取气象卫星数据的机构和个人,总数应不少于 25 人(人数不设上限),用户比例应按照本机构服务对象的比例进行选取。

评估参与者应具备以下条件:
——具有中级以上职称;
——具有 3 年以上使用气象卫星数据的经验。

5.4 评估报告

气象卫星数据共享服务机构对问卷调查结果进行筛选,根据有效的能效调查和应用调查问卷的结果分别按照有效问卷数进行平均、汇总和分析,将各评估指标的权重代入式(1)～式(11),计算本次评估的最终结果,并根据评估结果撰写评估报告。

附　录　A

（规范性附录）

指标权重的计算

气象卫星数据共享服务指标的权重采用专家评估法结合层次分析法、平均数法进行计算，参与打分专家应不少于 10 人。专家评估法采用 9 分法在指标矩阵中的空白处进行打分。不同标度表示的权重信息见表 A.1，指标矩阵示例见表 A.2。

表 A.1　专家打分标度含义表（9 分法）

标度	含义
1	表示两个元素相比，具有同样的重要性
3	表示两个元素相比，前者比后者稍重要
5	表示两个元素相比，前者比后者明显重要
7	表示两个元素相比，前者比后者非常重要
9	表示两个元素相比，前者比后者强烈重要
1/9	表示两个元素相比，前者比后者强烈次要
1/7	表示两个元素相比，前者比后者非常次要
1/5	表示两个元素相比，前者比后者明显次要
1/3	表示两个元素相比，前者比后者稍次要

表 A.2　指标矩阵（式（1））示例

指标	能效评估	应用评估
能效评估	1	
应用评估		1

得到所有专家完成的指标矩阵后，利用平均数法计算矩阵中每个指标的平均值，再使用层次分析法计算每个指标的权重。

参 考 文 献

[1]　QX/T 112—2010　决策气象服务质量评估方法
[2]　QX/T 181—2013　行业气象服务效益专家评估法
[3]　张钛仁,宋善允,田翠英,等.行业气象服务效益评估方法及其研究[J].气象科学,2011,31(2):194-199

ICS 07.060
A 47
备案号：58241—2017

中华人民共和国气象行业标准

QX/T 374—2017

风云二号卫星地面应用系统运行成功率
统计方法

Statistical method for the operational performance of FY-2 ground segment

2017-02-10 发布
2017-06-15 实施

中 国 气 象 局 发 布

前　言

本标准按照 GB/T 1.1—2009 给出的规则起草。

本标准由全国卫星气象与空间天气标准化技术委员会(SAC/TC 347)提出并归口。

本标准起草单位:国家卫星气象中心。

本标准主要起草人:吕擎擎、张甲珅、林维夏、郑旭东、韩琦、徐喆。

风云二号卫星地面应用系统运行成功率统计方法

1 范围

本标准规定了风云二号卫星地面应用系统运行成功率统计方法。

本标准适用于风云二号卫星地面应用系统业务运行成功率统计工作。

2 术语和定义

下列术语和定义适用于本文件。

2.1

可见光红外自旋扫描辐射计 visible and infrared spin scan-radiometer；VISSR

搭载在自旋稳定的静止气象卫星上，在可见光及红外波段对地球的陆地、海洋、大气和云层等目标物进行探测的仪器。

2.2

风云二号[静止气象]卫星 FY-2 geostationary meteorological satellite；FY-2

采用自旋稳定姿态控制方式，携带可见光红外自旋扫描辐射计等有效载荷，每半小时可获取一次全圆盘图像的中国第一代地球静止轨道气象卫星。

2.3

地面应用系统 ground segment

用于卫星管理与卫星观测数据接收、传输、处理、存档、分发和应用服务的信息系统及保障系统。

[QX/T 296—2015，定义 2.2]

2.4

风云二号卫星原始观测数据 raw data from FY-2

风云二号卫星可见光红外自旋扫描辐射计获得的、向地面应用系统传递的原始观测数据。

2.5

风云二号卫星展宽数据 stretched VISSR data from FY-2；FY-2 S-VISSR data

地面应用系统对风云二号卫星原始观测数据实时处理，编入定标、定位等信息，降低数据码速率形成的地球图像数据。

2.6

风云二号卫星标称投影图像 FY-2 image in nominal projection

基于风云二号卫星展宽数据，通过数据重采样，形成卫星处于设计定点位置、仪器处于设计状态所获得的地球图像。

2.7

风云二号卫星产品 FY-2 products

对风云二号卫星标称投影图像进行处理生成的各类数据。

3 统计方法

3.1 总则

风云二号卫星地面应用系统运行成功率用于衡量卫星数据接收、处理、分发全流程的系统业务运行质量,是在指定时效内成功完成任务的个数与计划完成个数之比。成功率按规定周期统计,纳入运行成功率统计的典型图像和典型应用产品必须包含但不限于表1和表2中所列项。

表 1 风云二号卫星典型图像

图像名称	生成频次	服务时效
标称投影图像	常规观测模式下,单星28次/日; 加密观测模式下,单星48次/日; 区域加密观测模式下,常用频次为单星每6分钟1次,其他时间频次由应用需求决定	展宽数据处理完成后10分钟内

表 2 风云二号卫星典型应用产品

产品名称	生成频次	服务时效
大气运动矢量	单星4次/日	生成该产品时次的标称投影图像处理完成后30分钟内
相当黑体亮度温度	单星24次/日	生成该产品时次的标称投影图像处理完成后15分钟内
射出长波辐射	单星8次/日	生成该产品时次的标称投影图像处理完成后15分钟内
1小时降水估计	单星24次/日	生成该产品时次的标称投影图像处理完成后15分钟内
总云量	单星24次/日	生成该产品时次的标称投影图像处理完成后15分钟内

3.2 运行成功率

3.2.1 风云二号卫星地面应用系统运行成功率计算方法

风云二号卫星地面应用系统运行成功率计算公式如下:

$$A = \lambda_1 A_1 + \lambda_2 A_2 \quad\quad\quad\quad\quad (1)$$

式中:

A ——风云二号卫星地面应用系统运行成功率;

A_1 ——风云二号卫星图像运行成功率;

A_2 ——风云二号卫星产品运行成功率;

λ_1、λ_2 ——权重系数,$\lambda_1 = 0.6$,$\lambda_2 = 0.4$。

3.2.2 风云二号卫星图像运行成功率

3.2.2.1 风云二号卫星图像运行成功率计算方法

风云二号卫星图像运行成功率计算公式如下：

$$A_1 = \frac{B_1}{B_2} \times 100\% \qquad\qquad\qquad (2)$$

式中：

B_1 ——风云二号卫星展宽数据处理完成后，符合业务运行质量要求和服务时效要求的标称投影图像数量；

B_2 ——计划分发的风云二号卫星标称投影图像数量。

3.2.2.2 计划分发风云二号卫星标称投影图像数量

计划分发的风云二号卫星标称投影图像数量计算公式如下：

$$B_2 = C_1 - C_2 - C_3 \qquad\qquad\qquad (3)$$

式中：

C_1 ——计划接收的风云二号卫星展宽数据数量；

C_2 ——受特殊事件影响的风云二号卫星展宽数据数量；特殊事件包括：地影、月影、日凌和轨道与姿态控制；

C_3 ——受不可抗力影响的风云二号卫星展宽数据数量；不可抗力包括：卫星故障。

3.2.3 风云二号卫星产品运行成功率

风云二号卫星产品运行成功率计算公式如下：

$$A_2 = \frac{1}{N} \sum_{n=1}^{N} \frac{D_{n1}}{D_{n2}} \times 100\% \qquad\qquad\qquad (4)$$

式中：

N ——纳入运行成功率统计的典型应用产品种类数，$N \geqslant 5$；

D_{n1} ——符合业务运行质量要求和服务时效要求的第 n 种典型应用产品的文件数量；

D_{n2} ——基于符合业务运行质量要求的风云二号卫星标称投影图像，计划生成的第 n 种典型应用产品文件数量。

参 考 文 献

[1]　QX/T 296—2015　风云卫星地面应用系统工程项目转业务运行流程

ICS 07.060
A 47
备案号：61250—2018

中华人民共和国气象行业标准

QX/T 375—2017

气象信息服务监督检查规范

Specification for meteorological information service supervision and inspection

2017-06-09 发布
2017-10-01 实施

中 国 气 象 局 发 布

前　　言

本标准按照 GB/T 1.1—2009 给出的规则起草。

本标准由全国气象防灾减灾标准化技术委员会(SAC/TC 345)提出并归口。

本标准起草单位:辽宁省气象局。

本标准主要起草人:徐凤莉、陈妮娜、薄兆海、曹焉艳、陈宇、李世轩、王鹏、张凯、王海滨。

引　言

本标准是气象信息服务市场监督管理标准体系的标准之一。为规范气象信息服务监督检查活动，制定本标准。

气象信息服务监督检查规范

1 范围

本标准规定了气象信息服务监督检查的内容、程序和要求。

本标准适用于气象主管机构对气象信息服务活动的监督检查。

2 术语和定义

下列术语和定义适用于本文件。

2.1

气象信息服务 meteorological information service

气象信息服务单位利用气象资料和气象预报产品,开展面向用户需求的信息服务活动。

[QX/T 313—2016,定义 2.1]

2.2

气象信息服务单位 meteorological information service unit

依法设立并从事气象信息服务的法人和其他组织。

[QX/T 313—2016,定义 2.12]

3 监督检查内容

3.1 备案

气象信息服务单位向其营业执照注册地的省、自治区、直辖市气象主管机构备案的情况。

3.2 气象预报传播

3.2.1 气象信息服务单位传播气象预报时有无擅自更改气象预报主要内容和结论的情况。

3.2.2 气象信息服务单位传播气象预报时有无存在传播虚假信息的情况。

3.2.3 气象信息服务单位传播气象预报时,使用当地气象主管机构所属气象台站提供的最新气象预报的情况。

3.2.4 气象信息服务单位在传播气象预报时,注明发布单位名称和发布时间的情况。

3.2.5 气象信息服务单位增播、插播、更新重要灾害性天气警报、气象灾害预警信号及公众气象预报及时性情况。

3.3 气象资料

3.3.1 气象信息服务单位使用气象资料是否来源于气象主管机构所属的气象台站或其他合法渠道的情况。

3.3.2 气象信息服务单位在确需建站获取资料时,按规定向设区的地市级以上气象主管机构备案情况。

3.3.3 气象信息服务单位按规定汇交依法建站所获得的气象探测资料情况。

3.3.4 气象信息服务单位履约使用或传播气象资料情况,包括涉密气象资料或者保密期限未到的气象资料。

3.4 业务规章制度

气象信息服务单位建立确保气象信息服务业务正常开展的规范、流程和管理制度以及对用户投诉的处理办法情况。

3.5 技术标准规程

气象信息服务单位执行气象有关技术标准情况。

3.6 其他情况

3.6.1 气象信息服务单位是否有冒用他人名义开展气象信息服务的情况。

3.6.2 气象信息服务单位在气象信息服务活动中是否有危害国家安全、泄露国家秘密或损害公共利益和他人合法权益的情况。

3.6.3 外国组织和个人是否有未经气象主管机构批准,擅自从事气象信息服务活动的情况。

3.6.4 气象信息服务单位是否有擅自在国防及军事设施、军事敏感区域、尚未对外开放地区和其他涉及国家安全的区域设立气象探测站(点)的情况。

4 监督检查程序和要求

4.1 检查准备

4.1.1 全面了解被检查单位的基本情况,包括气象信息服务情况等。

4.1.2 制定检查提纲,列明检查内容、方式及相关事项(见附录 A)。

4.1.3 随机抽取两名以上行政执法人员,对检查工作进行分工。

4.1.4 备齐必要的设备和资料,包括执法记录仪及相关文书。

4.2 检查实施

4.2.1 气象行政执法人员进入被检查单位后,应主动出示执法证件,通过查看现场、调阅资料、询问现场人员、现场拍照取证、摄像记录等方式查明情况。气象行政执法人员应当为被检查单位保守商业秘密。

4.2.2 在检查过程中发现涉嫌违法行为的,可先行收集证据。

4.2.3 检查结束时应当填写《现场检查记录表》(见附录 A),详细列明检查项目、检查内容、检查结果和处理意见,并由被检查单位负责人签字或盖章。无法取得签字或盖章的,应当注明原因,必要时可请有关人员作见证记录。

4.2.4 气象行政执法人员在检查中发现违法行为轻微、依法可以不予行政处罚的,应当明确提出整改意见,限期整改。

4.2.5 被检查单位完成整改后,应当向本级气象主管机构提出复查申请。

4.2.6 气象主管机构接到复查申请后,应当在 10 个工作日内组织复查。对整改合格的,出具《整改合格意见书》;对整改不合格的,出具《责令继续整改意见书》。《整改合格意见书》和《责令继续整改意见书》格式见附录 B。

4.2.7 气象行政执法人员在检查中发现违法行为,应依照法定程序处理。

4.3 结果处理

4.3.1 监督检查结束后,气象行政执法人员应当对监督检查情况进行汇总、分类。

4.3.2 被检查单位的气象信息服务行为符合法律法规规章要求的,将《现场检查记录表》归档备查。

4.3.3 被检查单位经整改达标的,将《现场检查记录表》和《整改合格意见书》归档备查。

附　录　A
（规范性附录）
现场检查记录表

现场检查记录表见表 A.1。

表 A.1　现场检查记录表

被检查单位：　　　　　　　　　　　　　　　　　　　　联系电话：
检查日期：　　　　　　　　　　　　　　　　　　　　　检查人：

序号	检查项目	检查具体内容	检查结果	处理意见
1	备案	是否按规定向其营业执照注册地的省、自治区、直辖市气象主管机构备案		
2	气象预报传播	是否在传播时，擅自更改气象预报主要内容和结论		
3		是否传播虚假气象预报		
4		是否使用当地气象主管机构所属气象台站提供的最新气象预报		
5		是否在传播时，注明发布单位名称和发布时间		
6		是否及时增播、插播、更新重要灾害性天气警报、气象灾害预警信号及公众气象预报		
7	气象资料	是否使用气象主管机构所属气象台站提供或者能证明是其他合法渠道获得的气象资料		
8		是否在确需建站获取资料时按规定向设区的市级以上气象主管机构备案		
9		是否按规定汇交依法建站所获得的气象探测资料		
10		是否履约使用或传播气象资料，包括涉密气象资料或者保密期限未到的气象资料		
11	业务规章制度	是否建立确保气象信息服务业务正常开展的规范、流程和管理制度以及对用户投诉的处理办法		
12	技术标准规程	是否遵守气象有关技术标准、规范和规程		
13	其他情况	是否冒用他人名义开展气象信息服务		
14		在气象信息服务活动中是否有危害国家安全、泄露国家秘密或损害公共利益和他人合法权益的行为		
15		外国组织和个人是否未经气象主管机构批准，擅自从事气象信息服务活动		
16		是否擅自在国防及军事设施、军事敏感区域、尚未对外开放地区和其他涉及国家安全的区域设立气象探测站（点）		

我单位对本表中各项检查结果无异议。
负责人（签名/盖章）：

附　录　B
（规范性附录）
《整改合格意见书》和《责令继续整改意见书》格式

《整改合格意见书》格式见图 B.1,《责令继续整改意见书》格式见图 B.2。

整改合格意见书

××单位:

　　我局于××××年××月××日对你单位气象信息服务情况进行了现场检查,检查过程中发现第××、××项存在问题,现场提出了整改意见。经本次对你单位整改情况进行复查,各项工作整改到位、符合要求。

　　××气象局执法人员(签名):
　　××气象局(公章)

年　　月　　日

图 B.1　《整改合格意见书》格式

责令继续整改意见书

××单位:

　　我局于××××年××月××日对你单位气象信息服务情况进行了现场检查,检查过程中发现第××、××项存在问题,现场提出了整改意见。经本次对你单位整改情况进行复查,第××、××项仍未达到要求,请你单位继续进行整改,并在××日内完成整改后向我局提出复查申请。

　　××气象局执法人员(签名):
　　××气象局(公章)

年　　月　　日

图 B.2　《责令继续整改意见书》格式

参 考 文 献

[1]　QX/T 313—2016　气象信息服务基础术语
[2]　全国人民代表大会常务委员会.中华人民共和国气象法,2000 年 1 月 1 日起施行
[3]　中华人民共和国国务院.气象灾害防御条例:中华人民共和国国务院令第 570 号,2010 年 4 月 1 日起施行
[4]　中国气象局.气象预报发布与传播管理办法:中国气象局令第 26 号,2015 年 5 月 1 日起施行
[5]　中国气象局.气象信息服务管理办法:中国气象局令第 27 号,2015 年 6 月 1 日起施行

ICS 07.060
A 47
备案号：61251—2018

中华人民共和国气象行业标准

QX/T 376—2017

气象信息服务投诉处理规范

Specification for handling complaints about meteorological information service

2017-06-09 发布   2017-10-01 实施

中 国 气 象 局   发 布

前　言

本标准按照 GB/T 1.1—2009 给出的规则起草。

本标准由全国气象防灾减灾标准化技术委员会(SAC/TC 345)提出并归口。

本标准起草单位:甘肃省气象局。

本标准主要起草人:把多辉、史志娟、丁洁琼、李照荣、王小勇、马敬霞。

引　言

本标准是气象信息服务市场监督管理标准体系的标准之一。为规范气象主管机构的气象信息服务投诉处理工作,制定本标准。

气象信息服务投诉处理规范

1 范围

本标准规定了气象信息服务投诉处理的基本要求、类型、流程及结果应用。

本标准适用于气象主管机构处理针对气象信息服务活动进行的投诉。

2 规范性引用文件

下列文件对于本文件的应用是必不可少的。凡是注日期的引用文件,仅注日期的版本适用于本文件。凡是不注日期的引用文件,其最新版本(包括所有的修改单)适用于本文件。

GB/T 17242—1998 投诉处理指南

GB/T 19012—2008 质量管理 顾客满意 组织处理投诉指南(ISO 10002:2004)

3 术语和定义

GB/T 17242—1998、GB/T 19012—2008 界定的以及下列术语和定义适用于本文件。

3.1

气象信息服务单位 meteorological information service unit;MISU

依法设立并从事气象信息服务的法人和其他组织。

[QX/T 313—2016,定义2.12]

注:包括事业单位、企业和其他社会团体。

3.2

气象信息服务 meteorological information service

气象信息服务单位利用气象资料和气象预报产品,开展面向用户需求的信息服务活动。

[QX/T 313—2016,定义2.1]

3.3

气象信息服务投诉 complaints about meteorological information service

用户对气象信息服务单位提供的气象信息服务产品、服务过程或资费等不满意,向气象主管机构提出的投诉。

4 基本要求

4.1 提高质量

改进投诉处理流程、提升产品和服务质量是投诉处理的最终目标。投诉处理应有利于提高气象信息服务满意度,减少投诉的发生。

气象主管机构应当引导气象信息服务单位加强自律,鼓励协商和解纠纷。

4.2 信息公开

气象主管机构应向公众公开投诉受理机构、投诉电话和投诉方式、投诉处理程序、处理过程中各阶段的时限、获得投诉进展回复的渠道,以及严重损害消费者权益事件的投诉处理结果等,以达到社会监督的目的。

4.3 坚持公平

在投诉处理过程中应平等、公正和无偏见地对待每件投诉。

4.4 投诉保护

对获取到的投诉者的个人信息,只能用于处理投诉过程,非经投诉者同意,不得将其公开,并应主动避免其被泄露。

5 投诉类型

5.1 服务产品投诉

对气象信息服务产品不满意,或针对使用气象信息产品过程中出现问题等提出的投诉。

5.2 服务过程投诉

针对气象信息服务单位提供服务过程中提供虚假或误导信息、不当行为、服务不规范等问题,提出的投诉。

5.3 资费投诉

针对气象信息服务活动收费过程,提出的投诉。

6 投诉处理流程

6.1 受理

气象主管机构接到投诉后,应对投诉信息进行登记,形成投诉处理单(见附录 A)。

投诉处理单主要内容包括:受理信息、投诉者信息、投诉问题描述、投诉诉求、投诉处理信息等。

6.2 分转

气象主管机构在受理投诉后,如需分转的,应在2个工作日内移送被投诉气象信息服务单位营业执照注册地气象主管机构处理。

被投诉气象信息服务单位营业执照注册地气象主管机构,2个工作日内通知被投诉气象信服务单位开展调查,并告知被投诉气象信息服务单位反馈时限及反馈要求。

6.3 反馈

被投诉气象信息服务单位在接到转办通知后5个工作日内,向营业执照注册地气象主管机构及投诉者反馈调查结果及处理意见;不能在规定时限内彻底解决的,须在反馈时限内向营业执照注册地气象主管机构及投诉者说明原因,并答复具体解决计划和预计最终解决时间,提出延长时限申请,反馈时限最多延长5个工作日。

在反馈时限内未收到气象信息服务单位反馈的处理意见及延长时限申请,在投诉处理单中标记消极对待投诉。

在反馈时限内收到投诉处理存在异议、无法协商解决的反馈结果,气象主管机构在投诉者与气象信息服务单位对自己的主张提供证据后,组织调查、鉴定。

6.4 调解

气象主管机构依据平等协商的原则,在有关气象信息服务质量评价方法及业务判定标准的基础上,对投诉内容进行调解,引导投诉者与气象信息服务单位自愿达成调解协议,提出尽可能满足投诉者诉求的处理意见。

气象主管机构在10个工作日内终结调解。确需延长调查、评估时间的,向调解双方说明。

6.5 终止

对于投诉者与气象信息服务单位就处理意见达成一致,并予以执行的,投诉终止。

对于调解不成的,告知投诉者向上级气象主管机构或相关行政机关申诉,投诉终止。

6.6 回访

气象主管机构对通过协商或调解解决的投诉进行回访,了解投诉处理结果的执行情况。

6.7 分析评估

气象主管机构对气象信息服务单位投诉处理质量进行抽查,持续改进投诉处理过程的有效性和效率。抽查内容包括:投诉处理及时率、处理意见执行率、重复投诉率、用户满意度、投诉档案归档率等。

气象主管机构定期对投诉进行分析,以识别是系统性、重复性问题,还是偶然发生的问题,及其发展趋势。

6.8 公开

气象主管机构定期向公众公布投诉处理分析报告。

6.9 归档

气象主管机构应将投诉处理过程中产生的资料进行归档管理。

归档材料包括但不限于:投诉处理单、投诉处理过程提交的各类材料、抽查情况、分析评估材料等。

涉及投诉者个人信息和被投诉单位商业秘密的资料应注意保密。

7 投诉结果应用

7.1 改进

气象信息服务单位根据投诉分析和评价结果,采取措施,找出导致投诉的发生和潜在问题的原因,防止问题发生或重复发生。

7.2 信用影响

对于拒不执行气象主管机构处理意见的气象信息服务单位,列入气象信息服务单位信用黑名单。

投诉处理及时率、处理意见执行率、重复投诉率、档案归档率等对气象信息服务企业信用状况产生影响。

气象主管机构在对气象信息服务企业进行信用评价时,将在投诉处理过程中隐瞒事实、使用虚假信息、消极对待投诉等行为列为影响信用的负面因素。

附　录　A
（规范性附录）
投诉处理单

投诉处理单见表 A.1。

表 A.1　投诉处理单

投诉受理基本信息				
投诉日期			投诉时间	
投诉方式	□ 电话　　□ 电子邮箱　　□ 互联网　　□ 其他			
受理人姓名			受理人工号	
投诉者信息				
姓名		电话/传真		电子邮箱
投诉代理人详细信息				
姓名		电话/传真		电子邮箱
联系人（如不同于上述人员）				
姓名		电话/传真		电子邮箱
投诉内容				
产品或服务类型				
投诉问题描述				
问题发生日期			屡次发生　□是　□否	
服务产品投诉	□产品本身存在缺陷　　　　　　　□对产品质量不满意 □产品或服务与宣传不符　　　　　□服务系统延迟 □因终端设置、使用不正确导致的问题　□服务改进的意见建议 □其他＿＿＿＿＿＿＿＿＿＿＿＿＿＿＿			
服务过程投诉	□过度承诺而不兑现　　　　　　　□服务行为不符合行业规范、标准 □提供服务不及时　　　　　　　　□工作人员服务质量差 □拒绝退订有问题的服务产品　　　□其他＿＿＿＿＿＿＿＿＿			
资费投诉	□业务恶意内置和订购　　　　　　□交易价格与约定价格不符 □资费条款不透明　　　　　　　　□退订后退款不及时 □票据问题　　　　　　　　　　　□其他＿＿＿＿＿＿＿＿＿			
投诉者诉求				

表 A.1 投诉处理单(续)

反馈	
反馈时限	□按时反馈 □申请延长_____天 □未按时反馈,消极对待投诉。
处理结果	□协商解决(调解栏目不填) □申请调解
解决方式	□交付产品 □改进产品或服务 □替换 □退订 □兑现承诺 □技术支持 □支付补偿 □解除合同 □退还相关费用 □道歉 □其他_____

调解	
投诉方依据	
被投诉方依据	
判定结果	 年　月　日
处理意见	□交付产品 □改进产品或服务 □替换 □退订 □兑现承诺 □技术支持 □支付补偿 □解除合同 □退还相关费用 □道歉 □其他_____
终止	□双方协商解决。 □调解后,投诉者接受处理意见。 □投诉者不接受调解结果,采取其他渠道申诉。 □气象信息服务单位拒绝履行处理意见,消极对待投诉。

投诉处理跟踪			
流程	日期	处理人	备注
受理投诉			
被投诉单位收到投诉			
反馈处理意见			
申请调解			
给出调解意见			
投诉处理终止			
回访			处理意见执行结果 □执行 □未执行,消极对待投诉。
抽查			

参 考 文 献

[1]　QX/T 313—2016　气象信息服务基础术语

[2]　中国气象局.气象预报发布与传播管理办法:中国气象局令第 26 号,2015 年 5 月 1 日起施行

[3]　中国气象局.气象信息服务管理办法:中国气象局令第 27 号,2015 年 6 月 1 日起施行

ICS 07.060
A 47
备案号：61252—2018

中华人民共和国气象行业标准

QX/T 377—2017

气象信息传播常用用语

Common phrases for meteorological information communication

2017-06-09 发布

2017-10-01 实施

中 国 气 象 局 发布

前　言

本标准按照 GB/T 1.1—2009 给出的规则起草。

本标准由全国气象防灾减灾标准化技术委员会(SAC/TC 345)提出并归口。

本标准起草单位:中国气象局公共气象服务中心。

本标准主要起草人:白静玉、卫晓莉、李小泉、吴永芳、陈羽、穆璐、徐辉、陈曦、朱茜、刘文静。

引　言

本标准是气象信息服务市场监督管理标准体系的标准之一。为规范气象预报及实况、天气新闻等信息传播时的用语,制定本标准。

气象信息传播常用用语

1 范围

本标准界定了常用的气象信息传播用语。

本标准适用于气象信息传播。

2 天空状况、天气现象、气象要素类

2.1

晴   clear

天空总云量 0～2 成。

注：来源于 GB/T 21984—2008,表 B.1。

2.2

阴   overcast

天空总云量 9 成～10 成。

注：来源于 GB/T 21984—2008,表 B.1。

2.3

少云   partly cloudy

天空总云量 3 成～5 成。

注：来源于 GB/T 21984—2008,表 B.1。

2.4

多云   cloudy

天空总云量 6 成～8 成。

注：来源于 GB/T 21984—2008,表 B.1。

2.5

连晴   continuous sunny

3 天以上(含 3 天)天空总云量小于 2 成且无降水。

2.6

连阴   continuous overcast

3 天以上(含 3 天)天空总云量在 9 成～10 成。

2.7

降水概率   precipitation probability

出现降水的可能性。

注：用百分比(%)表示。

2.8

降水量   precipitation

在某一时段内从天空降落到地面的液态或固态的水,未经蒸发、渗透、流失,在水平面上积累的深度。

注 1：通常以毫米为单位。

注 2：降水有降雨和降雪两种类型。降雨分为微量降雨(零星小雨)、小雨、中雨、大雨、暴雨、大暴雨、特大暴雨共 7 个

等级;降雪分为微量降雪(零星小雪)、小雪、中雪、大雪、暴雪、大暴雪、特大暴雪共7个等级。

2.9

局地降水　local precipitation

所述地区中的部分区域出现降水,常用在降水区域较小、且较为分散等难以确切说明时。

2.10

分散性降水　distributed precipitation

零散、不成片且不同地点强度差异较大的降水。

2.11

阵雨　showery rain

开始和停止都较突然、强度变化大的液态降水,有时伴有雷暴。

注:来源于QX/T 48—2007,A.2。

2.12

毛毛雨　drizzle

稠密、细小而十分均匀的液态降水,看上去似乎随空气微弱的运动飘浮在空中,徐徐落下。迎面有潮湿感,落在水面无波纹,落在干地上只是均匀地润湿。

2.13

连阴雨　continuous rain

连续3天~5天以上的阴雨天气现象(其间可有短暂的间隙)。

注:日降水量可以是各种级别的雨量。

2.14

雷阵雨　thunder shower

雷暴并伴有阵雨。

2.15

雨转雪　rain to snow

由降雨转变为降雪。

2.16

雨夹雪　sleet

半融化的雪(湿雪),或雨和雪同时降落。

注:来源于QX/T 48—2007,A.6。

2.17

阵性雨夹雪　shower of sleet

开始和停止都较突然、强度变化大的雨夹雪。

2.18

阵雪　showery snow

开始和停止都较突然、强度变化大的降雪。

注:来源于QX/T 48—2007,A.5。

2.19

霰　graupel

白色不透明的圆锥形或球形的颗粒固态降水,直径2 mm~5 mm,下降时常呈阵性,着硬地常反跳,松脆易碎。

2.20

干雪　dry snow

不含液态水的雪,没有黏性,落在屋顶和衣服上不留湿痕。

2.21

湿雪　wet snow

含有液态水、半融化状态的雪,有黏性,落在地面和衣服上都留有湿痕。

2.22

雪暴　snowstorm

大量的雪被强风裹挟着随风运行,并且不能判定当时天空是否有降雪。

注:水平能见度一般小于1.0 km。

2.23

冰雹　hail

坚硬的球状、锥状或形状不规则的固态降水,雹核一般不透明,外面包有透明的冰层,或由透明的冰层与不透明的冰层相间组成。常伴随雷暴出现。

注:来源于QX/T 48—2007,A.11。

2.24

露　dew

水汽在地面及近地面物体上凝结而成的水珠。

2.25

霜　frost

水汽在温度低于0 ℃的地面和近地面物体上凝华而成的白色松脆的冰晶;或当温度降至0 ℃以下由露冻结而成的冰珠。易在晴朗风小的夜间生成。

2.26

雾　fog

大量微小水滴浮游空中,常呈乳白色,使水平能见度小于1.0 km。

注:来源于QX/T 48—2007,A.16。

2.27

平流雾　advection fog

暖湿空气平流到较冷的下垫面上,下部冷却而产生的雾。

注:常在冬季发生,持续时间一般较长,厚度较厚,有时可达几百米。

2.28

辐射雾　radiation fog

由于地表辐射冷却作用使近地面气层水汽凝结而形成的雾。

注:在北方冬季、初春和秋末等季节比较常见。主要出现在晴朗、微风、近地面、水汽比较充沛的夜间或早晨。

2.29

雾凇　rime

空气中水汽直接凝华,或过冷却雾滴直接冻结在物体上的乳白色冰晶物。

注:常呈毛茸茸的针状或表面起伏不平的粒状,多附在细长的物体或物体的迎风面上,有时结构较松脆,受震易塌落。

2.30

雨凇　glaze

过冷却液态降水碰到地面物体后直接冻结而成的坚硬冰层,呈透明或毛玻璃状,外表光滑或略有隆突。

2.31

霾　haze

大量极细微的干尘粒等均匀地浮游在空中,使水平能见度小于10 km的空气普遍混浊现象。霾使远处光亮物体微带黄、红色,使黑暗物体微带蓝色。

[QX/T 113—2010,定义2.1]

2.32

浮尘 suspended dust

当天气条件为无风或平均风速小于或等于3.0 m/s时,尘沙浮游在空中,使水平能见度小于10 km的天气现象。

注:来源于GB/T 20480—2006,3.2。

2.33

扬沙 blowing sand

风将地面尘沙吹起,使空气相当混浊,水平能见度在1 km～10 km的天气现象。

注:来源于GB/T 20480—2006,3.3。

2.34

沙尘暴 sand and dust storm

强风将地面尘沙吹起,使空气很混浊,水平能见度小于1 km的天气现象。

注:来源于GB/T 20480—2006,3.4。

2.35

雷暴 thunderstorm

为积雨云云中、云间或云地之间产生的放电现象。表现为闪电兼有雷声,有时亦可只闻雷声而不见闪电。

注:来源于QX/T 48—2007,A.25。

2.36

闪电 lightning

为积雨云云中、云间或云地之间产生放电时伴随的电光。

2.37

潮湿 damp

空气中水汽含量大,常用于空气相对湿度大于80%的气象条件。

2.38

干燥 desiccation

空气中水汽含量小,常用于空气相对湿度小于30%的气象条件。

2.39

风 wind

空气的水平运动,用风向和风速表示。

2.40

风向 wind direction

风的来向。

[GB/T 21984—2008,定义2.10]

2.41

风速 wind speed

单位时间空气移动的水平距离。单位为米每秒(m/s)。

[GB/T 21984—2008,定义2.11]

2.42

平均风速 average wind speed

在给定时段内风速的平均值。

［QX/T 51—2007,定义 3.6］

2.43

瞬时风速 instantaneous wind speed

空气微团的瞬时水平移动速度。在自动气象站中,瞬时风速是指 3 s 的平均风速。

［QX/T 51—2007,定义 3.5］

2.44

风力 wind force

风的强度。

注:气象上常用风力等级表示,国际上常用蒲福风力等级表示。

2.45

阵风 gust

瞬间风速忽大忽小、持续时间十分短促的风,有时还伴有风向的改变。

2.46

飑 squall

突然发作的强风,持续时间短促。出现时瞬时风速突增,风向突变,气象要素随之亦有剧烈变化,常伴随雷雨出现。

2.47

龙卷 tornado

一种小范围的强烈旋风,从外观看,是从积雨云底盘旋下垂的一个漏斗状云体。有时稍伸即隐或悬挂空中;有时触及地面或水面,旋风过境,对树木、建筑物、船舶等均可能造成严重破坏。

注:来源于 QX/T 48—2007,A.30。

2.48

尘卷风 dust devil

因地面局部强烈增热,而在近地面气层中产生的小旋风,尘沙及其他细小物体随风卷起,形成尘柱。

2.49

气温 air temperature

空气的温度。

注:气温是指在标准环境里,离地面约 1.5 m 高处的百叶箱中温度,单位为摄氏度(℃),0 ℃以下为负值。

［GB/T 21984—2008,定义 2.4］

2.50

高温 high temperature

一般指日最高气温大于或等于 35 ℃。

2.51

热浪 heat wave

持续出现多天 35 ℃以上的高温天气。

2.52

炎热 burning hot

气温很高、人体感觉很热,一般表示日最高气温大于或等于 37 ℃且小于 40 ℃的天气。

2.53

酷热 extremely hot

气温非常高、人体感觉非常热,一般表示日最高气温大于或等于 40 ℃的天气。

2.54

桑拿天　sauna weather

气温和相对湿度都很高,人体感觉不舒适。

注:各地根据地理情况,气温和相对湿度标准略有不同。

2.55

秋老虎　hot autumn

入秋之后气温仍然较高,一般指最高气温在 33 ℃ 或以上的天气。

2.56

阴冷　coldness of external genitals

天气阴沉、气温较低,人体感觉潮湿寒冷。

注:各地根据地理情况,气温和相对湿度标准略有不同。

2.57

虹　rainbow

阳光射入水滴经折射和反射而形成在雨幕和雾幕上的彩色或白色光环。

2.58

晕　halo

日光通过云层中的冰晶时,经折射而形成环绕太阳呈彩色的圆形光圈。

2.59

极光　polar light

在高纬度地区晴夜见到的一种在大气高层辉煌闪烁的彩色光弧或光幕。

注 1:亮度一般像满月夜间的云。光弧常呈向上射出活动的光带,光带往往为白色稍带绿色或翠绿色,下边带淡红色;有时只有光带而无光弧;有时也呈振动很快的光带或光幕。

注 2:中纬度地区也可偶见。

3　气象灾害与预警类

3.1

恶劣天气　bad weather

不利于人类生产和活动,或具有破坏性的局地天气状况。

注:包括大雾、云层极低、暴风雨、沙(尘)暴、雪暴、强雷暴、冰雹、龙卷等。恶劣天气的标准,常随人类活动的不同而有差别。

3.2

白灾　snowstorm disaster

我国北方草原被深厚的积雪覆盖,使放牧无法进行的自然灾害。

3.3

黑灾　black frost

我国北方草原冬季无雪或极少雪,使牲畜缺水的自然灾害。

3.4

白毛风　snowstorm

我国北方和青藏高原在冬季低温和强降雪时,大风吹起雪花漫天飞舞的天气。

3.5

倒春寒　late spring coldness

初春气温回升较快,在春季后期出现气温较正常年份明显偏低的现象。

注：根据地理位置不同,各地倒春寒的时段与强度指标也稍有不同。

3.6

干热风　dry wind

在农作物生长发育期(主要是北方冬小麦开花结实期)出现高温低湿并伴有一定风力的农业气象灾害天气。

3.7

寒露风　low temperature damage in autumn

秋季冷空气入侵引起显著降温使水稻减产的低温冷害天气。

3.8

强对流天气　severe convection weather

龙卷、冰雹、雷电、短时强降水、雷暴大风等强天气的统称。

3.9

下击暴流　downburst

一种雷暴云中局部性的强下沉气流,到达地面后会产生一股直线型大风,越接近地面风速会越大的突发性、局地性、小概率、强对流天气。

注：最大地面风力可达 15 级。

3.10

超级雷暴　super thunderstorm

一种由不断向中心旋转上升气流所形成的中气旋雷暴。

注：会带来冰雹、暴雨和大风天气,有时甚至会引发龙卷。它们往往是孤立的雷云,有时也会一分为二,持续时间在数小时。

3.11

黑风暴　black storm

水平能见度小于 0.05 km 的特强沙尘暴天气。

3.12

冻雨　freezing rain

由过冷水滴组成、与温度低于 0 ℃的物体碰撞立即冻结的雨。

注：可对交通运输、农业、输电线路等造成极大危害。

3.13

地穿甲　smooth and icy road

由于雨雪低温造成的路面结冰现象。

注：因光滑坚硬如铁甲而被称作地穿甲,这样的路面会对行车安全带来极大影响。

3.14

伏旱　summer drought

我国长江流域及江南地区盛夏(多指 7 月、8 月)降水量显著少于多年平均值的现象。

注：此时日照时间长、气温高、蒸发量大,同时作物生长快、农田需水量大,如果降水偏少,会造成严重灾情。一般在西太平洋副热带高压较长时间控制下,且少台风活动时,容易出现严重伏旱。

3.15

风暴潮　storm tide

由台风、温带气旋、冷锋的强风作用和气压骤变等强烈的天气系统引起的海面异常升降。

3.16

气象灾害预警信号　meteorological disaster warning signal

各级气象主管机构所属的气象台站向社会公众发布的预警信息。

注：预警信号由名称、图标、标准和防御指南组成,分为台风、暴雨、暴雪、寒潮、大风、沙尘暴、高温、干旱、雷电、冰雹、

霜冻、大雾、霾、道路结冰等预警信号。

4 天气气候分析类

4.1

常年平均值 perennial average

气候平均值 climatological normal

某一气象要素在较长时间内的平均状况,通常用最近 3 个整年代的 30 年平均值为代表。该值每 10 年滑动更新。

4.2

滑动平均值 moving average

对某个连续气象要素序列以固定长度为一组依次计算其平均值。

4.3

偏多(偏少)、偏高(偏低) higher(lower)、more(less)

特定地点和时间,某一气象要素的值比常年平均值多(少)或高(低)。

4.4

气候季节 climatic season

从天气气候角度,按照日平均气温,将一年划分为不同的阶段,通常分为春季、夏季、秋季和冬季四个季节。

[QX/T 152—2012,定义 2.1]

4.5

气候变化 climate change

气候平均状态发生改变或者持续较长一段时间(典型的为 30 年或更长)的气候变动。

4.6

气候趋势 climatic trend

某种气象要素在几十年或更长时间出现的总体上升或下降的特征。

4.7

气候异常 climatic anomaly

某时段内某种气候要素或气候特征较大地偏离其正常状态。对于不同的气候要素可以有不同的标准和表达方法。

4.8

极端天气气候事件 extreme weather and climate event

特定地点和时间,天气气候要素值严重偏离其常年平均值。通常指发生概率只占该类天气现象的 10% 或者更低。包括极端高温、极端低温、极端降水等事件。

4.9

百年一遇 a-hundred-year return period

天气现象出现的概率为 1%,某种天气现象在很长时期内平均约一百年出现一次。

注:该天气现象可能一百年内不止出现一次,也可能一次都不出现,而不是每隔百年出现一次。

4.10

极寒天气 extreme cold weather

一般代表－40 ℃以下十分寒冷的天气。

4.11

暖冬 mild winter

某年某一区域整个冬季(上年 12 月到当年 2 月)的平均气温高于某一规定阈值。

注:改写自 GB/T 21983—2008,定义 2.1 和 2.3。

4.12

厄尔尼诺[现象] El Nino

赤道中、东太平洋海表大范围持续异常偏暖的现象。

4.13

拉尼娜[现象] La Nina

赤道中、东太平洋海表大范围持续异常偏冷的现象。

4.14

西太平洋副热带高压 the western Pacific subtropical high

西太平洋副高

副热带地区西北太平洋上空的暖性高气压。

注:其主体位于海上,夏季西部的高压脊会深入大陆,对我国的天气气候有重要影响。

4.15

切变线 shear line

风向或风速的不连续线。

注:在切变线上,经常存在气流的水平辐合和上升运动,容易产生云雨天气。

4.16

东北冷涡 northeast cold vortex

我国东北地区及其附近上空活动的一种冷性涡旋,气流沿逆时针方向不断旋转,并不断甩出一股股冷空气,产生降水,一般持续 3 天以上。

注:是造成我国东北地区低温冷害、持续阴雨洪涝、冰雹和雷雨大风等突发性强对流天气的重要天气系统。

4.17

南支槽 southern branch trough

位于青藏高原南侧孟加拉湾的低压槽。

注:是影响我国南方地区的重要天气系统,时常造成暴雨、冰雹、大风等灾害性天气。

4.18

静稳天气 stable weather

近地面风速小,大气稳定的一种低层大气动力热力特征,大气持续静稳易形成雾或霾天气。

4.19

西南准静止锋 Southwest quasi stationary front

昆明准静止锋

云贵准静止锋

主要由变性的极地大陆气团和西南气流受云贵高原地形阻滞演变而形成的锋区.

注:一般位于贵阳与昆明之间,呈西北—东南走向,易形成连阴雨天气,多出现于冬季。

4.20

季节风 monsoon

季风

由冬夏季海洋和陆地温度差异导致、大范围盛行的、风向随季节变化显著的风系。

注:季风在夏季由海洋吹向大陆,在冬季由大陆吹向海洋。

4.21

焚风效应　foehn effect

空气越过高山,在背风坡下沉时,由于高度急剧下降,导致气温迅速上升、湿度迅速降低。

4.22

回流天气　weather in returning current

入海高压后部或高压底部的气流带着充沛水汽从海上回流至沿海地区所造成的阴雨(雪)天气。

4.23

逆温　temperature inversion

在某些天气条件下,近地面上空的大气结构出现气温随高度增加而升高的反常现象。

4.24

热带扰动　tropical disturbance

热带气旋的胚胎状态,表现为一群没有明显组织的雷暴云,可能有机会发展成热带气旋。

5　气象指数类

5.1

气象指数　meteorological index

根据生产、生活等活动与气象条件的关系,统计、计算得出的量化气象指标。

5.2

旅游指数　travel index

根据天气的变化情况,结合气温、风速等气象条件,从天气的角度给公众提供是否适宜出游的指标性参数。一般天气晴好,温度适宜的情况下最适宜出游;而酷热、严寒或空气质量差的天气条件下,则不适宜外出旅游。

5.3

穿衣指数　dressing index

根据对人体感觉温度有影响天空状况、气温、湿度及风等气象条件,对人们适宜穿着的服装进行分级,以提醒人们根据天气变化适当着装。

5.4

感冒指数　influenza index

根据当日温度、湿度、风速、天气现象、温度日较差等气象因素,给出可能导致人们罹患感冒的概率等指标。以便公众,特别是儿童、老人等易感人群可以在关注天气预报的同时,用感冒指数来确定感冒发生的概率和衣服的增减及活动的安排等。

5.5

紫外线指数　ultra-violet index

对紫外线强度由弱到强进行分级。由于过量的紫外线照射可使人体产生红斑、色素沉着,患皮肤黑瘤、皮肤癌及白内障等,了解紫外线指数能够帮助人们在日常生活中避免在紫外线辐射最强烈的那一段时间里晒太阳或提示外出时需要采取适当措施,防止强烈的紫外线过度照射危害人体健康。

5.6

洗车指数　car wash index

考虑过去12小时和未来48小时内有无雨雪天气,路面是否有积雪和泥水,是否容易使车辆溅上泥水;有无大风和沙尘天气,是否容易使汽车沾染灰尘等条件,给公众提供是否适宜洗车的指标性参数。

5.7

逛街指数　shopping index

根据温度,天气现象、风速等影响人们逛街的主要的气象因子,按一定的经验公式进行分级,以便公众根据逛街指数来安排自己的外出活动行程。

5.8

钓鱼指数　fishing index

根据气象因素对垂钓的影响程度,针对影响垂钓的主要气象因素:温度、风速、天气现象、温度日变化等,进行综合考虑,得出是否适合垂钓的指示性参数,人们可以据此选择合适的水域,在有利于钓鱼的气象条件下垂钓。

5.9

晨练指数　morning exercises index

根据气象因素对晨练时人身体健康的影响,制定出晨练环境气象要素标准,综合温度、风速、天气现象、前一天的降水情况等气象条件,给出是否适合晨练、适合何种性质晨练的参数。

6　环境气象类

6.1

大气颗粒物　particulate matter；PM

悬浮在大气中的固体和液体微粒。

注:是空气污染的重要来源,对空气质量和能见度等有重要影响。颗粒物粒径越小,在大气中的停留时间越长,输送距离越远,危害越大。

6.2

总悬浮颗粒物　total suspended particulate；TSP

空气动力学直径小于或等于 $100\ \mu m$ 的大气气溶胶粒子。

6.3

可吸入颗粒物　inhalable particles；PM_{10}

空气动力学直径小于或等于 $10\ \mu m$ 的大气气溶胶粒子。

注:能直接被吸入呼吸道而对人体健康造成危害。

6.4

细颗粒物　fine particles；$PM_{2.5}$

空气动力学直径小于或等于 $2.5\ \mu m$ 的大气气溶胶粒子。

注:由于 $PM_{2.5}$ 粒径更小,更容易吸附有毒害物质,具有更强的穿透力,对人体健康危害更大。

6.5

光化学烟雾　photochemical smog

大气中的氮氧化物、碳氢化合物等一次污染物在阳光作用下会发生光化学反应生成臭氧(O_3)、醛、酮、酸、过氧乙酰硝酸酯等二次污染物,参与此反应过程的一次污染物和二次污染物所组成的混合污染物。

6.6

反应性气体　reactive gas

大气中化学反应活性较强、能发生较快的大气化学反应并转化为其他大气成分的气体。

6.7

空气质量指数　air quality index；AQI

定量描述空气质量状况的指数。参与空气质量评价的主要污染物为 $PM_{2.5}$、PM_{10}、二氧化硫、二氧化氮、臭氧和一氧化碳六项。

> 注：由于六种污染物的浓度限值各有不同,在评价时各污染物都会根据不同的目标浓度值折算成空气质量分指数,
> AQI就是各项污染物空气质量分指数的最大值。

6.8

空气质量指数级别 grade of air quality index

空气质量指数分为六个级别,从一级至六级分别代表空气质量的优劣,一级为优、二级为良、三级为轻度污染、四级为中度污染、五级为重度污染、六级为严重污染。

6.9

空气污染气象条件 meteorological condition of air pollution

影响大气污染物稀释、扩散、聚积和清除的气象条件。

6.10

重污染天气 heavy pollution weather

空气质量指数(AQI)大于200,即空气质量达到5级(重度污染)及以上污染程度的大气污染。

6.11

酸雨 acid rain

pH值小于5.6的降水。是由于人类活动或自然排放源向大气中排放的酸性物质,经过复杂的大气化学和大气物理过程变化后,随着雨、雪等降水过程降落,导致雨水呈酸性。

7 其他服务类

7.1

个别地区 separately-area

一般指预报服务范围内小于10％的区域。

7.2

局部地区 regional-area

一般指预报服务范围内10％～30％的区域。

7.3

部分地区 part of area

一般指预报服务范围内有30％～50％的区域。

7.4

大部分地区 most areas

一般指预报服务范围内有50％～70％的区域。

7.5

普遍 common areas

一般指预报服务范围内70％～90％的区域。

7.6

回南天 Huinan Weather

广西、广东、福建、海南等华南地区对春季天气返潮现象的俗称。通常指春季前后,天气开始回暖,来自海洋含有丰富水分的气流遇到陆地的冰冷物体时,往往会在其表面冷凝成水珠,导致墙壁和地面等出现类似渗水的现象。

7.7

梅雨 Meiyu

通常6月—7月,江淮流域一带会出现雨期较长的连续降水过程。此时正值江南梅子成熟季节,故

称为"梅雨"。

7.8

入梅　Meiyu onset

梅雨开始日期。

7.9

出梅　Meiyu outset

梅雨结束的次日。

7.10

汛期　flood period

一年中江河、湖泊洪水明显集中出现、容易形成洪涝灾害的时期。

注：由于各河流所处的地理位置和降雨集中的季节不同，汛期的长短和时序也不相同。

7.11

龙舟水　dragon-boat precipitation

华南地区农历五月初五端午节前后的较大降水过程。

注：这期间南方暖湿气流活跃，与从北方南下的冷空气在广东、广西、福建、海南一带交汇，往往会出现持续大范围的强降水。

7.12

桃花汛　spring flood

春汛

桃汛

每年的 3 月下旬或 4 月上旬，黄河的宁夏、内蒙古河段冰凌融化，河水猛涨。河水流至下游时，正值沿岸地区春回大地、漫山遍野山桃花盛开的季节。

7.13

双台风效应　binary typhoons effect

藤原效应　Fujiwara effect

两个台风相距大约 1200 km 以内时会相互受到对方的影响，表现为两个台风沿着轴心逆时针（北半球）方向相互旋转。

7.14

初台风　the first typhoon

每年西北太平洋及南海海域生成的第一个台风。

7.15

夏台风　typhoon in summer

6 月—8 月出现的台风归为夏台风。

7.16

秋台风　typhoon in autumn

9 月—11 月出现的台风归为秋台风。

7.17

南海台风　typhoon in South China Sea

发生在中国南海中部偏东的海面上（12°N—20°N，90°E—120°E）的台风，是由南海生成的热带低压和从西北太平洋中移入南海的热带低压发展而成。

7.18

三伏天　canicular days

出现在小暑与立秋之间，一年中气温最高且又潮湿、闷热的日子。

注:分为头伏、二伏和三伏,统称为伏天或三伏。夏至后第三个庚日为头伏(或初伏)始日,第四个庚日为中伏始日,
立秋后的第一个庚日为末伏(或三伏)的始日,每伏10天,但有些年份中伏为20天。

7.19

地表温度 **ground surface temperature**

地面的温度。

注:不同于天气预报所报的气温。影响地表温度变化的因素较多,比如所处位置、地表湿度、气温、光照强度、地表材
质等。

7.20

体感温度 **apparent temperature**

人主观感受到的温度。

注1:受不同气象因素和人的不同耐热程度影响,人体感受的温度也不同。

注2:一般来说,温度越高,相对湿度对体感的增温作用也越明显。

7.21

中暑 **summerheat strobe**

热射病

因高温引起的人体体温调节功能失调,体内热量过度积蓄,从而导致神经器官受损。

注:热射病在中暑的分级中就是重症中暑,是一种致命性疾病,病死率高。该病通常发生在夏季高温同时伴有高湿
的天气。

7.22

城市热岛效应 **urban heatisland effect**

由于城市化发展,大量的人工散热及城市建筑群密集、柏油路和水泥路面吸热快而比热容量小等因
素,造成了同一时间城区气温(地表温度)普遍高于周围的郊区气温(地表温度)的现象。

7.23

秋高气爽 **autumn prime**

秋天天空清朗、明净,气候凉爽宜人。

注:秋天大气中的尘埃杂质微粒相对较少,大气透明度高,形成天高云淡的现象;同时,入秋后日短夜长,白天吸收的
太阳热量不够弥补夜晚散放热量,地面温度逐渐降低,气温凉爽,人们出汗较少,干而凉的空气使汗液很快蒸发
掉,因此给人们以"气爽"的感觉。

7.24

华西秋雨 **autumn rain of West China**

我国华西地区秋季多雨的特殊天气现象。主要出现在四川、重庆、渭水流域(甘肃南部和陕西中南
部)、汉水流域(陕西南部和湖北中西部)、云南东部、贵州等地。华西秋雨持续时间长,可以从9月持续
到11月左右。最早出现日期有时可从8月下旬开始,最晚在11月下旬结束。

7.25

风寒效应 **wind-chill effect**

一种因风所引起使体感温度较实际气温低的现象。

注:风速会影响到与人体表面可以接触到的空气的分量,风速越大,人体散失的热量越快越多,也就越感到寒冷。

7.26

数九 **shujiu**

一种民间节气,从冬至算起,每九天算一"九",一直数到"九九"八十一天,大致包括了公历3个月的
冬季时节。数九是一年中最冷的寒冬。

7.27

三九严寒 **coldest time of winter**

冬至后的第三个"九天"。

注：从气候上来看，过了冬至，地球吸收太阳辐射所储存的热量一天比一天少，到"三九"前后时，北半球热量的储存
　是一年最少的时候，所以也就最冷。

7.28

初雪　**first snow**

每年冬天的第一场雪。

7.29

积雪　**snow cover**

雪降落到地面后未能及时融化而堆积、覆盖地面一定区域的现象。

7.30

雪深　**snow depth**

积雪表面到达地面的垂直深度。

参 考 文 献

[1] GB 3095—2012　环境空气质量标准

[2] GB/T 21983—2008　暖冬等级

[3] GB/T 21984—2008　短期天气预报

[4] GB/T 28591　风力等级

[5] GB/T 28592—2012　降水量等级

[6] HJ 633—2012　环境空气质量指数(AQI)技术规定

[7] QX/T 48—2007　地面气象观测规范　第4部分:天气现象观测

[8] QX/T 51—2007　地面气象观测规范　第7部分:风向和风速观测

[9] QX/T 113—2010　霾的观测和预报等级

[10] QX/T 152—2012　气候季节划分

[11] QX/T 20480—2006　沙尘暴天气等级

[12] QX/T 27964—2011　雾的预报等级

[13] 中华人民共和国气象法,2000年1月1日起施行

[14] 中国气象局.气象灾害预警信号发布和传播办法:中国气象局令第16号[Z],2007年6月12日发布

[15] 《大气科学辞典》编委会.大气科学辞典[M].北京:气象出版社,1994

[16] 陈立亭,孙永罡,郑静娥,等.全国地面气候资料(1961~1990)统计方法[Z],1990

[17] 北京华风气象影视信息集团.电视气象基础[M].北京:气象出版社,2005

[18] 阮水根.电视气象服务与标准化[M].北京:气象出版社,2005

[19] 中国气象局,环境保护部.京津冀及周边地区重污染天气监测预警方案[Z],2013年9月30日发布

索　引

中文索引

英文索引

ICS 07. 060
A 47
备案号：61253—2018

中华人民共和国气象行业标准

QX/T 378—2017

公共气象服务产品文件命名规范

Specification for public meteorological service file naming

2017-06-09 发布   2017-10-01 实施

中 国 气 象 局   发 布

前　　言

本标准按照 GB/T 1.1—2009 给出的规则起草。

本标准由全国气象防灾减灾标准化技术委员会（SAC/TC 345）提出并归口。

本标准起草单位：中国气象局公共气象服务中心、国家气象中心。

本标准主要起草人：惠建忠、唐千红、薛峰、李伟、陈宇、兰海波、张振涛。

公共气象服务产品文件命名规范

1 范围

本标准规定了公共气象服务产品的文件命名规则、命名格式与字段说明。
本标准适用于公共气象服务。

2 规范性引用文件

下列文件对于本文件的应用是必不可少的。凡是注日期的引用文件,仅注日期的版本适用于本文件。凡是不注日期的引用文件,其最新版本(包括所有的修改单)适用于本文件。

GB/T 2260—2007 中华人民共和国行政区划代码

3 术语和定义

下列术语和定义适用于本文件。

3.1

公共气象服务产品 public meteorological service product
开展公共气象服务过程中产生和应用的相关产品。

3.2

编码 coding
给事物或概念赋予代码的过程。
[GB/T 10113—2003,定义2.2.1]

4 命名规则

气象服务产品文件名由产品标识、制作单位、业务门类、内容要素、地理高度、覆盖区域、发布时间、有效时长和存储格式,共9段组成。文件名中仅允许使用半角的大写英文字母"A"～"Z"、数字"0"～"9"和间隔符"-""_"和".",其中有效时长和产品存储格式之间为"."。

5 命名格式

公共气象服务产品的文件名格式为:
产品标识_制作单位_业务门类_内容要素_地理高度_覆盖区域_发布时间_有效时长.存储格式。

6 字段说明

6.1 产品标识

以MSPx作为文件名的第一个字段,为气象服务产品的固定标识代码;其中$x=1,2,3$,分别表示天气实况产品、基础预报产品、公共气象服务产品;可根据业务发展情况扩展。

6.2　制作单位

制作单位编码格式为 UUU 或 UUU-DDD,说明如下:

——UUU:为国家级、省/市/县级单位代码;国家级、省级制作单位编码见附录 A 表 A.1,市县级
单位编码见 GB/T 2260—2007;

——"-":为 UUU 和 DDD 之间的间隔符,若无 DDD 应省略;

——DDD:为直属单位代码,编码见附录 A 表 A.2。

6.3　业务门类

气象服务产品依其产品的内容和属性进行编码,每一种气象服务产品对应一个业务门类标识符,
表 A.3 中列出了部分产品业务门类,使用单位可根据本单位业务情况扩展。业务门类编码见附录 A
表 A.3。

6.4　内容要素

表示气象服务产品包含的内容要素,编码见附录 A 表 A.4。说明如下:

——当服务产品不具备要素特征,此项可用"E99"表示;

——当某种服务产品具备综合特征,此项可用"ME"表示。

6.5　地理高度

为产品垂直层次定位描述编码,编码见附录 A 表 A.5。

当服务产品不具备空间层次特征,此项可用"LNO"表示。

6.6　覆盖区域

表征气象服务产品所要覆盖的区域属性。说明如下:

——非雷达产品覆盖区域编码见附录 A 表 A.6;

——雷达产品覆盖区域编码见附录 A 表 A.7。

6.7　发布时间

为预报产品的起报时间、实况监测产品的观测时间或其他产品的发布时间,用 YYYYMMDDH-
HMMSS 表示。统一使用北京时间,说明如下:

——YYYY:4 位数字表示年;

——MM:2 位数字表示月;

——DD:2 位数字表示日;

——HH:2 位数字表示时,使用 24 小时格式;

——MM:2 位数字表示分;

——SS:2 位数字表示秒。

6.8　有效时长

为产品发布时间起计的产品有效时长,用"STTTT1-STTTT2"表示,当 STTTT 全为数字时,前 3
位表示小时数,后 2 位表示分钟数;STTTT 由字母和数字时,字母代表时间量级,数字表示该时间量级
的数量。说明如下:

——STTTT1:产品起始时间增量,编码说明见表 1;

——STTTT2:产品终止时间增量,编码说明见表 1;

——预报产品的 STTTT1、STTTT2 表示从起报时间向后的增量，STTTT2＞STTTT1；

——实况或其他产品的 STTTT1、STTTT2 表示观测/发布时间向前的增量，STTTT2＜STTTT1；

——当 STTTT1＝STTTT2 时，表示瞬时量产品或无需表示时间间隔的产品。

表 1　有效时长编码说明表

序号	S		TTTT	举例
	代码	说明	编码说明	
1	数字0～9	时	与S位一起组成5位的数字串，前三位数字表示小时，后两位表示分钟	24 小时：02400
2	D	天	4 位数字串，单位为天	3 天：D0003
3	W	周	4 位数字串，单位为周	10 周：W0010
4	T	旬	4 位数字串，单位为旬	2 旬：T0002
5	M	月	4 位数字串，单位为月	6 月：M0006
6	S	季度	4 位数字串，单位为季	2 季度：S0002
7	Y	年	4 位数字串，单位为年	30 年：Y0030

6.9　存储格式

反映气象服务产品文件的文件格式属性，用特定的标识符表示，具体见附录 A 表 A.8。

6.10　命名示例

命名参见下列示例。

示例 1：

国家气象中心制作华北区 2015 年 11 月 2 日 08 时到 11 月 3 日 08 时最高气温预报图

MSP2_NMC_WF_TMA_L88_NCN_20151102080000_00000-02400.JPG

示例 2：

安徽省气象局气象科学研究所 2015 年 5 月 1 日 08 时制作的安徽农业气象监测预报产品

MSP3_AH-IMSR_AGRMFCRA_ME_LNO_AH_20150501080000_00000-00000.DOC

附　录　A

（规范性附录）

公共气象服务产品文件命名属性编码表

表 A.1　国家级、省级制作单位编码表

序号	单位名称	单位编码	序号	单位名称	单位编码
1	国家气象中心	NMC	23	香港天文台	HK
2	国家气候中心	NCC	24	湖北省气象局	HB
3	国家卫星气象中心	NSMC	25	湖南省气象局	HN
4	国家气象信息中心	NMIC	26	江苏省气象局	JS
5	中国气象局气象探测中心	MOC	27	江西省气象局	JX
6	中国气象局公共气象服务中心	PMSC	28	吉林省气象局	JL
7	中国气象局气象宣传与科普中心	COC	29	辽宁省气象局	LN
8	中国气象科学研究院	CAMS	30	澳门地球物理暨气象局	MO
9	中国气象局气象干部培训学院	CMATC	31	内蒙古自治区气象局	NM
10	华风气象传媒集团有限责任公司	HMMG	32	宁夏回族自治区气象局	NX
11	安徽省气象局	AH	33	青海省气象局	QH
12	北京市气象局	BJ	34	山东省气象局	SD
13	重庆市气象局	CQ	35	上海市气象局	SH
14	福建省气象局	FJ	36	陕西省气象局	SN
15	甘肃省气象局	GS	37	山西省气象局	SX
16	广东省气象局	GD	38	四川省气象局	SC
17	广西壮族自治区气象局	GX	39	台湾省气象局	TW
18	贵州省气象局	GZ	40	天津市气象局	TJ
19	海南省气象局	HI	41	新疆维吾尔自治区气象局	XJ
20	河北省气象局	HE	42	西藏自治区气象局	XZ
21	黑龙江省气象局	HL	43	云南省气象局	YN
22	河南省气象局	HA	44	浙江省气象局	ZJ

表 A.2 直属单位编码表

序号	直属单位	单位编码	说明
1	气象台	MO	Meteorological Observatory
2	气候中心	CC	Climate Center
3	区域气候中心	RCC	Regional Climate Center
4	气象科学研究所	IMS	Institute of Meteorological Sciences
5	海洋气象台	OMO	Ocean Meteorological Observatory
6	气象服务中心	MSC	Meteorological Service Center
7	减灾服务中心	DRSC	Disaster Reduction Service Center
8	公众气象服务中心	PMSC	Public Meteorological Service Center
9	气象资讯服务中心	ISC	Information Service Center
10	防雷中心	LPC	Lightning Protection Center
11	人工影响天气办公室	WMO	Weather Modification Office
12	生态与农业气象中心	EAMC	Ecological and Agri－Meteorological Center
13	气象信息与技术保障中心	MIC	Meteorological Information Center
14	气象灾害监测预警中心	MDMWC	Meteorological Disaster Monitoring Warning Center
15	决策气象服务中心	DMSC	Decisional Meteorological Service Center
16	淮河流域气象中心	HBMC	Huai River Basin Meteorological Center
17	影视中心	MC	Media Center
18	气象信息网络中心	MIC	Meteorological Information Center
19	经济作物气象服务台	CCMO	Cash Crop Meteorological Observatory
20	农业遥感信息中心	ICARS	Information Center of Agricultural Remote Sensing
21	农业气象中心	AMC	Agri-Meteorological Center
22	大气环境科学研究所	IAES	Institute of Atmospheric Environmental Sciences
23	气象减灾研究所	IMD	Institute of Meteorological Disaster
24	大气本底基准观象台	AWBO	Atmosphere Watch Baseline Observatory
25	其他单位	OU	Other Unit

表 A.3 业务门类编码表

序号	一级	二级	三级	编码
1	天气实况产品 MSP1	自动站观测		AWS
2		人工观测		MANOBS
3		LAPS 分析		LAPS
4		雷达		RADAR
5		雷达反演		RADARIV

表 A.3 业务门类编码表(续)

序号	一级	二级	三级	编码
6	天气实况产品 MSP1	实景监测		CMRI
7		雷电监测		LTGM
8		卫星云图	FY-2E	FY2E
9			FY-2F	FY2F
10			FY-2G	FY2G
11			FY-3A	FY3A
12			FY-3B	FY3B
13			FY-3C	FY3C
14			FY-3D	FY3D
15			FY-4A	FY4A
16		气候监测	常规监测	CLGENM
17			专项监测	CLSM
18			异常监测	CLANM
19			重大事件监测	CLMEM
20			极端气候事件	CLEE
21			灾害监测	CLDM
22	基础预报产品 MSP2	天气预报		WF
23		天气预报(地理图)		WFGEO
24		落区预报		AREAF
25		分钟级定量降水预报	分钟级定量降水预报(带地理图)	MQPFGEO
26			分钟级定量降水预报	MQPF
27		天气警报		WFW
28		气象灾害预警信号		WFDWS
29		灾害性天气预报		WFD
30		数值预报	MM5 模式	NWPMM5
31			WRF 模式	NWPWRF
32			TYP 模式	NWPTYP
33			SAO 模式	NWPSAO
34			WRF-EPS 模式	NWPWRFE
35			GRAPS	NWPGRP
36			T639	HWPT639
37			HYSPLIT	NWPHYS
38		气候预测		CLP

表 A.3 业务门类编码表(续)

序号	一级	二级	三级	编码
39	基础预报产品 MSP2	空间天气产品	空间天气预报	SWSWFC
40			太阳活动预报	SWSACTFC
41			地磁活动预报	SWGMACTFC
42			电离层天气预报	SWIONSFC
43			中高层大气预报	SWMHFC
44			空间天气预警	SWSWAM
45	公共气象服务产品 MSP3	气候分析评估	气候综合分析评估	CLCAP
46			月气候影响评价	CLAPM
47			季度气候影响评价	CLAPS
48			年气候影响评价	CLAPY
49			气候公报	CLCM
50		气象灾害监测预报	洪涝	MDFLDMF
51			地质灾害	MDGEHMF
52			干旱灾害	MDDRGMF
53			高温灾害	MDTMAMF
54			低温灾害	MDTMIMF
55			冰冻灾害	MDFREMF
56			干热风	MDDRHWMF
57			病虫害	MDINSPMF
58		气象风险预警服务产品	洪水风险预警	MDRWFLD
59			山洪风险预警	MDRWTFLD
60			地质灾害气象风险预警	MDRWGEH
61			干旱灾害	MDRWDRG
62			高温灾害	MDRWTMA
63			低温灾害	MDRWTMI
64			冰冻灾害	MDRWFRE
65			干热风	MDRWDRHW
66			病虫害	MDRWINSP
67		气象风险预警指导产品	精细化定量降水估测	QPE
68			精细化定量降水预报	QPF
69			雷达定量降水估测	RPE
70			雷达定量降水预报	RPF
71			洪水风险预警	MDRWGFLD
72			山洪风险预警	MDRWGTFLD

表 A.3 业务门类编码表(续)

序号	一级	二级	三级	编码
73	公共气象服务产品 MSP3	气象风险预警指导产品	地质灾害气象风险预警	MDRWGGEH
74			干旱灾害	MDRWGDRG
75			高温灾害	MDRWGTMA
76			低温灾害	MDRWGTMI
77			冰冻灾害	MDRWGFRE
78			干热风	MDRWGDRHW
79			病虫害	MDRWGINSP
80		气象风险监测产品	洪水风险监测	MDRMFLD
81			山洪风险监测	MDRMTFLD
82			地质灾害气象风险监测	MDRMGEH
83			干旱灾害监测	MDRMDRG
84			高温灾害监测	MDRMTMA
85			低温灾害监测	MDRMTMI
86			冰冻灾害监测	MDRMFRE
87			干热风监测	MDRMDRHW
88			病虫害监测	MDRMINSP
89		气象灾害风险评估	洪涝	MDFLDRA
90			地质灾害	MDGEHRA
91			干旱灾害	MDDRGRA
92			高温灾害	MDTMARA
93			低温灾害	MDTMIRA
94			冰冻灾害	MDFRERA
95			干热风	MDDRHWRA
96			病虫害	MDINSPRA
97		LAPS 分析	3 km 分辨率分析产品	LAPS3KM
98			3 km 分辨率分析地理产品图	LAPS3KMGEO
99			1 km 分辨率分析地理产品图	LAPS1KMGEO
100			1 km 分辨率分析产品	LAPS1KM
101		卫星遥感服务	灾害监测和评估	RSDMA
102			环境监测和评估	RSENVMA
103			农业气象监测和评估	RSAGRMA
104		气候变化产品	气候变化事实	CLCAVE
105			气候变化预估	CLCPJT
106			气候变化影响评价(综合)	CLCIA

表 A.3 业务门类编码表(续)

序号	一级	二级	三级	编码
107	公共气象服务产品 MSP3	气候变化产品	气候变化适应与对策	CLCAC
108		气象服务效益评估	气象服务热线报告	SEVBAHLR
109			气象服务需求专报	SEVBARR
110			公众气象服务评价	SEVBAPSA
111			行业气象服务效益评估	SEVBACSA
112			气象服务典型案例	SEVBACC
113			专项气象服务效益评估	SEVBASSA
114			灾害性天气预报	SEVBAVDWF
115			农业气象服务	SEVBAVAGR
116			气象风险预警服务评估	SEVBARA
117		气象科普产品		POP
118		决策气象服务产品	重大气象信息专报	DMIMIB
119			重大气象信息快报	MDIMIL
120			领导专报	MDLSR
121			人工影响天气简报	MDAWB
122			农业气象服务材料	MDASM
123			联合会商材料	MDFSM
124			节假日气象服务	MDHMS
125			气象灾情快报	MDMDL
126			遥感信息专报	MDRSIR
127			天气过程总结	MDWPS
128			天气公报	MDWB
129		重大工程项目气象保障服务	气候可行性论证	MPMSSCF
130			施工气象保障服务	MPMSSC
131		重大活动保障		MEP
132		农业气象服务	灾害监测预报与风险评估产品(综合)	AGRMFCRA
133			播种预报	AGRSEDF
134			施肥预报	AGRFERTF
135			中耕预报	AGRCALTF
136			喷药预报	AGRSPRAYF
137			灌溉预报	AGRIRGF
138			收获预报	AGRHVTF
139			农业气象情报	AGRINF
140			农用天气预报	AGRFC

QX/T 378—2017

表 A.3 业务门类编码表(续)

序号	一级	二级	三级	编码
141	公共气象服务产品 MSP3	农业气象服务	农作物生育期预报	AGRGP
142			土壤墒情监测预报	SMMFC
143			关键农事季节专题	AGRKFST
144			特色和设施农业专题	AGRFFT
145			农作物产量预报	AGRYIEFC
146		交通气象服务	公路气象服务	TRHWY
147			高速公路气象服务	TRHIWY
148			公路气象预报指导产品	TWFI
149			公路气象预报订正产品	TWFA
150			铁路气象服务	TRRW
151			内河航运气象服务	TRINSP
152		海洋气象服务	海浪预报	OCESWFC
153			风暴潮预报	OCESTMSFC
154			航线气象服务	OCEALN
155			气象导航	OCEWNAV
156			赤潮监测预报	OCERTMFC
157			浒苔监测预报	OCEEPMFC
158			灾害预警	OCEDW
159			近海海区预报	OCEROFC
160			沿岸海区预报	OCECSFC
161			远海海区预报	OCEOSFC
162			渔场预报	OCEFISH
163			海岛预报	OCEISLAND
164			港口预报	OCEPORT
165		水文气象服务	水文气象监测和预报	HYDMFC
166			水文气象监测	HYDM
167			水文气象预报	HYDFC
168		环境气象服务	大气成分监测	ENVACM
169			大气成分预报	ENVACFC
170			空气质量预报	ENVAQFC
171			空气污染潜势预报	ENVAPPF
172			大气污染的影响评价	ENVAPIA
173			环境预报	ENVFC

162

表 A.3 业务门类编码表(续)

序号	一级	二级	三级	编码
174	公共气象服务产品 MSP3	旅游气象服务	景区天气预报	TPPIFC
175			景区负氧离子预报	TPNOIFC
176			旅游预报	TPFC
177		航空气象服务	航空天气预报	AIAWF
178			航线预报	AIALF
179			航空天气监测	AIAM
180		人工影响天气产品	作业条件预报	MWOCFC
181			作业条件监测识别	MWOCMR
182			作业条件潜势预报	MWOCPFC
183			作业条件临近预报	MWOCNFC
184			人工影响天气效益评估	MWBEFA
185		电力气象服务	电力调度预报	ELPDPFC
186			架空输电线覆冰预报	ELPWICFC
187			大风对架空输电线的影响评估	ELPWNDA
188		气象资源调查和环境评价		URA
189		重大事件应急服务		EMA
190		林业气象服务		FOR
191		草原气象服务		GLMS
192		牧业气象服务	牧区转场预报	ANITRANF
193			牲畜病害预报	ANIDISF
194		渔业气象服务	水产养殖气象服务	AQCTF
195			渔业捕捞气象服务	FISHF
196		生态气象产品	生态系统监测评估	ECOMA
197			植被监测	ECOVM
198		采矿业气象服务		MIN
199		制造业气象服务		MNU
200		燃气和水供应服务		GSW
201		建筑业气象服务		BLD
202		IT 业气象服务		INF
203		批发和零售业气象服务		HOS
204		住宿和餐饮业气象服务		DIN
205		金融业气象服务		FIN
206		房地产业气象服务		EST
207		租赁和商务服务业气象服务		LEA

表 A.3 业务门类编码表(续)

序号	一级	二级	三级	编码
208	公共气象服务产品 MSP3	科技气象服务		TCH
209		地质勘查业气象服务		PRO
210		能源气象服务	风电场风力监测和预报	ENGWPFC
211			风电场发电量监测和预报	ENGPMFC
212			太阳能监测预报	ENGSOLMFC
213		居民服务和其他服务业气象服务		SEV
214				
215		教育气象服务		EDU
216		健康气象服务	疾病预报	HLHFC
			其他预报	HLHDFC
217		社会保障和社会福利业气象服务		WEL
218				
219		体育气象服务		SPT
220		保险气象服务	农业保险天气指数	INSAGRI
			畜牧业保险气象指数	INSLSI
221			林业保险气象指数	INSFORI
222			养殖业保险气象指数	INSBEDI
223			旅游保险气象指数	INSTRI
224			重大交通事故保险气象指数	INSTAI
225			风能能源保险气象指数	INSWNDENGI
226			电力能源保险气象指数	INSPOWI
227			天气风险期货指数	INSWRFI
228			保险期货气象灾害预警	INSFDW
229		影视气象服务	《朝闻天下》天气预报	TVCWTX
230			午间天气预报	TVWJ
231			《联播天气预报》	TVLB
232			影视灾情	DVI
233			气象局专题	SPC
234			气象局新闻	HNW
235			气象局要闻	HKN
236			WAP节目	WAP
237			日播节目	HDP
238			午间新闻	WJXW
239			新闻联播	XWLB

表 A.3　业务门类编码表(续)

序号	一级	二级	三级	编码
240	公共气象服务产品 MSP3	影视气象服务	《第一印象》	TVDYYX
241			《中国新闻》天气预报	TVZGXW
242			《天气体育》	TVTQTY
243			《英语新闻》天气预报	TVYYXW
244			《天气在变化》	TVTQBH
245			《凤凰气象站》	TVFH
246			国家气象播报	TVBB
247			气象今日谈	TVJRT
248			天气预报	TVFC
249			景点天气预报	TVTA
250		12121声讯产品	景点天气预报	12121TA
251			早晨主信箱	12121MMB
252			上午主信箱	12121NMB
253			下午主信箱	12121AMB
254			上下班天气预报	12121CTFC
255			天气展望	12121WO
256			生活资讯	12121LNEWS
257			气象科普	12121POP
258		手机气象服务	景点天气	CPTA
259			气象服务手机报	CPINEWS
260			城市天气	CPCITY
261			区域天气	CPAREA
262			农业天气	CPAGR
263			未来三天天气	CP72HFC
264			手机彩信	CPMMS
265			手机短信	CPSMS
266		指数预报		WFI
267		新闻发布会材料		PRECM
268		多行业气象服务		MUL

表 A.4　内容要素编码表

序号	编码	要素说明	序号	编码	要素说明
1	PRCPV	降水量	35	FLOOD	洪涝
2	WS	风速	36	DST	沙尘
3	WD	风向	37	TLOGP	T-logp 图
4	RH	相对湿度	38	FOG	雾
5	SLT	海面温度	39	HAZE	霾
6	P	气压	40	DNB	下击暴流
7	TT1	平均气温	41	REDTIDE	赤潮
8	TMI	最低气温	42	STSG	风暴潮
9	TMA	最高气温	43	AEROSOL	气溶胶
10	TM1	最低气温距平	44	TSP	总悬浮物
11	TH1	最高气温距平	45	PM1	PM_1
12	TA1	气温距平	46	PM25	$PM_{2.5}$
13	MMT	月平均气温距平	47	PM10	PM_{10}
14	TP	位温	48	AIR	空气质量
15	TV	虚温	49	CO	一氧化碳
16	T	气温	50	SO2	二氧化硫
17	TMIDS	低温日数	51	EPH	降水酸度
18	TMADS	高温日数	52	ACIDR	酸雨
19	RSDS	暴雨日数	53	O3	臭氧
20	STAI	稳定指数	54	NO2	二氧化氮
21	GHG	温室气体	55	EK	降水电导率
22	Z6	水温	56	WP1	天气现象（MOF）
23	TPY	台风	57	PVH	变高
24	P0	气压（Pa）	58	Q0	比湿
25	VIS	能见度	59	LANINA	拉尼娜
26	SH	日照	60	ELNINO	厄尔尼诺
27	TD	露点温度	61	SO	南方涛动
28	PREPH	降水相态	62	HAIL	冰雹
29	SNOW	降雪	63	FLOODS	渍涝
30	PRCP	降水	64	RS	暴雨
31	SNOWD	积雪深度	65	UBWATLOG	城市内涝
32	FR	冻雨	66	MUDSLID	泥石流
33	SS	沙尘暴	67	LANDSLID	滑坡
34	TL	雷电	68	FLAFLOOD	山洪

表 A.4　内容要素编码表(续)

序号	编码	要素说明	序号	编码	要素说明
69	DROUGHT	干旱	103	ABK	本旬要点
70	DIVERG	散度	104	AB	全国农业气象旬报
71	DEWP	露点	105	SM	土壤水分含量
72	HOT	高温	106	ST	土壤温度
73	FROST	霜	107	YC1	油菜
74	CDWAVE	寒潮	108	DD1	大豆
75	CDAIR	冷空气	109	GZ1	甘蔗
76	STRCONV	强对流	110	HS1	花生
77	Z5	大尺度雪	111	MC1	牧草
78	FREEZE	冰冻	112	MH1	棉花
79	POINT	要点	113	MLS1	马铃薯
80	OUTLOOK	展望	114	XM2	春小麦
81	CFD	城市火险	115	YM2	春玉米
82	RAD	雨日数	116	SD4	一季稻
83	WID	大风日数	117	SD3	晚稻
84	AGR	农业	118	SD2	早稻
85	FOODC	粮食作物	119	SD1	水稻
86	OILC	油料作物	120	YM3	夏玉米
87	AHCY	秋收作物产量	121	YM1	玉米
88	WIN	秋收作物及粮食产量	122	XM3	冬小麦
89	SUM	夏收粮油作物产量	123	XM1	小麦
90	AD	农业干旱	124	ORANGE	脐橙
91	CGS	作物长势	125	CHESTNUT	板栗
92	CAG	作物面积	126	PERSIMON	柿子
93	DT1	土壤墒情对比分析	127	CITRUS	柑橘
94	GT1	干土层厚度	128	LONGAN	龙眼
95	TR1	土壤水分	129	PINEAP	菠萝
96	TR	土壤水分监测统计	130	LITCHI	荔枝
97	PN1	粮食总产量	131	MANGO	芒果
98	DW	病虫害	132	APPLE	苹果
99	AGRMON	全国农业气象月报	133	BANANA	香蕉
100	CRP	主要农作物气象灾害	134	PEAR	梨
101	MSG	农业气象情报	135	RTEM	路面温度
102	ABF	旬报展望	136	MUATM	中高层大气

表 A.4 内容要素编码表(续)

序号	编码	要素说明	序号	编码	要素说明
137	LNSW	电离层天气	171	ZW	液态水含量
138	GEOMA	地磁活动	172	CLW	柱过冷云水量
139	SLA	太阳活动	173	WD12	12 小时风(MOF)
140	SWE	空间天气	174	Y7	H 的预报误差
141	CCT	对流云追踪	175	KI	K 指数
142	WATVCP	水汽云图	176	TS	TS 评分
143	VISCP	可见光云图	177	EW	σ 坐标垂直速度
144	MIRCP	中红外云图	178	RD	饱和差
145	IR2CP	红外二云图	179	BD	边界层消散
146	IR1CP	红外一云图	180	IC	冰含量
147	IRCP	红外云图	181	IT	冰厚度
148	IR1COLCP	红外一增强云图	182	II	冰散度
149	IR2COLCP	红外二增强云图	183	IG	冰增长率
150	WATVCOLCP	水汽增强云图	184	V6	超长波合成
151	WVP	水汽	185	WU	垂直 U 分量切变
152	VL	可见光	186	WV	垂直 V 分量切变
153	HSP	热源点	187	VAWC	垂直累积液态含水量
154	LW	柱云水量	188	W0	垂直速度(m/s)
155	SUMQ	总水凝物含量	189	WP	垂直速度(Pa/s)
156	NGN	霰浓度	190	TLR	递减率
157	NSN	雪浓度	191	VD	第二波浪方向
158	NI	冰晶浓度	192	VP	第二波浪平均周期
159	NR	雨滴浓度	193	UD	第一波浪方向
160	QG	霰含量	194	UP	第一波浪平均周期
161	QS	雪含量	195	Y2	动量通量,U 分量
162	QI	冰晶含量	196	Y3	动量通量,V 分量
163	QR	雨水含量	197	WEH	风波的有效高度
164	QC	云水含量	198	DA	风场(包含风向风速)
165	ZTOP	云顶高度	199	DU	风的 U 分量
166	TTOP	云顶温度	200	DV	风的 V 分量
167	TBB	云顶黑体亮温	201	Y4	风的混合能量
168	REF	云粒子有效半径	202	WWX	风速相对误差
169	HH	云体过冷层厚度	203	IU	浮冰的 U 分量
170	SN1	雪覆盖率	204	IV	浮冰的 V 分量

表 A.4 内容要素编码表(续)

序号	编码	要素说明	序号	编码	要素说明
205	ID	浮冰方向	239	OI	大气涛动指数
206	IS	浮冰速度	240	FN	重要天气预告
207	FHA	副高面积	241	VGGD	植被生态气象等级与去年同期对比
208	FHJ	副高西脊点			
209	BF	感热通量	242	V4	月平均高度
210	V9	高度,涡度	243	MDP	月降水距平百分率预报
211	GHW	高度相对误差	244	W7	月平均地面气压距平
212	HD	高度预报误差	245	W2	五天平均高度趋势
213	X1	海浪	246	X6	天气趋势
214	X9	海流	247	CLEVE	重大气候事件
215	W4	海平面平均温度距平	248	XES	重大灾害天气气候事件
216	PD	海平面气压预报误差	249	SSTI	海温指数
217	W5	海平面状况	250	NINO	NINO 区指数
218	Y8	厚度	251	EL	大尺度降水
219	V5	环流指数环流特征量	252	SR	地面粗糙度
220	XL	预报效率	253	PF	地面分析
221	X5	重要天气预报	254	V8	地面气压,降水
222	X7	综合预报	255	EC	对流降水
223	NJ	最低温度预报绝对误差	256	STI	风暴追踪信息
224	NXD	最低温度预报相对误差	257	TITAN	强风暴追踪
225	MJ	最高温度预报绝对误差	258	UDTPS	用户需求任务处理单
226	MXD	最高温度预报相对误差	259	NEWSTXT	新闻稿
227	KB	空报	260	NATECO	自然生态系统
228	LB	漏报	261	HUMANH	人体健康
229	T0G2	地面温度概率 2	262	WATRES	水资源
230	T0G1	地面温度概率 1	263	GEOD	地质灾害
231	RG5	降水概率 5 级	264	SICE	海冰
232	XTR	气温和降水异常	265	ETRMP	浒苔
233	HLJC	中国旱涝气候公报	266	RVTHAW	河流解冻
234	HN	夏季降温耗能变率	267	RVFRZ	河流封冻
235	CN	冬季采暖耗能变率	268	TRANSP	交通运输
236	SSD	炎热指数、寒冷指数、实感温度	269	RICE	铁轨结冰
237	MS	平均海平面偏差	270	RHTEM	道路高温
238	WMP	暖池	271	LOWVIS	低能见度

表 A.4 内容要素编码表（续）

序号	编码	要素说明	序号	编码	要素说明
272	ROADI	道路结冰	306	MTF	雷电移动趋势
273	RPROF	航线剖面	307	LTN	地闪
274	WIREI	电线结冰	308	PBLH	边界层高度
275	VERTWS	垂直风切变	309	TDS	降温幅度
276	PEPT	假相当位温	310	WO	台风路径
277	CAPE1	对流有效位能	311	WT	台风警报
278	RA	水汽通量散度	312	RA1	降水量距平
279	RF	水汽通量	313	REFF	反射率因子
280	MSSA	中尺度分析	314	Z9	基本反射率
281	WEAC	天气图	315	Z8	组合反射率
282	SKYC	天空状况	316	CW	云水量
283	GLFD	草原火险	317	CH	高云量
284	FFD	森林火险	318	CM	中云量
285	ICRWN	道路结冰预警	319	CL	低云量
286	HAZWN	霾预警	320	CC	对流云量
287	FOGWN	大雾警报	321	CT	总云量
288	FRTWN	霜冻预警	322	RE	蒸发量
289	HLWN	冰雹预警	323	RP	水汽压
290	THDWN	雷电预警	324	TLP	露点低压
291	DGWN	干旱预警	325	TF	假绝热位温
292	HTWN	高温预警	326	GALE	大风
293	SSWN	沙尘暴预警	327	G0	位势
294	GALWN	大风预警	328	VISA	能见度平均
295	CWWN	寒潮预警	329	MEA	多要素平均
296	BLZWN	暴雪预警	330	PR	平均海平面气压
297	RSWN	暴雨预警	331	WSA	平均风速
298	TYPWN	台风预警	332	ME	综合
299	WRA	雷电危害预警	333	E99	缺省值
300	TDE	日雷电密度分布	334	UPWIND	高空风
301	TST	日雷电强度分布	335	POLN	花粉
302	TTI	日雷电时间分布	336	CDVCD	心血管病
303	CAR	等高面反射率	337	RPTD	呼吸疾病
304	ETA	雷达回波顶高	338	GENC	发电量
305	ROI	雷电重点区域	339	PWDIS	电力调度

表 A.4 内容要素编码表（续）

序号	编码	要素说明	序号	编码	要素说明
340	SSTT	污染物地面沉降浓度	373	Y9	飞行层（3900）
341	SEAC	污染物浓度扩散	374	EB	雷暴概率
342	ABL	污染物扩散轨迹	375	FU	流的 U 分量
343	AP	面雨量	376	FV	流的 V 分量
344	PAP	点/面雨量	377	FD	流方向
345	PP	点雨量	378	DF	流函数
346	UVI	紫外线强度	379	FS	流速度
347	RCON	路面状况	380	WS1	流线
348	Z81	土地粗糙度	381	EZ1	蒙哥马利流函数
349	EV3	光谱（3）	382	USTAR	摩擦速度
350	EV2	光谱（2）	383	PH	平均高度
351	EV1	光谱（1）	384	MHD	平均高度距平球展系数
352	NG	全球辐射	385	OD	平均浪向
353	NS	短波辐射	386	OP	平均浪周期
354	NL	长波辐射	387	ATA	平均温度距平
355	NC	净长波辐射（大气层）	388	OK	平均有效浪高
356	ND	净短波辐射（大气层）	389	LF	潜热通量
357	NA	净长波辐射（地表面）	390	CPO	强对流发生概率
358	NB	净短波辐射（地表面）	391	CR	强对流可能发生区域
359	ABD	地面反照率	392	AR	强降水可能发生区域
360	LA	叶面积指数	393	SWEAP	强天气概率
361	CCG	植被覆盖度	394	DI	散度
362	Z3	云冰	395	RM	湿度混合比
363	PB	云层分析图	396	MT	瞬间的斜温层深度
364	OLR	射出长波辐射量	397	DP	速度势
365	RG4	降水概率 4 级	398	GA	位势的高度距平
366	RG3	降水概率 3 级	399	GH	位势高度
367	RG2	降水概率 2 级	400	TA	温度距平
368	RG1	降水概率 1 级	401	TH	温度露点差
369	CAPE	对流不稳定能量	402	TC	温度平流
370	UVIDG	紫外线指数和防御指南	403	T0W	温度相对误差
371	TAMIX2	综合预报 2（雾、霾、CO 中毒落区）	404	TE	温度预报误差
372	TAMIX1	综合预报 1（高温、降温、大风、沙尘落区）	405	SRH	土壤相对湿度
			406	V0	涡度

表 A.4 内容要素编码表(续)

序号	编码	要素说明	序号	编码	要素说明
407	W9	涡度距平	439	EU6	重要天气,对流层顶,飞行层最大风
408	VB	涡度平流			
409	XFZ	西风指数	440	EU5	温度,风,垂直速度分析
410	SY	系统偏差	441	EU4	风,温度
411	Z2	相对比湿	442	EU3	温度,湿度
412	Y6	相对辐射	443	EU2	高度,温度,湿度
413	RI	相对散度	444	EU1	地面气压,温度
414	RV	相对涡度	445	FF	流场
415	Y1	雪融水	446	VEC	矢量风
416	OS	盐度	447	DPA	速度势距平
417	KP	涌浪的平均周期	448	SSTA	海温变率
418	KH	涌浪的有效高度	449	OT	深层海温
419	KD	涌浪方向	450	SST	海面温度
420	TT	极端温度(MOF)	451	FWA	流函数距平及矢量风距平
421	H0	几何高度	452	FW	流函数及矢量风
422	JQ	技巧评分	453	MA	主要的斜温层距平
423	TB	假相位温	454	MH	主要的斜温层深度
424	AI	绝对散度	455	SUBHI	副高指数
425	AV	绝对涡度	456	CIRCLI	环流指数
426	LYD	过冷云水顶温度	457	PVI	极涡指数
427	FMA	最大风力	458	RDP	降水距平百分率
428	VS	风的南风分量	459	ER	降水率
429	U	风的西风分量	460	SE	降雪水当量
430	SSW	沙尘浓度	461	ACC	距平相关系数
431	SDEP	沙尘暴沉降量	462	RMS	均方根误差
432	SFLX	沙尘暴起沙量	463	PA	气压距平
433	CWL	全球干旱指数	464	PT	气压倾向
434	FB	高空风、温度	465	P0W	气压相对误差
435	EQ1	平均温度,海流	466	EA1	雷达光谱(1)
436	EU9	高度,温度,风分析	467	EA2	雷达光谱(2)
437	EU8	500 hPa,700 hPa,850 hPa 高度和地面预报	468	EA3	雷达光谱(3)
			469	ET	回波顶高
438	EU7	欧亚重要天气,对流层顶,飞行层最大风	470	MD	混合层深度
			471	SD	积雪深度水当量

表 A.4 内容要素编码表(续)

序号	编码	要素说明	序号	编码	要素说明
472	V	基本径向速度	506	IBP	高血压气象指数
473	SW	基本谱宽	507	IAC	空调开启指数
474	Z7	陆地覆盖率	508	ITW	出行气象指数
475	THI	对流抑制	509	ILW	生活气象指数
476	UCHS	用户投诉处理单	510	IAW	过敏气象指数
477	EHAIL	冰雹	511	SPI	干旱监测 SPI 综合指数
478	PMI	最小降水量	512	CI	干旱监测 CI 综合指数
479	WSMI	最小风速	513	IYH	约会指数
480	PMA	最大降水量	514	IYD	运动指数
481	WSMA	最大风速	515	IXQ	心情指数
482	Z4	对流雪	516	IXC	洗车指数
483	TEWI	旅游保险气象指数	517	IWC	风寒指数
484	AIMI	养殖业保险气象指数	518	IUVI	紫外线强度指数
485	FIWI	林业保险气象指数	519	ITR	旅游指数
486	AHIMI	畜牧业保险气象指数	520	IST	体感温度
487	AGRIMI	农业保险天气指数	521	IPP	化妆指数
488	WRI	天气风险期货指数	522	IPL	空气污染扩散条件指数
489	EEWI	电力能源保险气象指数	523	IPK	放风筝指数
490	TAWI	重大交通事故保险气象指数	524	IPJ	啤酒指数
491	WWI	风能能源保险气象指数	525	INL	夜生活指数
492	VGI	生态气象优劣评价指数	526	IMF	美发指数
493	NGI	北方牧草生长气象优劣指数	527	IZS	中暑指数
494	GGMPCI	牧草生长气象优劣指数	528	IYS	雨伞指数
495	ILS	晾晒指数	529	NGM	牧草长势监测
496	ILK	路况指数	530	NGID	北方牧草生长气象优劣指数与去年同期的对比
497	IJT	交通指数			
498	IHC	划船指数	531	NGMF	北方草地生态气象监测预测信息
499	IGM	感冒指数			
500	IGJ	逛街指数	532	VGIG	不同地表覆盖类型的生态气象优劣指数与分级
501	IFS	防晒指数			
502	IDY	钓鱼指数	533	VGG	植被生态气象等级
503	ICT	穿衣指数	534	VGMA	植被生态气象监测与评估
504	ICO	舒适度指数	535	VG	植被生态气象
505	ICL	晨练指数			

表 A.5　地理高度编码表

序号	层次说明	编码	序号	层次说明	编码
1	1000 hPa	L99	23	250 hPa	L25
2	高度特性层	L98	24	200 hPa	L20
3	对流层顶	L97	25	150 hPa	L15
4	最大风层	L96	26	100 hPa	L10
5	950 hPa	L95	27	70 hPa	L07
6	0℃等温层	L94	28	50 hPa	L05
7	海洋深层	L93	29	30 hPa	L03
8	925 hPa	L92	30	20 hPa	L02
9	大气层顶	L91	31	10 hPa	L01
10	900 hPa	L90	32	整层大气	L00
11	海平面	L89	33	500 m 高度	L500M
12	地面或水面特性	L88	34	200 m 高度	L200M
13	（待分配）	L87	35	100 m 高度	L100M
14	边界层	L86	36	10 m 高度	L10M
15	850 hPa	L85	37	2 m 高度	L2M
16	800 hPa	L80	38	1 m 高度	L1M
17	700 hPa	L70	39	10 cm 土壤	LM10
18	600 hPa	L60	40	20 cm 土壤	LM20
19	550 hPa	L55	41	50 cm 土壤	LM50
20	500 hPa	L50	42	70 cm 土壤	LM70
21	400 hPa	L40	43	100 cm 土壤	LM100
22	300 hPa	L30	44	缺省	LNO

表 A.6　非雷达产品覆盖区域编码表

序号	编码	产品覆盖区域	序号	编码	产品覆盖区域
1	GLB	全球	9	ALT	大西洋
2	SHE	南半球	10	IND	印度洋
3	NHE	北半球	11	EUA	欧亚地区
4	EN	东北半球	12	CWP	中国及西太平洋海区
5	SOH	南半球热带	13	GY	亚洲
6	SPO	南极地区	14	GO	欧洲
7	NPO	北极地区	15	GM	美洲
8	PAC	太平洋	16	GD	大洋洲

表 A.6 非雷达产品覆盖区域编码表(续)

序号	编码	产品覆盖区域	序号	编码	产品覆盖区域
17	NE	东北太平洋	49	SH	上海市
18	EA	东亚	50	JS	江苏省
19	ESA	东南亚	51	ZJ	浙江省
20	NEA	东北亚	52	AH	安徽省
21	EQU	赤道	53	FJ	福建省
22	NINO3	NINO3 区	54	JX	江西省
23	NINOZ	NINOZ 区	55	SD	山东省
24	BHH	黄淮流域	56	HA	河南省
25	BCJ	长江流域	57	HB	湖北省
26	CES	东南沿海地区	58	HN	湖南省
27	7R	七大江河流域	59	GD	广东省
28	CT	国内主要城市	60	GX	广西壮族自治区
29	OT	国际主要城市	61	HI	海南省
30	TOU	旅游城市	62	CQ	重庆市
31	CHN	中华人民共和国	63	SC	四川省
32	NEC	东北	64	GZ	贵州省
33	NWC	西北	65	YN	云南省
34	CCN	华北	66	XZ	西藏自治区
35	ECN	华东	67	SN	陕西省
36	NCN	华中	68	GS	甘肃省
37	SCN	华南	69	QH	青海省
38	SWC	西南	70	NX	宁夏回族自治区
39	TIB	青藏高原	71	XJ	新疆维吾尔自治区
40	SCJ	三峡地区	72	TW	台湾省
41	BJ	北京市	73	HK	香港特别行政区
42	TJ	天津市	74	AM	澳门特别行政区
43	HE	河北省	75	R2	中国不确定区域
44	SX	山西省	76	ST	单站
45	NM	内蒙古自治区	77	UCJ	长江中上游
46	LN	辽宁省	78	LCJ	长江中下游
47	JL	吉林省	79	SCS	南海海域
48	HL	黑龙江省	80	A99	缺省

表 A.7 雷达产品覆盖区域编码表

站址名称	编码(站号)	站址名称	编码(站号)	站址名称	编码(站号)
阜阳	Z9558	宝鸡	Z9917	九三农管局	Z9084
合肥	Z9551	汉中	Z9916	哈尔滨	Z9451
黄山	Z9559	商洛	Z9914	黑河	Z9456
马鞍山	Z9555	西安	Z9290	加格达奇	Z9457
铜陵	Z9562	延安	Z9911	佳木斯	Z9454
宣城	Z9563	榆林	Z9912	建三江	Z9085
安庆	Z9556	上海南汇	Z9210	牡丹江	Z9453
蚌埠	Z9552	上海青浦	Z9002	齐齐哈尔	Z9452
北京大兴	Z9010	长治	Z9355	伊春	Z9458
北京海淀	Z9000	大同	Z9352	恩施	Z9718
重庆	Z9230	临汾	Z9357	荆州	Z9716
黔江	Z9091	吕梁	Z9358	麻城	Z9713
万州	Z9090	太原	Z9351	神农架	Z9060
永川	Z9092	五寨	Z9350	十堰	Z9719
东山	Z9596	滨州	Z9543	随州	Z9722
福州	Z9591	齐河	Z9531	武汉	Z9270
建阳	Z9599	临沂	Z9539	襄樊	Z9710
龙岩	Z9597	青岛	Z9532	宜昌	Z9717
宁德	Z9593	荣成	Z9631	安化	Z9737
泉州	Z9595	泰山	Z9538	常德	Z9736
三明	Z9598	潍坊	Z9536	长沙	Z9731
厦门	Z9592	烟台	Z9535	郴州	Z9735
甘南	Z9941	阿坝	Z9837	衡阳	Z9734
嘉峪关	Z9937	成都	Z9280	怀化	Z9745
兰州	Z9931	达州	Z9818	邵阳	Z9739
天水	Z9938	甘孜	Z9836	永州	Z9746
西峰	Z9934	广元	Z9839	岳阳	Z9730
张掖	Z9936	乐山	Z9833	张家界	Z9744
广州	Z9200	绵阳	Z9816	白城	Z9436
河源	Z9762	南充	Z9817	白山	Z9439
连州	Z9763	西昌	Z9834	长春	Z9431
梅州	Z9753	宜宾	Z9831	吉林市	Z9432
汕头	Z9754	塘沽	Z9220	松原	Z9438
汕尾	Z9660	阿克苏	Z9997	延吉	Z9433

表 A.7 雷达产品覆盖区域编码表(续)

站址名称	编码(站号)	站址名称	编码(站号)	站址名称	编码(站号)
韶关	Z9751	阿拉尔	Z9086	常州	Z9519
深圳	Z9755	和田	Z9903	淮安	Z9517
阳江	Z9662	喀什	Z9998	连云港	Z9518
湛江	Z9759	克拉玛依	Z9990	南京	Z9250
肇庆	Z9758	库尔勒	Z9996	南通	Z9513
毕节	Z9857	奎屯	Z9080	泰州	Z9523
都匀	Z9854	石河子	Z9993	徐州	Z9516
贵阳	Z9851	塔斯尔海	Z9083	盐城	Z9515
六盘水	Z9858	图木舒克	Z9082	抚州	Z9794
黔东南	Z9855	乌鲁木齐	Z9991	赣州	Z9797
铜仁	Z9856	五家渠	Z9081	吉安	Z9796
兴义	Z9859	伊宁	Z9999	景德镇	Z9798
遵义	Z9852	拉萨	Z9891	九江	Z9792
百色	Z9776	林芝	Z9894	南昌	Z9791
北海	Z9779	那曲	Z9896	上饶	Z9793
崇左	Z9075	日喀则	Z9892	宜春	Z9795
防城港	Z9770	大理	Z9872	朝阳	Z9421
桂林	Z9773	德宏	Z9692	大连	Z9411
河池	Z9778	昆明	Z9871	丹东	Z9415
柳州	Z9772	丽江	Z9888	辽源	Z9437
南宁	Z9771	普洱	Z9879	沈阳	Z9240
梧州	Z9774	文山	Z9876	营口	Z9417
玉林	Z9775	昭通	Z9870	赤峰	Z9476
东方	Z9072	杭州	Z9571	鄂尔多斯	Z9477
海口	Z9898	湖州	Z9572	海拉尔	Z9470
三亚	Z9070	金华	Z9579	呼和浩特	Z9471
万宁	Z9073	丽水	Z9578	霍林郭勒	Z9020
西沙	Z9071	宁波	Z9574	临河	Z9478
洛阳	Z9379	衢州	Z9570	满洲里	Z9021
南阳	Z9377	台州	Z9576	通辽	Z9475
平顶山	Z9375	温州	Z9577	乌兰察布	Z9474
濮阳	Z9393	舟山	Z9580	固原	Z9954
三门峡	Z9398	沧州	Z9317	吴忠	Z9953
商丘	Z9370	承德	Z9314	银川	Z9951

表 A.7 雷达产品覆盖区域编码表(续)

站址名称	编码(站号)	站址名称	编码(站号)	站址名称	编码(站号)
信阳	Z9376	邯郸	Z9310	海北	Z9970
郑州	Z9371	秦皇岛	Z9335	西宁	Z9971
驻马店	Z9396	石家庄	Z9311		
安康	Z9915	张北	Z9313		

表 A.8 存储格式标识符

序号	数据文件类型(格式)	标识符	序号	数据文件类型(格式)	标识符
1	ASCII 字符文件	TXT	18	Postscript 格式文件	PS
2	非通用二进制格式文件	BIN	19	MPEG 格式多媒体文件	MPG
3	GRID 码格式文件	GRD	20	JPEG 格式图像文件	JPG
4	GRIB1 格式文件	GRB1	21	HTML 格式文件	HTM
5	GRIB2 格式文件	GRB2	22	Microsoft Word 文件	DOC
6	BUFFER 码格式文件	BUF	23	传真图	FAX
7	CREX 码格式文件	CRX	24	MICAPS 通用格式文件	MIC
8	传统电报格式文件	REP	25	XML 格式文件	XML
9	元数据文件	MET	26	AWX 格式文件	AWX
10	TIFF 格式图像文件	TIF	27	HDF 格式文件	HDF
11	GIF 格式图像文件	GIF	28	ZIP/RAR 格式文件	ZIP/RAR
12	PNG 格式图像文件	PNG	29	DBF 格式文件	DBF
13	流媒体格式	WMV	30	MICAPS 第四类数据格式	MIC04
14	MICAPS 第三类数据格式	MIC03	31	MICAPS 第十四类数据格式	MIC14
15	MICAPS 第十三类云图数据格式	MIC13	32	TAR 压缩文件	TAR
16	定量降水估计数据格式	BZ2	33	7Z 压缩文件	7Z
17	Netcdf 格式文件	NC	34	其他格式	OFOR

参 考 文 献

[1] GB/T 10113—2003 分类与编码通用术语
[2] QX/T 102—2009 气象资料分类与编码

ICS 07.060

A 47

备案号：61254—2018

中华人民共和国气象行业标准

QX/T 379—2017

卫星遥感南海夏季风爆发监测技术导则

Technical guide for monitoring the onset of South China Sea summer monsoon by satellite remote sensing products

2017-06-09 发布

2017-10-01 实施

中 国 气 象 局 发布

前　言

本标准按照 GB/T 1.1—2009 给出的规则起草。

本标准由全国卫星气象与空间天气标准化技术委员会(SAC/TC 347)提出并归口。

本标准起草单位:国家卫星气象中心。

本标准主要起草人:任素玲、蒋建莹、李云、吴晓京。

卫星遥感南海夏季风爆发监测技术导则

1 范围

本标准规定了气象卫星遥感监测南海夏季风爆发所使用的数据要求、监测指标和判别引号。

本标准适用于运用气象卫星监测南海夏季风爆发。

2 术语和定义

下列术语和定义适用于本文件。

2.1

南海夏季风 the South China Sea summer monsoon

夏半年南海地区对流层低层为偏西风、高层为偏东风的现象。

2.2

南海夏季风爆发 onset of the South China Sea summer monsoon

气候平均 4 月中旬至 6 月中旬,南海区域风向、温度和湿度场快速转变的现象。

2.3

[水汽通道]大气运动矢量 atmospheric motion vector;AMV

由静止气象卫星扫描辐射观测仪器水汽通道(6.3 μm~7.6 μm)连续几幅图像上示踪区变化反演出的大气运动信息。

注:大气运动矢量计算方法、参数参见附录 A 和附录 B,单位为米/秒(m/s)。

2.4

相当黑体温度 temperature of brightness blackbody;TBB

由卫星通过扫描辐射观测仪器得到的不同辐射体表面红外窗区通道(10 μm~12.5 μm)发射的辐射率,根据普朗克定律计算出的辐射体表面的温度。

注:相当黑体温度计算方法、参数参见附录 B 和附录 C,单位为开尔文(K)。

3 监测要求

监测要求见表 1。

表 1 监测要求

要素	要求
数据	气象卫星长波红外通道反演的日平均 TBB 和水汽通道反演的日平均 AMV 数据
时间	4 月—6 月
空间	10°N~20°N,110°E~120°E

4 指数计算方法

4.1 云导风指数计算方法

云导风指数是指利用气象卫星水汽通道大气运动矢量计算的南海夏季风指数,其计算方法如下:

$$I_{-AMV} = (\sum_{lon=110°}^{lon=120°} \sum_{lat=10°}^{lat=20°} \sum_{lev=150\ hPa}^{lev=300\ hPa} AMV_{-u})/i \quad\quad\quad\cdots\cdots\cdots\cdots\cdots(1)$$

式中:

I_{-AMV} —— 云导风指数,单位为米每秒(m/s);

AMV_{-u} —— 水汽通道大气运动矢量纬向风分量,单位为米每秒(m/s);

i —— 监测区内 150 hPa~300 hPa 水汽通道云导风离散点个数;

lat —— 纬度,单位为度(°);

lon —— 经度,单位为度(°);

lev —— 气压高度层,单位为百帕(hPa)。

4.2 对流指数计算方法

对流指数是指利用气象卫星反演 TBB 产品计算的南海夏季风指数,其计算方法如下:

$$I_{-TBB} = (\sum_{lon=110°}^{lon=120°} \sum_{lat=10°}^{lat=20°} TBB)/j \quad\quad\quad\cdots\cdots\cdots\cdots\cdots(2)$$

式中:

I_{-TBB} —— 对流指数,单位为开尔文(K);

TBB —— 相当黑体温度,单位为开尔文(K);

j —— 监测区域内 TBB 资料格点个数。

5 爆发判别方法

4 月 15 日开始,向前 5 天滑动平均的云导风指数满足 $I_{-AMV} \leqslant 0$、对流指数满足 $I_{-TBB} \leqslant 280$ K 且稳定维持。其中,云导风指数稳定维持是指维持 10 天内中断不超过 5 天;对流指数稳定维持是指维持 5 天。满足上述条件的日期为南海夏季风爆发日期。

附　录　A
（资料性附录）
大气运动矢量的计算公式

A.1　风速

风速的计算公式为：

$$F = \gamma \cdot r / \Delta t \qquad\qquad \cdots\cdots\cdots\cdots\cdots\text{(A.1)}$$

式中：

F ——风速，单位为米每秒（m/s）；

r ——图像块所在纬度地球的半径，单位为米（m），计算见公式（A.2）；

γ ——图像块起始位置和终点位置之间的地心角，单位为弧度（rad），计算见公式（A.3）；

Δt —— 时间差，单位为秒（s）。

图像块所在纬度地球的半径计算公式为：

$$r = r_p \cdot \sqrt{(1 + \tan^2\varphi)/(1 + \tan^2\varphi - \varepsilon^2)} \qquad\qquad \cdots\cdots\cdots\cdots\cdots\text{(A.2)}$$

式中：

r_p ——地球的极地半径，数值为 6.357×10^6 m；

φ ——示踪图像块的纬度，单位为弧度（rad）；

ε ——为地球的扁率，数值为 3.353×10^{-3}。

图像块起始位置和终点位置之间的地心角计算公式为：

$$\gamma = \arccos(\sin\varphi_0 \cdot \sin\varphi_1 + \cos\varphi_0 \cdot \cos\varphi_1 \cdot \cos\Delta\lambda) \qquad\qquad \cdots\cdots\cdots\cdots\cdots\text{(A.3)}$$

式中：

φ_0 ——起点时示踪图像块的纬度，单位为弧度（rad）；

φ_1 ——终点时示踪图像块的纬度，单位为弧度（rad）；

$\Delta\lambda$——起点和终点时示踪图像块的经度差，单位为弧度（rad）。

A.2　风向

风向的计算公式为：

$$\begin{cases} D_D = D, & \lambda_1 \geqslant \lambda_0 \\ D_D = 360° - D, & \lambda_1 < \lambda_0 \end{cases} \qquad\qquad \cdots\cdots\cdots\cdots\cdots\text{(A.4)}$$

式中：

D_D ——风向，单位为度（°）；

λ_0 ——起点时示踪图像块的经度，单位为弧度（rad）；

λ_1 ——终点时示踪图像块的经度，单位为弧度（rad）；

D ——角度，单位为度（°），计算见公式（A.5）。

$$D = \arccos[(\sin\varphi_1 - \cos\gamma \cdot \sin\varphi_0)/(\sin\gamma \cdot \cos\varphi_0)] \qquad\qquad \cdots\cdots\cdots\cdots\cdots\text{(A.5)}$$

附　录　B

（资料性附录）

FY-2C/D/E/F/G 静止气象卫星 VISSR(扫描辐射计)通道参数

B.1　FY-2C/D/E 静止气象卫星 VISSR(扫描辐射计)通道参数见表 B.1。

表 B.1　FY-2C/D/E 静止气象卫星 VISSR(扫描辐射计)通道参数

通道	波长 μm	波段	星下点分辨率 m
1	0.55～0.90	可见光(visible)	1250
2	10.30～11.30	远红外(far infrared)	5000
3	11.50～12.50	远红外(far infrared)	5000
4	3.50～4.00	中波红外(middle infrared)	5000
5	6.30～7.60	水汽通道(water vapor)	5000

B.2　FY-2F/G 静止气象卫星 VISSR(扫描辐射计)通道参数见表 B.2。

表 B.2　FY-2F/G 静止气象卫星 VISSR(扫描辐射计)通道参数

通道	波长 μm	波段	星下点分辨率 m
1	0.55～0.75	可见光(visible)	1250
2	10.30～11.30	远红外(far infrared)	5000
3	11.50～12.50	远红外(far infrared)	5000
4	3.50～4.00	中波红外(middle infrared)	5000
5	6.30～7.60	水汽通道(water vapor)	5000

附　录　C
（资料性附录）
通道参数相当黑体温度的计算公式

相当黑体温度的计算公式见式(C.1)：

$$T = \frac{hc/k}{\lambda \ln[2\pi hc^2/(B(\upsilon,T)\lambda^5)+1]}$$

$$\cdots\cdots\cdots\cdots\cdots\cdots (C.1)$$

式中：

T ——相当黑体温度，单位为开尔文(K)；

h ——普朗克常数，数值为 6.626×10^{-34} J·s；

c ——光速，数值为 2.998×10^8 m/s；

k ——波尔兹曼参数，数值为 1.381×10^{-23} J/K；

λ ——波长，单位为米(m)；

υ ——波数，单位为每米(m^{-1})；

$B(\upsilon,T)$ ——黑体辐射出射度，单位为焦耳每秒平方米(J/(s·m²))。

参 考 文 献

［1］ 何金海,朱乾根,Murakami M. TBB资料所揭示的亚澳季风区季节转换及亚洲夏季风建立特征[J].热带气象学报,1996,12(1):34-42

［2］ 江吉喜,覃丹宇,刘春霞.基于卫星观测的南海和东亚夏季风指数初探[J].热带气象学报,2006,22(5):423-430

［3］ 钱维宏,朱亚芬.亚洲夏季风爆发的深对流特征[J].气象学报,2001,59(5):578-590

［4］ 任素玲,方翔.云导风和TBB在监测南海夏季风爆发中的应用[J].热带气象学报,2013,29(6):211-218

［5］ 许健民,张其松.卫星风推导和应用综述[J].应用气象学报,2006,17(5):574-582

［6］ Webster P J, Yang S. Monsoon and ENSO：Selective systems[J]. Quart J Roy Meteor Soc, 1992, 118(507): 877-926

ICS 07.060

A 47

备案号：61255—2018

中华人民共和国气象行业标准

QX/T 380—2017

空气负(氧)离子浓度等级

Grade of air negative (oxygen) ion concentration

2017-06-09 发布
2017-10-01 实施

中 国 气 象 局 发布

前　言

本标准按照 GB/T 1.1—2009 给出的规则起草。

本标准由全国气候与气候变化标准化技术委员会大气成分观测预报预警服务分技术委员会（SAC/TC 540/SC 1）提出并归口。

本标准起草单位：湖北省气象信息与技术保障中心、湖北省林业科学研究院。

本标准主要起草人：金琪、严婧、柯丹、王海军、潘磊。

空气负(氧)离子浓度等级

1 范围

本标准规定了空气负(氧)离子浓度等级的划分。
本标准适用于空气负(氧)离子浓度等级评估、预报、服务与科研工作。

2 术语和定义

下列术语和定义适用于本文件。

2.1

离子迁移率 ion mobility
离子在单位强度电场作用下的移动速度。
注:单位为平方厘米每伏秒[$cm^2/(V \cdot s)$]。

2.2

空气负(氧)离子浓度 air negative (oxygen) ion concentration
每立方厘米空气中离子迁移率大于或等于 $0.4\ cm^2/(V \cdot s)$ 的离子数目。

3 等级

空气负(氧)离子浓度从高至低分为四个等级,详见表1。

表1 空气负(氧)离子浓度等级

单位:个每立方厘米

等级	空气负(氧)离子浓度(N)	说明
Ⅰ级	$N \geqslant 1200$	浓度高,空气清新
Ⅱ级	$500 \leqslant N < 1200$	浓度较高,空气较清新
Ⅲ级	$100 \leqslant N < 500$	浓度中,空气一般
Ⅳ级	$0 < N < 100$	浓度低,空气不够清新

参 考 文 献

[1]　GB 3095—2012　环境空气质量标准
[2]　林金明,宋冠群,等. 环境、健康与负氧离子[M]. 北京:化学工业出版社,2006

────────────────

ICS 07.060
A 47
备案号：61256—2018

中华人民共和国气象行业标准

QX/T 381.1—2017

农业气象术语 第1部分:农业气象基础

Terminology of agrometeorology—Part1:Foundation of agrometeorology

2017-06-09 发布

2017-10-01 实施

中 国 气 象 局 发布

前　言

QX/T 381《农业气象术语》分为如下几个部分:
——第1部分:农业气象基础;
——第2部分:农业气候与气候变化;
——第3部分:农业气象灾害;
——第4部分:农业气象业务与服务。

本部分为 QX/T 381 的第 1 部分。

本部分按照 GB/T 1.1—2009 给出的规则起草。

本部分由全国农业气象标准化技术委员会(SAC/TC 539)提出并归口。

本部分起草单位:中国农业大学。

本部分主要起草人:郑大玮、潘志华、潘学标、董智强、樊栋樑、王佳琳、王森、崔国辉、黄蕾、吴东、杨晓光、冯利平、王靖、施生锦、黄彬香。

QX/T 381.1—2017

农业气象术语 第1部分:农业气象基础

1 范围

QX/T 381 的本部分界定了农业气象科研、业务服务工作中的常用术语及其定义。
本部分适用于农业气象科研与业务服务领域。

2 基本概念

2.1

农业气象学 agrometeorology
研究农业系统与气象环境相互关系及其规律的一门基础学科。
注:农业科学与大气科学的交叉学科。

2.2

作物气象学 crop meteorology
农业气象学的分支学科,研究作物生长发育和产量、品质形成与气象条件的关系,以及趋利避害、高效利用气候资源的理论与技术。

2.3

畜牧气象学 animal husbandry meteorology
农业气象学的分支学科,研究畜牧生产与气象条件的关系,以及趋利避害、高效利用气候资源和畜牧环境调控的理论与技术。

2.4

林业气象学 forest meteorology
农业气象学的分支学科,研究森林生态系统及林业生产与气象条件的关系,以及提高林业产量和林业生态保护的理论与技术。

2.5

水产气象学 fishery meteorology
农业气象学的分支学科,研究水产生物生长发育和产量、品质形成与气象条件的关系,以及趋利避害、高效利用气候资源和水产环境调控的理论与技术。

2.6

植物病虫气象学 plant disease and pest meteorology
植保气象学
农业气象学的分支学科,研究植物病虫害发生、演变及其防治与气象条件的关系。

2.7

生物气象学 biometeorology
研究大气环境对生物的影响及生物对大气环境适应的学科。

2.8

农业生物气象学 agro-biological meteorology
生物气象学的分支学科,生物科学、农业科学与大气科学三者的交叉学科,研究农业植物、动物和微生物与气象环境的相互关系与相互作用的一门基础学科。

2.9

农业气象业务服务 agrometeorological service

运用农业气象科技手段为农业服务工作的统称,包括农业气象观测、情报、预报、灾害监测、评估和减灾对策咨询,农业气候资源开发利用,农业气象信息服务等;广义的农业气象服务还包括适用技术开发与推广等。

2.10

农业气象观测 agrometeorological observation

对农业生产的环境要素和生物要素的观察、测量和记载。环境要素主要包括气象要素、气象灾害及相关土壤、水文与地质要素;生物要素主要包括各种作物、林木、畜禽、鱼类和其他栽培、养殖生物的生长发育、产量、品质以及病虫害消长与自然物候等。

2.11

农业气象监测 agrometeorological monitoring

对受到气象条件影响的农业生产环境要素与生物要素的观测与分析,除常规农业气象观测手段外,还包括卫星和雷达遥感监测、远程自动化遥测等。

2.12

农业气象情报 agrometeorological information

为农业生产服务的专业气象情报,主要内容是分析过去和当前的气象条件,评估其对农业生产的影响,并结合未来天气趋势提出趋利避害的农业技术措施和对策建议。

2.13

农业气象预报 agrometeorological forecast

根据农业生产的需要编制和发布的专业气象预报,包括对农业生物的生长发育进程、产量、品质、灾害等的预报和各种农用天气预报。

2.14

农用天气预报 agricultural weather forecast

针对气象条件对农业生物生长发育和农事活动的影响而编制和发布的专业天气预报。

2.15

农业气象技术 agrometeorological technology

基于农业气象学理论与方法,应用于农业生产和农业气象工作的各类技术的统称。

2.16

农业气象谚语 agrometeorological proverb

以简练语言和歌谣形式表达,流传于民间的农业气象生产和生活经验。

3 农业生物气象

3.1

农业气象要素 agrometeorological elements

对农业生产具有影响的环境气象要素,如温度、降水、太阳辐射、空气湿度、土壤水分、风速、气压与大气成分等。

3.2

太阳辐射 solar radiation

太阳以电磁波或粒子形式发射的能量。

注:是农业生物进行光合作用的能量来源,并对农业生物的生长发育和产量、品质形成具有重要影响。

3.3

日照时数　sunshine duration

实照时数

太阳在一地实际照射的时间长度。在一给定的时间内,日照时数定义为太阳直接辐射强度大于或等于 $120\ \mathrm{W \cdot m^{-2}}$ 的各段时间的总和。

注:单位为小时(h)。

3.4

可照时数　duration of possible sunshine

白昼长度

天文日照

仅由纬度和太阳赤纬所决定的白昼时间长度。

3.5

光周期现象　photo-periodism phenomenon

白天光照和夜晚黑暗的交替与时间长短对植物发育(特别是开花)以及动物繁殖、冬眠、迁徙和换毛换羽等有显著影响的现象。

3.6

光形态建成　photo-morphogenesis

植物以光作为环境信号控制细胞的分化、结构与功能的改变,最终形成组织和器官,即光控制植物生长、发育和分化的过程。

3.7

感光性　photonasty

生物发育速度对日长反应的特性。

3.8

感光期　light sensitive period

生物生长发育对光周期敏感的时期。

3.9

暗期　dark period

控制植物花芽分化的黑暗时间长度。

3.10

感光指数　light sensitive index

感光系数

衡量植物感光性强弱的一种指标,在其他条件基本相同时,以作物的播种期每差一天,相应生育期天数的差值表示,差值越大感光性越强。

3.11

长日照植物　long day plant

在一定的发育时期,可照时数大于某一临界值才能完成或明显促进开花或某一发育进程的植物。

注:如麦类、油菜、甜菜、甘蓝等。

3.12

短日照植物　short day plant

在一定的发育时期,可照时数小于某一临界值才能完成或明显促进开花或某一发育进程的植物。

注:如水稻、玉米、大豆、棉花等。

3.13

中日照植物　middle day plant

在一定的发育时期,要求可照时数与黑夜时数的比例接近相等才能完成或明显促进开花或某一发育进程的植物。

注:如甘蔗等。

3.14

中性日照植物 neuter day plant

光期钝感植物

只要其他条件合适,可照时数对开花和完成发育进程没有影响的植物。

注:如黄瓜、番茄、番薯和蒲公英等。

3.15

临界昼长 critical day-length

使植物通过光周期能够完成某种发育进程(如开花)的天文光照长度临界值,对于长日照植物指所需天文光照长度的下限,对于短日照植物指所需天文光照长度的上限。

3.16

生物钟 biochronometry

生理钟

由生物体内的时间结构序所决定的生命活动内在生理节律,能随外界环境的周期性变化进行同步活动。

3.17

光呼吸 photorespiration

绿色植物在光照条件下进行光合作用的同时,吸收氧气并释放二氧化碳的呼吸过程。

3.18

暗呼吸 dark respiration

植物在黑暗条件下吸收氧气并呼出二氧化碳的呼吸过程。

3.19

光合作用 photosynthesis

绿色植物利用光能将其所吸收的二氧化碳和水同化为有机物,并释放氧气的生理过程。

3.20

光合有效辐射 photosynthetic active radiation

绿色植物进行光合作用时,能被叶绿素吸收并参与光化学反应的太阳辐射光谱成分。

3.21

光合强度 photosynthetic intensity

光合速率

绿色植物单位叶面积单位时间内所同化的二氧化碳量。

注:单位为毫克每平方厘米小时($mg \cdot cm^{-2} \cdot h^{-1}$)。

3.22

光饱和点 light saturation point

在一定的光强范围内,叶片光合强度随光照强度增强而加大,达到某一数值后不再继续增大时的光照强度值。

3.23

群体光饱和点 light saturation point of plant population

植物群体的光合强度随光照强度加大,达到某一数值后不再继续增大时的光照强度值。

注:由于冠层叶片的相互遮蔽,群体的光饱和点明显高于单叶的光饱和点。

3.24

光补偿点 light compensation point

叶片光合强度随光照强度减弱而减小,当光合强度与呼吸强度相等,净光合作用为零时的光照强度值。

3.25

群体光补偿点 light compensation point of plant population

植物群体光合强度随光照强度减弱而减小,当光合强度与呼吸强度相等,净光合作用为零时的光照强度值。

3.26

热红外辐射 thermal infrared radiation

能产生热效应的红外辐射。

注:广泛应用于热成像技术与遥感。

3.27

灭生性辐射 lethal radiation

波长小于290 nm的短波紫外辐射,对绝大多数生物有强烈杀伤作用。

3.28

二氧化碳饱和点 saturation point of carbon dioxide

在一定的环境条件下,植物叶片或群体光合速率随二氧化碳浓度的提高而增强,当光合速率不再随二氧化碳浓度的增加而增大时的二氧化碳浓度值。

3.29

二氧化碳补偿点 compensation point of carbon dioxide

在一定的环境条件下,植物叶片或群体光合作用消耗的二氧化碳与呼吸作用释放的二氧化碳达到平衡时,环境中的二氧化碳浓度值。

注:此时的净光合作用为零。

3.30

光合作用量子效率 quantum efficiency of photosynthesis

植物叶绿体内光合作用反应中心每吸收1个光量子所能同化的二氧化碳或释放的氧分子数。

3.31

植物辐射特性 plant radiation characteristics

植物冠层及不同器官对不同波长辐射的吸收、反射与透射性能的综合。

3.32

光能利用率 solar energy utilization efficiency

植物光合产物贮存能量占同一时间同一面积冠层上方太阳辐射能量的比值。

3.33

农田辐射传输 radiation transfer in farmland

农田接收的太阳辐射能在土壤表层、植物冠层和贴地气层之间以电磁波形式的能量传递过程。

3.34

农业界限温度 agricultural threshold temperature

标志某些重要物候或农事活动开始、终止或转折的日平均气温。

注:常用的界限温度有:0 ℃,5 ℃,10 ℃,15 ℃等。

3.35

温周期 thermoperiod

生物适应自然温度的周期性变化,并通过遗传成为其生物学特性的现象。

3.36

感温性　thermonasty

生物生长发育对温度反应的敏感性。

3.37

最低生育温度　minimum developmental temperature

生物学下限温度

生物学零度

除恒温动物以外的其他生物生长发育起始的最低环境温度。

3.38

最适生育温度　optimal developmental temperature

除恒温动物以外的其他生物生长发育最适宜的环境温度。

3.39

最高生育温度　maximum developmental temperature

生物学上限温度

除恒温动物以外的其他生物生长发育的最高限制环境温度。

3.40

三基点温度　three fundamental points temperature

最低生育温度、最适生育温度和最高生育温度的总称。

3.41

生物学致死温度　biological lethal temperature

能致生物死亡的过高或过低的环境温度,通常取50%生物个体死亡的温度为临界值。

3.42

最低致死温度　the minimum lethal temperature

导致生物死亡的最低环境温度。

3.43

最高致死温度　the maximum lethal temperature

导致生物死亡的最高环境温度。

3.44

冻结温度　freezing temperature

液态物质冻结成为固态时的环境温度。

3.45

冰点　freezing point

水结冰时的温度。

注:淡水在一个大气压状态下一般为0℃。

3.46

过冷却现象　supercooling phenomenon

水溶液在冰点以下仍然未发生冻结的现象。

注:是生物耐寒的重要机制。

3.47

活动温度　active temperature

农业生物生育期间大于或等于0℃的日平均气温。

3.48

有效温度　effective temperature

农业生物生育期间高于最低生育温度的日平均气温减去最低生育温度的差值。

3.49

积温　temperature integration

热时　thermal time

某一时段内的日平均气温对时间的积分。

注：其实质是经过温度有效性订正的生长发育进程的时间度量,通常采取对相关时段内的平均气温逐日或逐时累加的方法来计算,单位为度日(℃·d)或度[小]时(℃·h)。

3.50

度日　degree-day

积温或热时的常用单位。

注：有时也用作积温的代名词。

3.51

活动积温　active temperature integration

活动温度对时间的积分。

注：通常采用逐日活动温度的累加得出,单位为度日(℃·d)。

3.52

有效积温　effective temperature integration

有效温度对时间的积分。

注：通常采用逐日有效温度的累加得出,单位为度日(℃·d)。

3.53

地积温　soil temperature integration

某时段或生长期内某一深度土壤温度的日平均值对时间的积分。

注：通常采用逐日土壤平均温度的累加得出。

3.54

负积温　negative temperature integration

低于 0 ℃的日平均气温对时间的积分。

注：表征一段时期的严寒程度。

3.55

有害积温　harmful temperature integration

对农业生物造成危害的温度范围值对时间的积分。

注：对于高温危害,该温度范围指实际温度与高温危害临界温度之间的差值;对于低温危害,指实际温度与低温危害临界温度之间的差值。

3.56

积寒　chilling temperature integration

热带、亚热带作物寒害过程中,低于寒害临界温度的平均温度与临界温度之差的绝对值对时间的积分。

注：用以表示累积的寒害程度。

3.57

光温积　integration of temperature multipled day-length to time

日平均气温与可照时数的乘积对时间的积分值。

注：反映温度与光照长度对植物发育的综合影响,通常用来推算和预测长日照作物的发育进程。

3.58

积湿　hydrotime

湿时

植物种子环境湿度与发芽所需最低湿度之差对时间的积分。

注:用以推算在一定的湿度条件下种子完成发芽所需时间。

3.59

温湿积　hydro-thermal time

植物种子环境湿度与发芽所需最低湿度之差与有效温度的乘积对时间的积分。

注:用以推算在一定温度与湿度条件下种子完成发芽所需时间。

3.60

春化现象　vernalization

种子植物需要经历一定时期的低温刺激,才能诱导开花和结实的现象。

3.61

冬性品种　winterness variety

需要较长时间低温诱导才能通过春化阶段并正常开花结实的作物品种。

3.62

春性品种　springness variety

不需要低温诱导也能正常开花和结实的作物品种。

3.63

强冬性品种　variety with strong winterness

对通过春化阶段的低温诱导条件非常严格且时间很长的作物品种。

3.64

弱冬性品种　variety with weak winterness

半冬性品种

只需相对较短时间和不强的低温诱导就能正常开花和结实的作物品种。

3.65

高温促进率　facilitation rate of high temperature in earing time

提高温度促进植物抽穗或开花的速率,可用高温环境减少抽穗或开花所需天数与原天数之比表示。

3.66

水稻育性转换安全期　safe period of rice fertility change

核不育系在其育性敏感阶段(一般指幼穗分化期 4～6 期)的日平均气温必须在临界温度以上或者可照时数在临界光长以上,才确保其花粉败育,从而避免自交结实而导致种子混杂,以保证制种纯度的一段时期。

3.67

喜温作物　thermophilic crops

需要在较高温度环境下(一般需要在日平均温度 10 ℃以上)生长和发育的作物。

3.68

耐寒作物　cold tolerant crops

能够忍耐冬季和早春较强低温环境并完成生长发育进程的作物。

3.69

喜凉作物　chimonophilous crops

能够在较低温度环境下(一般需要在日平均气温 0 ℃以上和 25 ℃以下)生长发育的作物。

3.70

气孔开度　stomata openness

植物叶片表面气孔的实际张开直径与最大张开直径之比。

3.71

蒸腾　transpiration

植物体内的水分从植株表面以气态水形式向外界大气输送的过程。

3.72

蒸腾速率　transpiration rate

植物在单位时间单位叶面积上蒸腾的水量。

注:单位为毫米每平方厘米秒(mm·cm^{-2}·s^{-1})。

3.73

蒸腾系数　transpiration coefficient

植物光合作用每生产单位质量干物质所消耗的水分量。

3.74

蒸腾效率　transpiration efficiency

植物通过光合作用每消耗单位水量所生产出的干物质量。

注:是蒸腾系数的倒数。

3.75

土壤湿度　soil moisture/soil water content

土壤质量含水率

土壤质量含水量

土壤含有的水分质量占干土质量的百分数。

3.76

土壤墒情　soil moisture situation

土壤水分状况对于农作物生长发育满足程度的综合评判。

3.77

土壤容积含水量　soil volume moisture/soil water volume content

土壤容积含水率

土壤体积含水率

土壤容积湿度

土壤水分体积占土壤总体积的百分数。

3.78

凋萎　wilting

萎蔫

由于土壤水分减少或输水障碍等原因,根系吸水量与地上部蒸腾量失去平衡,使植物体逐渐失去水分,细胞不能维持原有膨压,出现叶片卷缩、下垂等现象。

3.79

永久性凋萎　permanent wilting

农作物因水分缺乏白天发生凋萎且夜间不能恢复的现象。

3.80

土壤水文特性　soil hydrological characteristic

土壤水分对植物有效性、土壤持水能力及土壤水分流动性的一系列特征值。

注:主要包括饱和持水量、田间持水量、凋萎湿度、最大吸湿量等。

3.81

最大吸湿量　the maximum soil absorption

干土在接近饱和的湿空气中吸收水汽分子达最大数量时的土壤湿度,为植物所无法利用。

3.82

凋萎湿度　wilting moisture

萎蔫系数

植物开始发生永久性凋萎时的土壤湿度。

3.83

生长阻滞湿度　growth critical moisture

毛管断裂水量

作物最适土壤含水量的下限。

注:这时毛管悬着水出现不连续状态,作物根系虽仍能吸收水分,但土壤水分难以得到补充,植物生长受阻。

3.84

毛管持水量　capillary moisture capacity

最大毛管水量

当土壤毛管上升水达到最大量时的土壤含水量。

3.85

田间持水量　field capacity

在地下水埋藏较深的条件下,毛管悬着水达到最大时的土壤含水量。

3.86

饱和持水量　saturation moisture capacity

全持水量

土壤全部孔隙充满水分时所保持的水量,即土壤所能容纳的最大含水量。

3.87

土壤水分有效性　soil moisture availability

土壤水分能被植物所吸收利用的程度。

3.88

土壤有效水分贮存量　available soil moisture storage

土壤中能被作物利用的有效水分量,等于田间持水量减去凋萎湿度。

3.89

土壤相对湿度　relative soil moisture

实测土壤含水量与该类型土壤田间持水量的百分比。

注:用以表示土壤水分的有效程度。

3.90

土壤水分总贮存量　total soil moisture storage

一定厚度土壤中总的含水量。

注:以水层深度表示,单位为毫米(mm)。

3.91

底墒　base soil moisture

一般指农作物播种前的土壤水分状况,有时也指深层土壤保持的水分。

3.92

表墒　soil moisture of surface layer

表层土壤水分状况的综合评判。

3.93

吸湿性　hygroscopicity

土壤具有的从空气中吸附水汽的能力。

3.94

田间耗水量 field water consumption

在作物某一生育期或整个生育期中,单位面积农田消耗的总水量。

注:单位为毫米(mm)或立方米每公顷($m^3 \cdot hm^{-2}$)。

3.95

蒸散 evapotranspiration

下垫面土壤蒸发与植被蒸腾的总和。

注:单位为毫米(mm)。

3.96

潜在蒸散 potential evapotranspiration

可能蒸散

蒸散势

土壤充分湿润和植被茂盛条件下的蒸散量。

3.97

实际蒸散 actual evapotranspiration

农作物在田间或植被的实际蒸腾量与土壤蒸发量的总和。

3.98

参考作物 reference crop

为进行作物实际蒸散量的理论计算而人为设定的参照作物,高度为 0.12 m,叶面阻力 70 $s \cdot m^{-1}$,反射率 0.23,具有同一高度,水分状况适中,生长活跃并完全覆盖地表的绿草冠层。

3.99

作物系数 crop coefficients

充分供水条件下,作物不同发育期中实际蒸散量与参考作物蒸散量的比值。

3.100

水分利用率 water use ratio

农田实际利用水量占向农田供水量的百分比。

3.101

水分利用效率 water use efficiency

作物利用单位水量所获得的干物质产量。

注:单位是千克每立方米($kg \cdot m^{-3}$)或千克每公顷毫米($kg \cdot hm^{-2} \cdot mm^{-1}$)。

3.102

作物水分生产函数 crop water production function

作物产量与农田输入水分数量之间的数学关系。

3.103

作物水肥生产函数 crop production function of water and fertilizer

作物产量与农田输入水分与肥料数量之间的数学关系。

3.104

临界湿度 critical humidity

使物质性质发生某种重要改变时的空气相对湿度,在农业生产上通常指使作物的水分适宜程度发生明显改变的土壤湿度。

3.105

有效降水量 effective precipitation

自然降水中实际补充到植物根层土壤水分的部分。

3.106

无效降水量 uneffective precipitation

自然降水中从土壤表面和植物表面直接蒸发，以及从地表径流和深层渗漏损失的部分。

3.107

透雨 soaking rain

久旱之后能使土壤干土层消失并与下层湿润土壤相连接的降雨过程。

3.108

干土层 dried soil layer

持续干旱形成的土壤干燥表层，目测土壤剖面可见与下层湿土之间的分界线。

3.109

降水临界值 critical precipitation

在水分临界期内保证达到作物最小需水量下限或不超过最大需水量上限的降水量值。

3.110

生理需水 physiological water requirement

直接用于作物生理过程的水分。

3.111

生态需水 ecological water requirement

为作物创造适宜的生态环境所需要的水分。

3.112

作物需水量 crop water requirement

在正常生育状况和最佳水肥供应条件下，作物全生育期中农田消耗于蒸散的水量。

注：一般以可能蒸散量表示，单位为毫米(mm)或立方米每公顷(m³·hm⁻²)。

3.113

作物需水临界期 critical period of crop water requirement

作物对缺水特别敏感和对产量影响最大的时期。

3.114

作物水分亏缺指数 crop water deficit index

作物生育期间某时段累计潜在蒸散量与同期降水量的差值与累计潜在蒸散量之比。

3.115

农田土壤水分平衡 field soil water balance

农田在某一时期一定土壤体积内水分收入与支出的平衡关系。

3.116

雨养农业 rainfed agriculture

单纯依赖降水而进行的农业生产。

3.117

旱作农业 dryland farming

无灌溉条件的半干旱和半湿润偏旱地区主要依靠天然降水从事的一种雨养农业。

3.118

节水农业 water saving agriculture

提高用水有效性的农业生产方式，是水、土、作物等资源综合开发利用的系统工程。

3.119

水体溶解氧 dissolved oxygen in water body

溶解在水体中的分子态氧，对水生生物的生存和生长发育具有重要影响。

3.120

边际效应　marginal effect

边缘效应

植物群体的边缘地带由于辐射、通风、水分、养分、生长空间等条件较群体内部的差异而产生的一种长势差异或增、减产效应。

注：在低海拔地区通常表现为边行优势，但在高海拔地区也有可能形成劣势。

3.121

胁迫　stress

逆境

一般指显著偏离生物适宜生理需求的环境条件，但在动物生理学中称为应激，指机体在不利环境条件下所出现的全身性特异性适应性反应。

3.122

热应激　heat stress

动物机体在热环境条件下所出现的全身性非特异性适应性反应。

注：是动物对于热环境的一种适应形式，但持续和高强度的热应激可导致动物采食量和生产性能下降，并影响配种与繁殖。

3.123

冷应激　cold stress

动物机体在冷环境条件下所出现的全身性非特异性适应性反应，是动物对于冷环境的一种适应形式。持续的冷应激虽能增加动物的采食量，但主要用于体内产热抵御寒冷，因而导致增重率下降甚至掉膘，严重的还可造成母畜流产和仔畜死亡。

3.124

水分胁迫　water stress

环境水分条件偏离植物生理需求的现象。

注：水分偏少将导致植物组织含水量下降，细胞膨压降低，生长发育受抑；水分偏多则导致根系缺氧，发育受阻，光合速率降低。

3.125

抗逆性　stress resistance

生物具有能够抵抗不利环境条件的性状。

3.126

耐旱性　drought tolerance

作物对水分缺乏的忍耐程度。

3.127

耐湿性　humid tolerance

作物对潮湿环境的忍耐程度。

3.128

耐寒性　cold tolerance

耐冷性

农业生物对低温环境的忍耐程度。

3.129

耐冻性　freezing tolerance

作物对零下低温冻结危害的耐受程度。

3.130

耐霜性 frost hardiness

作物对霜冻害的耐受程度。

3.131

耐热性 heat tolerance

农业生物对超过其适宜环境温度的高温环境的耐受程度。

3.132

耐阴性 shade tolerance

作物对光照不足的耐受性。

3.133

耐涝作物 waterlogging tolerant crop

能够在高湿易涝环境下生长并获得一定产量的作物。

3.134

耐旱作物 drought tolerant crop

能够在干旱缺水环境下生长并获得一定产量的作物。

3.135

抗寒锻炼 cold hardening

农业生物在秋季随着环境温度逐渐下降,发生一系列生理、形态或行为变化,从而增强对低温环境适应能力的过程。

3.136

抗旱锻炼 drought hardening

农业生物在干旱缺水环境中发生一系列生理、形态或行为变化,以增强对干旱环境的适应和抗御能力的过程。

4 农业小气候

4.1

小气候 microclimate

因局部环境影响形成的小范围的气象环境。

4.2

农业小气候 agricultural microclimate

与农业生产对象、农业设施与农业技术措施相关的有限空间内所形成的各类小气候的统称。

4.3

农业小气候学 agricultural microclimatology

研究各类农业小气候的形成规律与特性及其在农业中应用的一门农业气象学分支学科。

4.4

贴地气层 airlayer on ground

大气边界层中最贴近地面,受地面影响最大的气层。

注:约在离地 2 m 以下。

4.5

微气象学 micrometeorology

研究近地面大气现象与过程的气象学分支学科,有时也专指大气边界层内的气象学。

4.6

农业地形气候 agricultural topoclimate

由于地形和地表状态不同而形成对农业生产有影响的局地中小尺度气候。

4.7

地形小气候 topo microclimate

同一大气候区内由局地地形因素作用形成的局地小气候。

4.8

森林小气候 forest microclimate

由森林冠层及林中植被与地物的共同影响而形成的一种小气候。

4.9

果园小气候 orchard micrometeorology

在一定大气候背景下,由果树群体的生物学特征、果园下垫面及栽培管理所综合形成的小气候。

4.10

农田小气候 field microclimate

农田贴地气层、土壤层、作物群体之间生物学和物理学过程的相互作用所形成的一种小气候。

4.11

裸地小气候 macroclimate of bare field

没有植被的裸露土壤上,由贴地气层与下垫面相互作用形成的小气候。

4.12

耕作措施小气候 microclimatic effects of tillage

农田耕作后的一定时期内,由于土壤表层性质与结构的改变所形成的小气候。

4.13

灌溉小气候 microclimatic effects of irrigation

因灌溉引起的农田贴地气层与土壤浅层水热状况的变化所形成的小气候。

4.14

种植方式小气候 microclimatic effects of planting pattern

采取不同种植方式、密度与行向,在作物生育期内对农田小气候产生的影响。

4.15

林粮间作小气候 microclimate of crop-tree intercropping

按照一定规格间作树木与粮食作物所形成的一种农田小气候。

4.16

间作套种小气候 microclimate of intercropping

不同农作物间作或套种条件下形成的农田小气候。

4.17

覆盖地小气候 microclimate of covered field

农田用秸秆或薄膜等材料覆盖后在土壤表层和贴地气层所形成的小气候。

4.18

温室小气候 microclimate in greenhouse

温室内形成的辐射、温度、水分和气体成分等农业小气候要素及其综合状况。

4.19

菇房小气候 microclimate of mushroom cultivation

蘑菇养殖棚内的温度、水分、气流和气体成分等小气候要素及其综合状况。

4.20

畜舍小气候　microclimate in livestock house

畜舍内的温度、湿度、气流、光照及空气成分等小气候要素及其综合状况。

4.21

农业水域小气候　microclimate of agricultural water body

鱼塘、水库、河湖等农用水域的温度、光照、流速、溶解氧等小气候状况。

4.22

贮藏小气候　microclimate of storeroom

农产品仓库、种子库等贮藏空间内的温度、湿度、光照、气压及气体成分等小气候要素及其综合状况。

4.23

林带防护农田小气候　microclimate of cropland with shelterbelt

受防护林带影响产生的特殊农田小气候。

4.24

林带动力效应　aerodynamic effect of shelterbelts

林带在一定的防护范围内降低风速和减弱湍流交换的作用。

4.25

林带热力效应　thermal effect of shelterbelts

林带在一定的防护范围内引起的太阳辐射、气温和土壤温度等气象要素的变化。

4.26

林带水文效应　hydrological effect of shelterbelts

林带在一定防护范围内引起的蒸发、空气与土壤湿度、降水、积雪和地下水等水文要素的变化。

4.27

林带疏透度　porosity of shelterbelts

透光疏透度

林带纵断面上透光孔隙的投影面积与林带纵断面面积之比。

4.28

林带透风系数　permeability of shelterbelts

透风度

当风向垂直于林带时,背风面离林缘 1 m 处林带高度以下空间的平均风速与本地区旷野同一高度平均风速之比。

4.29

植物体温　plant temperature

植物体表或体内的温度。

4.30

叶温　leaf temperature

叶片表面或叶肉的温度。

4.31

穗温　ear temperature

禾本科作物幼穗或已抽出穗部的温度。

4.32

冠层温度　canopy temperature

植被冠层的表面温度。

注:一般用红外测温仪测定。

4.33

土壤温度　soil temperature

受环境条件和土壤性质影响形成的土壤某一深度的温度。

4.34

水体温度　water body temperature

受环境条件和水体性质影响形成的水体的某一深度或某一部位的温度。

4.35

分蘖节土温　soil temperature at the depth of tiller node

越冬麦类作物分蘖节深度的土壤温度,对植株越冬存活具有决定意义。

4.36

根颈土温　soil temperature at the depth of collar

越冬非禾本科作物根颈深度的土壤温度。

注:对植株越冬存活具有决定意义。

4.37

地表辐射温度　surface radiation temperature

地表物体能量状态的一种外部形式。

注:一般用红外测温仪测定,常用于遥感监测。

4.38

比辐射率　ratio of radiation temperature to real temperature

ε

地表辐射温度四次方与真实温度四次方的比值。

$$\varepsilon = Tr^4 / Tg^4$$

式中:

ε　——比辐射率;

Tr　——辐射温度,以绝对温度表示;

Tg　——真实温度,以绝对温度表示。

4.39

蓄热　heat storage

利用物体的温度变化贮存的热量或贮存的方式。

4.40

导温率　thermal conductivity

导温系数

单位容积的物质通过热传导在垂直方向获得或失去单位热量时,温度升高或降低的数值。

注:单位为焦[耳]每平方厘米秒($J \cdot cm^{-2} \cdot s^{-1}$)。

4.41

导热率　heat conductivity

导热系数

单位温度梯度单位时间内经单位导热面积所传递的热量,用以表征土壤或其他物质材料的热传导能力,其数值等于导温率与容积热容量的乘积。

注:单位为瓦[特]每米开尔文($W \cdot m^{-1} \cdot K^{-1}$)。

4.42

气温垂直递减率　adiabatic rate

绝热率

在垂直方向每升高 100 m 的气温变化值。

注 1:单位为摄氏度每百米(℃ · (100 m)$^{-1}$)。

注 2:对于干空气,海拔高度每上升 100 m,气温下降约 1 ℃;对于湿空气,海拔高度每上升 100 m,气温下降小于 1 ℃,一般在 0.4 ℃~0.9 ℃,在中高纬度平均为 0.6 ℃。

4.43

逆温　temperature inversion

气温随海拔高度升高而增加的垂直分布现象。

4.44

逆温层　inversion layer

大气层中气温随高度增加的空气层。

4.45

夜间逆温　nocturnal inversion

夜间因地面、雪面、冰面或云层顶部辐射冷却而形成的近地气层或云层以上气层的逆温现象。

4.46

地面逆温　surface inversion/ground inversion

贴地气层的逆温现象。

注:通常由地面强烈辐射降温形成。

4.47

地温梯度　geothermal gradient

土壤中每增加单位深度的温度变化值。

注:单位为摄氏度每厘米(℃ · cm^{-1})。

4.48

下垫面　underlying surface

能与大气进行辐射、热量、动量、水汽、尘埃和其他物理量交换的地球表面。

4.49

非均匀下垫面　imhomogeneous underlying surface

组分不均一的下垫面。

4.50

粗糙度高度　roughness height

在小气候学中指风速廓线上平均风速为零的高度。

注:单位为米(m)或厘米(cm)。

4.51

零平面位移　zero plane displacement

描述粗糙度的一种参数,在浓密或高秆作物层中,风速廓线的高度原点由裸地的地面位移到农田地面以上某一高度的现象。

4.52

农田边界层　boundary layer over the fields

受来自农田边界面的切应力影响的气层。

4.53

活动面(层)　active surface, active layer

作用面(层)

通过吸收外来辐射和向外发射辐射,能够明显影响邻近空气层或物质层温度变化的交界面或薄层,成为其周围热量变化和水汽及气体交换的源地。

4.54

农田动量交换　momentum exchange in the fields

农田中以湍流交换方式输送动量的过程。

4.55

显热　sensible heat

感热

物质在一定气压和不发生相变的条件下所具有或交换的热能,与该物质的温度和定压比热成正比。

4.56

潜热　latent heat

定温定压条件下物质发生相变时所释放或吸收的热量。

4.57

农田显热交换　sensible heat exchange in field

农田活动层和大气之间通过对流和湍流交换作用交换热量的过程。

4.58

农田潜热交换　latent heat exchange in field

农田活动层和大气之间在水分输送过程中由于水分相变所引起的热交换过程。

4.59

农田土壤热交换　heat exchange in soil

农田中土壤表层与下层之间的热量传递过程。

4.60

土壤热通量　soil heat flux

地中热流

单位时间通过与热量传导方向垂直的单位面积土壤的热量。

注:单位为焦[耳]每平方厘米秒($J \cdot cm^{-2} \cdot s^{-1}$)。

4.61

显热通量密度　sensible heat flux density

感热通量密度

地表或作物冠层与大气之间单位时间单位铅直面积上从高温处向低温处输送的热量。

注:单位为焦[耳]每平方厘米秒($J \cdot cm^{-2} \cdot s^{-1}$)。

4.62

潜热通量密度　latent heat flux density

单位时间内单位面积农田由作物蒸腾和土壤蒸发所消耗的热量,或水汽凝结成液态水或凝华成固态水所释放的热量。

注:单位为焦[耳]每平方厘米秒($J \cdot cm^{-2} \cdot s^{-1}$)。

4.63

土壤-植物-大气连续体　soil-plant-atmosphere continuum;SPAC

SPAC系统

水分在土壤、植物、大气三者之间不断迁移输送的系统,并伴随显热、潜热、水汽和二氧化碳传输的过程。

4.64

农田水分平衡　field water budget

一定时段内农田水分收支的差额。

注:单位为毫米(mm)。

4.65

农田辐射平衡　radiation balance in field

农田净辐射　field net radiation

农田接收到的短波辐射和长波辐射与自身发射长波辐射的收支差额。

注:单位为瓦[特]每平方米(W·m^{-2})。

4.66

农田热量平衡　heat balance in field

农田热量输入与输出的差额。

注:单位为瓦[特]每平方米(W·m^{-2})。

4.67

湍流　turbulence

乱流

紊流

附加在空气平均运动之上的流体微团不规则随涡旋脉动,具有耗散性质。

4.68

雷诺数　Reynolds number

特征惯性力与特征黏性力的无量纲比值,是反映流体动力学特征的一个参数。

注:可作为层流不稳定转变为湍流的判据。

4.69

湍流交换系数　turbulent diffusion coefficient

涡动扩散率

通过特定流体介质任意点的属性通量密度与该属性在该点同向浓度梯度的比值。

注:单位为平方米每秒(m^2·s^{-1})。

4.70

波文比　Bowen ratio

显热通量与蒸发耗热量之比。

注:这一概念是1926年英国物理学家Bowen I.S.在研究自由水面能量平衡时提出的,后来推广到不同类型下垫面显热通量与蒸散耗热量之比。

4.71

波文比能量平衡法　Bowen ratio energy budget method

应用波文比观测计算农田潜热通量输送的常用方法。

4.72

空气动力学法　aerodynamics method

依据测定近地气层空气动力学特征量估算农田水汽、二氧化碳、显热和潜热通量传输的方法。

4.73

农田梯度观测　field gradient observation

同一时间对农田近地面层不同高度的小气候要素进行的观测。

4.74

农田温度廓线　field air temperature profile

农田上方及作物冠层内气温随高度的垂直分布曲线。

4.75

农田湿度廓线　field air humidity profile

农田上方及作物冠层内空气湿度随高度的垂直分布曲线。

4.76

农田太阳辐射廓线 **field solar radiation profile**

农田从作物冠层上方到冠层内太阳辐射强度随高度的垂直分布曲线。

4.77

农田二氧化碳廓线 **field carbon dioxide profile**

农田上方到作物冠层内二氧化碳浓度随高度的垂直分布曲线。

4.78

农田风速廓线 **field wind speed profile**

农田上方到作物冠层内风速随高度的垂直分布曲线。

4.79

作物阻力 **crop resistance**

表征大田作物群体在物质或能量传输过程中,通过作物层、各器官和组织时所受到阻碍作用大小的物理量。

注:单位为秒每米($s \cdot m^{-1}$)。

4.80

气孔阻力 **stomatal resistance**

叶面气孔对于气体扩散进出叶片的阻力,取决于气孔密度、开放度及保卫细胞厚度。

注:单位为秒每米($s \cdot m^{-1}$)。

4.81

气孔导度 **stomatal conductance**

叶面气孔对于水汽、氧气和二氧化碳的交换能力,与气孔阻力互为倒数。

注:单位为米每秒($m \cdot s^{-1}$)。

4.82

界面 **interface**

农田生态系统中进行物质和能量交换的不同组分之间的交接面。

4.83

界面调控 **interface regulation**

对农田生态系统的各界面进行调控管理,使之有利于资源高效利用和作物生育。

4.84

边界层 **boundary layer**

流动边界层

速度边界层

黏性流体与固体表面相对运动时,由于流体黏性的作用,流速随其离开固体表面的距离而发生剧烈变化的流体区域。

4.85

叶面边界层阻力 **leaf boundary resistance**

叶面与空气摩擦形成的相对稳定气层对于水汽、氧气或二氧化碳传输的阻力。

注:单位为秒每米($s \cdot m^{-1}$)。

4.86

涡度相关技术 **eddy covariance technique**

以快速反应仪器直接测量近地气层和冠层上方因空气湍流运动而引起的动量、温度、湿度和二氧化碳脉动值的一种微气象测定技术。

4.87

消光系数　extinction coefficient

表征太阳辐射在穿过大气层、植被冠层或水体时的衰减速率的参数。

4.88

辐射几何学　radiation geometry

把农业生物体的外形简化为标准几何形状并组合起来,计算农业生物所截获太阳辐射量的方法。

4.89

辐射截获　radiation interception

冠层对太阳辐射的截获作用,通过在冠层上方、冠层不同高度和地表分别设置辐射计进行观测得出。

4.90

作物群体几何结构　crop colony geometric structure

作物群体中的叶、茎、穗、花等器官的数量及其在空间分布的几何状况。

4.91

叶倾角　leaf inclination

叶片腹面的法线与天顶轴的夹角,直接影响到叶片对太阳辐射的截获率与反射率。

4.92

外形因子　shape factor

投影在水平面上的阴影面积与物体表面积之比,常用于计算农业生物在野外接受到的太阳辐射量。

4.93

可照时数遮蔽图算法　calculation of possible sunshine by outline shading diagram

通过在极坐标图上绘制测点周围山脉或建筑物等障碍物的地形遮蔽曲线,与不同季节太阳视轨道曲线相交并扣除地形遮蔽时段,测算一日内太阳可照时数的一种图算方法。

4.94

风荷载　wind load

风作用于物体表面上的压力。

注:单位为千牛[顿]每平方米(kN·m^{-2})。

4.95

积雪荷载　snow load

积雪重量引起的垂直方向的荷载。

注:单位为千牛[顿]每平方米(kN·m^{-2})。

4.96

采暖负荷　heating load

寒冷季节为保证温室或畜舍正常生产活动所必需的采暖热量。

4.97

通风换气　ventilation

相对密闭的温室、畜舍和农产品储藏库通过自然通风或强制通风,使外界新鲜空气进入并与室内空气交换的作业过程。

4.98

变温管理　cultivation with varying temperature set point

根据作物生理活动的日变化设定温室气温控制程序的管理方法。

4.99

二氧化碳施肥　carbon dioxide fertilization

通过人工补充释放二氧化碳以促进作物光合作用的方法。

4.100

保温效率　efficiency of heat insulation

隔热材料和设备的热量支出与收入之比。

5　农业气象研究方法

5.1

农业气象研究方法　methodology of agrometeorological research methods

对农业生产与气象条件相互关系进行观测、试验、模拟、分析和评价的方法。

5.2

农业气象方法论　agrometeorological methodology

以解决农业气象问题为目标的体系或系统,是对农业气象问题研究的目标、思路、技术路线、步骤、工具、方法的论述。

5.3

农业气象调查　agrometeorological investigation

根据农业生产的需要,通过访问、座谈、考察、观测等手段获取农业气象信息和资料,研究农业气象问题的方法。

5.4

农业气象模拟　agrometeorological simulation

根据农业生产和科研的要求,在控制条件下人为地再现农业气象条件及农业生物生长发育过程的农业气象试验和研究方法。

5.5

农业气象模式　agrometeorological model

根据实验研究结果,表征农业生产对象或过程与气象条件关系的数学表达形式、计算机程序或文字逻辑图式。

5.6

作物生长模型　crop growth model

对作物生长发育的各个生理生化过程与环境因素的相互关系进行表达的数学形式。

注:用于预测作物生长发育进程和产量形成,或评估环境条件变化对作物生产的影响。

5.7

农业气象仪器　agrometeorological instruments

从事农业气象观测、试验和研究使用的专门仪器。

5.8

农业气象田间试验方法　methodology of agrometeorological field experiment

根据作物和气象条件协同原则,在田间进行作物生育状况、产量构成与小气候等环境要素进行平行观测及各种调控措施效果观察的试验。

5.9

简易对比试验法　experiment of simple comparing

对影响农业生产的主要农业气象要素进行单因素多处理的一种田间试验方法。

5.10

分期播种法　sowing by stages

利用气象条件随季节的变化,将试验作物或品种分期播种在同一地块,以研究作物与气象关系的一种农业气象田间试验方法。

5.11

    地理播种法　geographical sowing method

    将作物的同一品种播种在不同地理区域,按照同一方案进行作物生育状况与气象条件的平行观测,以研究作物与气象关系的一种农业气象田间试验方法。

5.12

    地理分期播种法　geographical sowing with different sowing dates

    在地理播种的基础上,再按照分期播种法原则安排若干个播期的田间试验。

5.13

    地理移置法　geographical remove method

    将统一管理的同一品种盆栽作物组快速运送到不同地理区域,进行作物生育状况与气象条件的平行观测,以研究作物与气象关系的一种农业气象田间试验方法。

5.14

    人工环境模拟　simulation of artificial environment

    通过将农业生物放进各种人工设施,模拟不同的局部自然气象环境,以研究气象条件对农业生物影响的一种试验研究方法。

5.15

    人工气候室　phytotrone

    环境调节实验室

    在室内人为控制某些气象要素或模拟一定的天气、气候条件进行生物实验的设施。

5.16

    人工气候箱　climatic box

    研究生物和气象条件之间相互关系使用的一种模拟自然环境,体积较小的人工控制实验设备。

5.17

    农业气象数值模拟　agrometeorological numerical simulation

    依靠电子计算机,通过数值计算和图像显示,对农业气象问题进行研究的方法。

5.18

    冻箱　frozen box

    在人工制造的箱内模拟越冬零下强烈低温对植株危害的实验设备。

5.19

    霜箱　frost box

    在人工制造的箱内模拟霜冻低温对植株危害的实验设备。

5.20

    开放式二氧化碳浓度升高系统　Free Air Carbon dioxide Enrichment;FACE

    通过在自由空气中增加二氧化碳浓度,创造一个模拟未来二氧化碳增加后的微生态环境的试验装置系统。

    注:由于试验尺度相对较大,系统内通风、光照、温度、湿度等条件十分接近自然环境,试验结果更接近真实情况,已广泛应用于二氧化碳浓度增加对作物影响的各种模拟田间试验。

5.21

    蒸渗仪　lysimeter

    研究水文循环中降水或灌溉水下渗、地表径流和地下径流、蒸散发等过程而设置的装置。

5.22

    气孔仪　stoma-meter

测量植物叶片气孔阻力和叶面水分蒸腾的仪器。

5.23

红外测温仪　infrared thermometer

通过测定物体发出的红外辐射来确定物体表面温度的仪器。

5.24

冠层分析仪　canopy analyser

通过测量作物冠层光合有效辐射值,提供叶面积指数和冠层光合有效辐射分布的仪器。

5.25

田间自动气象站　field automatic weather station

由传感器、采集器、通信接口、系统电源等组成,能在田间自动观测、存储农业气象观测数据的设备。

5.26

远程农业气象监测系统　remote monitoring system of agrometeorology

集传感技术、数据处理技术、图像成型技术为一体,能够进行自动观测、存储农业气象观测数据并进行远程监视和传输的仪器。

5.27

卫星遥感　satellite remote sensing

应用卫星对地球表面及大气层进行的非接触远距离探测技术。

5.28

地物光谱特性　spectral characteristics of surface targets

地物所具有的电磁辐射特性,包括反射、吸收外来紫外线、可见光、红外线和微波的某些波段,发射某些红外线和微波波段,少数地物还具有透射电磁波的特性。

5.29

地物光谱反射率　spectral reflectivity of surface targets

地面物体对所接收不同波段辐射的反射率。

5.30

遥感图像　remote sensing image

遥感影像

记录卫星或航空遥感监测各种地物电磁波的影像资料。

5.31

植被指数　vegetation index; VI

绿度　greenness

利用卫星不同波段探测数据组合而成,能反映植物生长状况的指数。

5.32

比值植被指数　ratio vegetation index; RVI

卫星遥感的近红外反射率(NIR)与可见光反射率(R)的比值,即 $RVI=NIR/R$。

注:是绿色植物的敏感参数,可以及时反映出作物叶面积的变化。

5.33

归一化植被指数　normalized difference vegetation index; NDVI

卫星遥感的近红外反射率与可见光反射率之差与之和的比值,即 $NDVI=(NIR-R)/(NIR+R)$。

注:能反映出土壤、潮湿地面、雪、枯叶、粗糙度等植物冠层背景的影响。

5.34

农作物长势遥感监测　remote sensing monitoring of crop growth

运用遥感技术对作物生长发育状况的监测。

5.35

植物病虫害遥感监测 remote sensing monitoring of plant disease and pest

运用遥感技术对植物病虫害状况进行的监测。

5.36

农业灾害遥感监测 remote sensing monitoring of agricultural disasters

利用气象卫星遥感信息结合地面观测信息对气象灾害进行的监测。

5.37

农业干旱遥感监测 remote sensing monitoring of agricultural drought

运用遥感技术对农业干旱发生状况进行的监测。

5.38

作物产量遥感评估 remote sensing evaluation of crop production

运用遥感技术,根据作物和地物反射光谱特征对产量进行的评估。

5.39

农业土地利用遥感监测 remote sensing monitoring of agricultural land use

运用遥感技术对特定区域土地的农业利用情况进行的监测。

5.40

全球定位系统 **global positioning system**

全球卫星定位系统

一个中距离圆型轨道卫星导航系统,可以为地球表面绝大部分地区提供准确的定位、测速和高精度的时间标准。

5.41

地理信息系统 **geographic information system; GIS**

由电子计算机网络系统支撑,对地理环境信息进行采集、存储、检索、分析和显示的综合性技术系统。

5.42

物联网 **internet of things**

利用局部网络或互联网等通信技术,把传感器、控制器、机器、人员和物等通过新的方式联在一起,形成人与物、物与物的相联,实现信息化、远程管理控制和智能化的网络。

6 生态气象

6.1

生态气象学 **eco-meteorology**

阐述天气气候与生态系统相互作用及其变化规律的一门科学。

6.2

生态气象要素 **eco-meteorological elements**

用以反映和表征生态系统状况的大气、生物、土壤和水以及其他相关环境要素的特征量。

6.3

生态气象监测 **eco-meteorological monitoring**

通过对生态系统的大气、生物、土壤和水等主要特征量的观测、调查和计算,解析气象条件与各生态因子之间的相互关系和作用机理,科学评价生态系统的动态状况。

6.4

生态气象观测 **eco-meteorological observation**

运用生态学和气象学的方法,对生态系统中反映系统结构和功能的气象要素与相关生态因子进行的观测。

6.5

生态气象服务 eco-meteorological service

通过对生态气象观测数据的加工处理和研究分析,了解不同气象条件下生态系统变化的特点和规律,为生态保护、恢复、利用和社会经济可持续发展等提供的专业气象服务。

[QX/T 200—2013,定义 2.4]

6.6

生态气象评估 eco-meteorological assessment

利用生态气象观测数据,依据生态气象指标和模型等,评估天气气候对生态系统结构和功能的影响以及后者对前者的响应。

6.7

森林生态系统 forest ecosystem

森林生物群落与其环境在物质循环和能量转换过程中形成的一定结构、功能和自调控的自然综合体。

注:是陆地生态系统中最重要的自然生态系统。

6.8

草地生态系统 steppe ecosystem

由多年生草本植物组成,或以多年生草本植物为主,并兼有少量灌木和稀疏乔木的陆地生态系统。

6.9

湿地生态系统 wetland ecosystem

由湿生、沼生和水生植物、动物、微生物及其非生物环境因子所组成,处于陆地生态系统与水生生态系统过渡区域的一种生态系统。

6.10

荒漠生态系统 desert ecosystem

以超旱生的小乔木、灌木和半灌木占优势的生物群落与其周围的荒漠环境所组成的综合体。

6.11

农业生态系统 agricultural ecosystem

在人类的参与下,利用农业生物与非生物环境之间及生物种群之间的相互关系,通过合理的生态结构和高效的生态机制进行能量转化与物质循环,并按照人类社会的需要建立起来进行物质生产,由各种形式和不同发展水平的农业生物与其环境组成的综合体。

6.12

雪线 snow line

高纬度和高海拔地区永久积雪的下部界线,即指无遮盖地面上,大气固体降水量与消融量相等的零平衡线。

6.13

水色 water color

由太阳辐射和水中溶质性质与含量所决定的水体颜色。

注:通过比色计来测定。

6.14

浊度 water turbidity

由于水体中存在微细分散的悬浮粒子、可溶的有色物质、浮游生物、微生物等,使水透明度降低的程度。

[QX/T 200—2013,定义 4.2]

6.15

水的电导率 electric conductivity of water

水溶液传导电流的能力。

注:单位为秒每米(s·m^{-1})。

6.16

水体 pH 值 pH value of water body

水中氢离子浓度的负对数。

注:是表征水溶液酸碱性强弱的指标。

6.17

水体总有机碳 total organic carbon of water body

溶解或悬浮于水中的有机物总量折合成碳计算的量。

注:是衡量水体受污染程度的指标之一。

6.18

化学需氧量 chemical oxygen demand;COD

以化学方法测量水样中需要被氧化的还原性物质的量。

注:是衡量水体受污染程度的指标之一。

6.19

生化需氧量 biochemical oxygen demand;BOD

含有机污染物及足够的溶解氧值的水样中,通过微生物的作用,使有机物降解的过程中消耗氧的量。

注:是衡量水体受污染程度的指标之一。

[QX/T 200—2013,定义 4.7]

6.20

富营养化 eutrophication

氮、磷等营养物质不断进入湖泊、水库、河口、海湾等缓流水体并过量积聚,致使水体营养过剩的现象,可引起藻类和其他浮游生物爆发性增殖,经微生物分解残体使溶解氧含量下降,导致水体严重污染和鱼类等生物大量死亡。

6.21

富营养化指数 eutrophication index

用以描述水体水质富营养化程度的参数。

6.22

水土流失 water and soil loss

在水力、重力、风力、冻融等外营力和不合理人类活动的作用下,水土资源和土地生产力受到的破坏和损失。

6.23

地表径流量 surface runoff amount

降水或融雪强度超过蒸发和下渗强度,当地表贮留水量达到一定限度即向低处流动汇入溪流,这一过程称为地表径流,此过程的水量称为地表径流量。

6.24

树干径流量 stem flow

降落到森林中的雨滴,其中一部分从叶转移到枝,从枝转移到树干而流到林地地面,这部分雨量称为树干径流量。

6.25

集水面积　catchment area

一定区域内能够汇集降水的面积。

6.26

地下水位　ground water table

地下含水层的水面高度。

注：一般以低于地表的深度表示。

6.27

丰水期　high-water period

年内河川流量显著高于年平均流量的时期。

［QX/T 200—2013,定义4.15］

6.28

枯水期　low-water period

一年内河川流量显著低于年平均流量的时期。

［QX/T 200—2013,定义4.16］

6.29

流速　flow velocity

水的质点在单位时间内沿流程移动的距离。

［QX/T 200—2013,定义4.17］

6.30

流量　flow flux

单位时间内通过河渠或管道某一过水断面的水体体积。

［QX/T 200—2013,定义4.18］

6.31

径流模数　runoff modulus

流域内单位面积上产生的径流量。

注：单位为米每秒($m \cdot s^{-1}$)。

［QX/T 200—2013,定义4.19］

6.32

径流系数　runoff coefficient

某时段内径流量与形成这一径流量的降雨量的比值。

［QX/T 200—2013,定义4.20］

6.33

矿化度　mineralization degree

单位水量中各种元素的离子、分子和化合物的总含量。

6.34

水质　water quality

水中物理、化学和生物方面诸因素所决定的水的质量。

6.35

水华　water bloom

在特定的环境条件下,某些浮游植物、原生动物或细菌爆发性增殖或高度聚集而引起水体变色的一种有害生态现象。

6.36

生物量 biomass

生物在整个生育过程中所积累的有机物质的总量。

［QX/T 200—2013,定义6.4］

6.37

泥炭积累厚度 peat accumulation thickness

湿地植被不能彻底分解与泥土等矿物质混合沉积的厚度。

［QX/T 200—2013,定义5.13］

6.38

土壤腐殖质 soil humus

土壤有机质的主要成分,是动植物残体经微生物分解转化又重新合成的复杂的有机胶体。

［QX/T 200—2013,定义5.16］

6.39

土壤 pH 值 soil pH value

土壤溶液氢离子浓度的负对数,用以表征土壤的酸碱性程度。

6.40

土壤盐分含量 soil salt content

干土中所含可溶盐的重量百分数。

［QX/T 200—2013,定义5.18］

6.41

土壤紧实度 soil compactness

土壤硬度

土壤穿透阻力

土壤抵抗外力的压实和破碎的能力。

注:一般用金属柱塞或探针压入土壤时的阻力(P_a)表示。

6.42

土壤肥力 soil fertility

土壤供应与协调植物生长、发育所需水分、养分、空气和热量的综合能力。

［QX/T 200—2013,定义5.19］

6.43

土壤养分含量 soil nutrient content

土壤中氮、磷、钾及其他植物所需营养元素的含量。

［QX/T 200—2013,定义5.20］

6.44

植被覆盖度 vegetation coverage

植物地上部分垂直投影面积占样地面积的百分率(%)。

［QX/T 183—2013,定义3.4］

6.45

郁闭度 crown density

林冠投影所占面积与林地总面积之比。

6.46

胸径 diameter at breast height

乔木主干离地表1.3 m处的直径。

［QX/T 200—2013，定义6.15］

6.47

林龄 stand age

林分中林木的年龄。

注：用林木平均年龄表示的林分年龄，称"平均年龄"；用优势树种年龄表示的，则称为"优势年龄"。

6.48

树木年轮 tree annual ring

树木茎干的韧皮部由于形成层细胞分裂快慢的季节差异而形成茎干横截面上每年增加一圈颜色深浅相间的同心圆环。

注：浅色部分为气象条件适宜林木生长的季节所形成，深色部分为气候不适宜生长的季节所形成。年轮的疏密与气温、降水等有密切关系，可用于研究历史上气候与生态环境的变化动态。

6.49

林相 forest form

林层

森林外形

林分中乔木和树冠构成的层相。

注：可分为单层林和复层林（或多层林）。

［QX/T 200—2013，定义6.17］

6.50

多度 abundance

表示调查样地上一个植物种在群落中个体数量的多少。

6.51

频度 frequency

某个物种在调查范围内出现的频率，常按包含该种个体的样方数占全部样方数的百分比来计算。

6.52

盖度 cover

植物群落总体或各个体的地上部分的垂直投影面积与样方面积之比的百分数。

6.53

优势度 dominance

某种植物在群落中所具有的作用和地位的大小。

［QX/T 200—2013，定义6.18］

6.54

物种丰富度 species richness

一个群落或生境中的物种数目。

6.55

生物多样性 biodiversity

一定时间和一定地区所有生物物种及其遗传变异和生态系统的复杂性的总称，包括遗传（基因）多样性、物种多样性、生态系统多样性和景观生物多样性四个层次，是生物及其与环境形成的生态复合体以及与此相关的各种生态过程的总和。

6.56

物种多样性指数 species diversity index

物种丰富度与种的多度相结合的函数。

注：表征物种数量变化和物种生物学多样性程度。

6.57

根冠比　root/shoot ratio

植株根系与地上部分干重的比值。

6.58

草甸草原　meadow steppe

在半湿润气候条件下,以多年生丛生禾草及根茎性禾草占优势的植物群落。

6.59

典型草原　typical steppe

干草原　dry steppe

在半干旱气候条件下,由典型旱生植物组成,并以丛生禾草为建群种所组成的植物群落。

6.60

荒漠草原　desert steppe

在半干旱或干旱气候条件下,由旱生性更强的多年丛生禾草为主,并伴有一定数量旱生、强旱生小半灌木和灌木所组成的植物群落。

6.61

高寒草原　alpine steppe

海拔较高的高山或高原,在高寒干燥气候条件下形成,以寒旱生多年生丛生禾草为主的植物群落。

6.62

高寒草甸　alpine meadow

海拔较高的高山或高原,在高寒湿润气候条件下形成,以耐寒冷、密丛、短根茎、地下芽、蒿草及苔草、禾草、杂类草为建群种的植物群落。

6.63

牧草有效生长季　effective growth duration of grass

牧草在一年中受到水分、温度等环境条件的影响,能够有效生长的时期。

6.64

草地载畜量　grazing capacity

在适当放牧的情况下,单位面积草地所能饲养的牲畜头数和能承受的放牧时间。

6.65

有害生物　harmful species

在一定条件下对人类的生产、生活、健康造成危害,甚至威胁人类生存的生物。

注:主要包括危害农林业生产的病虫害、草害与鼠害,危害畜牧养殖业的动物疫病与寄生虫,危害人体健康的致病微生物及其传媒生物、寄生虫和毒虫,危害自然生态系统的鼠害和外来入侵物种,危害建筑物与设施、财产安全的白蚁、鼠害、霉菌、仓虫等。

6.66

病虫害　pest and disease damage

由于受到有害的昆虫或致病微生物的侵害,而使农业生物的生长和发育受到抑制或损害,造成产量或品质下降等危害的一大类自然灾害的统称。

6.67

草原鼠害　rodent damage of grassland

由于草地鼠类和其他啮齿类动物大量啃食牧草地上枝叶和地下根茎,并推成土堆破坏草原,造成牧草大面积减产甚至死亡的一种生物灾害。

6.68

草原虫害　pest damage of grassland

由于草原上的昆虫大量啃食或吸食牧草地上枝叶和地下根茎,并向牧草和牲畜传播细菌和病毒,引发病害而造成牧草和牲畜减产甚至死亡的一种生物灾害。

6.69

森林鼠害　rodent damage of forest

由于森林鼠类和其他啮齿类动物大量啃食枝叶和根茎,造成林木枯萎甚至死亡的一种生物灾害。

6.70

森林虫害　pest damage of forest

由于森林中的昆虫大量啃食或吸食枝叶和根茎,并传播细菌和病毒,引发病害而造成林木枯萎甚至死亡的一种生物灾害。

6.71

生物入侵　biological invasion

物种由原生存地经自然或人为途径侵入到新的环境,对入侵地的生物多样性、农林牧渔业生产和人类健康造成经济损失或生态灾难的过程。

6.72

生态系统　ecosystem

生态系

生物群落与非生物环境之间通过物质循环和能量交换,相互作用、相互联系、相互制约所构成的综合体。

6.73

总初级生产力　gross primary productivity;GPP

总第一生产力

单位时间植物通过光合作用固定的产物量或有机碳总量。

6.74

净初级生产力　net primary productivity;NPP

第一性生产力

扣除自身呼吸消耗后剩余的植物光合产物量。

6.75

生态系统净生产力　net ecosystem productivity;NEP

植物净第一生产力减去异养呼吸消耗剩余的光合产物量。

6.76

生态系统结构　ecosystem structure

构成生态系统的诸要素及其量比关系,各组分在时间、空间上的分布,以及各组分间能量、物质、信息流的途径与传递关系,包括组分结构、时空结构和营养结构。

6.77

生态系统功能　ecosystem function

维持生态系统正常运转的基本功能,包括能量流动、物质循环和信息传递。

6.78

生态系统服务功能　ecosystem service functions

生态系统和生态过程所形成和维持的,人类赖以生存的自然环境及其效用,主要包括提供产品、调节、文化和支持四大功能组。

参 考 文 献

[1] GB/T 20524—2006 农林小气候观测仪
[2] GB/T 21986—2008 农业气候影响评价:农作物气候年型划分方法
[3] GB/T 29366—2012 北方牧区草原干旱等级
[4] QX/T 81—2007 小麦干旱灾害等级
[5] QX/T 142—2011 北方草原干旱指标
[6] QX/T 183—2013 北方草原干旱评估技术规范
[7] QX/T 199—2013 香蕉寒害评估技术规范
[8] QX/T 200—2013 生态气象术语
[9] SL 13—2004 灌溉试验规范
[10] 程纯枢,等.中国农业百科全书·农业气象卷[M].北京:农业出版社,1986
[11] 辞海编辑委员会.辞海[M].上海:上海辞书出版社,1999
[12] 大气科学辞典编委会.大气科学辞典[M].北京:气象出版社,1994
[13] 大气科学名词审定委员会.大气科学名词[M].北京:科学出版社,2009
[14] 国家气象局.农业气象观测规范[M].北京:气象出版社,1993
[15] 李博.生态学[M].北京:高等教育出版社,2000
[16] 日本农业气象学会.农业气象术语解释[M].刘新安,等,译.北京:气象出版社,1991
[17] 信乃诠.中国农业气象学[M].北京:中国农业出版社,1999
[18] 郑大玮.灾害学基础[M].北京:北京大学出版社,2015
[19] 郑大玮,等.农业灾害学[M].北京:中国农业出版社,1999
[20] 郑大玮,等.农业减灾实用技术手册[M].杭州:浙江人民出版社,2003
[21] 郑大玮,等.农业灾害与减灾对策[M].北京:中国农业大学出版社,2013
[22] 郑大玮,等.关于积温一词及其度量单位科学性问题的讨论[J].中国农业气象,2010,31(2):165-169
[23] 郑大玮,李茂松,霍治国.农业灾害与减灾对策[M].北京:中国农业大学出版社,2013
[24] 中国农业科学院.中国农业气象学[M].北京:中国农业出版社,1999
[25] UNISDR. Terminology on Disaster Risk Reduction[Z],2009

索　引

中文索引

W

X

英文索引

A

S

ICS 07.060
A 47
备案号：61257—2018

中华人民共和国气象行业标准

QX/T 382—2017

设施蔬菜小气候数据应用存储规范

Specifications for microclimate data application storage in facility vegetable

2017-06-09 发布 2017-10-01 实施

中 国 气 象 局 发 布

前　言

本标准按照 GB/T 1.1—2009 给出的规则起草。

本标准由全国农业气象标准化技术委员会(SAC/TC 539)提出并归口。

本标准起草单位:河北省气象科学研究所、山东省气候中心、天津市气候中心。

本标准主要起草人:魏瑞江、高建华、郭艳岭、薛晓萍、黎贞发。

设施蔬菜小气候数据应用存储规范

1 范围

本标准规定了设施蔬菜小气候数据存储的内容、规格和信息编码。

本标准适用于日光温室、塑料大棚和连栋温室三类设施蔬菜小气候数据的存储和共享。

2 规范性引用文件

下列文件对于本文件的应用是必不可少的。凡是注日期的引用文件,仅注日期的版本适用于本文件。凡是不注日期的引用文件,其最新版本(包括所有的修改单)适用于本文件。

JB/T 10288—2013 连栋温室技术条件

NY/T 1741—2009 蔬菜名称及计算机编码

QX/T 133—2011 气象要素分类与编码

QX/T 261—2015 设施农业小气候观测规范 日光温室和塑料大棚

QX/T 292—2015 农业气象观测资料传输文件格式

3 术语和定义

下列术语和定义适用于本文件。

3.1

设施蔬菜小气候数据 microclimate data in facility vegetable

设施内蔬菜生产中的小气候观测数据、蔬菜生长平行观测记录、设施结构主要参数等。

3.2

日光温室 heliogreenhouse

以太阳辐射为能量来源,东、西、北三面为围护墙体,南坡面以塑料薄膜覆盖,主要用于果蔬等生产的设施。

注:改写 QX/T 261—2015,定义 3.2。

3.3

塑料大棚 plastic tunnel

以竹、木、钢等材料为支撑,塑料薄膜为覆盖材料,主要用于果蔬等生产的设施。

注:改写 QX/T 261—2015,定义 3.3。

3.4

连栋温室 multi-span greenhouse

至少两跨以上,跨间屋面以天沟连接,它适合于规模化的机械作业和生产管理的温室。

[JB/T 10288—2013,定义 3.11]

4 数据存储内容

4.1 小气候观测数据

4.1.1 小气候观测站基本信息

小气候观测站基本信息应包括区站号、经度、纬度、海拔高度、站点变迁和站内观测仪器布设等19项,具体内容见5.2。

4.1.2 小气候观测要素数据

小气候观测要素数据应包括设施内的气温、空气相对湿度、地温、总辐射、光合有效辐射和二氧化碳浓度等要素的观测数据33项,具体内容见5.2。

4.2 蔬菜生长观测记录

4.2.1 蔬菜种植和生长记录

蔬菜种植记录应包括某设施内在一定时间内各种蔬菜种类组成、分布、熟制和种植方式等。

蔬菜生长记录应包括蔬菜名称、定植日期、定植后密度、发育期名称、发育日期、植株高度、产品采收(摘)等。

4.2.2 灾情记录

灾情记录应包括发生时间、灾害类型、灾害名称、受灾作物、灾害症状、持续时间、受灾程度、防治措施、灾后恢复等。

4.2.3 生产管理记录

生产管理记录应包括管理项目、项目类型、起始时间、终止时间、管理过程简述等。

4.3 设施结构主要参数

设施结构主要参数应包括设施的长度、跨度、脊高、墙体保温材料、采光面覆盖物、覆盖物透光率、覆盖物厚度等28项,具体内容见5.4。

5 数据存储规格

5.1 存储规定

数据存储包含数据元素及其基本性质,如名称、编码、存储长度、精度和单位等。

数据元素存储长度为该数据的可能最长字符数。如果实际字符数小于存储长度时,高位不足时,用"0"补齐。

数据元素的默认值由默认字符"/"构成。例如,如果某数据元素的存储长度为4,则其默认值为"////"。

5.2 小气候观测数据存储规格

小气候观测数据存储规格内容包括小气候观测站基本信息数据存储(见表1)和小气候观测要素数据存储(见表2)。

表 1　小气候观测站基本信息数据存储规格

序列	要素名称	要素编码ª	长度（字符数）	精度	单位	说明
1	区站号	01300	5			编码，见 QX/T 261—2015 附录 A 的 A.1
2	区站名	01015	20			
3	详细地址	71902_5	255			该站是首次建站还是由其他地方迁移而来
4	纬度	05001	8	0.0001	°	
5	经度	06001	8	0.0001	°	
6	测站高度	07001	8	0.1	m	
7	建站时间	71902_1	8			年月日（北京时，yyyyMMdd）
8	迁站时间	71902_2	8			年月日（北京时，yyyyMMdd）
9	迁站原因	71902_3	255			本次迁站的原因予以简要说明
10	迁站次数	71902_4	2		次	00 表示首次建站，01 表示第 1 次迁站，其他类推
11	设施类型	71917	1			1——日光温室，2——塑料大棚，3——连栋温室
12	观测要素	71903_2	13			编码，见表 2 中相关观测要素的编码
13	仪器型号	71903_3	20			
14	仪器性能	71903_4	255			对仪器测量范围、分辨力、误差范围等信息描述
15	安装日期	71903_5	14			同序列 7 的说明
16	安装高（深）度	71903_6	3	1	cm	观测要素为地温时，表示安装深度
17	水平方位角	71903_7	3	1	°	以设施内中心点为原点，与设施跨度朝阳方向为起始零度，顺时针旋转，取值范围：0～360°
18	距中心点距离	71903_8	4	0.1	m	
19	仪器维护简述	71904	255			

ª编码值 71901～71924 的相关内容见附录 A 中的表 A.1，其他编码值见 QX/T 133—2011。

表 2　小气候观测要素数据存储规格

序列	要素名称ª	要素编码b	长度（字符数）	精度	单位	说明
1	观测时间	04030	14			年月日时分秒（北京时，yyyyMMddhhmmss）；若观测精度未到时、分、秒，则相应部位编 0
2	空气温度	12001	5	0.1	℃	当前时刻的空气温度
3	最高气温	12011	5	0.1	℃	每 1 小时内的最高气温
4	最高气温出现时间	12011_052	4			该最高气温出现时间（时、分）
5	最低气温	12012	5	0.1	℃	每 1 小时内的最低气温
6	最低气温出现时间	12012_052	4			该最低气温出现时间（时、分）

表 2 小气候观测要素数据存储规格(续)

序列	要素名称[a]	要素编码[b]	长度 (字符数)	精度	单位	说明
7	空气相对湿度	13003	4	1	％	当前时刻的空气相对湿度
8	最低空气相对湿度	13007	4	1	％	每1小时内的最小空气相对湿度值
9	最低空气相对湿度出现时间	13007_052	4			该最低空气相对湿度值出现时间(时、分)
10	地面温度	12120	5	0.1	℃	当前时刻的地面温度值
11	地面最高温度	12311	5	0.1	℃	每1小时内的地面最高温度
12	地面最高温度出现时间	12311_052	4			该地面最高温度出现时间(时、分)
13	地面最低温度	12121	5	0.1	℃	每1小时内的地面最低温度
14	地面最低温度出现时间	12121_052	4			该地面最低温度出现时间(时、分)
15	5 cm 地温	12030_005	5	0.1	℃	当前时刻 5 cm 深度的地温值
16	10 cm 地温	12030_010	5	0.1	℃	当前时刻 10 cm 深度的地温值
17	15 cm 地温	12030_015	5	0.1	℃	当前时刻 15 cm 深度的地温值
18	20 cm 地温	12030_020	5	0.1	℃	当前时刻 20 cm 深度的地温值
19	30 cm 地温	12030_030	5	0.1	℃	当前时刻 30 cm 深度的地温值
20	40 cm 地温	12030_040	5	0.1	℃	当前时刻 40 cm 深度的地温值
21	总辐射辐照度	14311	4	1	$W \cdot m^{-2}$	当前时刻的总辐射辐照度
22	总辐射曝辐量	14021	4	0.01	$MJ \cdot m^{-2}$	当前小时内总辐射辐照度的总量
23	总辐射最大辐照度	14021_105	4	1	$W \cdot m^{-2}$	每1小时内的最大总辐射辐照度
24	总辐射最大辐照度出现时间	14021_105_052	4		hhmm	该最大总辐射辐照度出现时间(时、分)
25	光合有效辐射辐照度	14390	4		$\mu mol \cdot m^{-2} \cdot s^{-1}$	当前时刻的光合有效辐射辐照度
26	光合有效辐射曝辐量	14901	4	0.01	$mol \cdot m^{-2}$	当前小时内光合有效辐射辐照度的总量
27	光合有效辐射最大辐照度	14390_105	4		$\mu mol \cdot m^{-2} \cdot s^{-1}$	每1小时内的最大光合有效辐射辐照度
28	光合有效辐射最大辐照度出现时间	14390_105_052	4			该最大光合有效辐射辐照度出现时间(时、分)
29	二氧化碳浓度	15032	5	1	ppm	当前时刻二氧化碳浓度值

表 2　小气候观测要素数据存储规格（续）

序列	要素名称[a]	要素编码[b]	长度 （字符数）	精度	单位	说明
30	二氧化碳浓度最大值	15032_105	5	1	ppm	每1小时内最大的二氧化碳浓度值
31	二氧化碳浓度最大值出现时间	15032_105_052	4			该最大二氧化碳浓度值出现时间（时、分）
32	二氧化碳浓度最小值	15032_106	5	1	ppm	每1小时内最小的二氧化碳浓度值
33	二氧化碳浓度最小值出现时间	15032_106_052	4			该最小二氧化碳浓度值出现时间（时、分）

　　[a]　各观测要素的相关内容见 QX/T 261—2015 附录 A。
　　[b]　编码值 71901~71924 的相关内容见附录 A 中的表 A.1,其他编码值见 QX/T 133—2011。

5.3　蔬菜生长观测记录存储规格

表3给出了蔬菜生长观测记录的存储规格。

表 3　蔬菜生长观测记录存储规格

序列	要素名称	要素编码[a]	长度 （字符数）	精度	单位	说明
1	设施名称	71916	5			用小气候观测站号表示
2	种植方式	71070_01	1			编码,见6.2
3	年度	04001	4			
4	种植茬口	71070_02	10			根据当地实际情况填写
5	茬口起始时间	71070_03	14			年月日时分秒(北京时,yyyyMMddhhmmss);若观测精度未到时、分、秒,则相应部位编0
6	茬口结束时间	71070_04	14			与"序列5"的说明相同
7	蔬菜名称	71001	8			编码,见6.1
8	种植面积	71070_05	6	0.1	m²	该蔬菜在设施内的种植面积
9	种植面积比例	71070_06	3	1	%	该蔬菜种植面积与设施内种植面积的百分比
10	定植日期	71906	14			与"序列5"的说明相同
11	定植密度	71008	5		株/米²	
12	发育期名称	71002	1			编码,见6.3
13	发育期日期	71003	14			与"序列5"的说明相同

表3 蔬菜生长观测记录存储规格(续)

序列	要素名称	要素编码ª	长度(字符数)	精度	单位	说明
14	植株高度	71006	3	0.1	m	
15	采摘(收)日期	71907	14			与"序列5"的说明相同
16	采摘(收)量	71908	5	0.1	kg	高位不足用"0"补齐
17	灾害名称	71040	6			编码,见6.4
18	灾害发生日期	71041	14			与"序列5"的说明相同
19	灾害持续天数	71909	2	1	d	
20	受灾程度	71042	1			代码,1为轻;2为中;3为重
21	受害症状	71910	255			
22	灾害管理措施	71911	255			
23	灾后恢复情况	71912	255			
24	生产管理项目名称	71913	4			编码,见6.5
25	管理起始时间	71913_1	14			与"序列5"的说明相同
26	管理终止时间	71913_2	14			与"序列5"的说明相同
27	项目特征值	71914	10			见附录B中的表B.7
28	生产管理过程简述	71915	255			

ª 编码值71901~71924的相关内容见附录A中的表A.1,其他编码值见QX/T 133—2011。

5.4 设施结构主要参数存储规格

表4给出了设施结构主要参数的存储规格,表中与日光温室和塑料大棚相关的参数见QX/T 261—2015附录B,与连栋温室相关的参数见JB/T 10288—2013。

表4 设施结构主要参数存储规格

序列	要素名称	要素编码ª	长度(字符数)	精度	单位	说明
1	设施名称	71916	5			用小气候观测站号表示
2	设施类型	71917	1			1——日光温室,2——塑料大棚,3——连栋温室
3	长度	71918_02	5	0.1	m	
4	跨度	71918_03	5	0.1	m	
5	前跨	71918_031	5	0.1	m	
6	后跨	71918_032	5	0.1	m	
7	高度	71918_04	3	0.1	m	
8	脊高	71918_05	3	0.1	m	

表 4 设施结构主要参数存储规格(续)

序列	要素名称	要素编码[a]	长度(字符数)	精度	单位	说明
9	半地下深度	71918_10	2	0.1	m	
10	墙体保温材料	71918_11	255			包括侧墙和后墙的墙体材料的描述
11	连栋温室开间	71918_12	2	0.1	m	指天沟下相邻两立柱之间的距离
12	种植区域长度	71918_13	5	0.1	m	高位不足,用"0"补齐
13	种植区域宽度	71918_14	5	0.1	m	高位不足,用"0"补齐
14	采光屋面覆盖材料	71919_1	1			1——塑料薄膜,2——玻璃,3——透光板材
15	覆盖材料透光率	71919_2	3		%	高位不足,用"0"补齐
16	覆盖材料厚度	71919_3	4	0.01	mm	高位不足,用"0"补齐
17	日光温室采光屋面形状	71920_1	1			1——立坡式,2——二折式,3——三折式,4——圆拱形,9——其他
18	采光屋面参考角	71920_2	2	1	°	指温室横剖面上采光屋面弧形曲线上的某点切线与地平面的夹角
19	后屋面坡角	71920_3	2	1	°	指日光温室后坡内表面与地平面之间的夹角,该夹角应大于当地冬至正午太阳高度角 5°~8°。
20	连栋温室采光屋面形状	71920_4	1	1		1——圆拱屋面,2——双坡单屋面,3——双坡多屋面,4——锯齿形单屋面,5——锯齿形多屋面,9——其他
21	连栋温室坡度	71920_5	2	1	°	指双坡屋面高度,以坡面与地平面的夹角表示
22	小拱棚个数	71924_16	1		个	0 代表无小拱棚
23	小拱棚标识	71924	1			1,2,3……,依次类推
24	小拱棚跨度	71924_11	4	0.1	m	
25	小拱棚长度	71924_12	4	0.1	m	
26	小拱棚脊高	71924_13	4	0.1	m	
27	小拱棚棚膜透光率	71924_14	3	1	%	
28	小拱棚棚膜厚度	71924_15	3	1	mm	

[a] 编码值 71901~71924 的相关内容见附录 A 中的表 A.1,其他编码值见 QX/T 133—2011。

6 信息编码规则

6.1 设施蔬菜名称编码

按 NY/T 1741—2009 第 2 章的蔬菜名称对应的计算机编码执行。常见设施蔬菜名称编码信息见附录 B 中的表 B.1,其他设施蔬菜名称的编码信息见 NY/T 1741—2009 第 2 章的相关内容。

6.2 设施蔬菜种植方式编码

6.2.1 编码方法由 2 位数值字符组成的顺序码构成。

6.2.2 编码结构 PP,取值范围:01～99,其中 81～98 为自编代码区。具体编码内容见附录 B 中的表 B.2。

6.3 设施蔬菜发育期名称编码

6.3.1 编码方法由 2 位数值字符组成的顺序码构成。

6.3.2 编码结构 GG,取值范围:01～99。具体编码内容见附录 B 中的表 B.3。

6.4 设施蔬菜灾害类型和灾害名称编码

6.4.1 灾害分类方法:根据灾害形成环境分为灾害性天气、农业气象灾害和蔬菜病虫害。

6.4.2 灾害性天气、农业气象灾害名称编码遵循传统的天气、农业气象灾害编码规定,具体内容见表 5。该表中除了"低温寡照""寡照"和"连阴骤晴"三种设施蔬菜特有农业气象灾害外,其他灾害的编码见QX/T 292—2015 表 B.42。

表 5 灾害性天气、农业气象灾害名称编码

序号	灾害名称	编码	说明
1	洪涝	0102	能够对设施本身(包括覆盖物)以及设施蔬菜带来危害的洪涝天气
2	冰雹	0107	
3	其他天气灾害	0199	
4	低温冷害	0201	
5	冻害	0202	
6	风灾	0209	
7	雪灾	0210	
8	低温寡照	0211	
9	寡照	0212	
10	连阴骤晴	0213	
11	其他农业气象灾害	0299	

6.4.3 蔬菜病虫害编码方法:采用层次编码法,由四层共 6 位阿拉伯字符组成,每层按 1 位或 2 位顺序码组成,其结构为 $D_1D_2D_3D_3D_4D_4$。其中第 3 层和第 4 层的取值范围为 00～99,00 为特殊值,01～80 为固定编码值,81～98 为自定义编码值,99 为其他。其规则如下:

——D_1 固定为"2",表示蔬菜病虫害;

——D_2表示蔬菜病虫害亚类名称编码,取值范围1～9,其中1～8分别对应蔬菜病虫害的8个亚类,9为其他亚类;具体内容见表6;

——非侵染性病害编码:D_2固定为"1",第3层D_3D_3表示病害名称编码,第4层D_4D_4固定为"00";

——侵染性病害编码:D_2取值为2～5,第3层D_3D_3表示对应的病害名称编码,第4层D_4D_4表示侵染性病原名称编码,当D_4D_4为"00"时表示侵染性病原不详或无须区分;

——寄生性植物危害编码:D_2固定为"6",第3层D_3D_3为寄生性植物类名称编码,第4层D_4D_4表示寄生性植物名称编码;

——蔬菜虫害编码:D_2取值为7～8,第3层D_3D_3为害虫类(目或总科)名称编码,第4层D_4D_4表示害虫属(种)名称编码。

表6　蔬菜病虫害亚类名称编码

序号	名称	编码	说明
1	非侵染性病害	1	蔬菜病害按病原性质可分为两大类,非侵染性病害(又称生理病害)和侵染性病害(由生物性病原真菌、原核生物、病毒、线虫和寄生性植物引起的病害)。
2	真菌病害	2	
3	原核生物病害	3	
4	病毒病害	4	
5	线虫病害	5	
6	寄生性植物危害	6	
7	昆虫纲虫害	7	蔬菜害虫大多数属于昆虫纲,其他还包括蛛形纲的螨虫、蜗牛等虫害。
8	其他虫害	8	
9	其他	9	

6.4.4　设施蔬菜病虫害编码内容可分为:

——设施蔬菜非侵染性病害名称编码,具体内容见附录B中的表B.4;

——设施蔬菜侵染性病害名称编码,具体内容见附录B中的表B.5;

——设施蔬菜害虫名称编码,具体内容见附录B中的表B.6。

6.5　设施生产管理项目和项目名称编码

6.5.1　编码方法:采用层次编码法,每一个完整的编码有4位数值型字符组成,共分为两层。

6.5.2　编码结构:$W_1W_1W_2W_2$,其中:第1层W_1W_1为项目类别编码,包括整地、育苗管理、田间管理、收获以及设施管理;第2层W_2W_2为项目名称编码。具体编码内容见附录B中的表B.7。

附　录　A

（规范性附录）

设施蔬菜小气候数据存储自由扩展要素代码

表 A.1 给出了设施蔬菜小气候数据存储自由扩展要素代码表。

表 A.1　设施蔬菜小气候数据存储自由扩展要素代码表

代码 xx yyy	要素名称	说明
14 901	光合有效辐射曝辐量	
71 901	设施生产者	包括从事设施农业生产的经营者、技术顾问和设备供货商等
71 902	小气候观测站	包括站名、地址、测站变迁信息等
71 903	小气候观测仪器基本信息	包括观测要素、仪器型号、仪器性能、仪器安装等
71 904	小气候观测仪器更新信息	包括仪器维护日期、维护内容等
71 905	仪器安装位置	
71 906	蔬菜定植日期	
71 907	蔬菜采收日期	
71 908	蔬菜采收量	
71 909	灾害表征	
71 910	灾害持续时间	
71 911	灾害防治措施	
71 912	受灾蔬菜恢复情况	
71 913	生产管理名称	
71 914	项目特征值	
71 915	管理过程描述	
71 916	设施名称	
71 917	设施类型	
71 918	建筑结构参数 1	包括方位角、跨度、长度、高度、脊高、面积、种植区域长度和宽度、半地下深度、墙体保温材料、温室开间、连跨数和开间数等
71 919	建筑结构参数 2	包括覆盖材料、透光率、材料厚度等
71 920	建筑结构参数 3	包括采光屋面形状、采光屋面参考角、后屋面形状、后屋面坡度角、采光面覆盖材料等
71 921	功能结构参数 1	包括通风、降湿、保温等
71 922	功能结构参数 2	包括灌溉、遮阳、防虫等
71 923	功能结构参数 3	包括采暖、补光、补 CO_2 等
71 924	设施内小拱棚结构参数	包括小拱棚跨度、长度、脊高、棚膜透光率、棚膜厚度等

附　录　B
（规范性附录）
信息编码

表 B.1 给出了常见设施蔬菜名称编码信息。

表 B.1　常见设施蔬菜名称编码

序号	名称	编码	别名
1	根菜类蔬菜	01301000	
2	萝卜	01301001	莱菔、芦菔、葵、地苏、萝卜
3	胡萝卜	01301003	红萝卜、黄萝卜、番萝卜、丁香萝卜、赤珊瑚、黄根
4	芜菁	01301004	蔓菁、圆根、盘菜、九英菘
5	芜菁甘蓝	01301005	洋蔓菁、洋大头菜、洋疙瘩、根用甘蓝、瑞典芜菁
6	根芹菜	01301013	根用芹菜、根芹、根用塘蒿、旱芹菜根
7	白菜类蔬菜	01301500	
8	结球白菜	01301501	结球白菜、黄芽菜、大白菜
9	普通白菜	01301502	青菜、小油菜、小白菜
10	乌塌菜	01301503	黑菜、塌棵菜、太古菜、瓢儿菜、乌金白
11	紫菜薹	01301504	红菜薹、红油菜薹
12	菜薹	01301505	菜心、薹心菜、绿菜薹
13	甘蓝类蔬菜	01302000	
14	结球甘蓝	01302001	洋白菜、包菜、圆白菜、卷心菜、椰菜、包心菜、茴子白、莲花白、高丽菜
15	花椰菜	01302006	花菜、菜花
16	青花菜	01302007	绿菜花、意大利芥蓝、木立花椰菜、西蓝花、嫩茎花椰菜
17	芥蓝	01302009	白花芥蓝
18	芥菜类蔬菜	01302500	
19	根用芥菜	01302501	大头菜、疙瘩菜、大头芥
20	叶用芥菜	01302502	青菜、辣菜、春菜、雪里蕻
21	茎用芥菜	01302503	青菜头、菜头、包包菜、羊角菜、菱角菜、棒棒菜、榨菜
22	茄果类蔬菜	01303000	
23	番茄	01303001	西红柿、洋柿子、番柿、柿子、火柿子
24	茄子	01303003	古名伽、落苏、酪酥、昆仑瓜、小菰、紫膨亨
25	辣椒	01303004	番椒、海椒、秦椒、辣茄、辣子
26	甜椒	01303005	青椒、菜椒
27	豆类蔬菜	01303500	
28	菜豆	01303501	四季豆、芸豆、玉豆、豆角、芸扁豆、京豆、敏豆
29	长豇豆	01303503	豆角、长豆角、带豆、筷豆、长荚豇豆
30	扁豆	01303504	峨嵋豆、眉豆、沿篱豆、鹊豆、龙爪豆

表 B.1 常见设施蔬菜名称编码(续)

序号	名称	编码	别名
31	豌豆	01303508	回回豆、荷兰豆、麦豆、青斑豆、麻豆、青小豆
32	瓜类蔬菜	01304000	
33	黄瓜	01304001	胡瓜、王瓜、青瓜、刺瓜
34	冬瓜	01304002	枕瓜、水芝、蔬蓏、东瓜
35	南瓜	01304004	倭瓜、番瓜、饭瓜、中国南瓜、窝瓜
36	西葫芦	01304006	美洲南瓜、角瓜、西洋南瓜、白瓜
37	西瓜	01304008	水瓜、寒瓜
38	苦瓜	01304016	凉瓜、锦荔枝
39	叶类蔬菜	01305000	
40	菠菜	01305001	菠薐、波斯草、赤根草、角菜、波斯菜、红根菜
41	芹菜	01305002	芹、旱芹、药芹、野圆荽、塘蒿、苦堇
42	落葵	01305003	木耳菜、胭脂菜、藤菜、软浆叶
43	结球莴苣	01305004	生菜、千斤菜
44	莴笋	01305005	莴苣笋、青笋、莴菜
45	油麦菜	01305006	
46	蕹菜	01305007	竹叶菜、空心菜、藤菜、藤藤菜、通菜
47	小茴香	01305008	土茴香、洋茴香
48	苋菜	01305009	苋、米苋
49	芫荽	01305012	香菜、胡荽、香荽
50	茼蒿	01305015	蒿子秆、蓬蒿、春菊
51	番杏	01305018	新西兰菠菜、洋菠菜、夏菠菜、毛菠菜
52	苦苣	01305024	花叶生菜、花苣、菊苣菜

表 B.2 给出了设施蔬菜种植方式编码信息。

表 B.2 设施蔬菜种植方式编码

序号	种植方式	编码	说明
1	连作	01	在同一设施内不同年份内连续重复地种植相同种类的蔬菜
2	轮作	02	按一定生产计划,在同一设施内按一定年限轮换种植不同种类的蔬菜
3	混作	03	在同一设施内无次序(而有一定比例)的混合种植两种或两种以上蔬菜
4	间作	04	在同一设施内,两种或两种以上的蔬菜隔畦、隔行或隔株有规则种植的栽培制度
5	套作(种)	05	在一种蔬菜生育后期,于行间或株间种植另一种蔬菜的栽培制度
6	多次作	06	在同一设施一年内连续栽培多种蔬菜,可收获多次,称为多次作或复种制度
7	重复作	07	在一年的整个生长季节内或一部分生长季节内连续多次种植同一蔬菜,多用于叶类蔬菜或其他生长期短的蔬菜
8	其他	99	

表 B.3 给出了设施蔬菜主要发育期名称编码信息。

表 B.3 设施蔬菜主要发育期名称编码

蔬菜名称	主要发育期名称编码								
	11	21	31	41	51	61	71	81	91
结球白菜	播种	出苗	茎生叶展开	定植(苗)	团棵	卷心	叶球形成	可收成熟	种子成熟
普通白菜	播种	出苗	茎生叶展开	定植(苗)	团棵			可收成熟	种子成熟
菜薹	播种	出苗	茎生叶展开	定植(苗)	现蕾	抽薹		可收成熟	种子成熟
结球甘蓝	播种	出苗	茎生叶展开	定植(苗)	团棵	卷心	叶球形成	可收(采收)	种子成熟
花椰菜	播种	出苗	茎生叶展开	定植(苗)	团棵		花球形成	可收(采收)	种子成熟
茎用芥菜	播种	出苗	茎生叶展开	定苗	茎开始膨大			可收成熟	种子成熟
萝卜	播种	出苗		定苗	根开始膨大			可收成熟	种子成熟
胡萝卜	播种	出苗		定苗	根开始膨大			可收成熟	种子成熟
番茄	播种	出苗	现蕾	定植		开花	坐果	采收成熟	种子成熟
茄子	播种	出苗	四真叶	定植	现蕾	开花	坐果	采收成熟	种子成熟
辣椒	播种	出苗		定植	现蕾	开花	坐果	采收成熟	种子成熟
黄瓜	播种	出苗	五真叶	定植	抽蔓	开花	坐果	采收成熟	种子成熟
冬瓜	播种	出苗	五真叶	定植	抽蔓	开花	坐果	采收成熟	种子成熟
南瓜	播种	出苗	五真叶	定植	抽蔓	开花	坐果	采收成熟	种子成熟
西瓜	播种	出苗	三真叶	定植	抽蔓	开花	坐果	采收成熟	种子成熟
菜豆	播种	出苗		定植(苗)	抽蔓	开花	荚果形成	采收成熟	种子成熟
豇豆	播种	出苗		定植(苗)	抽蔓	开花	荚果形成	采收成熟	种子成熟
豌豆	播种	出苗		定植(苗)	抽蔓	开花	荚果形成	采收成熟	种子成熟
莴笋	播种	出苗		定植	茎开始膨大			可收成熟	种子成熟
菠菜	播种	出苗	五真叶	定植(苗)				可收成熟	种子成熟
芹菜	播种	出苗	五真叶	定植(苗)				可收成熟	种子成熟
茴香	播种	出苗	五真叶	定植(苗)				可收成熟	种子成熟
茼蒿	播种	出苗	五真叶	定植(苗)				可收成熟	种子成熟
其他蔬菜[a]	播种	出苗		定植(苗)				可收(采收)	种子成熟
其他蔬菜[b]	栽植							可收(采收)	
注:一次性收获的菜类记可收成熟;多次收获的菜类记可采成熟期。									
[a] 表示有性生殖(种子繁殖)的蔬菜。									
[b] 表示无性生殖(营养繁殖和组织培养)蔬菜。									

表 B.4 给出了设施蔬菜非侵染性病害名称的编码信息。

表 B.4 设施蔬菜非侵染性病害名称编码

序号	名称	编码	序号	名称	编码
1	低温障碍	210100	13	植株早衰	211300
2	高温障碍	210200	14	裂根	211400
3	低温高湿	210300	15	沤根	211500
4	高温高湿	210400	16	畸形瓜(果)	211600
5	连作障碍	210500	17	空秆病	211700
6	温室气害	210600	18	落花落果(荚)	211800
7	肥害	210700	19	叶烧病	211900
8	药害	210800	20	叶干尖	212000
9	土壤盐渍化	210900	21	黄化叶	212100
10	矿物质缺素症	211000	22	蕨叶、缩叶、卷叶或叶扭曲	212200
11	矿物质过剩症	211100	23	化瓜	212300
12	植株徒长	211200	24	其他非侵染性病害	219900

表 B.5 给出了设施蔬菜侵染性病害名称的编码信息。

表 B.5 设施蔬菜侵染性病害名称编码

序号	名称	编码	序号	名称	编码
1	立枯病	220100	17	枯萎病	221700
2	猝倒病	220200	18	黄萎病	221800
3	根腐病	220300	19	根肿病	221900
4	茎腐病	220400	20	叶瘤病	222000
5	基腐病	220500	21	根瘤病	222100
6	果腐病	220600	22	癌肿病	222200
7	花腐病	220700	23	丛枝病	222300
8	株腐病	220800	24	叶枯病	222400
9	褐腐病	220900	25	叶烧病	222500
10	白腐病	221000	26	茎枯病	222600
11	黑腐病	221100	27	蔓枯病	222700
12	红腐病	221200	28	荚枯病	222800
13	湿腐病	221300	29	叶斑病	222900
14	干腐病	221400	30	果斑病	223000
15	软腐病	221500	31	褐斑病	223100
16	溃疡病	221600	32	黑斑病	223200

表 B.5 设施蔬菜侵染性病害名称编码(续)

序号	名称	编码	序号	名称	编码
33	灰斑病	223300	65	白锈病	226500
34	白斑病	223400	66	红粉病	226600
35	红斑病	223500	67	绿粉病	226700
36	紫斑病	223600	68	其他真菌病害	229900
37	轮纹斑病	223700	69	软腐病	230100
38	圆斑病	223800	70	干腐病	230200
39	斑枯病	223900	71	溃疡病	230300
40	角斑病	224000	72	黑腐病	230400
41	环斑病	224100	73	青枯病	230500
42	斑点病	224200	74	枯萎病	230600
43	黑星病	224300	75	黑颈病	230700
44	白星病	224400	76	萎蔫病	230800
45	紫纹羽病	224500	77	叶烧病	230900
46	霜霉病	224600	78	角斑病	231000
47	疫病	224700	79	叶斑病	231100
48	早疫病	224800	80	白斑病	231200
49	晚疫病	224900	81	黑斑病	231300
50	绵疫病	225000	82	晕疫病	231400
51	锈病	225100	83	斑点病	231500
52	灰霉病	225200	84	圆斑病	231600
53	青霉病	225300	85	褐斑病	231700
54	黑霉病	225400	86	果斑病	231800
55	煤霉病	225500	87	根肿病	231900
56	赤霉病	225600	88	丛枝病	232000
57	绿霉病	225700	89	其他原核生物病害	239900
58	叶霉病	225800	90	病毒病	240100
59	炭疽病	225900	91	花叶病	240200
60	菌核病	226000	92	其他病毒病	249900
61	小菌核病	226100	93	线虫病	250100
62	白绢病	226200	94	根结线虫病	250200
63	白粉病	226300	95	短体(根腐)线虫病	250300
64	黑粉病	226400	96	其他线虫病	259900

表B.6给出了已确认危害设施蔬菜的害虫名称编码信息。

表 B.6　设施蔬菜害虫名称编码

序号	名称	编码	序号	名称	编码
1	半翅目蝽类害虫	270100	34	双翅目蝇类害虫	271000
2	瓜褐蝽	270101	35	美洲斑潜蝇	271001
3	碧须蝽	270102	36	南美斑潜蝇	271002
4	绿盲蝽	270103	37	豆秆黑潜蝇	271003
5	点蜂缘蝽	270104	38	番茄潜叶蝇	271004
6	鳞翅目蛾类害虫	270200	39	菠菜潜叶蝇	271005
7	葫芦夜蛾	270201	40	葱蝇	271006
8	斜纹夜蛾	270202	41	辣椒实蝇	271007
9	甜菜夜蛾	270203	42	双翅目蚊类害虫	271100
10	苜蓿夜蛾	270204	43	韭蛆（异型眼蚊的幼虫）	271101
11	棉铃虫	270205	44	其他双翅目害虫	271200
12	地老虎	270206	45	同翅目蚜类害虫	271300
13	豆银纹夜蛾	270207	46	蚜虫	271301
14	瓜绢螟	270208	47	豆蚜	271302
15	大豆卷叶螟	270209	48	胡萝卜微管蚜	271303
16	豆荚螟	270210	49	甘蓝蚜	271304
17	豆小卷叶蛾	270211	50	萝卜蚜	271305
18	盗毒蛾	270212	51	同翅目飞虱类害虫	271400
19	鳞翅目蝶类害虫	270300	52	白粉虱（温室白粉虱、小白蛾子）	271401
20	菜粉蝶（菜青虫）	270301	53	烟粉虱和B型烟粉虱	271402
21	鞘翅目地下害虫	270400	54	同翅目叶蝉类害虫	271500
22	蛴螬	270401	55	小绿叶蝉	271501
23	金针虫	270402	56	其他同翅目害虫	271600
24	鞘翅目金龟子总科害虫	270500	57	缨翅目蓟马类害虫	271700
25	黑绒金龟甲	270501	58	瓜蓟马	271701
26	鞘翅目跳甲科害虫	270600	59	其他缨翅目害虫	271800
27	黄条跳甲	270601	60	直翅目害虫	271900
28	鞘翅目叶甲科害虫	270700	61	蝼蛄	271901
29	黄足黄守瓜	270701	62	其他直翅目害虫	272000
30	鞘翅目豆象科害虫	270800	63	膜翅目叶蜂类害虫	272100
31	蚕豆象	270801	64	菜叶蜂	272101
32	豌豆象	270802	65	其他膜翅目害虫	272200
33	其他鞘翅目害虫	270900	66	其他昆虫类害虫	279900

表 B.6 设施蔬菜害虫名称编码(续)

序号	名称	编码	序号	名称	编码
67	朱砂叶螨	280101	72	番茄瘿螨(刺皮瘿螨)	280301
68	截形叶螨	280102	73	其他类害螨	280400
69	跗线螨类害螨	280200	74	蜗牛	280501
70	茶黄螨(侧多食跗线螨)	280201	75	蛞蝓	280502
71	瘿螨类害螨	280300	76	其他害虫	289900

表 B.7 给出设施生产项目名称编码内容。

表 B.7 设施生产管理项目名称编码

序号	项目类别	项目名称	编码	项目特征值	特征值单位	说明
1	整地	耕地	0101			
2	整地	耙地	0103			
3	整地	开沟整畦	0104	菜畦类型		1——平畦,2——低畦,3——高畦,4——垄
4	整地	施基肥	0105	施肥量	kg/hm²	
5	整地	其他	0199			
6	育苗管理	种子处理	0201	种子质量		
7	育苗管理	播种	0202	播种量	kg/hm²	
8	育苗管理	育秧(苗)	0203	苗龄/方法		
9	育苗管理	移栽	0204			
10	育苗管理	补播	0205			
11	育苗管理	炼苗	0207	天数		
12	育苗管理	苗期浇水	0208	灌溉量		
13	育苗管理	其他	0299			
14	田间管理	间苗	0301	留株数	株数每穴	直播蔬菜需进行2~3次间苗
15	田间管理	定苗(植)	0302	种植密度		直播蔬菜最后一次间苗为定苗
16	田间管理	中耕除草与培土	0303			中耕、除草和培土一般同时进行
17	田间管理	整枝摘心	0304			摘心指摘除顶芽的作业
18	田间管理	追肥	0305	追肥量	kg/hm²	
19	田间管理	灌溉	0306	灌溉量		
20	田间管理	排水	0307			
21	田间管理	晒田	0308			
22	田间管理	防治病虫害	0309			
23	田间管理	灾害天气防御	0310			
24	田间管理	灾害天气补救措施	0311			
25	田间管理	人工授粉	0312			
26	田间管理	去杂	0313			

表 B.7 设施生产管理项目名称编码(续)

序号	项目类别	项目名称	编码	项目特征值	特征值单位	说明
27	田间管理	去劣	0314			
28	田间管理	去雄	0315			
29	田间管理	打杈	0316			摘除无用腋芽及枝条的作业
30	田间管理	支架	0317			用于蔓性和匍匐茎蔬菜栽培中
31	田间管理	绑蔓、压蔓、吊线(牵引)、落蔓	0318			常用于支架栽培的蔬菜栽培中
32	田间管理	摘叶	0319			摘除老叶、病叶
33	田间管理	束叶	0320			常用于花球类和叶球类蔬菜生产中
34	田间管理	疏花	0321			常用于以收获营养器官为产品的蔬菜作物
35	田间管理	疏果	0322			
36	田间管理	整田	0323			
37	田间管理	耙田	0324			
38	田间管理	建小拱棚	0325			
39	田间管理	喷洒生长剂	0326	剂量	mg/L	
40	田间管理	补苗	0327			
41	田间管理	其他	0399			
42	收获	采收	0401	采收量	kg	
43	收获	拉秧	0402			
44	收获	其他	0499			
45	设施管理	扣棚室	0501			
46	设施管理	揭棚室	0502			
47	设施管理	揭帘	0503			
48	设施管理	盖帘	0504			
49	设施管理	通风	0505			
50	设施管理	盖防寒物	0506			
51	设施管理	盖地膜	0507			
52	设施管理	揭地膜	0508			
53	设施管理	补光	0509	光照度	lx(勒克司)	指利用人工光源进行补光的作业
54	设施管理	CO_2 施肥	0510	浓度	ppm	指 CO_2 施肥作业后棚室内 CO_2 的浓度值
55	设施管理	覆盖遮阳网	0511			利用遮阳网进行遮阳的作业
56	设施管理	覆盖防虫网	0512			利用防虫网进行虫害防治的作业
57	设施管理	清洁覆盖面	0513			
58	设施管理	清雪(冰)	0514			
59	设施管理	其他	0599			

参 考 文 献

[1] JB/T 10286—2013 日光温室技术条件

[2] 郭晓雷,等.棚室蔬菜栽培技术大全[M].北京:化学工业出版社,2015

[3] 国家气象局.农业气象观测规范[M].北京:气象出版社,1993

[4] 石明旺.棚室蔬菜病虫害防治新技术[M].北京:化学工业出版社,2013

[5] 中国农业科学院蔬菜花卉研究所.中国蔬菜栽培学:第二版[M].北京:中国农业出版社,2010

ICS 07. 060
A 47
备案号：61258—2018

中华人民共和国气象行业标准

QX/T 383—2017

玉米干旱灾害风险评价方法

Assessment method for maize drought disaster risk

2017-06-09 发布

2017-10-01 实施

中 国 气 象 局 发 布

前　言

本标准按照 GB/T 1.1—2009 给出的规则起草。

本标准由全国农业气象标准化技术委员会(SAC/TC 539)提出并归口。

本标准起草单位:东北师范大学、中国气象科学研究院、吉林省气象科学研究所。

本标准主要起草人:张继权、王春乙、郭春明、刘兴朋、郭恩亮。

玉米干旱灾害风险评价方法

1 范围

本标准规定了玉米干旱灾害风险评价的指标、计算方法及等级划分。

本标准适用于玉米干旱灾害风险评价。

2 规范性引用文件

下列文件对于本文件的应用是必不可少的。凡是注日期的引用文件,仅注日期的版本适用于本文件。凡是不注日期的引用文件,其最新版本(包括所有的修改单)适用于本文件。

GB/T 20481 气象干旱等级

3 术语和定义

下列术语和定义适用于本文件。

3.1

玉米干旱灾害 maize drought disaster

由于水分供应不足造成玉米体内水分失去平衡,发生水分亏缺,影响玉米正常生长发育,进而导致减产或绝收的农业气象灾害。

3.2

玉米干旱灾害风险 maize drought disaster risk

玉米干旱发生的可能性及其可能造成的玉米产量损失的大小。

3.3

玉米干旱灾害危险性 maize drought disaster hazard

某一地区某一时段造成玉米干旱灾害的自然变异因素、程度及其导致玉米干旱灾害发生的可能性。

3.4

玉米干旱灾害暴露性 maize drought disaster exposure

可能受到干旱灾害危险因素威胁的玉米种植数量。

3.5

玉米干旱灾害脆弱性 maize drought disaster vulnerability

给定地区的玉米面对某一强度的干旱灾害致灾因子可能遭受的伤害或损失程度。

3.6

玉米干旱灾害防灾减灾能力 maize drought disaster emergency response & recovery capability

受灾玉米种植区在长期和短期内对干旱灾害预防、抗御和恢复的能力。

4 玉米干旱灾害风险评价计算方法

4.1 玉米干旱灾害风险指数

玉米干旱灾害风险指数按公式(1)计算:

$$R_{\mathrm{ADRI}} = \frac{H \cdot E \cdot V}{1 + R} \qquad\cdots\cdots\cdots\cdots\cdots(1)$$

式中：

R_{ADRI} ——玉米干旱灾害风险指数,用于表示玉米干旱灾害风险程度,其值越大,玉米干旱灾害风险程度则越大；

H ——玉米干旱灾害危险性指数；

E ——玉米干旱灾害暴露性指数；

V ——玉米干旱灾害脆弱性指数；

R ——玉米干旱灾害防灾减灾能力指数。

4.2 玉米干旱灾害危险性指数

4.2.1 玉米干旱灾害危险性指数计算方法

玉米干旱灾害危险性指数按公式(2)计算：

$$H = \sum_{i=1}^{n} X_{hi} W_{hi} \qquad\cdots\cdots\cdots\cdots\cdots(2)$$

式中：

H ——玉米干旱灾害危险性指数；

X_{hi} ——玉米干旱灾害危险性指标的标准化值,计算方法见附录A；

W_{hi} ——玉米干旱灾害危险性指标的权重；

i ——评价玉米干旱灾害危险性的第i个指标,主要包括作物水分亏缺距平指数和干旱频率；

n ——玉米干旱灾害危险性指标的个数。

4.2.2 作物水分亏缺距平指数计算方法

玉米不同生育阶段水分亏缺距平指数按公式(3)计算：

$$X_{h1} = \begin{cases} \dfrac{C_{WDI} - \overline{C_{WDI}}}{100 - \overline{C_{WDI}}}, & \overline{C_{WDI}} > 0 \\ C_{WDI}, & \overline{C_{WDI}} \leqslant 0 \end{cases} \qquad\cdots\cdots\cdots\cdots\cdots(3)$$

式中：

X_{h1} ——某生育阶段水分亏缺距平指数；

C_{WDI} ——某生育阶段水分亏缺指数,计算方法见附录B；

$\overline{C_{WDI}}$ ——所计算时段同期作物水分亏缺指数平均值(取30年),计算方法见附录B。

4.2.3 干旱频率

干旱频率按公式(4)计算：

$$X_{h2} = \frac{1}{n} \sum_{i=1}^{n} D_i \qquad\cdots\cdots\cdots\cdots\cdots(4)$$

式中：

X_{h2} ——干旱频率；

D_i ——某时段干旱次数,由作物水分亏缺距平指数确定。

i ——第i个年份；

n ——资料总年数,取值为30。

4.3 玉米干旱灾害暴露性指数

玉米干旱灾害暴露性指数按公式(5)计算：

$$E = \frac{S_m}{S} \times 100\%$$ ....(5)

式中：

E ——玉米干旱灾害暴露性指数；

S_m ——某行政区多年平均玉米种植面积，单位为公顷（hm^2）；

m ——第 m 个行政区；

S ——某行政区耕地总面积，单位为公顷（hm^2）。

4.4 玉米干旱灾害脆弱性指数

4.4.1 玉米干旱灾害脆弱性指数计算方法

玉米干旱灾害脆弱性指数按公式（6）计算：

$$V = \sum_{i=1}^{n} X_{vi} W_{vi}$$ ....(6)

式中：

V ——玉米干旱灾害脆弱性指数；

i ——评价玉米干旱灾害脆弱性的第 i 个指标，包括区域易旱面积比和玉米产量气候波动指数；

n ——玉米干旱灾害脆弱性指标的个数；

X_{vi}——玉米干旱灾害脆弱性指标的标准化值，计算方法见附录 A；

W_{vi}——玉米干旱灾害脆弱性指标的权重。

4.4.2 区域易旱面积比

区域易旱面积比按公式（7）计算：

$$X_{v1} = \frac{S_v}{S} \times 100\%$$ ....(7)

式中：

X_{v1} ——区域易旱面积比，单位为百分率（%）；

S_v ——区域多年玉米平均受旱面积，单位为公顷（hm^2）；

S ——区域玉米播种总面积，单位为公顷（hm^2）。

4.4.3 玉米产量气候波动指数

玉米产量气候波动指数按公式（8）计算：

$$X_{v2} = \frac{\sqrt{\sum_{i=1}^{n} (Y_{vi})^2 / (n-1)}}{Y_m}$$ ....(8)

式中：

X_{v2} ——玉米产量的气候波动指数。X_{v2} 表示因气候影响导致玉米产量波动值的相对大小，其值为 0～1，X_{v2} 值越大，产量受气候影响越大，年际之间的变率越大；

i ——年份；

n ——年数，n 取值为 30 年；

Y_{vi} ——第 i 年产量波动值，单位为千克每公顷（kg/hm^2），计算方法见公式（9）；

Y_m ——累积多年平均单位面积实际产量，单位为千克每公顷（kg/hm^2）。

$$Y_{vi} = Y_i - Y_{ti}$$ ....(9)

式中：

Y_{ui} ——第 i 年产量波动值,单位为千克每公顷(kg/hm²);

Y_i ——玉米单位面积实际产量,单位为千克每公顷(kg/hm²);

Y_{ti} ——时间趋势产量,为玉米单位面积实际产量的五年滑动平均值,单位为千克每公顷(kg/hm²)。

4.5 玉米干旱灾害防灾减灾能力指数

4.5.1 玉米干旱灾害防灾减灾能力指数计算方法

玉米干旱灾害防灾减灾能力指数按公式(10)计算:

$$R = \sum_{i=1}^{n} X_{ri} W_{ri} \quad\quad\quad\cdots\cdots\cdots\cdots\cdots\cdots(10)$$

式中:

R ——玉米干旱灾害防灾减灾能力指数;

i ——评价玉米干旱灾害防灾减灾能力的第 i 个指标,包括有效灌溉率和机电井数量;

n ——玉米干旱灾害防灾减灾能力指标的个数;

X_{ri} ——玉米干旱灾害防灾减灾能力指标的标准化值,计算方法见附录A;

W_{ri} ——玉米干旱灾害防灾减灾能力指标的权重。

4.5.2 有效灌溉率

有效灌溉率按公式(11)计算:

$$X_{r1} = \frac{S_r}{S} \quad\quad\quad\cdots\cdots\cdots\cdots\cdots\cdots(11)$$

式中:

X_{r1} ——有效灌溉率,单位为百分率(%);

S_r ——区域多年有效灌溉面积,单位为公顷(hm²);

S ——区域耕地总面积,单位为公顷(hm²)。

4.5.3 机井数量

单位面积机井数量按公式(12)计算:

$$X_{r2} = \frac{P}{S} \quad\quad\quad\cdots\cdots\cdots\cdots\cdots\cdots(12)$$

式中:

X_{r2} ——区域机井数量,单位为眼每公顷(眼/公顷);

P ——区域多年平均机井数量,单位为眼;

S ——区域耕地总面积,单位为公顷(hm²)。

4.6 权重确定方法

指标权重按公式(13)计算:

$$W_j = \frac{\sqrt{W_{1j} \cdot W_{2j}}}{\sum \sqrt{W_{1j} \cdot W_{2j}}} \quad\quad\quad\cdots\cdots\cdots\cdots\cdots\cdots(13)$$

式中:

W_j ——指标 j 的综合权重;

W_{1j} ——指标 j 的主观权重,计算方法参见附录C;

W_{2j}——指标 j 的客观权重,计算方法参见附录 D。

5 玉米干旱灾害风险等级划分

玉米干旱灾害风险划分为:轻风险,低风险,中风险,高风险,划分标准见表1,玉米干旱灾害风险防控措施参见附录 E 表 E.1。

表 1 玉米干旱灾害风险等级划分标准

等级	划分标准	风险等级颜色	风险程度	
			减产率可能危害参考值 Y_d	受灾面积可能危害参考值 C
轻风险	$\bar{x}-2\delta < R_{ADRI} \leqslant \bar{x}-\delta$	蓝色	$Y_d \leqslant 5\%$	$C \leqslant 10\%$
低风险	$\bar{x}-\delta < R_{ADRI} \leqslant \bar{x}+\delta$	黄色	$5\% < Y_d \leqslant 10\%$	$10\% < C \leqslant 15\%$
中风险	$\bar{x}+\delta < R_{ADRI} \leqslant \bar{x}+2\delta$	橙色	$10\% < Y_d \leqslant 15\%$	$15\% < C \leqslant 20\%$
高风险	$R_{ADRI} > \bar{x}+2\delta$	红色	$Y_d > 15\%$	$C > 20\%$
注:$\bar{x}$ 为玉米种植区 R_{ADRI} 的算术平均值,δ 为玉米种植区 ADRI 的标准差,具体算法为:所有评价单元的 R_{ADRI} 值减去 $\bar{x}$ 的平方和,所得结果除以评价单元的总个数,再把所得值开根号,所得之数就是该玉米种植区的标准差。				

附 录 A

（规范性附录）

玉米干旱灾害风险评价指标标准化

玉米干旱灾害风险评价指标标准化值计算方法见公式（A.1）和公式（A.2）：

正向指标：指标值越大，玉米干旱灾害风险越大，计算方法见公式（A.1）：

$$X_{ij} = \frac{x_{ij} - x_{j\min}}{x_{j\max} - x_{j\min}} \quad\cdots\cdots\cdots\cdots\cdots (A.1)$$

式中：

X_{ij} ——无量纲化处理后第 i 个对象的第 j 项指标值；

x_{ij} ——第 i 个对象的第 j 项指标；

$x_{j\min}$ ——第 j 项指标的最小值；

$x_{j\max}$ ——第 j 项指标的最大值。

负向指标：指标值越大，玉米干旱灾害风险越小，计算方法见公式（A.2）：

$$X_{ij} = \frac{x_{j\max} - x_{ij}}{x_{j\max} - x_{j\min}} \quad\cdots\cdots\cdots\cdots\cdots (A.2)$$

附　录　B

（规范性附录）

水分亏缺指数计算方法

水分亏缺指数计算方法见公式(B.1)：

$$C_{WDI} = a \times C_{WDI\,j-4} + b \times C_{WDI\,j-3} + c \times C_{WDI\,j-2} + d \times C_{WDI\,j-1} + e \times C_{WDI\,j} \quad \cdots\cdots (B.1)$$

式中：

C_{WDI}　　　　——某生育期内的累计水分亏缺指数(%)；

$C_{WDI\,j}$　　　——第 j 旬内的水分亏缺指数(%)；

$C_{WDI\,j-1}$　　——第 $j-1$ 旬内的水分亏缺指数(%)；

$C_{WDI\,j-2}$　　——第 $j-2$ 旬内的水分亏缺指数(%)；

$C_{WDI\,j-3}$　　——第 $j-3$ 旬内的水分亏缺指数(%)；

$C_{WDI\,j-4}$　　——第 $j-4$ 旬内的水分亏缺指数(%)；

j　　　　　——从某生育阶段开始的那天算起,向玉米生长前期推 50 天,按照旬计算水分亏缺指数, j 取值为 5；

a,b,c,d,e　——各时间单位水分亏缺的权重系数, a 取值为 0.3； b 取值为 0.25； c 取值为 0.2； d 取值为 0.15； e 取值为 0.1。各地可根据当地的实际情况,通过历史资料或田间试验确定相应系数值。

$$\overline{C_{WDI}} = \frac{1}{n}\sum_{i=1}^{n} C_{WDI\,i} \quad \cdots\cdots\cdots\cdots\cdots (B.2)$$

式中：

n——30 年,代表最近 3 个年代；

i——各年的序号, $i = 1,2,\cdots,n$ 。

$$C_{WDI\,j} = \left(1 - \frac{P_j + I_j}{ET_{c,j}}\right) \times 100\% \quad \cdots\cdots\cdots\cdots\cdots (B.3)$$

式中：

P_j　——某 10 天的累计降水量,单位为毫米(mm)；

I_j　——某 10 天的灌溉量,单位为毫米(mm)；

$ET_{c,j}$——玉米某 10 天的潜在蒸散量,单位为毫米(mm),可由公式(B.4)计算：

$$ET_{c,j} = K_C ET_0 \quad \cdots\cdots\cdots\cdots\cdots (B.4)$$

式中：

ET_0——某 10 天的参考作物蒸散量,计算方法见 GB/T 20481；

K_C　——某 10 天某种作物所处发育阶段的作物系数,有条件的地方可以根据实验数据来确定本地的作物系数,无条件地区可以直接采用联合国粮食及农业组织(FAO)的数值或者国内临近地区通过实验确定的数值(参见附录 F)。

附 录 C
（资料性附录）
层次分析法计算过程

C.1 构造两两比较判断矩阵

设上一层元素 C 为准则，所支配的下一层元素为 $u_1, u_2, \cdots, u_n$，对于准则 C 相对重要性即权重。其方法是：对于准则 C，元素 u_i 和 u_j 哪一个更重要，重要的程度如何，通常按 $1\sim9$ 比例标度对重要性程度赋值，表 C.1 列出了 $1\sim9$ 标度的含义。

表 C.1 标度的含义

标度	含义
1	表示两个元素相比，具有同样重要性
3	表示两个元素相比，前者比后者稍重要
5	表示两个元素相比，前者比后者明显重要
7	表示两个元素相比，前者比后者强烈重要
9	表示两个元素相比，前者比后者极端重要
2,4,6,8	表示上述相邻判断的中间值
倒数	若元素 i 与 j 的重要性之比为 a_{ij}，那么元素 j 与元素 i 重要性之比为 $a_{ji}=1/a_{ij}$

对于准则 C，n 个元素之间相对重要性的比较得到一个两两比较判断矩阵：

$$A = (a_{ij})_{n \times n} \qquad\qquad\qquad\cdots\cdots\cdots\cdots\cdots\cdots(C.1)$$

式中：

a_{ij}——元素 u_i 和 u_j 相对于 C 的重要性的比例标度。

判断矩阵 A 具有下列性质：$a_{ij} > 0$，$a_{ji} = 1/a_{ij}$，$a_{ii} = 1$。

由判断矩阵所具有的性质知，一个 n 个元素的判断矩阵只需要给出其上（或下）三角的 $n(n-1)/2$ 个元素就可以了，即只需做 $n(n-1)/2$ 个比较判断即可。

若判断矩阵 A 的所有元素满足 $a_{ij} \cdot a_{jk} = a_{ik}$，则称 A 为一致性矩阵。

C.2 单一准则下元素相对权重的计算以及判断矩阵的一致性检验

C.2.1 权重计算方法

将判断矩阵 A 的 n 个行向量归一化后的算术平均值，近似作为权重向量，计算公式见（C.2）：

$$\omega_i = \frac{1}{n} \sum_{j=1}^{n} \frac{a_{ij}}{\sum_{k=1}^{n} a_{kj}} \quad i = 1, 2, \cdots, n \qquad\qquad\cdots\cdots\cdots\cdots\cdots\cdots(C.2)$$

计算步骤如下：

——A 的元素按行归一化；

——将归一化后的各行相加；

——将相加后的向量除以 n，即得权重向量。

类似的还有列和归一化方法计算，计算公式见(C.3)：

$$\omega_i = \frac{\sum\limits_{j=1}^{n} a_{ij}}{n \sum\limits_{k=1}^{n} \sum\limits_{j=1}^{n} a_{kj}} \quad i = 1, 2, \cdots, n \qquad \cdots\cdots\cdots\cdots\cdots\cdots(C.3)$$

C.2.2　一致性检验

计算一致性指标 C_I。

$$C_I = \frac{\lambda_{\max} - n}{n - 1} \qquad \cdots\cdots\cdots\cdots\cdots\cdots(C.4)$$

查找相应的平均随机一致性指标 R_I。

表 C.2 给出了 1～15 阶正互反矩阵计算 1000 次得到的平均随机一致性指标。

表 C.2　平均随机一致性指标

矩阵阶数	1	2	3	4	5	6	7	8
R_I	0	0	0.52	0.89	1.12	1.26	1.36	1.41
矩阵阶数	9	10	11	12	13	14	15	
R_I	1.46	1.49	1.52	1.54	1.56	1.58	1.59	

C.2.3　一致性比例 C_R

一致性比例 C_R 计算公式见(C.5)：

$$C_R = \frac{C_I}{R_I} \qquad \cdots\cdots\cdots\cdots\cdots\cdots(C.5)$$

当 $C_R < 0.1$ 时，认为判断矩阵的一致性是可以接受的；当 $C_R \geqslant 0.1$ 时，应该对判断矩阵做适当修正。

矩阵最大特征根 $\lambda_{\max}$ 计算公式见(C.6)：

$$\lambda_{\max} = \sum_{i=1}^{n} \frac{(A_w)_i}{n\omega_i} = \frac{1}{n} \sum_{i=1}^{n} \frac{\sum\limits_{j=1}^{n} a_{ij}\omega_j}{\omega_i} \qquad \cdots\cdots\cdots\cdots\cdots\cdots(C.6)$$

式中：

$(A_w)_i$——权重向量 w 右乘判断矩阵 A 得到的列向量 A_w 中的第 i 个分量，即 A_w 的第 i 个元素。

C.2.4　各层元素对目标层的总排序权重

计算各层元素对目标层的总排序权重，设 $W^{(k-1)} = (\omega_1^{(k-1)}, \omega_2^{(k-1)}, \cdots, \omega_{k-1}^{(k-1)})^T$ 表示第 $k-1$ 层上 n_{k-1} 个元素相对于总目标的排序权重向量，用 $P_j^{(k)} = (p_{1j}^{(k)}, p_{2j}^{(k)}, \cdots, p_{n_k j}^{(k)})^T$ 表示第 k 层上 n_k 个元素对第 $k-1$ 层上第 j 个元素为准则的排序权重向量，其中不受 j 元素支配的元素权重取为零。矩阵 $P^{(k)} = (P_1^{(k)}, P_2^{(k)}, \cdots, P_{n_{k-1}}^{(k)})^T$ 是 $n_k \times n_{k-1}$ 阶矩阵，它表示第 k 层上元素对 $k-1$ 层上各元素的排序，那么第 k 层上元素对目标的总排序 $W^{(k)}$ 为：

$$W^{(k)} = (\omega_1^{(k)}, \omega_2^{(k)}, \cdots, \omega_{n_k}^{(k)})^T = P^{(k)} \cdot W^{(k-1)} \qquad \cdots\cdots\cdots\cdots\cdots\cdots(C.7)$$

或

$$\omega_i^{(k)} = \sum_{j=1}^{n_{k-1}} p_{ij}^{(k)} \omega_j^{(k-1)} \quad i = 1,2,\cdots,n \quad\cdots\cdots\cdots\cdots\text{(C.8)}$$

并且一般公式为 $W^{(k)} = P^{(k)} P^{(k-1)} L W^{(2)}$。

其中,$(W^{(2)})$ 是第二层上元素的总排序向量,也是单准则下的排序向量。

要从上到下逐层进行一致性检,若已求得 $k-1$ 层上元素 j 为准则的一致性指标 $C.I._j^{(k-1)}$,平均随机一致性指标 $R.I._j^{(k-1)}$,一致性比例 $C.R._j^{(k-1)}$(其中 $j=1,2,\cdots,n_{k-1}$),则 k 层的综合指标:

$$C_I^{(k)} = (C_{I1}^{(k)},\cdots,C_{In_{k-1}^{(k)}}) \cdot W^{(k-1)} \quad\cdots\cdots\cdots\cdots\text{(C.9)}$$

$$R_I^{(k)} = (R_{I1}^{(k)},\cdots,R_{In_{k-1}^{(k)}}) \cdot W^{(k-1)} \quad\cdots\cdots\cdots\cdots\text{(C.10)}$$

$$C.R^{(k)} = C_I^{(k)}/R_I^{(k)} \quad\cdots\cdots\cdots\cdots\text{(C.11)}$$

当 $C_R^{(k)} < 0.1$ 时,认为递阶层次结构在 k 层水平的所有判断具有整体满意的一致性。

附　录　D
（资料性附录）
熵值法计算过程

第 j 项指标的指标信息熵的计算方法见公式（D.1）：

$$e_j = -k \sum_{i=1}^{n} Y_{ij} \ln(Y_{ij})$$ ················· (D.1)

式中：

e_j ——第 j 项指标的指标信息熵，其中 $e_j \geqslant 0$；

k —— $\dfrac{1}{\ln(n)}$ ，其中 $K>0$；

Y_{ij} ——第 i 年份第 j 项指标值的比重，计算方法见公式（D.2）：

$$Y_{ij} = \frac{X_{ij}}{\sum_{i=1}^{n} X_{ij}}$$ ················· (D.2)

式中：

X_{ij} ——第 i 年份第 j 项指标值的标准化值。

各评价指标的信息效用值和权重的计算方法见公式（D.3）：

$$w_j = \frac{g_j}{\sum_{j=1}^{m} g_j}$$ ················· (D.3)

式中：

j ——指标的数量，其中 $1 \leqslant j \leqslant m$；

g_j ——信息熵冗余度，其中 $0 \leqslant g_j \leqslant 1$；$\sum_{j=1}^{m} g_j = 1$，计算方法见公式（D.4）：

$$g_j = \frac{1-e_j}{m-E_e}$$ ················· (D.4)

式中：

e_j ——第 j 项指标的指标信息熵；

m ——评价的年数；

E_e ——信息熵冗余度的累计和，其中 $E_e = \sum_{j=1}^{m} e_j$ 。

附　录　E

（资料性附录）

玉米干旱灾害风险防控措施

表 E.1　玉米干旱灾害风险防控措施

等级	风险防控措施	
	日常风险管理	应急风险管理
轻风险	推广旱作节水农业技术 推广高抗旱性玉米品种 健全水资源管理体系	发布蓝色干旱灾害风险预警 不需要采取行动、按常规程序处理
低风险	调整新建水利工程布局 提高农田灌溉水利用率 优化作物布局，调整种植结构	发布黄色干旱灾害风险预警 增加灌溉设施，扩大灌溉面积 乡镇干部指挥抗旱
中风险	健全地下水开采法律法规 建立干旱监测、预警预报机制 完善灌排系统，提高农业净节水潜力	发布橙色干旱灾害风险预警 编制干旱监测报告 启动应急水源进行灌溉 农业部门指挥抗旱
高风险	建立干旱监测、预警预报机制 调整减灾工作部署，全面编制和修订旱灾的减灾应急预案 建立多水源综合应急调度管理体系，提高流域外调水能力	发布红色干旱灾害风险预警 编制干旱监测报告 启动旱灾减灾应急预案 需要高级别行政干预，多部门联合协助抗旱 跨流域调水灌溉

附 录 F
（资料性附录）
玉米作物系数 *Kc* 参考值

表 F.1 为联合国粮农组织（FAO）给出的玉米各生育阶段的作物系数值（*Kc*）。

表 F.1 联合国粮农组织（FAO）给出的玉米各生育阶段的作物系数值（*Kc*）

作物	初级阶段	前期阶段	中期阶段	后期阶段	收获期	全生育期
玉米	0.30～0.50	0.70～0.85	1.05～1.20	0.80～0.95	0.55～0.60	0.75～0.90

注1：表中第一个数字表示在高湿（最小相对湿度＞70％）和弱风（风速＜5 m/s）条件下，第二个数字表示在低湿（最小相对湿度＜20％）和强风（风速＞5 m/s）条件下。

注2：初期阶段：播种—七叶，前期阶段：七叶—抽雄，中期阶段：抽雄—乳熟，后期阶段：乳熟—成熟，收获期：成熟—收获。

表 F.2 为北方部分地区春玉米作物系数（*Kc*）参考值。

表 F.2 北方部分地区春玉米作物系数（*Kc*）参考值

省	地区	4月	5月	6月	7月	8月	9月	全生育期
黑龙江省	东部	0.30	0.49	0.75	1.08	1.02	0.74	0.81
	南部	0.30	0.48	0.71	1.04	1.11	0.80	0.83
	西部	0.30	0.37	0.69	1.11	1.01	0.65	0.77
	北部	0.30	0.49	0.77	1.03	1.02	0.74	0.81
	中部	0.30	0.46	0.76	1.10	1.02	0.74	0.81
吉林省	西部干旱区	0.30	0.40	0.80	1.26	1.25	0.73	0.88
	中部平原区	0.30	0.45	0.63	1.15	0.96	0.74	0.79
	东部山区	0.30	0.40	0.70	1.10	0.95	0.70	0.83
辽宁省	东部	0.47	0.68	0.92	1.13	1.12	0.84	0.86
	南部	0.46	0.70	0.92	1.21	1.11	0.83	0.87
	西部	0.36	0.51	0.72	1.12	1.04	0.77	0.75
	北部	0.39	0.50	0.77	1.17	1.12	0.86	0.79
	中部	0.40	0.52	0.76	1.21	1.13	0.89	0.81
内蒙古自治区	西辽河灌区（通辽）		0.16	0.62	1.51	1.39	1.21	0.86

表 F.3 为北方夏玉米作物系数（*Kc*）参考值。

表 F.3 北方夏玉米作物系数（*Kc*）参考值

省	6月	7月	8月	9月	全生育期
山东省	0.47～0.88	0.92～1.08	1.27～1.56	1.06～1.27	1.05～1.18
河北省	0.49～0.65	0.6～0.84	0.94～1.22	1.34～1.76	0.84～0.96
河南省	0.47～0.85	1.13～1.35	1.67～1.79	1.06～1.32	0.99～1.14
陕西省	0.51～0.73	0.67～1.05	0.94～1.43	0.99～1.86	0.85～1.07

参 考 文 献

[1] GB/T 32136—2015 农业干旱等级

[2] QX/T 259—2015 北方春玉米干旱等级

[3] QX/T 260—2015 北方夏玉米干旱等级

[4] 程纯枢,陶毓扮,韩湘玲,等.中国农业百科全书:农业气象卷[M].北京:农业出版社,1986

[5] 高晓容,王春乙,张继权,等.东北地区玉米主要气象灾害风险评价模型研究[J].中国农业科学,2014,47(21):4257-4268

[6] 李世奎.中国农业灾害风险评价与对策[M].北京:气象出版社,1999

[7] 信乃诠.中国农业气象学[M].北京:中国农业出版社,1999.

[8] 张继权,李宁.主要气象灾害风险评价与管理的数量化方法及其应用[M].北京:北京师范大学出版社,2007

[9] 张继权,严登华,王春乙,等.辽西北地区农业干旱灾害风险评价与风险区划研究[J].防灾减灾工程学报,2012,32(3):300-306

[10] 张养才,何维勋,李世奎.中国农业气象灾害概论[M].北京:气象出版社,1991

[11] 郑大玮,李茂松,霍治国.农业灾害与减灾对策[M].北京:中国农业大学出版社,2013

[12] Liu X J, Zhang J Q, Ma D L, et al. Dynamic risk assessment of drought disaster for maize based on integrating multi-sources data in the region of the northwest of Liaoning Province, China[J]. Natural Hazards, 2013, 65(3):1393-1409

[13] Zhang J Q. Risk assessment of drought disaster in the maize－growing region of Songliao Plain, China[J]. Agriculture, Ecosystems and Environment, 2004, 102(2):133-153

ICS 07.060
A 47
备案号：61259—2018

中华人民共和国气象行业标准

QX/T 384—2017

防雷工程专业设计方案编制导则

Drafting guide for professional design scheme
of lightning protection engineering

2017-06-09 发布

2017-10-01 实施

中 国 气 象 局 发 布

前　　言

本标准按照 GB/T 1.1—2009 给出的规则起草。

本标准由全国雷电灾害防御行业标准化技术委员会提出并归口。

本标准起草单位:湖北省防雷中心、陕西省防雷中心、武汉嘉越电气科技有限公司。

本标准主要起草人:黄克俭、王小飞、赵东、胡俊京、杨靖、胡双伟、冯又华、朱传林、李政、柴健、陈仁君、余田野、李鑫、赵涛、覃强、杜少华。

防雷工程专业设计方案编制导则

1 范围

本标准规定了防雷工程专业设计方案的基本规定、现场勘测情况、设计说明、技术方案和设计图等。本标准适用于防雷工程专业设计方案的编制。

2 规范性引用文件

下列文件对于本文件的应用是必不可少的。凡是注日期的引用文件,仅注日期的版本适用于本文件。凡是不注日期的引用文件,其最新版本(包括所有的修改单)适用于本文件。

GB 50057—2010　建筑物防雷设计规范

GB 50343—2012　建筑物电子信息系统防雷技术规范

3 术语和定义

下列术语和定义适用于本文件。

3.1

防雷工程 **lightning protection engineering**

通过勘测设计和安装防雷装置形成的雷电灾害防御工程系统。

3.2

防雷工程专业设计 **professional design of lightning protection engineering**

针对雷电防护对象进行的专项防雷工程设计。

3.3

接闪器 **air-termination system**

由拦截闪击的接闪杆、接闪带、接闪线、接闪网以及金属屋面、金属构件等组成。

[GB 50057—2010,定义 2.0.8]

3.4

引下线 **down-conductor system**

用于将雷电流从接闪器传导至接地装置的导体。

[GB 50057—2010,定义 2.0.9]

3.5

接地装置 **earth-termination system**

接地体和接地线的总合,用于传导雷电流并将其流散入大地。

[GB 50057—2010,定义 2.0.10]

3.6

直击雷 **direct lightning flash**

闪击直接击于建(构)筑物、其他物体、大地或外部防雷装置上,产生电效应、热效应和机械力者。

[GB 50057—2010,定义 2.0.13]

3.7

防雷等电位连接 lightning equipotential bonding；LEB

将分开的诸金属物体直接用连接导体或经电涌保护器连接到防雷装置上以减小雷电流引发的电位差。

［GB 50057—2010,定义 2.0.19］

3.8

雷击电磁脉冲 lightning electromagnetic impulse；LEMP

雷电流经电阻、电感、电容耦合产生的电磁效应,包含闪电电涌和辐射电磁场。

［GB 50057—2010,定义 2.0.25］

3.9

电子系统 electronic system

由敏感电子组合部件构成的系统。

［GB 50057—2010,定义 2.0.27］

3.10

电涌保护器 surge protective device；SPD

用于限制瞬态过电压和分泄电涌电流的器件。它至少含有一个非线性元件。

［GB 50057—2010,定义 2.0.29］

3.11

电磁屏蔽 electromagnetic shielding

用导电材料减少交变电磁场向指定区域穿透的措施。

［GB 50343—2012,定义 2.0.15］

4 基本规定

4.1 防雷工程专业设计方案应以 GB 50057—2010、GB 50343—2012 等国家现行的技术标准为依据。

4.2 防雷工程专业设计方案应包含现场勘测情况、设计说明、技术方案、设计图等部分。

4.3 防雷工程专业设计方案的编排顺序为:封面、目录、现场勘测情况、设计说明、技术方案和设计图。

4.4 防雷工程专业设计方案封面应写明方案名称、方案编制单位、方案编制人、方案审核人、方案批准人、编制时间,并应加盖专用章,封面式样参见附录 A。

5 现场勘测情况

5.1 现场勘测情况编制内容应包括防护对象的基本情况、防雷装置现状和遭受雷电灾害的历史。

5.2 防护对象的基本情况应包含下列内容:

    a) 建(构)筑物:

        1) 建(构)筑物的使用性质、结构类型、层数、高度和建筑面积;

        2) 楼顶平面示意图;

        3) 建(构)筑物入户线路的名称、数量和敷设方式。

    b) 低压配电系统:

        1) 低压配电系统接地型式、引入方式、进出建筑物的配电线路等;

        2) 配电系统图。

    c) 电子系统:

        1) 电子系统的布局示意图;

        2)   电子系统的线路敷设方式;

        3)   电子系统特性及参数。

   d) 接地装置设置地的土质和土壤电阻率情况。

     注:有接地装置设计内容时填写 d)项

5.3 防雷装置现状应包含下列内容:

   a) 直击雷防护装置应包括接闪器,引下线,接地装置,大型金属物与防雷装置连接,非金属物保护等情况;

   b) 防雷击电磁脉冲装置应包括低压配电系统和电子系统的电磁屏蔽;SPD 的级数、安装位置、参数;等电位连接方式、连接材料等。

5.4 遭受雷电灾害的历史应包含对雷灾发生的时间、过程、受灾程度及损失情况等的描述。

6　设计说明

6.1 设计说明应包含下列内容:

   a) 概况与必要性;

   b) 设计原则与依据;

   c) 相关环境、地质、土壤、气候及雷电活动特性;

   d) 建(构)筑物防雷类别和电子系统防雷等级;

   e) 技术措施增缺项的说明。

6.2 设计说明中分项内容填写参见附录 B。

7　技术方案

7.1　接闪器

接闪器的设计应包含以下内容:

   a) 接闪器类型和布置的设计;

   b) 接闪器保护范围的计算;

   c) 接闪器材质、规格、连接方式和防腐措施的设计。

7.2　引下线

引下线的设计应包含以下内容:

   a) 引下线根数、间距和布置方式的设计;

   b) 引下线材质规格、连接方式和防腐措施的设计;

   c) 明敷引下线时,应有防机械损伤、防接触电压措施的设计;

   d) 引下线与附近金属物或导线的间隔距离的设计;

   e) 断接卡设置的说明。

7.3　防雷等电位连接与间隔距离

7.3.1 应有总等电位、局部等电位和辅助等电位连接的设计。

7.3.2 防护对象为建(构)筑物时,应有与建(构)筑物组合在一起的大尺寸金属构件和进出建(构)筑物的金属管线做等电位连接的设计。

7.3.3 防护对象为电子系统时,应有电子系统设备机房等电位连接结构的设计。

7.3.4 应有等电位连接导体的材质、规格、连接方式和防腐措施的设计。

7.3.5 当等电位连接达不到防雷要求时,应做相应的间隔距离设计。

7.4 电磁屏蔽与合理布线

7.4.1 在电磁屏蔽设计时,应有屏蔽体结构、所用材料的材质及规格的设计。

7.4.2 防护对象为电子系统时,应有对电子系统信号网络线路采用的屏蔽方式、屏蔽材料的材质及规格、屏蔽层接地方式以及电子系统设备屏蔽的设计。

7.4.3 线路敷设和(或)设备布置不符合防雷要求时,应有对其改造的设计内容或建议。

7.5 SPD

7.5.1 低压配电系统中 SPD 的设计应有如下内容:

    a) SPD 的级数和安装位置;

    b) 多级 SPD 之间的配合;

    c) SPD 的类型和保护模式;

    d) SPD 接地点位置的选择;

    e) SPD 的型号和数量;

    f) SPD 的冲击电流(开关型)或标称放电电流(限压型)、最大持续运行电压和电压保护水平等主要技术参数;

    g) SPD 连接线截面积、色标和长度的要求。

7.5.2 电子系统中 SPD 的设计应有如下内容:

    a) SPD 的级数和安装位置;

    b) SPD 的类型和保护模式;

    c) SPD 接地点位置的选择;

    d) SPD 的型号和数量;

    e) SPD 的冲击电流、最大持续运行电压、电压保护水平和插入损耗等主要技术参数;

    f) SPD 连接线截面积、色标和长度的要求。

7.6 接地装置

7.6.1 应有接地装置类型的设计及说明。

7.6.2 人工接地装置的设计应有如下内容:

    a) 接地装置的接地阻值要求和计算过程;

    b) 接地装置的所在位置;

    c) 接地装置结构及安装设计;

    d) 接地装置的材质规格和埋设深度;

    e) 接地装置与周边地网的间隔距离。

7.6.3 接地装置敷设在人员可停留或经过的区域时,应有跨步电压和接触电压防护措施的设计内容。

7.7 其他

应有施工工艺要求和注意事项的说明。

8 设计图

8.1 设计图纸应包括目录、设计说明、设计图和设备材料表等。

8.2 设计图应包括防雷总平面图、三视图、局部大样图等。

8.3 设计图的绘制应参照国家及行业标准图集,每张图纸应标明图纸名称和图纸编号,应有专用章,并有制图人、校对人、审核人和批准人的签名。

附　录　A
（资料性附录）
防雷工程专业设计技术方案封面式样

防雷工程专业设计技术方案

方案名称：_____

方案编制单位：_____

方案编制人：_____

方案审核人：_____

方案批准人：_____

编制时间：_____

附 录 B
（资料性附录）
设计说明中分项内容填写说明

B.1 概况与必要性

编制防雷工程专业设计方案的必要性以及该项防雷工程所涉及的范围和内容。

B.2 设计原则与依据

工程设计所遵循的必要原则（如安全性、经济性和科学性等）和依据的技术标准、相关参考资料。

B.3 相关环境、地质、土壤、气候及雷电活动特性

该项防雷工程所在地的相关环境（如孤立空旷、被其他物体包围等）、地质、土壤、气候及雷电活动特性等。

B.4 建（构）筑物防雷类别和（或）电子系统防雷等级

该项内容包括：
a) 填写建（构）筑物防雷类别和（或）电子系统防雷等级；
b) 计算或说明如何确定建（构）筑物防雷类别和（或）电子系统防雷等级。

B.5 技术措施增缺项的说明

该项内容包括：
a) 填写防雷工程设计所采取的防雷技术措施中主要增缺项；
b) 说明防雷技术措施增缺项的理由。

ICS 07.060
A 47
备案号：61260—2018

中华人民共和国气象行业标准

QX/T 385—2017

穿衣气象指数

Meteorological index of clothing

2017-10-30 发布   2018-03-01 实施

中 国 气 象 局 发 布

前　言

本标准按照 GB/T 1.1—2009 给出的规则起草。

本标准由全国气象防灾减灾标准化技术委员会(SAC/TC 345)提出并归口。

本标准起草单位:中国气象局公共气象服务中心、河北省气象服务中心。

本标准主要起草人:王静、付桂琴、李菁、赵倩、慕建利、张杏敏、王跃峰。

穿衣气象指数

1 范围

本标准规定了穿衣气象指数的算法及其对应的服务用语。
本标准适用于公众气象服务。

2 术语和定义

下列术语和定义适用于本文件。

2.1

穿衣气象指数 meteorological index of clothing
表征人们在自然气候环境中着装厚薄程度的一种气象指标。

3 穿衣气象指数判定

穿衣气象指数通过服装厚薄度来判定。其中,服装厚薄度的计算方法见第4章,穿衣气象指数服务用语见表1。

表1 穿衣气象指数及对应的服务用语

穿衣气象指数	服装厚薄度 H	服务用语
1	$H > 25.0$	适宜穿着厚羽绒服、戴手套等严冬装
2	$15.0 < H \leqslant 25.0$	适宜穿着棉衣、皮衣,内着厚毛衣等冬装
3	$8.0 < H \leqslant 15.0$	适宜穿着夹克衫外套等初冬装
4	$4.0 < H \leqslant 8.0$	适宜穿着套装、夹克衫等早春晚秋装
5	$1.5 < H \leqslant 4.0$	适宜穿着棉衫、长袖T恤、牛仔服等春秋装
6	$-1.2 < H \leqslant 1.5$	适宜穿着轻薄的衬衣和长裙等夏装
7	$H \leqslant -1.2$	适宜穿着短袖T恤、短裙、短裤等盛夏装

4 服装厚薄度

4.1 服装厚薄度的计算

$$
H' = \begin{cases}
[1+0.4\times(r_{RH}-60)]\times\dfrac{0.61\times(T_m-T)}{1-0.01165\times v^2} & T\leqslant 5 \text{ 且 } r_{RH}\geqslant 60 \\[3mm]
\dfrac{0.61\times(T_m-T)}{1-0.01165\times v^2} & T\leqslant 5 \text{ 且 } r_{RH}<60 \\[3mm]
[1+0.4\times(r_{RH}-60)]\times\dfrac{0.61\times(T_m-T)}{1-0.01165\times v^{1.5}} & 5<T\leqslant 18 \text{ 且 } r_{RH}\geqslant 60 \\[3mm]
[1-0.4\times(r_{RH}-60)]\times\dfrac{0.61\times(T_m-T)}{1-0.01165\times v^{1.5}} & T>26 \text{ 且 } r_{RH}\geqslant 60 \\[3mm]
\dfrac{0.61\times(T_m-T)}{1-0.01165\times v^{1.5}} & 18<T\leqslant 26 \text{ 且 } r_{RH}\geqslant 60 \text{ 或 } T>5 \text{ 且 } r_{RH}<60
\end{cases}
$$

$$\cdots\cdots\cdots\cdots\cdots\cdots(1)$$

式中：

H' ——服装厚薄度的数值,无量纲;

r_{RH} ——某时段平均相对湿度的数值,用百分比(%)表示;

T_m ——裸露皮肤所适应的空气温度值,取当地最高温度历史样本的第 90 百分位值,单位为摄氏度(℃);

T ——某时段最高气温的数值,单位为摄氏度(℃);

v ——某时段平均风速的数值,单位为米每秒(m/s)。

注:该公式是通过人体对气温、风速、相对湿度进行相关分析,使用相关关系推导出的经验公式,其中计算出来的 H' 为无量纲数值。

4.2 服装厚薄度的订正

$$H = H' + \varepsilon_{wea} + \varepsilon_{sea} \qquad\qquad \cdots\cdots\cdots\cdots\cdots\cdots(2)$$

式中：

H ——订正后的服装厚薄度;

H' ——服装厚薄度的数值,无量纲;

ε_{wea} ——天气订正因子,晴或多云天气时取值为 -0.5,其他天气时取值为 0;

ε_{sea} ——季节订正因子,9—10 月取值为 -0.5,3—4 月时取值为 0.5,其他月取值为 0。

参 考 文 献

[1] 于永中,吕云风,陈泓,等.冬服保暖卫生标准及服装保暖问题的探讨[J].卫生研究,1978,(4):361-375.

[2] 刘燕,张德山,窦以文.着装厚度气象指数预报[J].气象,1999,25(3):13-15.

[3] 朱凌云,钱培东,钱鹰.无锡着装气象指数研究[J].气象科学,2001,21(4):468-473.

ICS 07.060

A 47

备案号：61261—2018

中华人民共和国气象行业标准

QX/T 386—2017

滑雪气象指数

Meteorological index of skiing

2017-10-30 发布
2018-03-01 实施

中国气象局 发布

前　言

本标准按照 GB/T 1.1—2009 给出的规则起草。

本标准由全国气象防灾减灾标准化技术委员会(SAC/TC 345)提出并归口。

本标准起草单位:吉林省气象服务中心。

本标准主要起草人:高峰、谢静芳、谢勇、马吉伟、朴美花、蔺豆豆、王洋、张瑛。

引　言

　　滑雪运动与天气的关系密切,降雪多少、风力大小、气温高低都会影响滑雪运动,制定科学、适用的滑雪气象指数标准对冬季公众滑雪运动的开展有指导意义。

滑雪气象指数

1 范围

本标准规定了滑雪气象指数的分级和判定。
本标准适用于公众滑雪的气象服务。

2 规范性引用文件

下列文件对于本文件的应用是必不可少的。凡是注日期的引用文件,仅注日期的版本适用于本文件。凡是不注日期的引用文件,其最新版本(包括所有的修改单)适用于本文件。
GB/T 28591—2012　风力等级
GB/T 28592—2012　降水量等级

3 术语和定义

下列术语和定义适用于本文件。

3.1

滑雪气象指数　meteorological index of skiing
利用气象要素判定的滑雪气象适宜程度。

4 指数及含义

滑雪气象指数及含义见表1。

表1　滑雪气象指数及含义

滑雪气象指数	1	2	3	4
指数含义	非常适宜	适宜	不适宜	非常不适宜

5 指数判定

依据表2分别确定降雪量等级、风力等级、最高气温对滑雪的影响等级。以降雪量等级、风力等级、最高气温三个要素对滑雪的影响等级的最高值作为滑雪气象指数。

表 2　降雪量等级、风力等级、最高气温与滑雪影响等级对照表

滑雪影响等级	降雪量等级(24 小时)	风力等级(f)	最高气温(T_g) ℃
1	无降雪	$f \leqslant 2$ 级	$-12 \leqslant T_g < 2$
2	小雪	2 级 $< f \leqslant 3$ 级	$-16 \leqslant T_g < -12$ 或 $2 < T_g < 10$
3	中雪	3 级 $< f \leqslant 5$ 级	$-20 \leqslant T_g < -16$
4	大雪及以上	$f > 5$ 级	$T_g \leqslant -20$
降雪量等级划分见 GB/T 28592—2012,风力等级划分见 GB/T 28591—2012。			

参 考 文 献

[1]　中国气象局.地面气象观测规范[M].北京:气象出版社,2003

[2]　郭菊馨,白波,王自英,等.滇西北旅游景区气象指数预报方法研究[J].气象科技,2005,3(6):
604-608

[3]　王帮能,张莉,谭云廷,等.丰都县旅游气象灾害及其防御对策[J].农技服务,2013,30(1):
84-86

[4]　黄水林,杨晓,汪晓,等.庐山冬季雪景旅游气象景观预报[J].气象,2007,33(11):35-40

[5]　宋静,姜有山,张银意,等.连云港旅游气象指数研究及其预报[J].气象科学,2001,21(4):
480-485

ICS 07.060

A 47

备案号：61262—2018

中华人民共和国气象行业标准

QX/T 387—2017

气象卫星数据文件名命名规范

Naming specification for meteorological satellite data filename

2017-10-30 发布

2018-03-01 实施

中 国 气 象 局 发 布

前　言

本标准按照 GB/T 1.1—2009 给出的规则起草。

本标准由全国卫星气象与空间天气标准化技术委员会(SAC/TC 347)提出并归口。

本标准起草单位:国家卫星气象中心。

本标准主要起草人:孙安来、钱建梅、徐喆、咸迪、高云。

QX/T 387—2017

气象卫星数据文件名命名规范

1 范围

本标准规定了气象卫星数据文件名的构成和信息字段的定义。
本标准适用于气象卫星各级数据接收、处理、存储、归档和分发服务等管理。

2 规范性引用文件

下列文件对于本文件的应用是必不可少的。凡是注日期的引用文件,仅注日期的版本适用于本文件。凡是不注日期的引用文件,其最新版本(包括所有的修改单)适用于本文件。
GB/T 7408—2005 数据元和交换格式 信息交换 日期和时间表示法

3 文件名构成

3.1 气象卫星数据文件名命名采用顺序固定且部分可选的信息字段进行组合,信息字段之间除数据格式字段外均使用"_"作为分隔符,数据格式字段与其他信息字段之间的分隔符为".",文件名结构如下所示:卫星名称_仪器名称_数据区域类型_可选信息字段标识符_[数据名称_][仪器通道名称_][投影方式_]观测起始日期_观测起始时间[_空间分辨率][_接收站名].数据格式。其中[]中为可选信息字段。

3.2 根据气象卫星数据文件存储和应用的不同需求,按照文件名长短划分为短格式文件名、基本格式文件名、完整格式文件名三种类型。

3.2.1 短格式文件名由7个信息字段和6个分隔符构成,共36个字符,适用于气象卫星遥感数据之外的数据文件,定义如下:卫星名称_仪器名称_数据区域类型_可选信息段标识符_观测起始日期_观测起始时间.数据格式。

3.2.2 基本格式文件名由9个信息字段和8个分隔符构成,共45个字符,适用于气象卫星0级和1级遥感数据文件,定义如下:卫星名称_仪器名称_数据区域类型_可选信息段标识符_观测起始日期_观测起始时间_分辨率_接收站名.数据格式。

3.2.3 完整格式文件名由12个信息字段和11个分隔符构成,共57个字符,适用于气象卫星2级及以上气象卫星遥感数据文件,定义如下:卫星名称_仪器名称_数据区域类型_可选信息段标识符_数据名称_仪器通道名称_投影方式_观测起始日期_观测起始时间_分辨率_接收站名.数据格式。

4 信息字段定义

气象卫星数据文件名命名中的信息字段均由固定长度的英文字符(a~z、A~Z)、阿拉伯数字(0~9)或英文字符和阿拉伯数字的组合构成,当代码长度小于信息字段长度时用"X"后补齐,其规定见表1。

表 1 信息字段代码

信息段名称	信息字段长度	信息字段定义
卫星名称	4	气象卫星名称缩写,代码见附录 A 表 A.1。
仪器名称	5	气象卫星星载仪器名缩写,代码见附录 A 表 A.2。
数据区域类型	4	数据地理或空间区域类型缩写,代码见附录 A 表 A.3～A.7。
可选信息段标识符	2	文件名的可选信息段标识,代码见附录 A 表 A.8。
数据名称	3	观测、处理的数据或产品名缩写,代码见附录 A 表 A.9。
仪器通道名称	3	数据包含的星载仪器通道缩写,代码见附录 A 表 A.10。
投影方式	3	数据处理中所使用的投影方法缩写,代码见附录 A 表 A.11。
观测起始日期	8	数据观测起始日期,采用协调世界时(UTC)日期,应符合 GB/T 7408—2005 中 5.2.1.1 规定的日历日期完全表示法的基本格式(YYYYMMDD)。
观测起始时间/时段种类	4	当第一个字符为数字时,表示数据观测时间,采用协调世界时(UTC)时间,应符合 GB/T 7408—2005 中 5.3.1.2 规定的降低精度表示的小时和分格式(hhmm);当数据级别为 L3 且第一个字符为字母时表示 3 级产品的统计时段种类,代码见附录 A 表 A.12。
空间分辨率	5	数据空间分辨率缩写,代码见附录 A 表 A.13。
接收站名	2	数据接收站名缩写,代码见附录 A 表 A.14。
数据格式	3	数据格式缩写,代码见附录 A 表 A.15。

附　录　A

（规范性附录）

信息字段定义

表 A.1 至表 A.15 给出了各信息段的名称、定义、说明及代码。

表 A.1　卫星名称代码

卫星名称	代码
风云一号 A 星	FY1A
风云一号 B 星	FY1B
风云一号 C 星	FY1C
风云一号 D 星	FY1D
风云二号 A 星	FY2A
风云二号 B 星	FY2B
风云二号 C 星	FY2C
风云二号 D 星	FY2D
风云二号 E 星	FY2E
风云二号 F 星	FY2F
风云二号 G 星	FY2G
风云二号 H 星	FY2H
风云三号 A 星	FY3A
风云三号 B 星	FY3B
风云三号 C 星	FY3C
风云三号 D 星	FY3D
风云四号 A 星	FY4A
风云四号 B 星	FY4B
风云四号 C 星	FY4C
GMS-3	GMS3
GMS-4	GMS4
GMS-5	GMS5
MTSAT-1R	MTS1
MTSAT-2	MTS2
Himawari-8	HMW8
Himawari-9	HMW9
NOAA-8	NOAE
NOAA-9	NOAF
NOAA-10	NOAG

表 A.1　卫星名称代码(续)

卫星名称	代码
NOAA-11	NOAH
NOAA-12	NOAD
NOAA-14	NOAJ
NOAA-15	NOAK
NOAA-16	NOAL
NOAA-17	NOAM
NOAA-18	NOAN
EOS TERRA	EOST
EOS AQUA	EOSA
Suomi NPP	NPP1
GOES-8	GOS8
GOES-9	GOS9
GOES-10	GOSA
GOES-11	GOSB
GOES-12	GOSC
GOES-13	GOSD
GOES-14	GOSE
Metop-A	MEPA
Metop-B	MEPB
METEOSAT-7	MET7
METEOSAT-8	MSG1
METEOSAT-9	MSG2
METEOSAT-10	MSG3
DMSP 16	DMSA
DMSP 17	DMSB
JASON-1	JAS1
JASON-2	JAS2

表 A.2　仪器名称代码

仪器名称	代码	说明
中国风云一号极轨气象卫星星载仪器多通道可见光红外扫描辐射计	MVIRS	Multichannel Visible and IR Scan Radiometer

表A.2 仪器名称代码(续)

仪器名称	代码	说明
中国风云二号静止气象卫星星载仪器 可见光和红外自旋扫描辐射仪	VISSR	Visible and Infrared Spin Scan Radiometer
中国风云三号极轨气象卫星星载仪器 地球辐射探测仪	ERM	Earth Radiation Measurement
中国风云三号极轨气象卫星星载仪器 红外分光计	IRAS	Infrared Atmospheric Sounder
中国风云三号极轨气象卫星星载仪器 中分辨率光谱成像仪	MERSI	Medium Resolution Spectral Imager
中国风云三号极轨气象卫星星载仪器 微波湿度计	MWHS	MicroWave Humidity Sounder
中国风云三号极轨气象卫星星载仪器 微波成像仪	MWRI	MicroWave Radiation Imager
中国风云三号极轨气象卫星星载仪器 微波温度计	MWTS	MicroWave Temperature Sounder
中国风云三号极轨气象卫星星载仪器 紫外臭氧垂直探测仪	SBUS	Solar Backscatter Ultraviolet Sounder
中国风云三号极轨气象卫星星载仪器 空间环境监测器	SEM	Space Environment Monitor
中国风云三号极轨气象卫星星载仪器 太阳辐射监测仪	SIM	Solar Irradiance Monitor
中国风云三号极轨气象卫星星载仪器 紫外臭氧总量探测仪	TOU	Total Ozone Unit
中国风云三号极轨气象卫星星载仪器 可见光红外扫描辐射计	VIRR	Visible and Infrared Radiometer
中国风云三号极轨气象卫星星载仪器 地球辐射收支仪器组	ERBM	Earth Radiation Budget Measurement
中国风云三号极轨气象卫星星载仪器 全球导航卫星掩星探测仪	GNOS	Global Navigation Satellite System Occultation Sounder
中国风云三号极轨气象卫星星载仪器 多仪器融合数据	MULSS	Multi-Sensor Synergy
中国风云三号极轨气象卫星星载仪器 大气垂直探测系统	VASS	Vertical Atmospheric Sounding System
中国风云四号静止气象卫星星载仪器 先进的静止轨道辐射成像仪	AGRI	Advanced Geo. Radiation Imager

表 A.2 仪器名称代码(续)

仪器名称	代码	说明
中国风云四号静止气象卫星星载仪器 静止轨道干涉式红外探测仪	GIIRS	Geo. Interferometric Infrared Sounder
中国风云四号静止气象卫星星载仪器 闪电成像仪	LMI	Lighting Mapping Imager
中国风云四号静止气象卫星星载仪器 空间环境仪器组	SEP	Space Environment Package
美国 NOAA 极轨气象卫星星载仪器 先进微波探测装置 A 系统	AMSUA	Advanced Microwave Sounding Unit-A
美国 NOAA 极轨气象卫星星载仪器 先进微波探测装置 B 系统	AMSUB	Advanced Microwave Sounding Unit-B
美国 NOAA 极轨气象卫星星载仪器 先进泰罗斯业务垂直探测器	ATOVS	Advanced TIROS Operational Vertical Sounder
美国 NOAA 极轨气象卫星星载仪器 先进甚高分辨率辐射仪	AVHRR	Advanced Very High Resolution Radiometer
美国 NOAA 极轨气象卫星星载仪器 高分辨率红外辐射探测器	HIRS	High-resolution Infrared Radiation Sounder
美国 EOS 卫星星载仪器 中分辨率成像光谱辐射仪	MODIS	Moderate-resolution Imaging Spectroradiometer
美国 NPP 卫星星载仪器 先进微波大气探测器	ATMS	Advanced Technology Microwave Sounder
美国 NPP 卫星星载仪器 跨轨扫描大气红外探测仪	CRIS	Cross-Track Infrared Sounder
美国 NPP 卫星星载仪器 可见光红外成像/辐射仪仪器包	VIIRS	Visible-Infrared Imager Radiometer Suite
美国 GOES 静止气象卫星星载仪器 成像仪	IMAGE	Imager
美国 GOES 静止气象卫星星载仪器 探测仪	SOUND	SOUNDER
日本 MTSAT 卫星星载仪器 日本先进的气象成像仪	JAMI	Japanese Advanced Meteorological Imager
日本 Himawari 卫星星载仪器 先进的 Himawari 成像仪	AHI	Advanced Himawari Imager
欧洲气象卫星组织第一代静止卫星星载仪器 欧洲可见光与红外成像仪	MVIRI	Meteosat Visible and Infrared Imager

表A.2 仪器名称代码(续)

仪器名称	代码	说明
欧洲气象卫星组织第二代静止卫星星载仪器自旋增强可见光与红外成像仪	SEVIR	Spinning Enhanced Visible and Infrared Imager
欧洲气象卫星组织 Metop 极轨卫星星载仪器全球臭氧监测仪器	GOME	Global Ozone Monitoring Experiment
欧洲气象卫星组织 Metop 极轨卫星星载仪器红外大气探测干涉仪	IASI	Infrared Atmospheric Sounding Interferometer
欧洲气象卫星组织 Metop 极轨卫星星载仪器先进的散射计	ASCAT	Advanced Scatterometer

表A.3 数据区域类型代码

数据区域类型	代码
全球	GBAL
北半球	NHEM
南半球	SHEM
卫星轨道刈幅范围	ORBT
对太阳观测	SOLR
全圆盘观测	DISK
区域观测	REGI
哈默投影区域	以左上角为起始点,由两个字符的纵向位置代码(表 A.4)和两个字符的横向位置代码(表 A.5)进行组合。
等经纬度投影区域	由两个字符的纬度代码(表 A.6)和两个字符的经度代码(表 A.7)进行组合。

表A.4 哈默投影全球 10°×10°分块数据纵向位置代码

距起始点纵向点数(1 km 空间分辨率)	纵向位置代码
0～900	00～09
1000～1900	10～19
2000～2900	20～29
3000～3900	30～39
4000～4900	40～49
5000～5900	50～59
6000～6900	60～69
7000～7900	70～79
8000～8900	80～89

表 A.4 哈默投影全球 10°×10°分块数据纵向位置代码(续)

距起始点纵向点数(1 km 空间分辨率)	纵向位置代码
9000～9900	90～99
10000～10900	A0～A9
11000～11900	B0～B9
12000～12900	C0～C9
13000～13900	D0～D9
14000～14900	E0～E9
15000～15900	F0～F9
16000～16900	G0～G9
17000～17900	H0～H9

表 A.5 哈默投影全球 10°×10°分块数据横向位置代码

距起始点横向点数(1 km 空间分辨率)	横向位置代码
0～900	00～09
1000～1900	10～19
2000～2900	20～29
3000～3900	30～39
4000～4900	40～49
5000～5900	50～59
6000～6900	60～69
7000～7900	70～79
8000～8900	80～89
9000～9900	90～99
10000～10900	A0～A9
11000～11900	B0～B9
12000～12900	C0～C9
13000～13900	D0～D9
14000～14900	E0～E9
15000～15900	F0～F9
16000～16900	G0～G9
17000～17900	H0～H9
18000～18900	I0～I9
19000～19900	J0～J9
20000～20900	K0～K9

表 A.5 哈默投影全球 10°×10°分块数据横向位置代码(续)

距起始点横向点数(1 km空间分辨率)	横向位置代码
21000~21900	L0~L9
22000~22900	M0~M9
23000~23900	N0~N9
24000~24900	O0~O9
25000~25900	P0~P9
26000~26900	Q0~Q9
27000~27900	R0~R9
28000~28900	S0~S9
29000~29900	T0~T9
30000~30900	U0~U9
31000~31900	V0~V9
32000~32900	W0~W9
33000~33900	X0~X9
34000~34900	Y0~Y9
35000~35900	Z0~Z9

表 A.6 等经纬度投影全球 10°×10°分块数据纬度区间代码

纬度区间	纬度代码
80°N~90°N	80
70°N~80°N	70
60°N~70°N	60
50°N~60°N	50
40°N~50°N	40
30°N~40°N	30
20°N~30°N	20
10°N~20°N	10
00°N~10°N	00
00°S~10°S	90
10°S~20°S	A0
20°S~30°S	B0
30°S~40°S	C0
40°S~50°S	D0
50°S~60°S	E0

表 A.6 等经纬度投影全球 10°×10°分块数据纬度区间代码(续)

纬度区间	纬度代码
60°S～70°S	F0
70°S～80°S	G0
80°S～90°S	H0

表 A.7 等经纬度全球 10°×10°分块数据经度区间代码

经度区间	经度代码
00°E～10°E	00
10°E～20°E	10
20°E～30°E	20
30°E～40°E	30
40°E～50°E	40
50°E～60°E	50
60°E～70°E	60
70°E～80°E	70
80°E～90°E	80
90°E～100°E	90
100°E～110°E	A0
110°E～120°E	B0
120°E～130°E	C0
130°E～140°E	D0
140°E～150°E	E0
150°E～160°E	F0
160°E～170°E	G0
170°E～180°E	H0
00°W～10°W	I0
10°W～20°W	J0
20°W～30°W	K0
30°W～40°W	L0
40°W～50°W	M0
50°W～60°W	N0
60°W～70°W	O0
70°W～80°W	P0
80°W～90°W	Q0

表 A.7 等经纬度全球 10°×10°分块数据经度区间代码(续)

经度区间	经度代码
90°W～100°W	R0
100°W～110°W	S0
110°W～120°W	T0
120°W～130°W	U0
130°W～140°W	V0
140°W～150°W	W0
150°W～160°W	X0
160°W～170°W	Y0
170°W～180°W	Z0

表 A.8 可选信息段标识符代码

含义	代码
文件名为短格式	00
0 级数据,文件名为基本格式	L0
1 级数据,文件名为基本格式	L1
2 级数据,文件名为完整格式	L2
3 级数据,文件名为完整格式	L3
4 级数据,文件名为完整格式	L4

表 A.9 数据名称代码

数据名称	代码	说明
图像产品		
动画图像	ANI	Animation Image
全圆盘图像	FDI	Full Disk Image
拼接图像	MOS	Mosaic Image
分区图像	SEC	Sectional Image
大气定量产品		
大气密度廓线	ADP	Atmospheric Density Profile
大气不稳定指数	AII	Atmosphere Instability Index
大气湿度廓线	AMP	Atmospheric Moisture Profile
大气运动矢量	AMV	Atmospheric Motion Vectors
陆上气溶胶	ASL	Aerosol over land
海上气溶胶	ASO	Aerosol over Ocean

表 A.9 数据名称代码(续)

数据名称	代码	说明
大气垂直探测产品	AVP	VASS Atmospheric Product
云量和云分类	CAT	Cloud Amount and Cloud Type
云分类	CLC	Cloud Classification
云检测	CLM	Cloud Mask
云水产品	CLW	Cloud Liquid Water
云光学厚度	COT	Cloud Optical Thickness
云物理参数	CPP	Cloud Physical Parameters
云分类/相态	CPT	Cloud Classification and Cloud Phase
总云量	CTA	Cloud Total Amount
云顶高度	CTH	Cloud Top Height
云顶温度	CTT	Cloud Top Temperature
有云大气湿度廓线	CVM	Cloudy Vertical Moisture Profile
有云大气温度廓线	CVT	Cloudy Vertical Temperature Profile
沙尘监测	DST	Dust Storm Monitoring
雾监测	FOG	Fog Detection
用云分析出的湿度廓线	HPF	Humidity Profile derived from Cloud Analysis
ISCCP 数据集	IDS	ISCCP Data Set
冰水厚度指数	IWP	Ice Water Paths Index
闪电成像	LII	Lightning Imagery
大气分层水汽	LPW	Layer Precipitable Water
降水和云水	MRR	Microwave Rain Rate and Cloud Liquid Water
臭氧垂直廓线	OZP	Ozone Profile
降水估计	PRE	Precipitation Estimation
降水指数	PRI	Precipitation Index
陆上大气可降水	PWV	Precipitable Water Vapor over Land
降水率	QPE	Quantitative Precipitation Estimate
对流初生	RDC	Rapid developing convective clusters
降水检测	RDT	Rain Detection
对流层顶折叠检测	TFP	Tropopause Folding Turbulence Prediction
臭氧总量	TOZ	Total Ozone
晴空大气可降水	TPW	Total Precipitation Water for Clear Sky
对流层中上部水汽含量	UTH	Upper Troposphere Humidity
陆表定量产品		
洪涝指数	FLI	Flooding Index

表 A.9 数据名称代码（续）

数据名称	代码	说明
火点判识	GFR	Global Fire Spot Monitoring
叶面积指数	LAI	Leaf Area Index
陆表覆盖	LCV	Land Cover
陆表反射比	LSR	Land Surface Reflectance
陆表温度	LST	Land Surface Temperature
净初级生产力	NPP	Net primary production
归一化植被指数	NVI	Normalized Vegetation Index
积雪覆盖	SNC	Snow Cover
云雪覆盖率	SNF	Snow cover Fraction
雪深雪水当量	SWE	Snow Water Equivalent
土壤水分	VSM	Volumetric Soil Moisture
海洋定量产品		
海洋水色	OCC	Ocean Color/Chlorophyll
海冰覆盖	SIC	Sea Ice cover
海表温度	SST	Sea Surface Temperature
海面风速	SWS	Sea surface Wind Speed characteristics
水体组分浓度	WCC	Water Constitute Concentration
离水辐射（查询）	WLR	Water-Leaving Reflectance
辐射定量产品		
地表下行长波辐射	DLR	Downward Long-wave Radiation
扫描视场大气顶辐射和云	FTS	SFOV Top-of-Atmosphere Radiative Flux and Cloud
射出长波辐射	OLR	Outgoing Long-wave Radiation
反射短波辐射	RSR	Reflected Shortwave Radiation
地面入射太阳辐射	SSI	Surface Solar Irradiance
黑体亮度温度	TBB	Temperature of Brightness Blackbody
地表上行长波辐射	ULR	Upward Longwave Radiation
空间天气产品		
高能电子通量	ELE	Energetic Electrons
高能粒子	EPP	High Energy Particle Product
太阳X射线精细能道通量	FSX	Fine Channel Solar X-ray
高能重离子通量	ION	Energetic Heavy Ions
高能质子通量	PRO	Energetic Protons
辐射剂量	RDP	Radiation Dose Product
表面电位	SPP	Surface Potential Product
太阳X射线通量	SXR	Solar X-ray

表 A.10 仪器通道名称代码

仪器通道名称	代码
通道 nn,其中 $nn=0\sim99$,小于 10 时,在前面补 0	Cnn
多通道合成	MLT
单通道数值产品	SNG
可见光通道	VIS
可见光通道 n,其中 $n=1\sim9$,A$\sim$Z	VSn
水汽通道	WVX

表 A.11 投影方式代码

投影方式	代码	说明
等面积投影	AEA	Albers Equal Area
等距圆柱投影	CED	Cylindrical Equal-Distance
等积割圆柱投影	ESD	EASE-Grid
等经纬度投影	GLL	Geographic Longitude/Latitude
哈默投影	HAM	Hammer
兰勃特圆锥投影	LBT	Lambert Conic
墨卡托投影	MCT	Mercator
标称投影	NOM	Normalized Projection

表 A.12 时段类型代码

时段类型	代码
时次数据	HHMM
小时数据	nnHR
日数据	POAD
候数据	POFD
周数据	POAW
旬数据	POTD
月数据	POAM
年数据	POAY
多天数据	PnnD

表 A.13 空间分辨率代码

空间分辨率	代码
250 m 分辨率	0250M
500 m 分辨率	0500M
1000 m 分辨率	1000M
5000 m 分辨率	5000M
10 km 分辨率	010KM
15 km 分辨率	015KM
20 km 分辨率	020KM
25 km 分辨率	025KM
50 km 分辨率	050KM
100 km 分辨率	100KM
无分辨率	00000
ON BOARD CALIBRATION，星上定标文件	OBCXX

表 A.14 接收站代码

接收站	代码
北京	BJ
广州	GZ
新疆	XJ
西藏	XZ
三亚	SY
佳木斯	JM
喀什	KS
瑞典基律纳	SW
南极	NJ
多站接收资料	MS

表 A.15 数据格式代码

数据格式	代码
气象卫星数据传输、分发格式	AWX
分层数据格式	HDF
压缩 S-VISSR 格式	CSV
气象资料二进制通用表示格式（电码）	BFR
格点二进制数据格式	GRB

表 A.15 数据格式代码(续)

数据格式	代码
地面站接收的空间信道传输的卫星原始数据格式	ORG
JPEG 格式图像	JPG
BMP 格式图像	BMP
PDF 格式文件	PDF
文本文件	TXT
自定义格式	DAT
BUFR 格式	BIN
压缩包文件	BZ2

ICS 07.060

A 47

备案号：61263—2018

中华人民共和国气象行业标准

QX/T 388—2017

静止气象卫星红外波段交叉定标技术规范

Technical specification on infrared inter-calibration for geostationary
meteorological satellites

2017-10-30 发布

2018-03-01 实施

中 国 气 象 局 发 布

前　　言

本标准按照 GB/T 1.1—2009 给出的规则起草。

本标准由全国卫星气象与空间天气标准化技术委员会(SAC/TC 347)提出并归口。

本标准起草单位:国家卫星气象中心。

本标准主要起草人:徐娜、胡秀清、徐寒列、陈林。

引　言

交叉定标方法是应用最为广泛的在轨替代定标以及定标检验方法之一。该方法利用两卫星星下点轨迹相交(或相临近)区域的数据,以高精度的卫星传感器为参考,通过时间、空间和光谱等匹配筛选得到两星共同观测区域的匹配样本,进而实现对目标遥感器的在轨辐射定标以及原始定标偏差评估,亦可称为星-星交叉定标方法。静止气象卫星红外波段交叉定标则是利用该方法实现对静止气象卫星红外波段的定标技术。

目前,在全球天基交叉定标系统(GSICS/WMO)国际计划的组织下,中国、美国、欧洲、日本、韩国等国家采用标准的星-星交叉定标技术,建立了静止卫星交叉定标业务系统,实现了对各国的静止卫星红外波段观测偏差的在轨评估。GSICS 推荐用于红外波段交叉定标的参考遥感器为搭载在低轨卫星上高光谱分辨率的红外探测仪,例如 AQUA/AIRS,METOP/IASI,NPP/CrIS。这类遥感器均配有全光路的黑体定标设备,而且噪声低,定标精度高。利用交叉定标可以实现高精度、高频次的在轨辐射定标和定标检验,同时采用高光谱数据避免了通道式仪器光谱响应函数差异所带来的影响。

为了更好地发挥交叉定标技术在气象卫星辐射定标中的应用,使该项技术更具科学、推广价值,本标准是在现有国际 GSICS 交叉定标技术基础上编制而成。

静止气象卫星红外波段交叉定标技术规范

1 范围

本标准规定了静止气象卫星红外波段交叉定标技术(以下简称交叉定标)的处理流程、卫星数据要求和处理方法,包括像元匹配、数据转换和过滤以及交叉比对方法。

本标准适用于静止卫星通道式光学遥感器红外波段的辐射定标以及原始定标偏差评估,主要适用于波长大于 4 μm 的热红外波段,其他波段可参考使用。

2 规范性引用文件

下列文件对于本文件的应用是必不可少的。凡是注日期的引用文件,仅注日期的版本适用于本文件。凡是不注日期的引用文件,其最新版本(包括所有的修改单)适用于本文件。

QX/T 158—2012 气象卫星数据分级
QX/T 205—2013 中国气象卫星名词术语

3 术语和定义

QX/T 205—2013 界定的以及下列术语和定义适用于本文件。为了便于使用,以下重复列出了 QX/T 205—2013 中的某些术语和定义。

3.1
静止气象卫星 geostationary meteorological satellite
沿地球同步轨道运行的气象卫星。
[QX/T 205—2013,定义 2.7]

3.2
低轨卫星 low earth orbiting satellite;LEO
沿低地球轨道运行的卫星。

3.3
目标遥感器 under-calibrated sensor
待定标或评估的静止气象卫星光学遥感器。

3.4
参考遥感器 reference sensor
作为交叉定标参考基准的低轨卫星光学遥感器。

3.5
辐射亮温 black body temperature equivalent;TBB
亮度温度 brightness temperature
基于红外通道辐射值,通过普朗克函数计算得到的等效黑体温度。
[QX/T 250—2014,定义 5.3]

3.6
固定目标区域 fixed region

赤道附近,固定经纬度范围的矩形区域。

3.7

等效观测视场 equivalent field of view;EFoV

与低空间分辨率遥感器像元瞬时视场大小相当,用于直接交叉比对的观测区域。

注 1:通常稍大于低空间分辨率遥感器瞬时视场,以便涵盖其所有辐射能量。

注 2:通常为高空间分辨率遥感器瞬时视场的奇数倍。

3.8

环境场区 environment area;ENV

以等效观测视场为中心,3 倍等效观测视场大小的观测区域。

3.9

交叉定标 inter-calibration

以精度较高的遥感器为参考,利用参考遥感器和目标遥感器近似同时同地的观测数据,实现对目标遥感器的在轨辐射定标以及原始辐射定标偏差评估。

4 缩略语

下列缩略语适用于本文件。

CrIS 美国跨轨扫描红外探测仪(cross-track infrared sounder)

GOES 美国地球静止业务环境卫星(geostationary operational environmental satellite)

Meteosat 欧洲静止气象卫星(meteorological satellite)

MetOp 欧洲极轨气象卫星(polar orbiting meteorological satellite)

NPP 美国极轨合作卫星(national polar-orbiting partnership satellite)

IASI 干涉式高光谱红外大气探测仪(infrared atmospheric sounding interferometer)

5 交叉定标处理流程

交叉定标处理流程分为卫星数据准备、像元匹配、数据转换和过滤以及交叉比对四个部分,包含七个处理步骤(见图 1)。各处理步骤具体描述如下:

a) 观测文件匹配:针对目标遥感器和参考遥感器的观测数据,基于文件匹配规则,实现两遥感器观测文件的配对,获得时间匹配的观测文件对。

b) 像元时空匹配:基于配对的观测文件,利用像元匹配规则,实现观测像元时间、空间和观测角度的匹配,获得像元匹配样本。

c) 数据转换:利用光谱响应函数,针对匹配样本进行数据转换,获得单位统一可直接对比的样本。

d) 样本过滤:按照样本过滤阈值,对样本进行过滤,获得可用于交叉定标分析的样本。

e) 样本累积和质量判断:对多天定标分析样本进行累积,并且基于样本相关性和样本数等指标进行质量判断,获得最终可用于交叉比对的样本。

f) 交叉比对:基于交叉比对样本,根据应用需求进行辐射定标系数计算或者原始定标偏差评估。其中:

  1) 辐射定标系数计算:利用目标遥感器观测计数值和参考遥感器观测辐亮度,根据定标方程,进行辐射定标系数计算,获得目标遥感器辐射定标系数;

  2) 原始定标偏差评估:利用两遥感器辐亮度观测数据,进行目标遥感器原始定标偏差的评估,获得目标遥感器定标偏差及其订正系数。

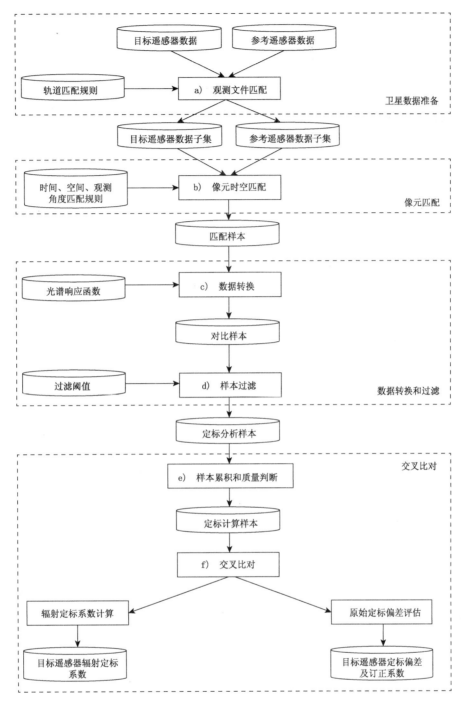

图 1 交叉定标处理流程图

6 卫星数据要求和准备

6.1 目标遥感器数据要求

目标遥感器观测数据应源自搭载在静止卫星平台上的具备红外探测波段的待定标光学遥感器,例如搭载在风云二号、风云四号、GOES、Meteosat 和葵花等系列卫星上的中分辨率光学成像仪。红外波段数据应为经过地理定位、定标处理后的一级(L1)数据(见 QX/T 158—2012 中 3.1)。

6.2 参考遥感器数据要求

参考遥感器观测数据应源自搭载在低轨卫星平台上具有较高定标精度的红外高光谱探测器,例如MetOp/IASI、NPP/CrIS。红外波段数据应为经过地理定位、辐射和光谱定标等预处理后的一级数据。

参考遥感器观测光谱应该覆盖目标遥感器的待定标通道范围,一般光谱分辨率应优于 $2\ \mathrm{cm}^{-1}$,且辐射定标精度应优于 0.2 K。

6.3 观测文件匹配

选择目标遥感器星下点经纬度($\pm\gamma_{\mathrm{Lon}}$,$\pm\gamma_{\mathrm{Lat}}$)以内矩形区域为固定目标区域,获取参考遥感器经过固定目标区域的观测文件。

结合两卫星扫描规律,将目标遥感器和参考遥感器观测时间最接近的文件进行匹配。

示例:以 FY-2 卫星为例,圆盘扫描模式下卫星扫描到星下点附近需要约 10 min,文件名为开始扫描时间。以FY-2 观测星下点附近区域的时间(文件命名时间＋10 min)为参考,挑选时间最为接近的参考遥感器观测文件与之配对。

7 像元匹配方法

7.1 时间匹配

目标和参考遥感器的像元观测时间应满足公式(1):

$$|t_{\mathrm{LEO}} - t_{\mathrm{GEO}}| < \delta_{\mathrm{max\_sec}} \quad\quad\quad\quad\quad\quad (1)$$

式中:

t_{LEO} ——参考遥感器像元观测时间;

t_{GEO} ——目标遥感器像元观测时间;

$\delta_{\mathrm{max\_sec}}$——时间匹配阈值,取值见表1。

7.2 空间匹配

根据目标遥感器全圆盘标称定位文件,针对固定目标区域建立空间位置(经纬度)与圆盘网格位置(行列号)对应关系的查找表。基于查找表,对于固定目标区域以内的参考遥感器任意观测像元,根据中心经纬度信息查找得到与之最近的目标遥感器像元,实现空间位置的匹配。

针对已实现空间位置匹配的像元对(x_1,y_1)和(x_2,y_2),它们的空间距离应满足公式(2):

$$\sqrt{(x_1 - x_2)^2 + (y_1 - y_2)^2} < d_{\mathrm{max}} \quad\quad\quad\quad\quad\quad (2)$$

式中:

x ——观测像元中心经度;

y ——观测像元中心纬度;

d_{max}——空间距离匹配阈值,取值见表1。

7.3 观测角度匹配

目标和参考遥感器的像元观测角应满足公式(3):

$$\left|\frac{\cos\theta_{\mathrm{GEO}}}{\cos\theta_{\mathrm{LEO}}} - 1\right| < \delta_{\mathrm{max\_zen}} \quad\quad\quad\quad\quad\quad (3)$$

式中:

θ_{GEO} ——目标遥感器像元观测天顶角;

θ_{LEO} ——参考遥感器像元观测天顶角；

$\delta_{\text{max\_zen}}$——观测角度匹配阈值，取值见表1。

8 数据转换和过滤方法

8.1 辐射单位转换

交叉比对的辐射单位是毫瓦每平方米球面度波数（mW/(m² · sr · cm⁻¹)）。对于定标后为亮温的 L1 数据，需通过普朗克函数转换成辐亮度，转换方法参见附录 A。

8.2 光谱匹配

基于参考遥感器观测数据，按照公式(4)计算目标遥感器的通道参考辐亮度：

$$L_{\text{GEO}}^* = \frac{\int_{\lambda_1}^{\lambda_2} L_{\text{LEO}}(\lambda) \cdot \varphi(\lambda) \, d\lambda}{\int_{\lambda_1}^{\lambda_2} \varphi(\lambda) \, d\lambda} \quad\quad\cdots\cdots\cdots\cdots(4)$$

式中：

L_{GEO}^* ——目标遥感器通道参考辐亮度；

L_{LEO} ——参考遥感器光谱辐亮度；

φ ——目标遥感器待定标通道的光谱响应函数；

λ_1, λ_2 ——目标遥感器光谱响应范围上限和下限，一般为峰值光谱响应 1% 所对应的波长。

8.3 空间均匀性过滤

基于对环境场区和等效观测视场均匀性的双重检测，获得均匀情景下的观测结果。环境场区均匀性应满足公式(5)：

$$D_{\text{ENV}}/E_{\text{ENV}} < \delta_{\text{max\_RSD}} \quad\quad\cdots\cdots\cdots\cdots(5)$$

式中：

D_{ENV} ——环境场区内所有目标遥感器观测像元辐亮度标准偏差；

E_{ENV} ——环境场区内所有目标遥感器观测像元辐亮度平均值；

$\delta_{\text{max\_RSD}}$——空间均匀性阈值，取值见表1。

等效观测视场的均匀性应满足公式(6)：

$$|E_{\text{EFoV}} - E_{\text{ENV}}| < k \cdot D_{\text{ENV}} \quad\quad\cdots\cdots\cdots\cdots(6)$$

式中：

E_{EFoV}——等效观测视场内目标遥感器观测像元的辐亮度平均值；

k ——均匀性置信度阈值，取值见表1。

8.4 异常点剔除

根据通道辐亮度的有效物理范围，剔除异常观测样本。辐亮度值一般应大于 0 mW/(m² · sr · cm⁻¹)且小于 200 mW/(m² · sr · cm⁻¹)。

9 交叉比对方法

9.1 样本累积和质量判断

观测样本累积周期一般不超过 7 天,样本数大于 100,且样本之间线性相关系数大于 0.98。

9.2 辐射定标系数计算

按照公式(7),利用最小二乘拟合计算目标遥感器新的辐射定标系数:

$$L^*(C) = a_2 C^2 + a_1 C + a_0 \qquad\qquad\qquad (7)$$

式中:

L^* ——目标遥感器通道参考辐亮度,见公式(4);

C ——目标遥感器的观测计数值,即等效观测视场平均计数值;

a_2 ——目标遥感器红外辐射响应非线性修正系数;

a_1 ——目标遥感器交叉定标斜率系数;

a_0 ——目标遥感器交叉定标截距系数。

公式(7)得到的是目标遥感器的辐射定标系数。对于基于亮温的定标,需先根据辐射定标系数计算每个计数值对应的辐亮度然后将其转换为亮温,进而建立计数值与亮温对应关系的定标表,转换方法参见附录 A。非线性修正系数 a_2,通常为静态参数基于发射前数据获得。对于无法提供修正系数的目标遥感器,也可在公式(7)拟合过程中同步获得。

9.3 原始定标偏差评估

按照公式(8)计算目标遥感器的原始定标偏差:

$$\sigma = L - L^* \qquad\qquad\qquad (8)$$

式中:

σ ——目标遥感器原始定标辐亮度偏差;

L ——基于原始定标获得的目标遥感器等效观测视场通道辐亮度;

L^* ——目标遥感器通道参考辐亮度,见公式(4)。

原始定标偏差订正系数由公式(9)计算:

$$L^*(L) = q_2 L^2 + q_1 L + q_0 \qquad\qquad\qquad (9)$$

式中:

q_2 ——目标遥感器原始定标辐亮度偏差订正非线性系数;

q_1 ——目标遥感器原始定标辐亮度偏差订正斜率系数;

q_0 ——目标遥感器原始定标辐亮度偏差订正截距系数。

10 参考阈值

交叉匹配和样本过滤采用的参考阈值取值范围见表 1。

表 1　交叉匹配和样本过滤参考阈值

阈值参数	γ_{Lon}	γ_{Lat}	δ_{max_sec}	δ_{max_zen}	δ_{max_RSD}	k	d_{max}
参考阈值	≤35°	≤35°	≤600 s	≤0.01	≤0.01	水汽吸收通道:1 窗区通道:2	≤0.5 倍目标遥感器观测像元星下点分辨率

附　录　A

（资料性附录）

通道辐亮度与辐射亮温转换方法

A.1　通道辐亮度计算公式

任意亮温处，中分辨率光学遥感器通道辐亮度可以用式（A.1）精确计算：

$$L_{\Delta v}^*(T_b) = \frac{\int_{\Delta v} L_B(T_b, v) \cdot \varphi(v) dv}{\int_{\Delta v} \varphi(v) dv} \qquad\qquad\cdots\cdots\cdots\cdots\cdots\cdots(A.1)$$

式中：

L^*　　　　——通道辐亮度，单位毫瓦每平方米球面度波数（$\mathrm{mW/(m^2 \cdot sr \cdot cm^{-1})}$）；

Δv　　　　——通道光谱范围，单位波数（$\mathrm{cm^{-1}}$）；

T_b　　　　——辐射亮温，单位开尔文（K）；

v　　　　——单色光波长（波数），单位波数（$\mathrm{cm^{-1}}$）；

$L_B(T_b, v)$　——任意给定温度和波长处的黑体辐亮度，单位毫瓦每平方米球面度波数（$\mathrm{mW/(m^2 \cdot sr \cdot cm^{-1})}$）；

φ　　　　——热红外通道的光谱响应函数。

A.2　通道辐亮度与辐射亮温转换方法

A.2.1　概述

辐射亮温 T_b 和通道辐亮度 L^* 间可采用查找表和参数化两种方法进行转换。

A.2.2　查找表方法

基于光谱响应函数，根据公式（A.1）精确计算特定通道任意指定亮温处的通道辐亮度，建立 $T_b \rightarrow L^*$ 查找表。在足够小的温度间隔内，通道辐亮度与亮温之间可以通过线性插值计算得到。

A.2.3　参数化方法

根据普朗克黑体辐射计算公式，通道辐亮度计算公式（A.1）可以简化为：

$$L^* = \frac{C_1 v_c^3}{\exp[C_2 v_c / (A \cdot T_b + B)] - 1} \qquad\qquad\cdots\cdots\cdots\cdots\cdots\cdots(A.2)$$

式中：

L^*——通道辐亮度，单位毫瓦每平方米球面度波数（$\mathrm{mW/(m^2 \cdot sr \cdot cm^{-1})}$）；

C_1——辐射常数，取值 1.19104×10^{-5} $\mathrm{mW/(m^2 \cdot sr \cdot (cm^{-1})^4)}$；

v_c——通道中心波数，单位波数（$\mathrm{cm^{-1}}$）；

C_2——辐射常数，取值 1.43877 $\mathrm{K \cdot (cm^{-1})^{-1}}$；

A——参数化系数；

T_b——辐射亮温，单位开尔文（K）；

B——参数化系数。

根据公式（A.2），辐射亮温计算公式为：

$$T_b = [C_2 v_c / \ln(\frac{C_1 v_c^3}{L^*} + 1) - B]/A \qquad \cdots\cdots\cdots\cdots\cdots (A.3)$$

式(A.2)和式(A.3)中 v_c，A 和 B 均为与遥感器通道光谱响应相关的参数。

参 考 文 献

[1]　GB/T 17050—1997　热辐射术语

[2]　QX/T 158—2012　气象卫星数据分级

[3]　QX/T 206—2013　卫星低光谱分辨率红外仪器性能指标计算方法

[4]　QX/T 250—2014　气象卫星产品术语

[5]　QX/T 327—2016　气象卫星数据分类与编码规范　第四部分:气象卫星数据分类与编码方法

[6]　陈渭民. 卫星气象学[M]. 北京:气象出版社,2003

[7]　EUMETSAT. 2012 ATBD for EUMETSAT Pre-Operational GSICS Inter-Calibration of Meteosat-IASI,EUM/MET/TEN/11/0268[Z],2012

ICS 07.060

A 47

备案号：61264—2018

中华人民共和国气象行业标准

QX/T 389—2017

卫星遥感海冰监测产品规范

Specifications for satellite remote sensing products of sea ice monitoring

2017-10-30 发布

2018-03-01 实施

中 国 气 象 局 发布

前　言

本标准按照 GB/T 1.1—2009 给出的规则起草。

本标准由全国卫星气象与空间天气标准化技术委员会(SAC/TC 347)提出并归口。

本标准起草单位:国家卫星气象中心。

本标准主要起草人:王萌、赵长海、武胜利、郑伟、高浩、刘诚。

引　言

卫星遥感海冰监测为各部门提供了大量海冰监测信息,在科学研究、防灾减灾、应对气候变化中发挥了重要作用。但长期以来,由于缺乏统一标准,各从事遥感工作的单位在海冰监测工作中大多独立进行研究和开发应用,所用数据处理系统也不统一,监测产品各不相同,这些都对卫星遥感海冰监测的应用推广和技术交流造成不便。为了更好地发挥卫星遥感在我国海冰监测中的作用,促进卫星遥感海冰监测产品制作的规范化,特制定本标准。

卫星遥感海冰监测产品规范

1 范围

本标准规定了卫星遥感海冰监测产品的数据要求、分类和制作要求。
本标准适用于卫星遥感海冰监测产品的制作及其相关活动。

2 规范性引用文件

下列文件对于本文件的应用是必不可少的。凡是注日期的引用文件,仅注日期的版本适用于本文件。凡是不注日期的引用文件,其最新版本(包括所有的修改单)适用于本文件。

GB/T 2260 中华人民共和国行政区域代码

GB/T 15968 遥感影像平面图制作规范

GB/T 17278 数字地形图产品基本要求

3 术语和定义

下列术语和定义适用于本文件。

3.1

海冰 sea ice
海水冻结而形成的冰。

3.2

海冰面积 sea ice areas
某一海域内海冰覆盖的面积。

3.3

海冰覆盖度 sea ice coverage
指定海域范围内海冰面积占该海域面积的百分比。

3.4

海冰厚度 sea ice thickness
海水冻结的厚度。

3.5

海冰冰缘线 sea ice edge
海冰覆盖区的外缘边界线。

3.6

海冰等温线 sea ice isotherm
海冰表面温度等值线。

3.7

海冰监测多通道合成图 multiple-channel composite image of sea ice monitoring
对卫星多个通道数据分别赋予不同颜色而生成的合成图像。

3.8

海冰分布图　sea ice map

赋予海冰信息特定颜色形成的图像。

3.9

海冰覆盖度图　sea ice coverage map

显示海域内海冰覆盖度的图像。

3.10

海冰厚度图　sea ice thickness map

显示海冰厚度的图像。

3.11

海冰冰缘线图　sea ice edge image

显示海冰冰缘线的图像。

3.12

海冰等温线图　sea ice isothermal image

显示海冰等温线的图像。

4　产品数据要求

4.1　遥感数据

遥感数据应源自携载有可见光、近红外和红外波段等探测仪器的卫星,其主要卫星探测仪器特性参数参见附录A~J。

4.2　辅助数据

辅助数据包括行政区划边界数据、海岸线数据。

4.3　数据处理流程

生成海冰监测产品时,卫星数据应经过以下处理:
a)　对卫星原始数据做预处理,所采用的预处理技术应有相应标准或规范;
b)　对预处理后的数据进行投影变换,生成海冰监测区域的局域图像,通常极区采用极射赤面投影,非极区采用等经纬度投影或兰勃特投影;
c)　检查局域图像定位精度,如定位不准,应进行几何校正,且偏差在1个像元以内;
d)　提取海冰信息、海冰覆盖度信息、海冰厚度信息、海冰冰缘线信息、海冰等温线信息,计算海冰面积。

5　产品分类

卫星遥感海冰监测产品,根据实际需要通常以图表形式表示。产品类型通常分为:
a)　海冰监测多通道合成图,包括真彩色合成图像和假彩色合成图像;
b)　海冰监测专题图,包括海冰分布图、海冰覆盖度图、海冰厚度图、海冰冰缘线图、海冰等温线图;
c)　海冰监测信息统计表,海冰面积统计表,海冰覆盖度统计表。

6 产品制作要求

6.1 内容分布

6.1.1 一般要求

图像应包含标题、数据获取时间、影像图/专题图信息、图例、卫星标识、比例尺、指北针、制作单位，其中海冰厚度图、海冰等温线图、海冰覆盖度图还应包含色标，分布见图1，个例参见附录K。

图1 图像内容分布图

6.1.2 标题

标题位于产品图像上部中间位置，简明扼要地说明图像内容。标题内容按顺序包括卫星类型(气象卫星、高分卫星等)，监测区域，监测图像类型。

6.1.3 数据获取时间

数据获取时间位于影像图/专题信息上部，标题右下方位置，并用"YYYY年MM月DD日hh：mm"的格式标注，注明北京时或世界时，在不引起歧义的情况下可以适当缩减。

注："YYYY年MM月DD日hh：mm"为时间格式，如：2016年12月20日14：20(北京时)。

6.1.4 影像图、专题图

影像图、专题图位于产品图像的中间。

6.1.5 色标

色标位于影像图/专题图的左下部,图例的上方,色标的放置应不遮挡图像上的有效信息。

6.1.6 图例

图例位于产品图像左下方,包括国界线、省界线、地市界线、县界线、海岸线,以及对海冰、云、海水、积雪、海雾等可能出现视觉混淆区域的注释标记,同类物体的注释标记应有一致的形式和色彩,文字以外的图像注释应配合图例说明。

6.1.7 卫星标识

卫星标识位于产品图像的下方,图例的右侧,包括:
——卫星/仪器:XX卫星/XX传感器;
——空间分辨率:XX度;
——投影方式:XX投影;
——合成通道:R(X1)、G(X2)、B(X3),在不引起歧义的情况下可以适当缩减。主要卫星通道参数参见附录A~J。

注:XX卫星/XX传感器,以通用的简写英文表示,如:FY-3B/MERSI;XX度,通常以数字表示,如:0.0025度;XX投影,以汉字或通用的简写英文表示,如:等经纬度投影,Lambert投影;X1、X2、X3分别表示仪器的通道号,如R(3)、G(2)、B(1)。

6.1.8 比例尺和指北针

比例尺和指北针位于产品图像右下方,制作单位的上方,比例尺在左,指北针在右。

6.1.9 制作单位

制作单位位于产品图像右下方,比例尺和指北针的下方,包含正式批准的单位图标和单位名称。

6.2 赋色要求

6.2.1 海冰监测多通道合成图

海冰监测多通道合成图包括:
——真彩色合成图像:可见光波段的红光、绿光、蓝光通道分别赋予红、绿、蓝色合成。
——假彩色合成图像:根据突出海冰信息需要对不同通道分别赋予红、绿、蓝色合成,采用可见光红光通道、近红外通道、可见光蓝光通道合成;在没有可见光蓝光通道情况下,可采用短波红外通道、近红外通道、可见光红光通道合成。

6.2.2 海冰监测专题图

海冰分布赋色要求见表1(彩)。

表 1　海冰分布赋色表

专题信息	R	G	B	示例
海冰	83	252	252	
海水	160	190	228	
海雾	200	188	150	
云区	255	255	255	
积雪	204	236	255	
陆地	191	191	191	

注 1:红(R)、绿(G)、蓝(B)3 种基色取值范围从 0(黑色)到 255(白色),下文同上。

注 2:RGB 是日常工作中电脑显示的色值体系,CMYK 是印刷的色值体系,两者在色彩的显示上是有区别的,这里印刷的示例颜色只是参考色彩,在实际工作中应以表中的 RGB 色值为准。

海冰覆盖度赋色要求见表 2(彩)。

表 2　海冰覆盖度赋色表

海冰覆盖度 %	R	G	B	示例
(0,30]	175	219	214	
(30,60]	42	185	204	
(60,100]	83	252	252	

注:用户可根据需求,海冰覆盖度取整或保留小数。

海冰厚度赋色要求见表 3(彩)。

表 3　海冰厚度赋色表

海冰厚度 cm	R	G	B	示例
(0,5]	115	199	179	
(5,10]	54	175	218	
(10,20]	58	112	172	
(20,∞)	110	104	184	

海冰冰缘线赋色要求见表 4(彩)。

表 4　海冰冰缘线赋色表

海冰冰缘线	R	G	B	示例
冰缘线	0	0	192	

海冰等温线赋色要求见表5(彩)。

表5　海冰等温线赋色表

海冰等温线 ℃	R	G	B	示例
2	255	255	0	
0	207	214	62	
−2	154	182	90	
−4	63	188	46	
−6	98	178	94	
−8	68	135	196	
−10	131	133	207	
−12	121	73	191	

6.3　地理标记

地理标记按照 GB/T 2260 、GB/T 15968 和 GB/T 17278 的要求叠加。

其中经纬网格可根据监测区域范围适当调整网格密度,如:0.5°×0.5°、1°×1°等,海冰覆盖度图网格内标注海冰覆盖度值,且不遮挡图像上的有效信息,使用图例反映其属性。

6.4　制表要求

海冰面积统计表制表要求见表6,海冰覆盖度统计表制表要求见表7。表6、表7中卫星标识用卫星号/仪器名称的格式标注,以通用的简写英文表示,如:FY-3B/MERSI,EOS/MODIS,GF-1/WFV 等;数据获取时间用"YYYY 年 MM 月 DD 日 hh:mm"的格式标注,注明北京时或世界时,如:2016 年 12 月 20 日 14:20(北京时);判识的海冰区域用面积单位(km^2)加以量化,可以是总面积,也可以是分区域面积;海冰覆盖度用百分数表示,如56%。

表6　海冰面积统计表

卫星标识	数据获取时间	监测区域海冰总面积 km^2	分区域1面积 km^2	分区域2面积 km^2	……

表7　海冰覆盖度统计表

卫星标识	数据获取时间	监测区域	海冰覆盖度 %

附　录　A

（资料性附录）

FY-3 极轨气象卫星 VIRR(可见光红外扫描辐射计)通道参数

FY-3 极轨气象卫星 VIRR(可见光红外扫描辐射计)通道参数见表 A.1。

表 A.1　FY-3 极轨气象卫星 VIRR(可见光红外扫描辐射计)通道参数

通道	波长 μm	波段	星下点分辨率 m
1	0.580~0.680	可见光(Visible)	1100
2	0.840~0.890	近红外(Near Infrared)	1100
3	3.550~3.950	中波红外(Middle Infrared)	1100
4	10.300~11.300	远红外(Far Infrared)	1100
5	11.500~12.500	远红外(Far Infrared)	1100
6	1.550~1.640	短波红外(Short Infrared)	1100
7	0.430~0.480	可见光(Visible)	1100
8	0.480~0.530	可见光(Visible)	1100
9	0.530~0.580	可见光(Visible)	1100
10	1.325~1.395	水汽通道(water vapor)	1100

附　录　B

（资料性附录）

FY-3 极轨气象卫星 MERSI（中分辨率光谱成像仪）通道参数

FY-3 极轨气象卫星 MERSI（中分辨率光谱成像仪）通道参数见表 B.1。

表 B.1　FY-3 极轨气象卫星 MERSI（中分辨率光谱成像仪）通道参数

通道	波长 μm	波段	星下点分辨率 m
1	0.445~0.495	可见光（Visible）	250
2	0.525~0.575	可见光（Visible）	250
3	0.625~0.675	可见光（Visible）	250
4	0.835~0.885	近红外（Near Infrared）	250
5	10.50~12.50	远红外（Far Infrared）	250
6	1.615~1.665	短波红外（Short Infrared）	1000
7	2.105~2.255	短波红外（Short Infrared）	1000
8	0.402~0.422	可见光（Visible）	1000
9	0.433~0.453	可见光（Visible）	1000
10	0.480~0.500	可见光（Visible）	1000
11	0.510~0.530	可见光（Visible）	1000
12	0.525~0.575	可见光（Visible）	1000
13	0.640~0.660	可见光（Visible）	1000
14	0.675~0.695	可见光（Visible）	1000
15	0.755~0.775	可见光（Visible）	1000
16	0.855~0.875	近红外（Near Infrared）	1000
17	0.895~0.915	近红外（Near Infrared）	1000
18	0.930~0.950	近红外（Near Infrared）	1000
19	0.970~0.990	近红外（Near Infrared）	1000
20	1.020~1.040	近红外（Near Infrared）	1000

附 录 C

（资料性附录）

FY-2 静止气象卫星 VISSR（可见光和红外自旋扫描辐射仪）通道参数

FY-2 静止气象卫星 VISSR（可见光和红外自旋扫描辐射仪）通道参数见表 C.1。

表 C.1 FY-2 静止气象卫星 VISSR（可见光和红外自旋扫描辐射仪）基本参数

通道	波长 μm	波段	星下点分辨率 m
1	0.50～0.75	可见光（Visible）	1250
2	10.3～11.3	远红外（Far Infrared）	5000
3	11.5～12.5	远红外（Far Infrared）	5000
4	3.5～4.0	中波红外（Middle Infrared）	5000
5	6.3～7.6	水汽通道（water vapor）	5000

附　录　D

（资料性附录）

FY-4A 静止气象卫星 AGRI(扫描辐射计)通道参数

FY-4A 静止气象卫星 AGRI(扫描辐射计)通道参数见表 D.1。

表 D.1　FY-4A 静止气象卫星 AGRI(扫描辐射计)基本参数

通道	波长 μm	波段	星下点分辨率 m
1	0.45～0.49	可见光(Visible)	1000
2	0.55～0.75	可见光(Visible)	500
3	0.75～0.90	近红外(Near Infrared)	1000
4	1.36～1.39	短波红外(Short Infrared)	2000
5	1.58～1.64	短波红外(Short Infrared)	2000
6	2.10～2.35	短波红外(Short Infrared)	2000～4000
7	3.50～4.00	中波红外(Middle Infrared)	2000
8	3.50～4.00	中波红外(Middle Infrared)	4000
9	5.80～6.70	水汽通道(water vapor)	4000
10	6.90～7.30	水汽通道(water vapor)	4000
11	8.00～9.00	远红外(Far Infrared)	4000
12	10.30～11.30	远红外(Far Infrared)	4000
13	11.50～12.50	远红外(Far Infrared)	4000
14	13.20～13.80	远红外(Far Infrared)	4000

附 录 E
（资料性附录）
NOAA 极轨气象卫星 AVHRR(先进甚高分辨率辐射仪)通道参数

NOAA 极轨气象卫星 AVHRR(先进甚高分辨率辐射仪)通道参数见表 E.1。

表 E.1 NOAA 极轨气象卫星 AVHRR(先进甚高分辨率辐射仪)通道参数

通道	波长 μm	波段	星下点分辨率 m
1	0.58~0.68	可见光(Visible)	1100
2	0.725~1.000	近红外(Near Infrared)	1100
3A	1.58~1.64	短波红外(Short Infrared)	1100
3B	3.55~3.95	中波红外(Middle Infrared)	1100
4	10.3~11.3	远红外(Far Infrared)	1100
5	11.5~12.5	远红外(Far Infrared)	1100

附　录　F
（资料性附录）
EOS/MODIS(中分辨率成像光谱辐射仪)通道参数

EOS/MODIS(中分辨率成像光谱辐射仪)通道参数见表 F.1。

表 F.1　EOS/MODIS(中分辨率成像光谱辐射仪)通道参数

通道	波长 μm	波段	星下点分辨率 m
1	0.620~0.670	可见光(Visible)	250
2	0.841~0.876	近红外(Near Infrared)	250
3	0.459~0.479	可见光(Visible)	500
4	0.545~0.565	可见光(Visible)	500
5	1.230~1.250	近红外(Near Infrared)	500
6	1.628~1.652	短波红外(Short Infrared)	500
7	2.105~2.155	短波红外(Short Infrared)	500
8	0.405~0.420	可见光(Visible)	1000
9	0.438~0.448	可见光(Visible)	1000
10	0.483~0.493	可见光(Visible)	1000
11	0.526~0.536	可见光(Visible)	1000
12	0.546~0.556	可见光(Visible)	1000
13	0.662~0.672	可见光(Visible)	1000
14	0.673~0.683	可见光(Visible)	1000
15	0.743~0.753	可见光(Visible)	1000
16	0.862~0.877	近红外(Near Infrared)	1000
17	0.890~0.920	近红外(Near Infrared)	1000
18	0.931~0.941	近红外(Near Infrared)	1000
19	0.915~0.965	近红外(Near Infrared)	1000
20	3.660~3.840	中波红外(Middle Infrared)	1000
21	3.929~3.989	中波红外(Middle Infrared)	1000
22	3.929~3.989	中波红外(Middle Infrared)	1000
23	4.020~4.080	中波红外(Middle Infrared)	1000
24	4.433~4.498	中波红外(Middle Infrared)	1000
25	4.482~4.549	中波红外(Middle Infrared)	1000
26	1.360~1.390	短波红外(Short Infrared)	1000
27	6.535~6.895	中波红外(Middle Infrared)	1000
28	7.175~7.475	中波红外(Middle Infrared)	1000

表 F.1 EOS/MODIS(中分辨率成像光谱辐射仪)通道参数(续)

通道	波长 μm	波段	星下点分辨率 m
29	8.400～8.700	远红外(Far Infrared)	1000
30	9.580～9.880	远红外(Far Infrared)	1000
31	10.780～11.280	远红外(Far Infrared)	1000
32	11.770～12.270	远红外(Far Infrared)	1000
33	13.185～13.485	远红外(Far Infrared)	1000
34	13.485～13.785	远红外(Far Infrared)	1000
35	13.785～14.085	远红外(Far Infrared)	1000
36	14.085～14.385	远红外(Far Infrared)	1000

附　录　G
（资料性附录）
HJ-1A/1B 卫星通道参数

HJ-1A/1B 卫星通道参数见表 G.1。

表 G.1　HJ-1A/1B 卫星通道参数

	通道	波长 μm	波段	星下点分辨率 m
HJ-1A	1	0.43～0.52	可见光（Visible）	30
	2	0.52～0.60	可见光（Visible）	30
	3	0.63～0.69	可见光（Visible）	30
	4	0.76～0.90	近红外（Near Infrared）	30
HJ-1B	1	0.43～0.52	可见光（Visible）	30
	2	0.52～0.60	可见光（Visible）	30
	3	0.63～0.69	可见光（Visible）	30
	4	0.76～0.90	近红外（Near Infrared）	30
	5	0.75～1.10	近红外（Near Infrared）	150
	6	1.55～1.75	近红外（Near Infrared）	150
	7	3.50～3.90	近红外（Near Infrared）	150
	8	10.5～12.5	远红外（Far Infrared）	300

附 录 H
（资料性附录）
GF-1 卫星传感器的基本参数

GF-1 卫星传感器的基本参数见表 H.1。

表 H.1 GF-1 卫星传感器的基本参数

通道	波长 μm	波段	星下点分辨率 m
1	0.45～0.90	全色	2
2	0.45～0.52	可见光(Visible)	8
3	0.52～0.59	可见光(Visible)	8
4	0.63～0.69	可见光(Visible)	8
5	0.77～0.89	近红外(Near Infrared)	8
6	0.45～0.52	可见光(Visible)	16
7	0.52～0.59	可见光(Visible)	16
8	0.63～0.69	可见光(Visible)	16
9	0.77～0.89	近红外(Near Infrared)	16

附　录　Ⅰ
（资料性附录）
CBERS-04 卫星传感器基本参数

CBERS-04 卫星基本参数见表 I.1。

表 I.1　CBERS-04 卫星基本参数

	通道	波长范围 μm	星下点分辨率 m
全色多光谱相机	1	0.51～0.85	5
	2	0.52～0.59	10
	3	0.63～0.69	
	4	0.77～0.89	
多光谱相机	5	0.45～0.52	20
	6	0.52～0.59	
	7	0.63～0.69	
	8	0.77～0.89	
红外多光谱相机	9	0.50～0.90	40
	10	1.55～1.75	
	11	2.08～2.35	
	12	10.4～12.5	80
宽视场成像仪	13	0.45～0.52	73
	14	0.52～0.59	
	15	0.63～0.69	
	16	0.77～0.89	

附　录　J
（资料性附录）
GF-2 卫星传感器基本参数

GF-2 卫星基本参数见表 J.1。

表 J.1　GF-2 卫星基本参数

载荷	谱段号	谱段范围 μm	波段	星下点分辨率 m
全色多光谱相机	1	0.45～0.90	全色	1
	2	0.45～0.52	可见光（Visible）	4
	3	0.52～0.59	可见光（Visible）	
	4	0.63～0.69	可见光（Visible）	
	5	0.77～0.89	近红外（Near Infrared）	

附　录　K

（资料性附录）

海冰监测图像

海冰监测图像见图 K.1（彩）。

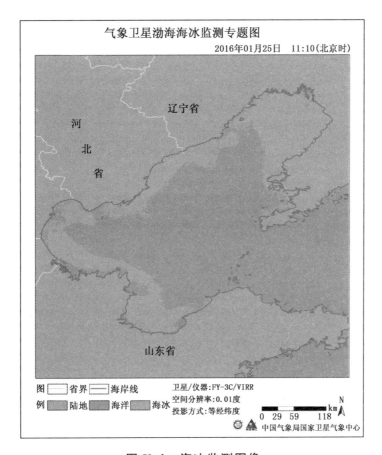

图 K.1　海冰监测图像

参 考 文 献

[1]　QX/T 180—2013　气象服务图形产品色域

_____

ICS 07. 060
A 47
备案号：61265—2018

中华人民共和国气象行业标准

QX/T 390—2017

人工影响天气作业用 37mm 高炮
维修技术规范

Technical specifications for maintenance of 37 mm cloud-seeding artilery

2017-10-30 发布

2018-03-01 实施

中 国 气 象 局 发 布

前　　言

本标准按照 GB/T 1.1—2009 给出的规则起草。

本标准由全国人工影响天气标准化技术委员会(SAC/TC 538)提出并归口。

本标准起草单位：中国气象局上海物资管理处、随州大方精密机电工程有限公司、江西金都保险设备集团有限公司、兰州北方机电有限公司、中国人民解放军第三三零五工厂、内蒙古自治区气象科学研究所、云南省人工影响天气办公室、北京市人工影响天气办公室、甘肃省人工影响天气办公室、山西省人工影响天气办公室。

本标准主要起草人：刘伟、张霖、卢怡、陆建君、熊坤、张少军、王志刚、杜锋、丁瑞津、宛霞、裴真、李昌明、张永祥。

人工影响天气作业用 37 mm 高炮维修技术规范

1 范围

本标准规定了人工影响天气作业用 37 mm 高炮完整状态主要部件维修的基本要求及技术要求。

本标准适用于人工影响天气作业用 37 mm 高炮的维修。

2 规范性引用文件

下列文件对于本文件的应用是必不可少的。凡是注日期的引用文件,仅注日期的版本适用于本文件。凡是不注日期的引用文件,其最新版本(包括所有的修改单)适用于本文件。

QX/T 18—2003 人工影响天气作业用 37 mm 高射炮技术检测规范

3 基本要求

3.1 维修件所用材料及加工精度、表面处理、热处理等技术要求应符合原产品设计图纸的要求。

3.2 维修后的高炮应按照 QX/T 18—2003 相关条款进行验收检查。

4 主要部件的检查维修技术要求

4.1 身管的检查维修

4.1.1 防火帽、垫圈与身管的间隙应符合 QX/T 18—2003 中 3.1 所规定的要求(见图 1)。

检查方法:按 QX/T 18—2003 中 4.1 执行。

修理方法:

a) 间隙小于 0.10 mm 时,应加工支撑面;间隙大于 1.00 mm 时,加工内端面或按图制作加厚的垫圈;

b) 防火帽扳手槽踏脚损坏,用 J422(GB/T 980—1976)焊条焊补后,加工扳手槽。垫圈(01-51)[1] 损坏,更换;

c) 防火帽螺纹滑丝长度应不大于螺纹总长度的 5%,超过时应更换。

4.1.2 身管不应有裂缝。

检查方法:按 QX/T 18—2003 中 4.2 执行。

修理方法:有裂缝时更换身管。

4.1.3 身管上的压坑情况应符合 QX/T 18—2003 中 3.3 的要求。

检查方法:按 QX/T 18—2003 中 4.3 执行。

修理方法:更换身管。

---

[1] 该编号为 1965 年式 37 mm 高炮零部件标号,其他型号 37 mm 高炮可参照执行,下同。

单位为毫米（mm）

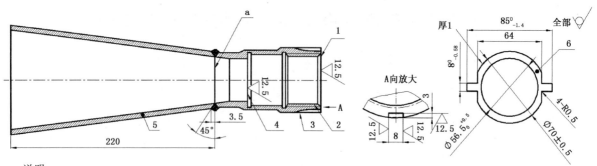

说明：

1——支撑面；

2——防火帽螺纹；

3——扳手槽；

4——内端面；

5——防火帽(01-019)；

6——垫圈(01-51)。

防火帽(01-019)与垫圈(01-51)应磷化。

ᵃ 允许 0.5mm 台肩。

图 1　防火帽、垫圈

4.1.4 身管弯曲及凸起应符合 QX/T 18—2003 中 3.4 和 3.6 的要求。

检查方法：按 QX/T 18—2003 中 4.4 和 4.6 执行。

修理方法：若不符合要求，应更换身管。

4.1.5 炮膛内不应有挂铜和锈蚀，应符合 QX/T 18—2003 中 3.5 的要求。

检查方法：按 QX/T 18—2003 中 4.5 执行。

修理方法：锈蚀或挂铜严重，或影响直度径规通过，应用擦拭除铜两用剂除铜，彻底擦拭干净除去挂铜后，再涂上防护油。

4.1.6 身管应能顺利的结合到摇架内的炮尾上，应符合 QX/T 18—2003 中 3.7 的要求。

检查方法：按 QX/T 18—2003 中 4.7 执行。

修理方法：身管不能顺利进入摇架颈筒时，检查颈筒上是否有压坑，应矫正压坑，并清理颈筒内的突起，使身管能顺利进入摇架颈筒；身管能顺利进入颈筒但不能卡入炮尾时，检查炮尾是否后移，用加力杆撬回炮尾；卡锁不能进入卡锁槽固定炮身，检查卡锁簧失效或身管卡口有碰伤，卡锁不能进入身管卡锁室内，应更换卡锁簧(01-63)或修锉卡口；摇架缓冲垫(05-93)失效，应更换缓冲垫(见图2)。

4.1.7 药室增长量应符合 QX/T 18—2003 中 3.9 的要求。

检查方法：按 QX/T 18—2003 中 4.9 执行。

修理方法：增长量超过 30 mm 时，更换身管。

单位为毫米(mm)

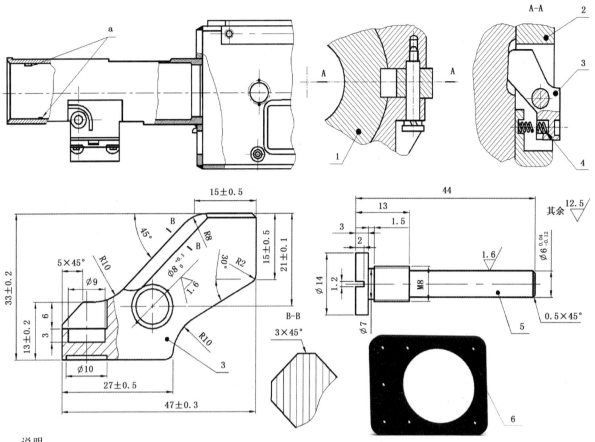

说明：

1——身管(01-45)；

2——炮尾(左 01-1、右 01-60)；

3——卡锁(01-62)；

4——卡锁簧(01-63)；

5——卡锁轴(01-64)；

6——摇架缓冲垫(05-93)。

卡锁(01-62)热处理硬度：39-46HRC。卡锁轴(01-64)倒角、磷化。

a 凸起清理。

图 2 身管与摇架颈筒及卡锁

4.2 炮闩的检查维修

4.2.1 身管后端面与闩体前端面在关闩闭锁状态下的间隙应符合 QX/T 18—2003 中 3.8 的要求。

检查方法：按 QX/T 18—2003 中 4.8 执行。

修理方法：间隙超过 6.25mm 时，应更换炮闩。

4.2.2 左、右闭锁器弹簧套筒在炮尾"T"型槽内不应有晃动，应符合 QX/T 18—2003 中 3.10 的要求。

检查方法：按 QX/T 18—2003 中 4.10 执行。

修理方法：弹簧套筒有晃动，即为原焊点开焊松动。应按原位置重新点焊牢固(见图3)。

单位为毫米(mm)

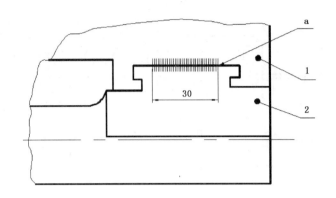

说明：

1——炮尾；

2——弹簧套筒(01-12F₂)。

ᵃ 在外侧点焊。

图 3　在弹簧筒炮尾"T"型槽内的固定位置

4.2.3　左、右闭锁器弹簧套筒端面与拉钩杆之间间隙情况应符合 QX/T 18—2003 中 3.10 的要求。

检查方法：按 QX/T 18—2003 中 4.10 执行。

修理方法：间隙小于 0.5 mm 时应检查挂耳与挂耳轴的间隙是否大于 0.4 mm；大于 0.4 mm 时，排除孔的椭圆度，配制加大的挂耳轴(01-16x/WA702)(见图 4)，同时可调整压螺(01-10)或更换闭锁簧(01-9)。

单位为毫米(mm)

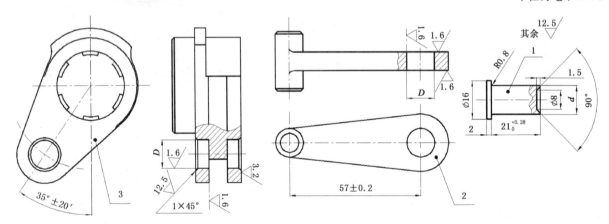

说明：

1——挂耳轴(01-16x/WA702)；

2——挂耳(01-15x/WA702)；

3——闭锁杠杆(01-14/WA702)。

d 按闭锁杠杆和挂耳孔的实际直径 D(新品 $\varnothing 12_{-0.07}^{-0.02}$ mm) 配制。

图 4　挂耳与挂耳轴

4.2.4 闩体下垂量应符合 QX/T 18—2003 中 3.11 的要求。

检查方法:按 QX/T 18—2003 中 4.11 执行。

修理方法:

a) 闩体开关杠杆(01-36x/WA702)(见图 5)的支撑半圆面磨损造成下垂量超标时,应焊修或更换闩体开关杠杆;头部⌀26 处磨损影响闩体下垂量时,按焊接工艺用 J856 焊条堆焊后加工恢复新品尺寸;

b) 突齿磨损时,应用 J856 焊条堆焊后加工恢复新品尺寸,并与击发卡锁(01-25)(见图 6)配研,保证关闩后的击发动作;

c) 拨动杠杆(01-26)(见图 6)的焊修:长角压损,击针拨回量小于 9 mm;曲角压损,短角与击发卡锁的间隙小于 0.15 mm;短角压损,不能被击发卡锁卡住时,应焊修拨动杠杆的相应各角;三角全部压损、严重变形或折断时,更换拨动杠杆;局部压损,可用钢丝(材质:30CrMnSiA)气焊,堆焊后退火(退火温度 830 ℃),然后按图加工配合,再进行热处理硬度 35-42HRC,并清洗磷化。

d) 击发卡锁(01-25)顶部斜面磨损影响关闩不能击发时,应更换。

单位为毫米(mm)

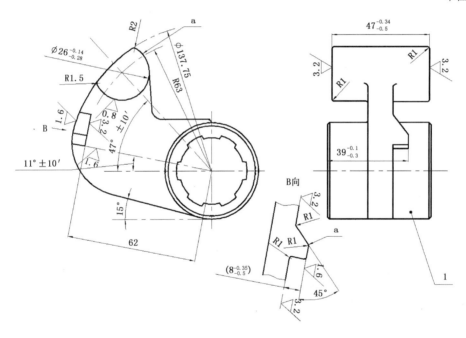

说明:

1——开关杠杆(01-36x/WA702);

a 热处理硬度:46-53 HRC。

图 5 闩体开关杠杆

4.2.5 开、关闩动作应确实可靠。

检查方法:将握把向后拉到位,然后将握把猛地放回到前握把扣内,闩体应呈开闩状态;关闩时,向上提人工关闩装置的扳手,使歪柄(左 05-90、右 05-91)压下抽筒子轴的压钣,闩体应迅速闭锁到位,击针应击发。

修理方法:检查歪柄有无变形,方笋(或扁笋)、抽筒子轴键槽是否磨损严重,出现上述情况,应焊修歪柄或抽筒子轴(左 01-39B、右 01-39A)并热处理(见图 7)。

单位为毫米（mm）

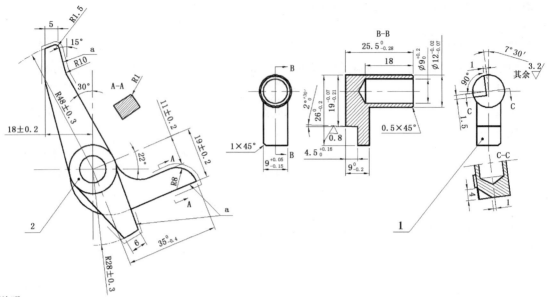

说明：

1——击发卡锁（01-25）；

2——拨动杠杆（01-26）。

击发卡锁（01-25）渗碳深度：0.3 mm～0.6 mm；淬火：43-50 HRC。

a 热处理硬度：35-42 HRC。

图 6 拨动杠杆和击发卡锁

单位为毫米（mm）

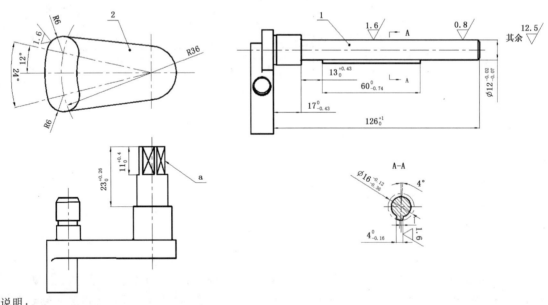

说明：

1——抽筒子轴（左 01-39B、右 01-39A）；

2——歪柄（左 05-90、右 05-91）。

歪柄（左 05-90、右 05-91）和抽筒子轴（左 01-39B、右 01-39A）磷化、倒角。

a 后期生产为扁笋部。

图 7 歪柄和抽筒子轴

4.2.6 开闩状态时,闩体输弹槽与炮尾输弹槽的一致性应符合 QX/T 18—2003 中 3.12 的要求。

检查方法:按 QX/T 18—2003 中 4.12.1 执行。

修理方法:大于 0.8 mm,则为抽筒子的钩部和冲铁接触处磨损或压损,应更换抽筒子或冲铁(左 01-133/WA702、右 01-134/WA702)。

4.2.7 抽筒子应能单独确实地钩住闩体,应符合 QX/T 18—2003 中 3.12 的要求。

检查方法:按 QX/T 18—2003 中 4.12.2 执行。

修理方法:若不符合要求,应检查冲铁上部尖头是否磨损,抽筒子爪部有无断裂,如有磨损或断裂应更换。若抽筒子是新件,在确认冲铁完好的前提下,可修锉其中一个抽筒子钩,使左、右抽筒子都能钩住闩体,并使抽筒子与冲铁扣合量应不小于 4 mm,接触面积不小于 50%;上抓钩部磨损或折断,应更换抽筒子;下突起部磨损,更换或用 J857 焊条堆焊后加工;中部支撑磨损,用 J857 焊条堆焊后加工(见图 8)。

单位为毫米(mm)

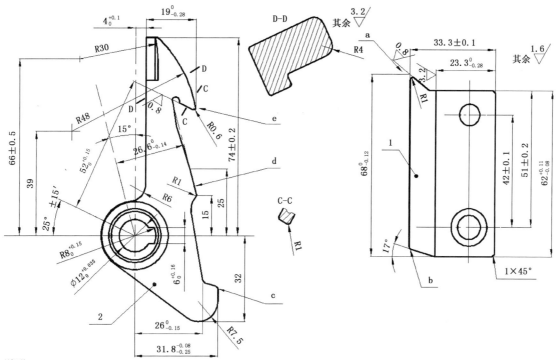

说明:

1——冲铁(左 01-133/WA702、右 01-134/WA702);

2——抽筒子(左 10-101、右 01-100)。

冲铁(左 01-133/WA702、右 01-134/WA702)渗碳深度:0.5 mm~0.8 mm($\varnothing 8_0^{+0.03}$ 和 $\varnothing 9_0^{+0.03}$ 除外),热处理硬度:57-64 HRC。抽筒子(左 10-101、右 01-100)磷化或发蓝,热处理硬度:45-51 HRC。

[a] 与抽筒子钩部配合处。

[b] 与抽筒子下部配合处。

[c] 放配合余量 0.5(下部)。

[d] 放配合余量 0.5(中部)。

[e] 放配合余量 0.8(钩部)。

图 8 左右抽筒子与冲铁

4.2.8 抽筒子在轴上转动灵活,冲爪进入身管抽筒子缺口时应顺利,应符合 QX/T 18—2003 中 3.12 的要求。

检查方法:按 QX/T 18—2003 中 4.12.2 执行。

修理方法:若不符合要求,应更换。

4.2.9 左、右抽筒子钩部与冲铁重叠量应符合 QX/T 18—2003 中 3.12 的要求。

检查方法:按 QX/T 18—2003 中 4.12.2 执行。

修理方法:不符合要求,用刮刀刮研抽筒子与冲铁;因抽筒子钩部压损而影响 4.2.6 项不合格时,应更换抽筒子;抽筒子夹锁簧(01-128)弹性减弱应更换。

4.2.10 抽筒子与闩体间隙应符合 QX/T 18—2003 中 3.13 的要求。

检查方法:按 QX/T 18—2003 中 4.13 执行。

修理方法:不符合要求,按 4.2.7 修理,用 J857-T3C 焊条堆焊后加工;更换的抽筒子不符合装配要求时可修锉抽筒子中部平面。

4.2.11 击发装置的动作应符合 QX/T 18—2003 中 3.14 的要求。

检查方法:按 QX/T 18—2003 中 4.14 执行。

修理方法:拉握把到位,而后将握把猛放回到前握把扣内,闩体不能呈开闩状态时,检查是否抽筒子(左 01-101、右 01-100)钩部或冲铁尖部折损、夹锁簧(01-128)失效、抽筒子轴上的键磨损或轴折断、左右连接条(左 05-024、右 05-025)上的凸轮损坏、闭锁簧失效等,出现上述情况,按照 4.2.4 和 4.2.7 修理。

4.2.12 闩体在闩室内上下活动应灵活,应符合 QX/T 18—2003 中 3.15 的要求。

检查方法:按 QX/T 18—2003 中 4.15 执行。

修理方法:不符合要求,可在闩体后平面两侧安装镶条或更换闩体(见图 9)。

单位为毫米(mm)

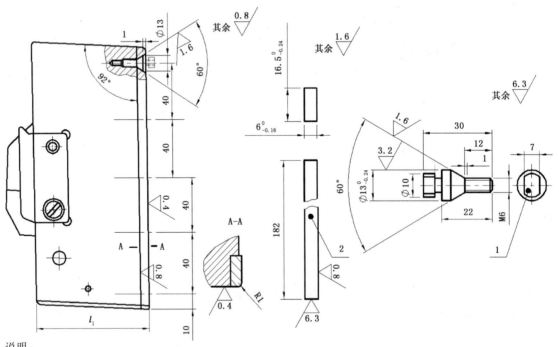

说明:

1——螺钉(01-19b);

2——镶条(01-19c)。

l_1 为闩体宽度(新品尺寸为 80 mm)。

图 9 闩体安装镶条

安装镶条步骤如下：

a) 将闩体后平面两侧刨去深 5 mm,宽 15.8 mm;

b) 按图 9 制作 2 块镶条(01-19c);

c) 按图 9 制作螺钉(01-19b)10 个;

d) 刮研闩体与镶条,使接触面积不小于 75%;

e) 按图将镶条与闩体一起钻 10 个孔(每边 5 个),并在闩体上攻丝;

f) 用螺钉将镶条固定在闩体上,使螺钉的沉头部分与镶条紧密接触,然后去掉突出部分并铆紧,加工平齐;

g) 刮修闩室,使闩室上下一致,并测量闩体宽度 l_1(新品尺寸为 80 mm);

h) 根据闩室宽度 l_1 按图修磨镶条,应保持合间隙为 0.04 mm～1 mm,最大局部间隙不大于 0.32 mm;

i) 镶条后要保证闩体镜面与身管后切面间隙不小于 5.12 mm。

4.2.13 自动开闩盖在摇架方形孔上结合应牢靠,不应晃动;卡铁(05-62)应能正常动作。

检查方法:结合状态时用起子上下撬动自动开闩盖,不应晃动;转动转把,卡铁应能呈打开或固定位置,卡销应能退出或进入卡销孔内。

修理方法:松动或缝隙过大时,在摇架窗口配合面上用 J506 焊条堆焊后,按自动开闩盖尺寸加工。修理后在每一配合面,接触长度 20%范围内,允许有不大于 0.1 mm 的空隙(见图 10)。同时应检查卡锁轴径磨损是否过大、卡铁轴转柄上的驻栓(见图 11)有无折断以及关闩杠杆拉簧(05-76)是否失效,出现上述情况,应更换相应新件。

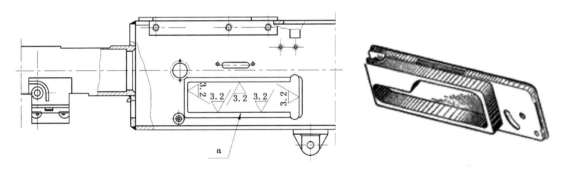

说明:

a 以自动开闩板的尺寸焊修。

图 10 自动开闩盖与摇架窗口

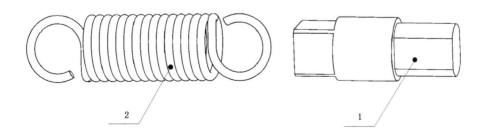

说明:

1——驻栓;

2——拉簧(05-76)。

图 11 转柄驻栓

4.2.14 左、右冲铁在闩体上不应松动,应符合 QX/T 18—2003 中 3.16 的要求。

检查方法:按 QX/T 18—2003 中 4.16 执行。

修理方法:更换损坏的冲铁螺钉;左、右冲铁与闩体凹槽配合松动时,应清理闩体表面毛刺及突出部位,将冲铁镀铬后按图 12 与闩体安装槽紧配合加工。

单位为毫米(mm)

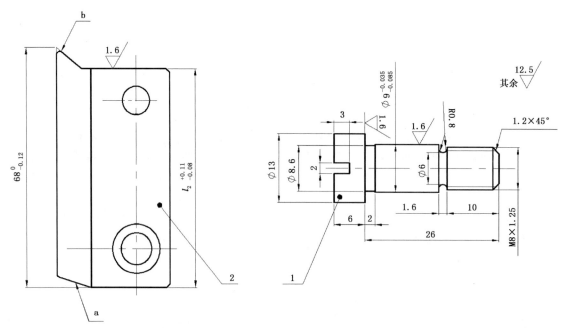

说明:

1——冲铁固定螺钉(01-22/WA702);

2——冲铁(左 01-133/WA702、右 01-134/WA702)。

l_2 为闩体槽实际尺寸。

a 与抽筒子下部配合处。

b 与抽筒子钩部配合处。

图 12 左、右冲铁

4.2.15 击针的状态应符合 QX/T 18—2003 中 3.17 的要求。

检查方法:应符合 QX/T 18—2003 中 4.17 的要求。

修理方法:击针尖在击针体上松动时,应上紧并从击针体内腔在圆周方向点铆三点防松;击针尖磨损或折断,应更换击针(见图 13);击针簧弹性减弱或折断,应更换击针簧。

4.3 自动装填机的检查维修

4.3.1 输弹机连接轴(01-010)在炮尾和输弹机孔内的轴向串动量应符合 QX/T 18—2003 中 3.18 的要求。

检查方法:按 QX/T 18—2003 中 4.18.1 执行。

修理方法:轴向串动量大于 1.8 mm 时,应更换加长的簧片,重新铆固(见图 14)。

单位为毫米（mm）

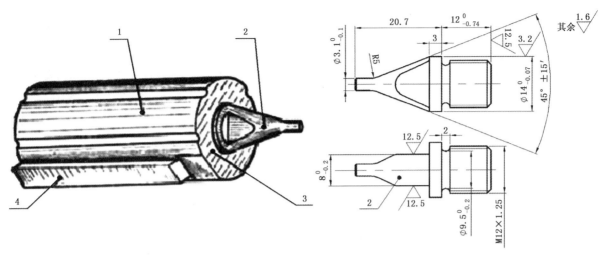

说明：

1——击针体（01-28/WA702）；

2——击针尖（01-29/WA702）；

3——击针（01-06）；

4——定向键。

击针（01-06）是由击针尖（01-29/WA702）、击针体（01-28/WA702）组合而成。击针尖（01-29/WA702）用落锤机做10次冲击实验（击锤重1 kg，高1 m），击针不应变形；磷化；热处理硬度：43-48HRC；击针尖（01-29/WA702）未注圆角R0.6。

图 13　击针

单位为毫米（mm）

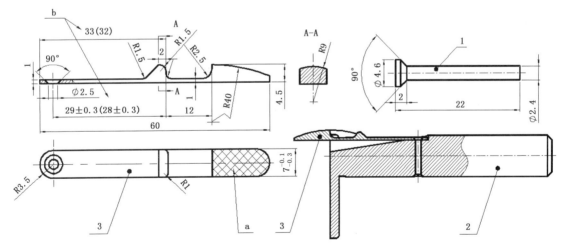

说明：

1——插轴铆钉（01-053/WA702）；

2——插轴体（01-43/WA702）；

3——片簧（01-52/WA702）。

片簧（01-52/WA702）应磷化，热处理硬度：45-52HRC。

a 滚花（网纹0.8 mm）。

b 括号内为新品尺寸。

图 14　输弹机连接轴簧片

4.3.2 炮尾与输弹机体前端面间隙、输弹机输弹槽与炮位输弹槽相对位置应符合 QX/T 18—2003 中 3.18 的要求。

检查方法:应符合 QX/T 18—2003 中 4.18.2 和 4.18.3 的要求。

修理方法:

a) 前端面间隙超过时扩孔,更换加大连接轴(01-010),轴径 D 最大允许扩大到 18.6 mm(见图 15)。

b) 若高出炮尾输弹槽或偏斜可修锉输弹机体输弹槽,离输弹机体前端 50 mm 长度内允许有斜坡。

c) 炮尾与输弹机体前端面的间隙超过或过小时可焊锉输弹机体(03-1F)前端面,用 J506 焊条堆焊后加工齐平。

单位为毫米(mm)

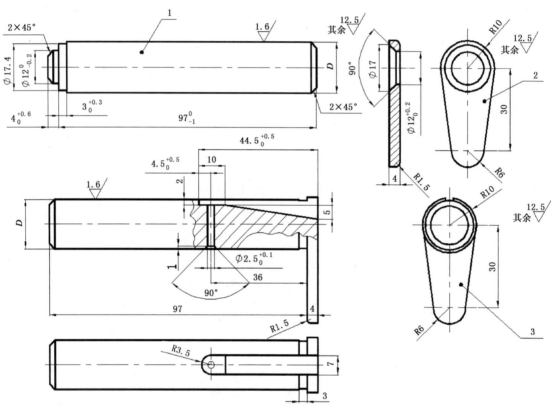

说明:

1——连接轴(01-43b);

2——握把(01-43a);

3——插轴体(01-43/WA702)。

插轴体(01-43/WA702)是由握把(01-43a)和连接轴(01-43b)组合而成。

图 15　连接轴与炮尾、输弹机孔

4.3.3 压弹机前壁定向槽与后壁体定向带的间距应符合 QX/T 18—2003 中 3.19 的要求。

检查方法:按 QX/T 18—2003 中 4.19 执行。

修理方法:如间距大于 388 mm,则为后壁磨损,应安装镶条,步骤如下:

a) 将镶条整形与后壁弧形相同,在后壁上配合钻攻 M6 螺钉孔一个。

b) 将镶条装上,用 M6 螺钉拧紧,上端用工具夹紧,然后配钻铆钉孔 $\varnothing$5。取下工具和镶条,在镶条上锪 90°沉孔,去毛刺倒角。

c) 用 M6 螺钉把镶条固定后,再用铆钉铆固,两端用 H62 黄铜焊条焊接,按图修锉齐平(见图 16)。

d) 安装镶条后应保证前、后壁间距符合标准要求。

单位为毫米(mm)

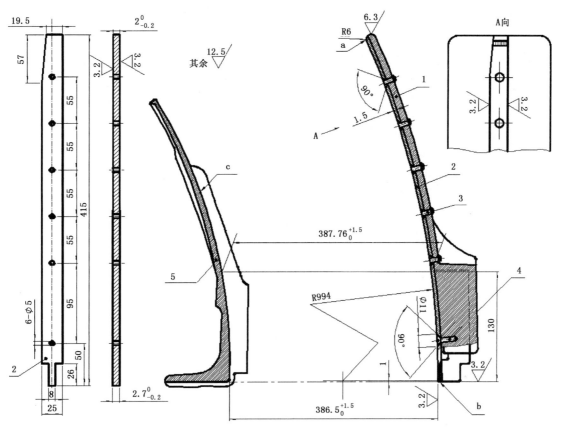

说明:

1——左后壁(04-227);

2——镶条(04-227a);

3——半圆头铆钉 5 mm×18 mm(GB/T 867—1986);

4——沉头螺钉 M6×10 mm (GB/T 68—2000);

5——前壁(04-230)。

a 铜焊后加工。

b 端面与两侧铜焊后修锉平齐。

c 130 mm 以上的弧形开距逐渐扩大,允许到 393 mm。

图 16　压弹机后壁加装镶条

4.3.4　压弹器小齿动作应符合 QX/T 18—2003 中 3.20 的要求。

检查方法:按 QX/T 18—2003 中 4.20 执行。

修理方法:小齿有缺损、弹簧失效、小齿轴磨损应更换(见图 17)。

QX/T 390—2017

单位为毫米(mm)

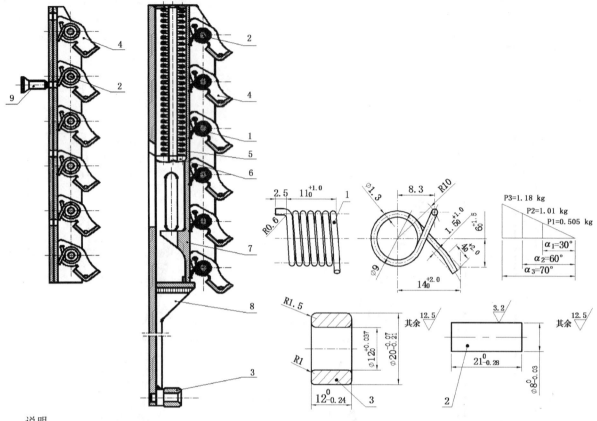

说明:

1——小齿簧(04-239);

2——小齿轴(04-48);

3——滑轮(04-56);

4——小齿(04-251);

5——保险弹簧(04-52);

6——弹簧杆(04-59);

7——弹压折板(04-57);

8——活动折板(04-043);

9——沉头螺钉。

小齿簧(04-239)金属丝的展开长度为215 mm;旋向为右旋;有效圈数6;检验心轴直径为8.5 mm;表面锌磷酸盐处理。滑轮(04-56)淬火硬度:50-55HRC。小齿轴(04-48)倒角、磷化。

图17　活动梭子和不动梭子上小齿

4.3.5　活动梭子上下串动量应符合 QX/T 18—2003 中 3.21 的要求。

检查方法:按 QX/T 18—2003 中 4.21.1 执行。

修理方法:上下串动量超过 1 mm,应更换滑轮(04-56)(见图18),更换后的滑轮在整个滑道上应移动灵活。

单位为毫米(mm)

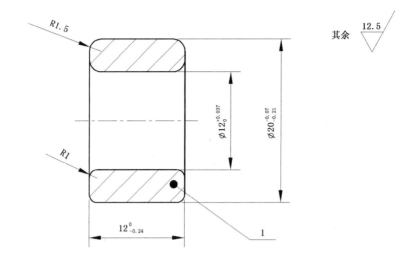

说明：

1——滑轮(04-56)。

热处理硬度:50-55HRC;磷化。

图 18　活动梭子滑轮

4.3.6　活动梭子保险器的动作应符合 QX/T 18—2003 中 3.21 的要求。

检查方法:应符合 QX/T 18—2003 中 4.21.2 的要求。

修理方法:弹簧(04-52/WA702)折断应更换保险弹簧;弹簧杆(左 04-59/WA702、右 04-53/WA702)弯曲时应采取不加热矫直,矫直后应在 250 ℃~300 ℃ 低温回火 1 h,严重弯曲或折断应更换(见图 19)。

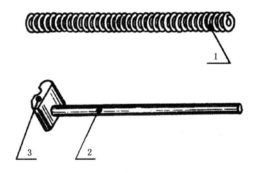

说明：

1——弹簧(04-52/WA702);

2——弹簧杆(左 04-59/WA702、右 04-53/WA702);

3——弹簧杆头。

图 19　活动梭子保险器弹簧杆和保险弹簧

4.3.7　压弹机体前壁定向板、拨弹器体弧面与输弹机体弧面的最大间距应符合 QX/T 18—2003 中 3.22 的要求。

检查方法:按 QX/T 18—2003 中 4.22 执行。

修理方法:∅54 mm 径规没有通过,即前壁定向钣变形,应在不加热的情况下校正,并与前壁上部重新配合(见图 20)。

QX/T 390—2017

单位为毫米(mm)

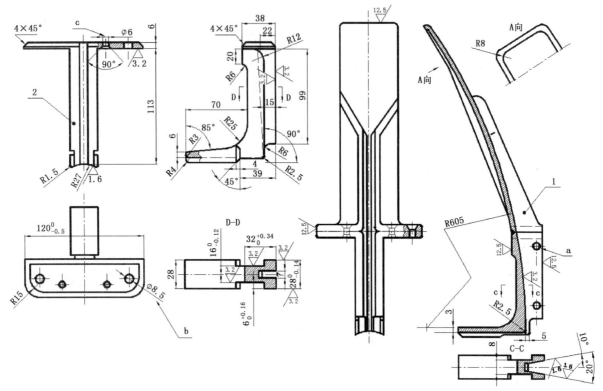

说明:

1——压弹机前壁(04-230x/WA702);

2——前壁下部(04-230a)。

ᵃ M8 螺纹孔。

ᵇ ⌀8.5孔焊接后配钻。

ᶜ ⌀6孔按前壁上部配钻。

图20 前壁定向板

4.3.8 输弹机体滑槽与输弹器体间隙应符合 QX/T 18—2003 中3.23的要求。

检查方法:按 QX/T 18—2003 中4.23执行。

修理方法:输弹器体定向凸起与输弹机滑槽宽度之差大于0.8 mm时,用钢丝(材质:30CrMnSiA)气焊,堆焊凸起部后加工(新品尺寸为10.2 mm~10.3 mm),并淬火41-48HRC。损坏严重时更换输弹器体和青铜滑钣(见图21)。

4.3.9 输弹机左、右卡板(03-23、03-22)突出输弹机体(03-1A)的高度应符合 QX/T 18—2003 中3.24的要求。

检查方法:按 QX/T 18—2003 中4.24执行。

修理方法:冲铁高度不够时应修锉冲铁后端面;超高时应堆焊冲铁后端面。工作面工作一致性不符合要求时,应修锉其中一个冲铁前弧形面,修锉后的总长度应不小于64.2 mm(见图22)。具体要求如下:

a) 图中 l_1 的长度应不小于26 mm(新品28 mm),全长应不小于64.2 mm,超过时更换冲铁;

b) 前端工作面、后端工作面磨损时,用 J506 焊条堆焊或用50♯钢丝气焊后加工,并热处理。

c) 冲铁轴径与冲铁和输弹机体配合孔径之差大于0.3 mm时,允许扩大孔径至⌀11 mm(新品⌀10 mm),按孔配制加大的冲铁轴(见图23)。

单位为毫米(mm)

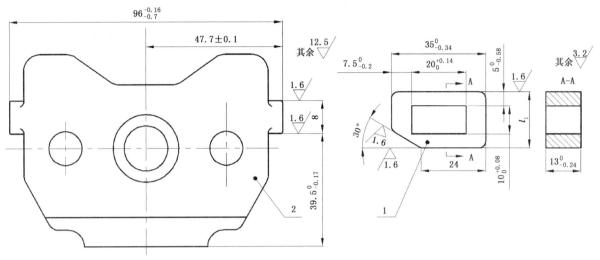

说明:

1——青铜滑板(04-111/WA702);

2——输弹器体(03-34x/WA702)。

l_1 为输弹机体滑槽实际宽度尺寸(新品:$20_0^{+0.14}$)。

图21 输弹器体和青铜滑板与输弹机体滑槽

单位为毫米(mm)

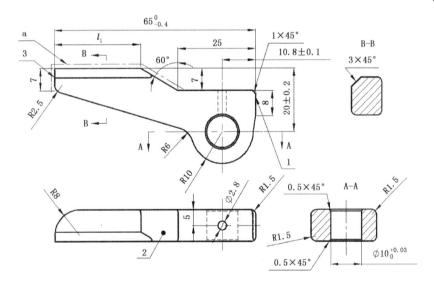

说明:

1——后端工作面;

2——右冲铁(03-22x/WA702);

3——前端工作面。

输弹机冲铁应磷化、倒角。l_1 的长度应不小于26 mm(新品28 mm),全长应不小于64.2 mm。

a 热处理硬度:33-40HRC。

图22 输弹机冲铁

单位为毫米(mm)

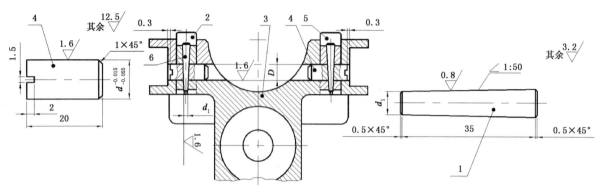

说明：

1——锥销；

2——左冲铁(03-28)；

3——输弹机体(03-1F)；

4——冲铁轴(03-23/WA702)；

5——右冲铁(03-22)。

$d_{-0.055}^{-0.015}$ 按孔 D(新品输弹机体(03-1F)为 $\varnothing 10^{+0.1}$ mm，冲铁孔为 $\varnothing 10^{+0.03}$ mm)的实际尺寸配合。配制圆锥销 d_1 允许增大到 4 mm(新品 3×26 mm(GB/T 117—2000))。

图 23　冲铁轴与冲铁和输弹机体

4.3.10　左、右输弹钩上输弹面的前后错开差及前后晃动量应符合 QX/T 18—2003 中 3.25 的要求。

检查方法：应符合 QX/T 18—2003 中 4.25 的要求。

修理方法：若不符合要求，可修锉其中超前的输弹钩工作面；输弹钩轴孔与输弹器轴孔间隙大于 0.2 mm 时，按 4.2.9 的修理方法一起铰孔扩大后，配制加大轴，扩孔后的配合间隙不大于 0.05 mm(见图 24)。

单位为毫米(mm)

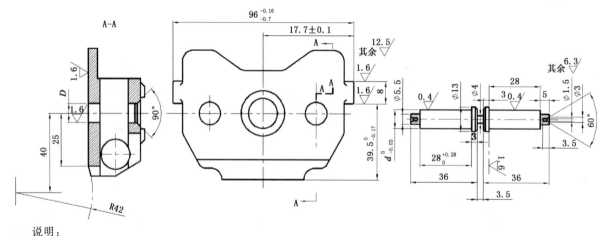

说明：

1——输弹钩轴(03-16x/WA702)；

2——输弹器体(03-34x/WA702)。

$d_{-0.03}^{0}$ 按孔 D 的实际直径(新品：$\varnothing 10_{-0.15}^{-0.05}$)配制。输弹器体(03-34x/WA702)磷化。

图 24　输弹钩轴与输弹钩、输弹器轴孔

4.3.11 左、右输弹钩的张开量应符合 QX/T 18—2003 中 3.26 的要求。

检查方法:按 QX/T 18—2003 中 4.26 执行。

修理方法:输弹机钩张开量及后方间隙不符合要求,应按下述方法维修:

a) 更换拨动杠杆(左 04-105、右 04-104)或更换加大滑轮(04-113),滑轮直径应为 18 mm~20 mm(标准为 ⌀16 mm)(见图25)。

单位为毫米(mm)

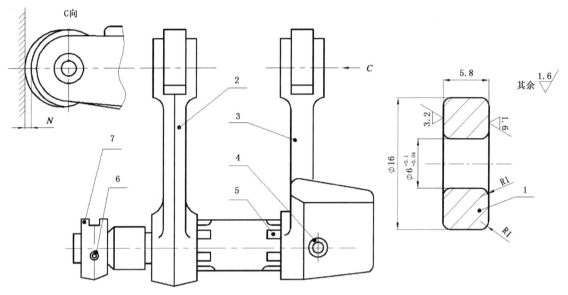

说明:

1——滑轮(04-113);

2——活套拨动杠杆(04-107);

3——拨动杠杆(右 04-104);

4——圆锥销(04-108);

5——拨动杠杆轴(右 04-106B);

6——圆锥销(04-110);

7——右连接耳(04-109B)。

N 为两滑轮的错开量。滑轮(04-113)应磷化,热处理硬度50-56HRC。

图25 拨动杠杆与更换加大滑轮

b) 检查拨动杠杆齿部与歪柄(左 05-54、右 05-54B)啮合凸部的间隙。间隙过大时,应用 J 506 焊条堆焊歪柄扇形凸部,焊后修锉,使保险杠杆能正确恢复原位;用 J 506 焊条堆焊突齿工作面,焊后修锉,使其达到要求或更换歪柄。结合后握把拉到位时,两输弹钩张开距离应不小于 58 mm,同时输弹钩槽末端应留有 2 mm 间隙(见图26)。

单位为毫米（mm）

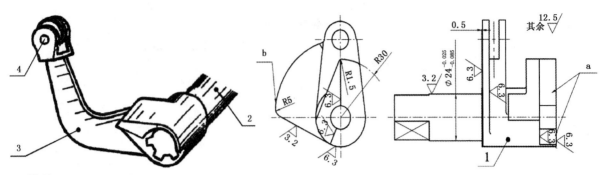

说明：

1——歪柄（左 05-54、右 05-54B）；

2——拨动杠杆轴（左 04-106）；

3——拨动杠杆（左 04-105、右 04-104）；

4——销（04-114/WA702）。

ᵃ 凸齿工作面磨损；

ᵇ 扇形凸轮磨损。

图 26　拨动杠杆齿部与摇架歪柄啮合凸部

c)　堆焊输弹机体输弹钩滑孔后端扩张斜面并修锉，使斜面长度达到 24 mm（见图 27）。

单位为毫米（mm）

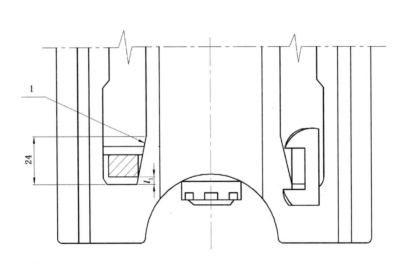

说明：

1——滑孔扩张斜面。

l_1 长度不应小于 2 mm。

图 27　输弹机体滑孔后端扩张斜面

4.3.12　左、右制动器体上突出角与拨弹器体的间隙应符合 QX/T 18—2003 中 3.27 的要求。

检查方法：按 QX/T 18—2003 中 4.27 执行。

修理方法：上突出角与拨弹器的间隙小于要求时，可修锉上突出角工作面；当上突出角磨损时，可用 J506 焊条堆焊或用 40♯钢丝气焊后按图要求加工（见图 28）。

若制动栓（04-87、04-96）下突出角不一致误差大于 0.5 mm 时，可堆焊小杠杆（左 04-97、右 04-94）头部工作面并修锉（见图 29）。

单位为毫米(mm)

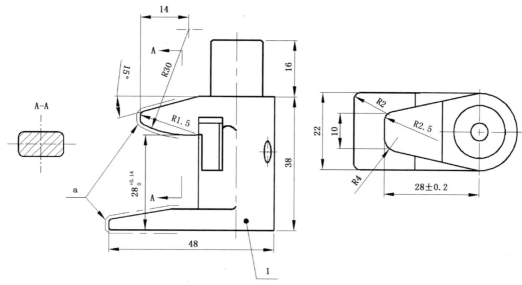

说明：

1——制动器体(右 04-87x/WA702)。

a 热处理硬度 33-40HRC。

图 28　左右制动器体突出角

单位为毫米(mm)

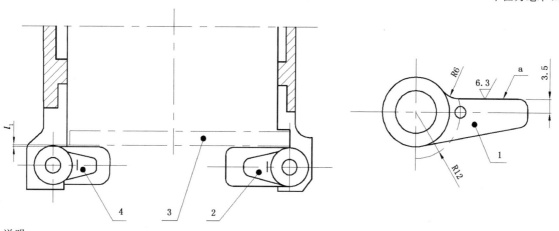

说明：

1——小杠杆(左 04-97、右 04-94)；

2——制动栓体(左 04-96)；

3——直尺；

4——制动栓体(右 04-87)。

l_1 不大于 0.5 mm。

a 焊修。

图 29　制动栓、小杠杆

4.3.13　左、右中卡锁与发射卡锁的相对位置应符合 QX/T 18—2003 中 3.28 的要求。

检查方法：按 QX/T 18—2003 中 4.28 执行。

修理方法：高出量不符合要求，可用连发杠杆下面的调整螺钉进行调整；突出量不达标，应更换连发卡锁。中卡锁(04-82、04-215)两端工作面压损时，用钢丝(材质：30CrMnSiA)气焊堆焊加工恢复新品尺寸或更换,连发杠杆(04-84、04-214)两端工作面压损,用 J506 焊条堆焊加工恢复新品尺寸或更换(见图 30)。

单位为毫米(mm)

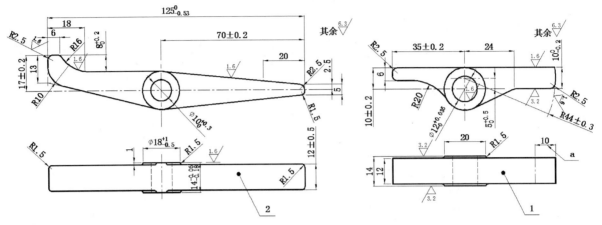

说明:
1——连发卡锁(04-82x/WA702);
2——连发杠杆(04-84x/WA702)。
连发卡锁(04-82x/WA702)、连发杠杆(04-84x/WA702)应磷化。
a 热处理硬度:45-53HRC。

图 30　连发杠杆和中卡锁

左右上夹锁(04-74、04-74B)与发射卡锁(04-83、04-83B)接触工作面压损严重时或左右连接杆卡锁(04-71、04-72)与击发杠杆(05-66、05-66B)接触工作面压损时,应更换或用钢丝(材质:30CrMnSiA)气焊堆焊加工恢复新品尺寸(见图 31)。

单位为毫米(mm)

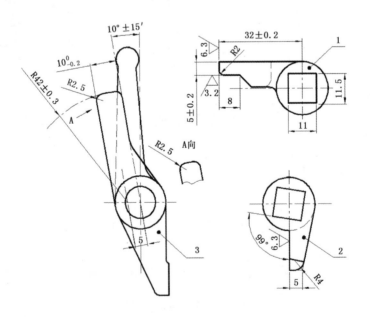

说明:
1——上夹锁(左 04-74、右 04-74B);
2——连接杆卡锁(左 04-71、右 04-72);
3——发射卡锁(左 04-83、右 04-83B)。

图 31　发射卡锁与左右连接杆卡锁

4.3.14 测量输弹器体前端面与输弹机体的间隙,此间隙应不小于5 mm(见图32)。

单位为毫米(mm)

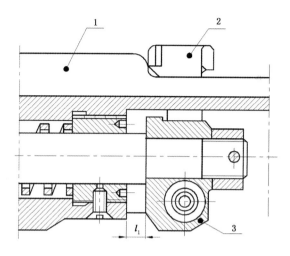

说明:

1——输弹机体(03-1A);

2——输弹钩(03-14);

3——输弹器体(03-34)。

l_1 不应小于5 mm。

图32 输弹器体与输弹机体的距离

检查方法:分解输弹机,用卡尺或直尺检查此间隙。

修理方法:输弹机内的缓冲胶皮(03-2)不应失效。间隙过小时,应更换缓冲胶皮,同时更换加大螺纹(M12)的缓冲胶皮螺杆和螺帽,以增加螺杆强度(见图33)。

单位为毫米(mm)

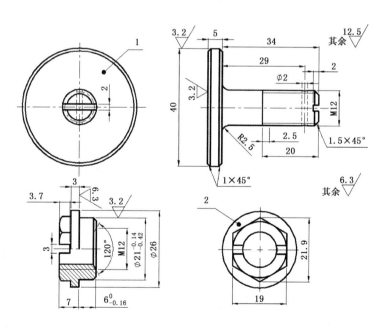

说明:

1——缓冲胶皮螺杆(03-5A/WA702);

2——螺帽(03-4A/WA702)。

缓冲胶皮螺杆(03-5A/WA702)、螺帽(03-4A/WA702)应磷化。

图33 缓冲胶皮螺杆和螺帽

4.3.15 输弹簧(03-10)应不小于 481 mm(见图 34)。

检查方法:分解输弹机,用输弹簧装拆器(6705/WA702)卸下输弹簧(03-10),将分解下的输弹簧平放于工作台上,用卷尺或直尺测量其自由长度。

修理方法:若不符合要求,应更换输弹簧。

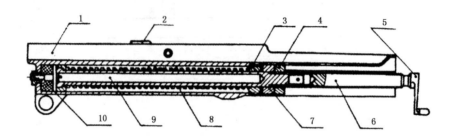

说明:

1——输弹机体;

2——冲铁;

3——压螺;

4——螺环;

5——转把;

6——螺杆;

7——驻钉环;

8——输弹簧;

9——弹簧杆;

10——缓冲胶皮。

图 34　输弹簧

4.3.16 输弹机体和输弹器体不应有裂缝;输弹钩、输弹钩轴、盖片应完好。

检查方法:目视检查。

修理方法:输弹钩槽末端裂缝或排气孔周围裂缝应在裂缝末端钻 3 mm～6 mm 的孔,并在裂缝上錾 V 形槽,然后用 J506 焊条堆焊及按图加强堆焊(焊接时应在输弹簧内腔安放∅40 mm×120 mm 同心棒,防止在焊接时输弹簧内腔变形)(见图 35);输弹钩、输弹钩轴、盖片不完整应更换新件。

4.3.17 发射卡锁与输弹器体的扣合量应符合 QX/T 18—2003 中 3.29 的要求。

检查方法:按 QX/T 18—2003 中 4.29.1 执行。

修理方法:扣合量不符合要求,可用平头刮刀刮研发射卡锁接触面;如输弹器体与发射卡锁接触的工作面磨损或压损,可用钢丝(材质:30GrMnSiA)气焊,焊后按图要求加工,加工后淬火 41-48HRC。否则应更换发射卡锁(见图 36)。

4.3.18 击发机构动作应灵活。

检查方法:当保险手柄在"击发"和"解脱"位置时,踩下发射踏钣均应击发,并且两曳杆不应由曳杆筒内向外移动。击发后,击发踏钣与炮床支撑钣间距应不小于 5 mm,一管保险,另一管不保险,单管击发动作应确实可靠,未打开保险一管的曳杆应自由移动,但不能击发。两管第一次同时击发时,闩体应同时关闭。

修理方法:击发踏钣与炮床支撑钣间距小于 5 mm 时,应调整拉杆或更换左旋弹簧(15-19)、右旋弹簧(15-20);两管不能同时击发时,应调整同步发射卡锁,同时调整联动柄(04-71、04-72)与联动柄杠杆(左 05-66、右 05-66B)的间隙或修理联动柄。联动柄杠杆(左 05-66,右 05-66B)轴上的螺纹损坏时,应将轴切除后,更换新轴,用 50♯钢气焊条焊固锉平。与联动柄(左 04-71,右 04-72)的接触面磨损时,磨损处用 J506 焊条堆焊后修锉,使其能顺利击发(见图 37)。

单位为毫米(mm)

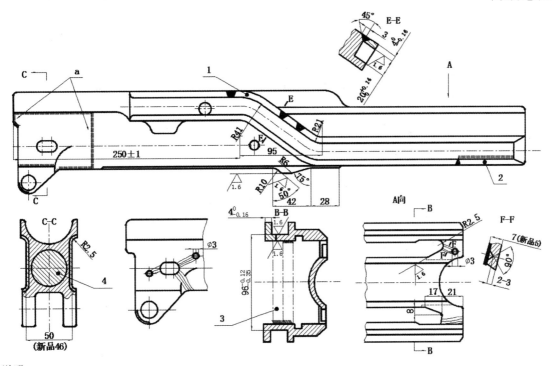

说明：

1——左镶块(03-1a)；

2——直角镶块(03-1c)；

3——支撑块；

4——铜心棒。

a 两面加强堆焊。

图 35 输弹机体

单位为毫米(mm)

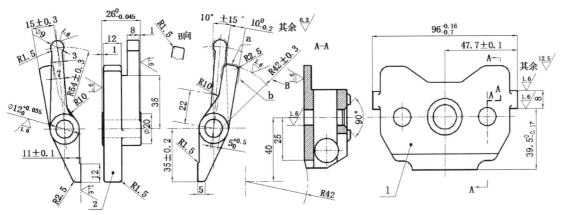

说明：

1——输弹器体(03-34x/WA702)；

2——左发射卡锁(04-83x/WA702)；

发射卡锁与输弹器体接触面磷化。

a 热处理硬度：46-53HRC。

b 在尺寸 $10^{0}_{-0.2}$ 的两端点上半径差不大于 0.05 mm。

图 36 发射卡锁与输弹器体接触面

单位为毫米(mm)

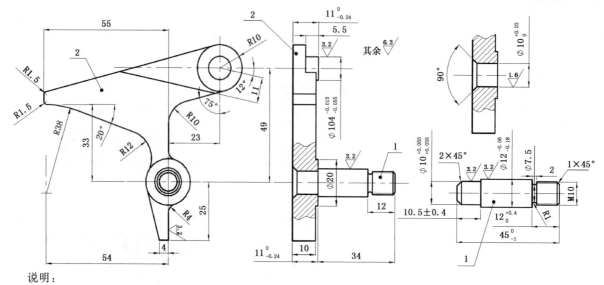

图 37　联动柄杠杆

说明:

1——轴(05-66a);

2——联动柄杠杆(左 05-66、右 05-66B)。

4.3.19　弹簧杆突出于炮耳轴端面的距离及发射杠杆与弹簧杆之间的间隙应符合 QX/T 18—2003 中 3.30 的要求。

　　检查方法:按 QX/T 18—2003 中 4.30 执行。

　　修理方法:弹簧轴(05-71)球形头部磨损时,用 60 钢气焊条堆焊后按图加工球面(2);弹簧杆(05-71)上的槽长与杠杆(05-72)短臂头部磨损时,用 J506 焊条或用 50 钢气焊条堆焊后按图加工部位(1) (见图38)。

单位为毫米(mm)

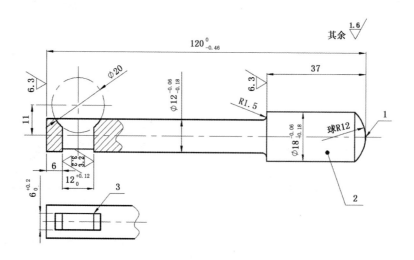

说明:

1——球面;

2——弹簧杆(05-71);

3——槽。

弹簧杆磷化。

图 38　弹簧杆

4.3.20 自动机联动应符合 QX/T 18—2003 中 3.32 的要求。

检查方法:按 QX/T 18—2003 中 4.32 执行。

修理方法:

a) 炮闩不能打开或输弹器体未被发射卡锁卡住时,焊修左、右连接条(05-66A 左、05-66B 右)突齿;定向螺钉与连接条槽部磨损时,堆焊槽部并加工(见图 39)。

b) 保险杠杆(左 05-54、右 05-54B)不能处于保险位置时,应焊修左、右保险杠杆或曲柄扇形凸部,并与其配合加工(见图 40)。

单位为毫米(mm)

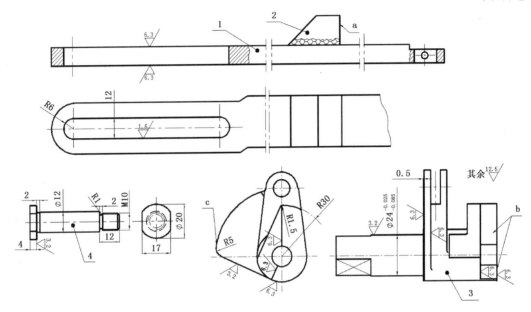

说明:

1——连接条(左 05-66A);

2——突齿(05-64);

3——曲柄(左 05-54x/WA702);

4——定向螺钉(05-59/WA702)。

^a 突齿磨损焊修。

^b 凸齿工作面磨损。

^c 扇形凸轮磨损。

图 39　左、右连接条突齿与定向螺钉

单位为毫米(mm)

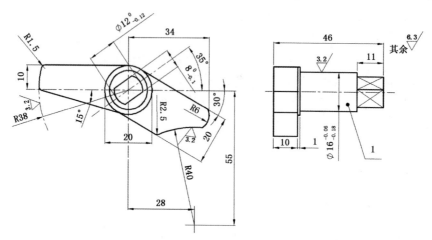

说明：

1——保险杠杆(左 05-293)。

保险杠杆与曲柄扇形凸部磷化。

图 40　保险杠杆与曲柄扇形凸部

4.4　反后坐装置的检查维修

4.4.1　后坐游标应能平稳滑动,符合 QX/T 18—2003 中 3.33 的要求。

检测方法:按 QX/T 18—2003 中 4.33 执行。

修理方法:后坐游标推拉之力小于 5 kgf 时(1 kgf＝9.80665N),应更换弹簧片(05-120);后坐尺零位不正确时,应调整分划尺零位(见图41)。

单位为毫米(mm)

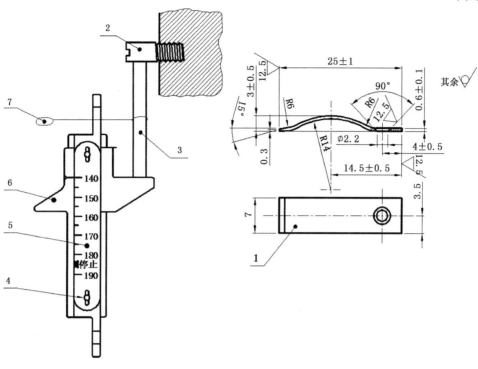

说明:

1——片簧(05-120);

2——冲杆;

3——检查尺;

4——螺钉;

5——分划尺;

6——游标;

7——铁丝。

检查尺长 140 mm。片簧(05-120)展开长度 26.5 mm;以短时间压缩到高 1 mm 试验;磷化、淬火。

图 41　后坐游标

4.4.2 复进弹簧应完整,无锈蚀及油脂等。

检查方法:卸下身管,观察复进弹簧是否完整,有无锈蚀及油脂等。

维修方法:若不完整,应更换复进簧,若有锈蚀及油脂,除锈蚀后涂上防锈油脂(见图42)。

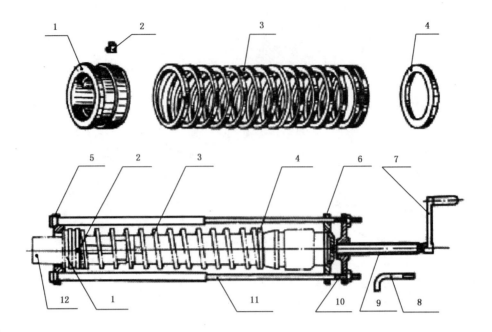

说明：

1——驻环(01-011/WA702)；

2——驻板(01-17/WA702)；

3——复进簧(01-47/WA702)；

4——垫环(01-46/WA702)；

5——顶盒；

6——支撑盘；

7——转把；

8——提把；

9——螺杆；

10——螺母；

11——拉杆；

12——身管。

图 42　复进簧

4.4.3　后期出厂火炮驻退机紧塞器后盖螺纹的调整余量应符合 QX/T 18—2003 中 3.35 的要求。

检查方法：用专用检查规测量。

修理方法：调整余量不在 4 mm～8 mm 范围内时，应更换紧塞垫(02-28)和皮碗(02-26)(见图 43)。

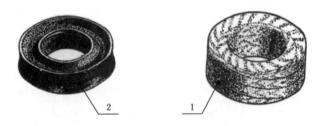

说明：

1——紧塞垫(02-28)；

2——皮碗(02-26)。

图 43　驻退机皮碗和紧塞垫

4.4.4 驻退机不应漏液,符合 QX/T 18—2003 中 3.35 的要求。

检查方法:按 QX/T 18—2003 中 4.35 执行。

修理方法:若驻退机漏液,应按 4.4.3 的要求用扳手拧紧驻退机后盖(02-04)(见图 44);液量少于 0.5 L 时,应加注驻退液。二号驻退液和四号驻退液不应混用。

单位为毫米(mm)

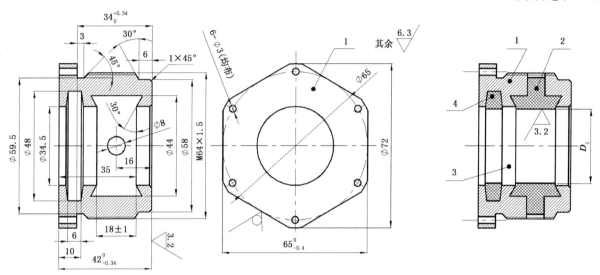

说明:

1——后盖(02-101x);

2——锡基轴承合金(ChSnSb11-6(YB 487-1965));

3——后盖(02-04);

4——毛毡(02-32)。

后盖(02-04)是由后盖、锡基轴承合金、毛毡组合而成。

D_1 按活塞杆的实际外径配制。

图 44 驻退机后盖

4.4.5 驻退液不应变质。

检查方法:按 QX/T 18—2003 中 4.35 执行,二号驻退液其 pH 值在 8.4～11.8 之间,为蓝色液体;四号驻退液 pH 值在 8.2～8.5 之间,为无色无味液体。

修理方法:更换驻退液。

4.4.6 前期出厂的火炮活塞杆上的刻线与驻退机筒后端面的距离应符合 QX/T 18—2003 中 3.36 的要求。

检查方法:按 QX/T 18—2003 中 4.36 执行。

修理方法:调整螺帽(02-82)(见图 45)。

4.4.7 驻退机筒外部的压坑处理。

检查方法:在火炮上用手触摸和目测检查有无压坑。有压坑时,从火炮上卸下驻退机,固定在夹具上,拉动、推入驻退杆,推、拉之力应不大于 40 kgf。

修理方法:若推拉力大于 40 kgf,应更换驻退机。

单位为毫米(mm)

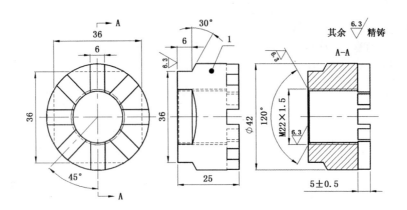

说明：

1——螺母(02-82)。

图45　螺母

4.5　瞄准机的检查维修

4.5.1　高低机转轮应能灵活转动,符合 QX/T 18—2003 中 3.37 的要求。

检测方法:按 QX/T 18—2003 中 4.37 执行。

修理方法:齿轮啮合有卡滞现象时,应调整齿轮啮合间隙;打高或打低均费力时,应分解清洗、除锈,更换锈蚀的轴承,使其活动灵活;单向转动困难时,应调整平衡机螺帽(12-9)(见图 46);大小速变换不到位时,应调整调整杆(10-21)或拉杆(14-116),使其变换可靠(见图 46)。

单位为毫米(mm)

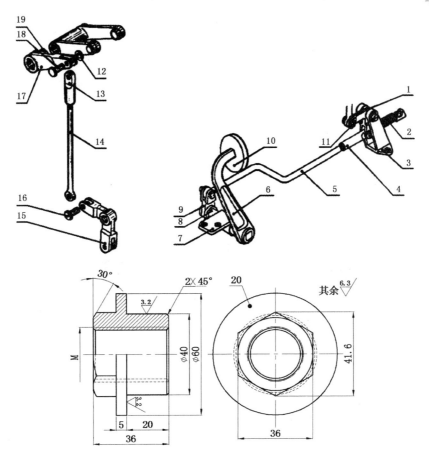

说明：

1——双臂杠杆(09-150/WA702);

2——拉簧(09-368/WA702);

3——后支座(14-95);

4——接头(09-148);

5——拉杆(14-116);

6——踏板杠杆(14-135);

7——支座;

8——传动轴(14-117);

9——杠杆(14-98);

10——变速踏板(14-029);

11——轴(14-94);

12——垫片(8GB49-65);

13——接头(09-75/WA702);

14——调整杆(10-21);

15——变速杠杆(09-150/WA702);

16——轴(14-94);

17——多槽杠杆(10-47/WA702);

18——轴(09-77/WA702);

19——杠杆(10-24);

20——螺帽(12-9)。

螺纹 M 按弹簧杆清理后的螺纹配制。

图 46　高低机变速拉杆

4.5.2 方向机转轮应能灵活转动,符合 QX/T 18—2003 中 3.37 的要求。

检测方法:按 QX/T 18—2003 中 4.37 执行。

修理方法:齿轮啮合有卡滞现象时,应调整齿轮啮合间隙;向左或向右均费力时,应分解清洗、除锈,更换锈蚀的轴承,使其活动灵活;大小速变换不到位时,应调整拉杆(11-32),使其变换可靠(见图 47)。

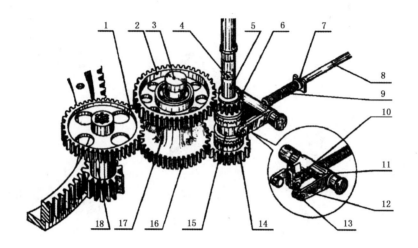

说明:

1——大齿轮;

2——上齿轮;

3——偏心轴;

4——连接环;

5——变速轴;

6——小速齿轮;

7——垫圈(11-78);

8——拉杆(11-32);

9——弹簧(11-77);

10——拉杆(14-98);

11——接头(15-42/WA604);

12——变速叉(10-25);

13——滑轮(10-44/WA702);

14——大速齿轮;

15——连接筒;

16——下齿轮;

17——双齿轮;

18——齿轮轴。

图 47　方向机变速拉杆

4.6　炮车的检查维修

4.6.1 牵引杆的转动范围应为 88°～90°,且牵引杆向左、右推到位后,联杆(81-72)、叉形接头(61-177)与连接架座(81-024)不应相碰,间隙不小于 1 mm(见图 48),应符合 QX/T 18—2003 中 3.40 的要求。

单位为毫米(mm)

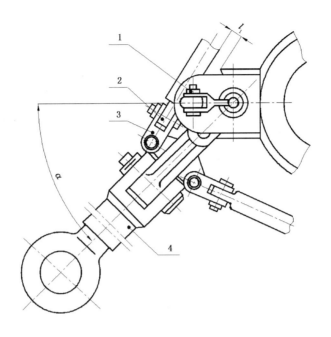

说明：

1——连接架座(81-024)；

2——联杆(81-72)；

3——叉形接头(61-177)；

4——牵引杆(81-019)。

l_1 不应小于 2 mm；

α 不应小于 44°。

图 48　联杆叉形接头与连接架座的间隙

检查方法：按 QX/T 18—2003 中 4.40 执行。

修理方法：拧松拉杆的固定螺帽，检查拉杆与接头的连接螺纹是否过松(螺纹过松，易在牵引中滑丝造成翻炮)；检查后，应将固定螺帽拧紧，叉形接头的插销应用开口销固定。

拉杆(81-72)弯曲时，应不加热矫正；折断时，应更换。拉杆的内螺纹损坏时，应按图重新制作尾部，加工拉杆台阶部，嵌入后用 J422 焊条堆焊并打磨齐平。拉杆接头 (81-73) 的螺纹损坏时，应更换，或除去损坏螺纹，用 J422 焊条堆焊后重制螺纹(见图 49)。

单位为毫米(mm)

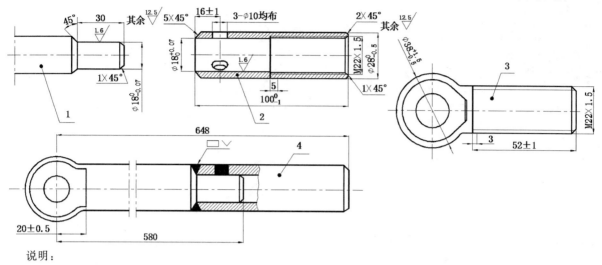

说明：

1——拉杆(81-72x)；

2——尾部(81-72a)；

3——拉杆接头(81-73)；

4——拉杆(81-72)。

图 49　拉杆与拉杆接头

销轴(61-178)与叉形接头(61-177)、连接钣(81-61、61-191)连接耳的直径之差大于 0.7 mm(新品：应为 0.06 mm~0.30 mm)时,应将椭圆孔加工成最小的圆孔,配制加大销轴(见图 50)。

单位为毫米(mm)

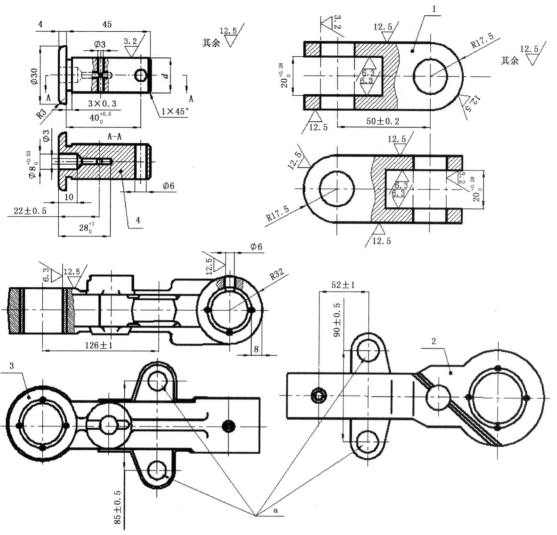

说明:

1——叉形接头(61-177);

2——连接钣(61-191);

3——连接钣(81-61);

4——销轴(61-178)。

d 按连接钣孔的实际尺寸(新品: $\varnothing 18^{-0.05}_{-0.18}$);磷化。

a 铰孔配制加大销轴(61-178)。

图50 叉形接头、销轴与连接钣

4.6.2 行进指标的驻栓(81-77、旧61-040)应能确实可靠地固定在行进或作业位置上,动作应灵活可靠。

检查方法:通过实际操作检查动作灵活性,应能确实可靠地固定,动作无卡滞。

修理方法:分解后,清除油垢、锈蚀;后期生产的驻栓(81-77)(早期为半圆轴)折断时,应更换;驻栓弹簧(81-78)失效时,应更换(见图51)。

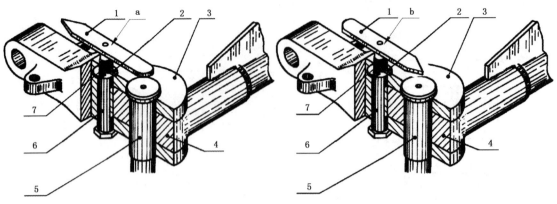

说明：

1——行军指标；

2——弹簧筒；

3——连接钣；

4——叉架；

5——连接轴；

6——半圆轴；

7——驻栓弹簧(81-78)。

此图为早期驻栓(61-040)的开、关位置。

a 行军指标行军状态。

b 行军指标战斗状态。

图 51　早期生产火炮行军指标的驻栓

4.6.3　支杆(61-153)应能固定在牵引杆(81-019)及连接轴(81-62)上，动作可靠灵活。驻栓(61-155)进入连接轴(81-62)槽内的沉入量不小于 3 mm(见图 52)。

检查方法：通过实际操作检查动作灵活性，应能确实固定，动作无卡滞。槽内沉入量使用塞尺测量。

单位为毫米(mm)

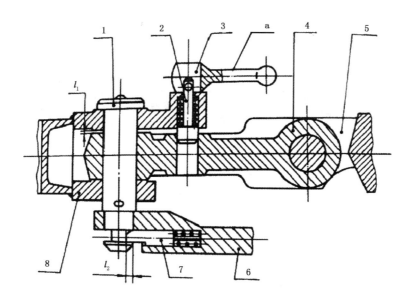

说明：

1——主轴(81-62)；

2——驻栓(81-77)；

3——转把(81-76)；

4——连接钣(81-61)；

5——牵引杆(81-019)；

6——支柱(61-026)；

7——销栓(81-155)；

8——连接架座(81-024)。

l_1 不应大于 2 mm；l_2 不应小于 3 mm。

ᵃ 此时转把位置为战斗状态。

图 52　驻栓沉入量检查

修理方法：驻栓头部磨损或沉入量小于 3 mm 时，可用 J506 焊条堆焊，修锉配合；弹簧损坏时，应更换；动作有卡滞时，应按 4.6.2 的方法进行操作(见图 53)。

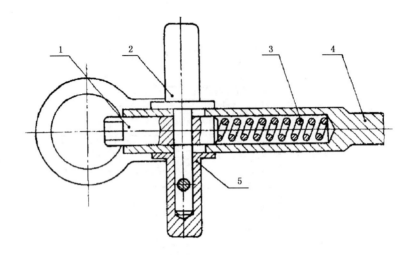

说明：
1——驻栓(61-155);
2——栓轴(61-156);
3——弹簧(61-154);
4——支杆(61-153);
5——套筒(61-157)。

图 53　驻栓(61-155)

4.6.4　火炮行进、作业状态应符合 QX/T 18—2003 中 3.39 的要求。

检查方法：按 QX/T 18—2003 中 4.39 执行。

修理方法：起炮、落炮之力不一致时，应调整十字梁内的调整压螺，使起落之力基本一致；调整后压螺在拉杆后端应留有至少一个开口销的预调位置，前、后车体调整方法相同。

4.6.5　车轮状况应符合 QX/T 18—2003 中 3.41 的要求。

检查方法：按 QX/T 18—2003 中 4.41 执行。

修理方法：调整车轮轴承，沿轴向推动车轮，直至不能感到明显的轴向晃动。

参 考 文 献

[1]　GB/T 68—2000　沉头螺钉
[2]　GB/T 117—2000　圆锥销
[3]　GB/T 867—1986　半圆头铆钉
[4]　GB/T 980—1976　焊条分类及型号编制方法
[5]　JXB 91—1990　1965 年式双管 37 mm 高炮部队修理技术规程
[6]　YB 487—1965　锡基轴承合金

ICS 07.060

B 18

备案号：61266—2018

中华人民共和国气象行业标准

QX/T 391—2017

日光温室气象要素预报方法

Meteorological element forecast method of heliogreenhouse

2017-10-30 发布

2018-03-01 实施

中 国 气 象 局 发布

前　言

本标准按照 GB/T 1.1—2009 给出的规则起草。

本标准由全国农业气象标准化技术委员会(SAC/TC 539)提出并归口。

本标准起草单位:山东省气候中心、河北省气象科学研究所。

本标准主要起草人:薛晓萍、李楠、李鸿怡、陈辰、魏瑞江。

日光温室气象要素预报方法

1 范围

本标准规定了日光温室气温与地温的预报要素与时效、预报模型及相关气象因子计算方法。

本标准适用于日光温室气象要素预报。

2 规范性引用文件

下列文件对于本文件的应用是必不可少的。凡是注日期的引用文件,仅注日期的版本适用于本文件。凡是不注日期的引用文件,其最新版本(包括所有的修改单)适用于本文件。

QX/T 55—2007 地面气象观测规范 第 11 部分:辐射观测

QX/T 61—2007 地面气象观测规范 第 17 部分:自动气象站观测

QX/T 65—2007 地面气象观测规范 第 21 部分:缺测记录的处理和不完整记录的统计

3 术语和定义

下列术语和定义适用于本文件。

3.1

日光温室 heliogreenhouse

以太阳辐射为主要能量来源,东、西、北三面为保温围护墙体,南坡面以塑料薄膜覆盖,主要用于园艺作物生产的设施。

注:改写 QX/T 261—2015,定义 3.2。

4 预报要素与时效

4.1 预报要素

4.1.1 小时预报要素宜为日光温室内逐小时气温、地表温度和 10 cm 地温。

4.1.2 日预报要素宜为日光温室内日最高气温、日最低气温。

4.2 预报时效

4.2.1 预报时间尺度宜分为小时尺度和日尺度。

4.2.2 预报时效为 1 h~72 h。

5 预报模型构建

5.1 建模原则

5.1.1 预报模型宜按温室作物生长季内不同月份、不同天气类型和不同时间段分别构建。

5.1.2 天气类型宜根据日照百分率划分为晴、多云、阴天三种类型,天气类型划分方法见附录A。

5.1.3 逐小时预报，每日以 24 时制，从 00:00(24:00)至 23:00,时间序数依次记为 0,1,2,…,23。

5.1.4 逐小时预报可按三个时段构建预报模型，宜以揭帘、盖帘时间以及 00:00 为界限。

5.1.5 用于模型构建的样本数应不小于 30 个。

5.1.6 模型构建宜采用逐步回归方法，模型应通过 0.05 显著性检验。

5.2 预报模型自变量备选因子

5.2.1 小时预报模型备选因子包括日内小时序数、太阳高度角、温室内外气温、温室内空气相对湿度和温室内地表温度等要素。

5.2.2 日预报模型备选因子包括温室内外气温、温室内空气相对湿度和温室内地表温度等要素。

5.3 预报模型

5.3.1 小时预报模型

5.3.1.1 未来 1 h～24 h 气象要素小时预报模型构建备选因子参见附录 B 中表 B.1 和表 B.2,预报模型为：

$$H1_i = a1_{i0} + \sum_{j=1}^{n1} a1_{i,j} h1_{i,j} \quad\quad\quad\quad\quad\quad (1)$$

式中：

i ——取值为 1、2、3,分别表示未来 1 h～24 h 的 00:00(24:00)至揭帘、揭帘至盖帘以及盖帘至 23:00 三个时段；

$H1_i$ ——未来 1 h～24 h 的三个时段小时预报对象，包括温室内气温，单位为摄氏度(℃);地表温度,单位为摄氏度(℃);10 cm 地温,单位为摄氏度(℃);

$a1_{i0}$ ——回归常数,无量纲；

$a1_{i,j}$ ——回归系数,无量纲；

$h1_{i,j}$ ——未来 1 h～24 h 小时预报模型自变量；

$n1$ ——未来 1 h～24 h 小时预报模型自变量个数。

5.3.1.2 未来 25 h～48 h 气象要素小时预报模型构建备选因子参见附录 B 中表 B.3 和表 B.4,预报模型为：

$$H2_i = a2_{i0} + \sum_{j=1}^{n2} a2_{i,j} h2_{i,j} \quad\quad\quad\quad\quad\quad (2)$$

式中：

i ——取值为 1、2、3,分别表示未来 25 h～48 h 的 00:00(24:00)至揭帘、揭帘至盖帘以及盖帘至 23:00 三个时段；

$H2_i$ ——未来 25 h～48 h 的三个时段小时预报对象，包括温室内气温，单位为摄氏度(℃);地表温度,单位为摄氏度(℃);10 cm 地温,单位为摄氏度(℃);

$a2_{i0}$ ——回归常数,无量纲；

$a2_{i,j}$ ——回归系数,无量纲；

$h2_{i,j}$ ——未来 25 h～48 h 小时预报模型自变量；

$n2$ ——未来 25 h～48 h 小时预报模型自变量个数。

5.3.1.3 未来 49 h～72 h 气象要素小时预报模型构建备选因子参见附录 B 中表 B.5 和表 B.6,预报模型为：

$$H3_i = a3_{i0} + \sum_{j=1}^{n3} a3_{i,j} h3_{i,j} \qu\quad\quad\quad\quad\quad\quad (3)$$

式中：

- i ——取值为1、2、3，分别表示未来49 h～72 h的00:00(24:00)至揭帘、揭帘至盖帘以及盖帘至23:00三个时段；

- $H3_i$ ——未来49 h～72 h的三个时段小时预报对象，包括温室内气温，单位为摄氏度(℃)；地表温度，单位为摄氏度(℃)；10 cm地温，单位为摄氏度(℃)；

- $a3_{i0}$ ——回归常数，无量纲；

- $a3_{i,j}$ ——回归系数，无量纲；

- $h3_{i,j}$ ——未来49 h～72 h小时预报模型自变量；

- $n3$ ——未来49 h～72 h小时预报模型自变量个数。

5.3.2 日预报模型

5.3.2.1 未来1 h～24 h气象要素日预报模型构建备选因子参见附录C，预报模型为：

$$D1 = b1_0 + \sum_{k=1}^{m1} b1_k d1_k \quad\quad\quad\quad\quad\quad (4)$$

式中：

- $D1$ ——未来1 h～24 h日预报对象，包括日最高气温，单位为摄氏度(℃)，日最低气温，单位为摄氏度(℃)；

- $b1_0$ ——回归常数，无量纲；

- $b1_k$ ——回归系数，无量纲；

- $d1_k$ ——未来1 h～24 h日预报模型自变量；

- $m1$ ——未来1 h～24 h日预报模型自变量个数。

5.3.2.2 未来25 h～48 h气象要素日预报模型构建备选因子参见附录C，预报模型为：

$$D2 = b2_0 + \sum_{k=1}^{m2} b2_k d2_k \quad\quad\quad\quad\quad\quad (5)$$

式中：

- $D2$ ——未来25 h～48 h日预报对象，包括日最高气温，单位为摄氏度(℃)，日最低气温，单位为摄氏度(℃)；

- $b2_0$ ——回归常数，无量纲；

- $b2_k$ ——回归系数，无量纲；

- $d2_k$ ——未来25 h～48 h日预报模型自变量；

- $m2$ ——未来25 h～48 h日预报模型自变量个数。

5.3.2.3 未来49 h～72 h气象要素日预报模型构建备选因子参见附录C，预报模型为：

$$D3 = b3_0 + \sum_{k=1}^{m3} b3_k d3_k \quad\quad\quad\quad\quad\quad (6)$$

式中：

- $D3$ ——未来49 h～72 h日预报对象，包括日最高气温，单位为摄氏度(℃)，日最低气温，单位为摄氏度(℃)；

- $b3_0$ ——回归常数，无量纲；

- $b3_k$ ——回归系数，无量纲；

- $d3_k$ ——未来49 h～72 h日预报模型自变量；

- $m3$ ——未来49 h～72 h日预报模型自变量个数。

6 相关气象因子计算方法

6.1 预报所需观测数据均采用北京时，以北京时20:00为日界进行统计。

6.2 日平均值和日极值按 QX/T 61—2007 中 6.2 的规定计算。

6.3 缺测部分按 QX/T 65—2007 中 5.3 和 6.1 的规定处理。

6.4 太阳高度角计算方法应符合 QX/T 55—2007 附录 F 中的规定。

附　录　A
（规范性附录）
天气类型划分方法

表 A.1 给出了预报模型构建的天气类型划分方法。

表 A.1　天气类型划分方法

天气类型	天气类型划分方法
晴天	日照百分率＞60％
多云	20％＜日照百分率≤60％
阴(雨、雪)天	日照百分率≤20％

日照百分率的计算公式为：

$$p = \frac{T_S}{T_A} \times 100\% \qquad\qquad \cdots\cdots\cdots\cdots\cdots(A.1)$$

式中：

p ——日照百分率，单位为百分率(％)，取整数；

T_S ——日照时数，单位为小时(h)；

T_A ——可照时数，单位为小时(h)，计算方法应符合 QX/T 55—2007 附录 F 中的规定。

附 录 B

（资料性附录）

小时预报模型构建备选因子

表 B.1 至表 B.6 给出了未来 1 h～24 h 的 00:00(24:00)至揭帘、盖帘至 23:00,未来 1 h～24 h 的揭帘至盖帘时段,未来 25 h～48 h 的 00:00(24:00)至揭帘、盖帘至 23:00,未来 25 h～48 h 的揭帘至盖帘时段,未来 49 h～72 h 的 00:00(24:00)至揭帘、盖帘至 23:00 以及未来 49 h～72 h 的揭帘至盖帘时段小时预报模型构建所需的备选因子。

表 B.1 未来 1 h～24 h 的 00:00(24:00)至揭帘、盖帘至 23:00 小时预报模型构建备选因子

h1/h3	因子	单位	因子说明
1	预报日预报时次	无量纲	常数
2	预报日最高气温	℃	温室外预报
3	预报日最低气温	℃	
4	预报日前 1 h～24 h 最高气温	℃	温室内实况
5	预报日前 1 h～24 h 最低气温	℃	
6	预报日前 1 h～24 h 最小空气相对湿度	%	
7	预报日前 1 h～24 h 地表最高温度	℃	
8	预报日前 1 h～24 h 地表最低温度	℃	
9	预报日前 1 h～24 h 最高气温	℃	温室外实况
10	预报日前 1 h～24 h 最低气温	℃	
11	预报日前 25 h ～48 h 平均气温	℃	温室内实况
12	预报日前 25 h ～48 h 最高气温	℃	
13	预报日前 25 h ～48 h 最低气温	℃	
14	预报日前 25 h ～48 h 平均空气相对湿度	%	
15	预报日前 25 h ～48 h 最小空气相对湿度	%	
16	预报日前 25 h ～48 h 平均地表温度	℃	
17	预报日前 25 h ～48 h 地表最高温度	℃	
18	预报日前 25 h ～48 h 地表最低温度	℃	
19	预报日前 25 h ～48 h 最高气温	℃	温室外实况
20	预报日前 25 h ～48 h 最低气温	℃	

表 B.2　未来 1 h～24 h 的揭帘至盖帘时段小时预报模型构建备选因子

h2	因子	单位	因子说明
1	预报日预报时次	无量纲	常数
2	预报日预报时次的太阳高度角	°	计算值
3	预报日预报时次的前 1 h 太阳高度角	°	
4	预报日预报时次的前 2 h 太阳高度角	°	
5	预报日最高气温	℃	温室外预报
6	预报日最低气温	℃	
7	预报日前 1 h～24 h 最高气温	℃	温室内实况
8	预报日前 1 h～24 h 最低气温	℃	
9	预报日前 1 h～24 h 最小空气相对湿度	%	
10	预报日前 1 h～24 h 地表最高温度	℃	
11	预报日前 1 h～24 h 地表最低温度	℃	
12	预报日前 1 h～24 h 最高气温	℃	温室外实况
13	预报日前 1 h～24 h 最低气温	℃	
14	预报日前 25 h～48 h 平均气温	℃	温室内实况
15	预报日前 25 h～48 h 最高气温	℃	
16	预报日前 25 h～48 h 最低气温	℃	
17	预报日前 25 h～48 h 平均空气相对湿度	%	
18	预报日前 25 h～48 h 最小空气相对湿度	%	
19	预报日前 25 h～48 h 平均地表温度	℃	
20	预报日前 25 h～48 h 地表最高温度	℃	
21	预报日前 25 h～48 h 地表最低温度	℃	
22	预报日前 25 h～48 h 最高气温	℃	温室外实况
23	预报日前 25 h～48 h 最低气温	℃	

表 B.3　未来 25 h～48 h 的 00:00(24:00)至揭帘、盖帘至 23:00 小时预报模型构建备选因子

h1/h3	因子	单位	因子说明
1	预报日预报时次	无量纲	常数
2	预报日最高气温	℃	温室外预报
3	预报日最低气温	℃	
4	预报日前 1 h～24 h 最高气温	℃	
5	预报日前 1 h～24 h 最低气温	℃	

表 B.3   未来 25 h～48 h 的 00:00(24:00)至揭帘、盖帘至 23:00 小时预报模型构建备选因子(续)

$h1/h3$	因子	单位	因子说明
6	预报日前 25 h～48 h 最高气温	℃	温室内实况
7	预报日前 25 h～48 h 最低气温	℃	
8	预报日前 25 h～48 h 最小空气相对湿度	%	
9	预报日前 25 h～48 h 地表最高温度	℃	
10	预报日前 25 h～48 h 地表最低温度	℃	
11	预报日前 25 h～48 h 最高气温	℃	温室外实况
12	预报日前 25 h～48 h 最低气温	℃	

表 B.4   未来 25 h～48 h 的揭帘至盖帘时段逐小时预报模型构建备选因子

$h2$	因子	单位	因子说明
1	预报日预报时次	无量纲	常数
2	预报日预报时次的太阳高度角	°	计算值
3	预报日预报时次的前 1 h 太阳高度角	°	
4	预报日预报时次的前 2 h 太阳高度角	°	
5	预报日最高气温	℃	温室外预报
6	预报日最低气温	℃	
7	预报日前 1 h～24 h 最高气温	℃	
8	预报日前 1 h～24 h 最低气温	℃	
9	预报日前 25 h～48 h 最高气温	℃	温室内实况
10	预报日前 25 h～48 h 最低气温	℃	
11	预报日前 25 h～48 h 最小空气相对湿度	%	
12	预报日前 25 h～48 h 地表最高温度	℃	
13	预报日前 25 h～48 h 地表最低温度	℃	
14	预报日前 25 h～48 h 最高气温	℃	温室外实况
15	预报日前 25 h～48 h 最低气温	℃	

表 B.5 未来 49 h～72 h 的 00:00(24:00)至揭帘、盖帘至 23:00 小时预报模型构建备选因子

h1/h3	因子	单位	因子说明
1	预报日预报时次	无量纲	常数
2	预报日最高气温	℃	
3	预报日最低气温	℃	
4	预报日前 1 h～24 h 最高气温	℃	温室外预报
5	预报日前 1 h～24 h 最低气温	℃	
6	预报日前 25 h～48 h 最高气温	℃	
7	预报日前 25 h～48 h 最低气温	℃	

表 B.6 未来 49 h～72 h 的揭帘至盖帘时段逐小时预报模型构建备选因子

h2	因子	单位	因子说明
1	预报日预报时次	无量纲	常数
2	预报日预报时次的太阳高度角	°	
3	预报日预报时次的前 1 h 太阳高度角	°	计算值
4	预报日预报时次的前 2 h 太阳高度角	°	
5	预报日最高气温	℃	
6	预报日最低气温	℃	
7	预报日前 1 h～24 h 最高气温	℃	
8	预报日前 1 h～24 h 最低气温	℃	温室外预报
9	预报日前 25 h～48 h 最高气温	℃	
10	预报日前 25 h～48 h 最低气温	℃	

附　录　C

（资料性附录）

日预报模型构建备选因子

表 C.1 至表 C.3 给出了未来 1 h～24 h、未来 25 h～48 h 以及未来 49 h～72 h 日要素预报模型构建所需的备选因子。

表 C.1　未来 1 h～24 h 日要素预报模型构建备选因子

d1	因子	单位	因子说明
1	预报日最高气温	℃	温室外预报
2	预报日最低气温	℃	
3	预报日前 1 h～24 h 最高气温	℃	温室内实况
4	预报日前 1 h～24 h 最低气温	℃	
5	预报日前 1 h～24 h 最小空气相对湿度	%	
6	预报日前 1 h～24 h 最高地表温度	℃	
7	预报日前 1 h～24 h 最低地表温度	℃	
8	预报日前 1 h～24 h 最高气温	℃	温室外实况
9	预报日前 1 h～24 h 最低气温	℃	
10	预报日前 25 h～48 h 平均气温	℃	温室内实况
11	预报日前 25 h～48 h 最高气温	℃	
12	预报日前 25 h～48 h 最低气温	℃	
13	预报日前 25 h～48 h 平均空气相对湿度	%	
14	预报日前 25 h～48 h 最小空气相对湿度	%	
15	预报日前 25 h～48 h 平均地表温度	℃	
16	预报日前 25 h～48 h 地表最高温度	℃	
17	预报日前 25 h～48 h 地表最低温度	℃	
18	预报日前 25 h～48 h 最高气温	℃	温室外实况
19	预报日前 25 h～48 h 最低气温	℃	

表 C.2　未来 25 h～48 h 日要素预报模型构建备选因子

d2	因子	单位	因子说明
1	预报日最高气温	℃	温室外预报
2	预报日最低气温	℃	
3	预报日前 1 h～24 h 最高气温	℃	
4	预报日前 1 h～24 h 最低气温	℃	

表 C.2　未来 25 h～48 h 日要素预报模型构建备选因子(续)

d2	因子	单位	因子说明
5	预报日前 25 h～48 h 最高气温	℃	温室内实况
6	预报日前 25 h～48 h 最低气温	℃	
7	预报日前 25 h～48 h 最小空气相对湿度	%	
8	预报日前 25 h～48 h 地表最高温度	℃	
9	预报日前 25 h～48 h 地表最低温度	℃	
10	预报日前 25 h～48 h 最高气温	℃	温室外实况
11	预报日前 25 h～48 h 最低气温	℃	

表 C.3　未来 49 h～72 h 日要素预报模型构建备选因子

d3	因子	单位	因子说明
1	预报日最高气温	℃	温室外预报
2	预报日最低气温	℃	
3	预报日前 1 h～24 h 最高气温	℃	
4	预报日前 1 h～24 h 最低气温	℃	
5	预报日前 25 h～48 h 最高气温	℃	
6	预报日前 25 h～48 h 最低气温	℃	

参 考 文 献

[1] QX/T 45—2007 地面气象观测规范 第 1 部分:总则
[2] QX/T 50—2007 地面气象观测规范 第 6 部分:空气温度和湿度观测
[3] QX/T 57—2007 地面气象观测规范 第 13 部分:地温观测
[4] QX/T 261—2015 设施农业小气候观测规范 日光温室和塑料大温室
[5] 中国气象局. 地面气象观测规范[M].北京:气象出版社,2003

ICS 07.060
B 18
备案号：61267—2018

中华人民共和国气象行业标准

QX/T 392—2017

富士系苹果花期冻害等级

Grade of florescence freezing injury to Fuji apple

2017-10-30 发布

2018-03-01 实施

中 国 气 象 局 发 布

前　言

本标准按照 GB/T 1.1—2009 给出的规则起草。

本标准由全国农业气象标准化技术委员会(SAC/TC 539)提出并归口。

本标准起草单位:陕西省经济作物气象服务台。

本标准主要起草人:王景红、梁轶、柏秦凤、刘璐、高峰、张维敏、屈振江。

QX/T 392—2017

引　言

　　我国是全球苹果第一生产大国,富士系苹果是种植面积最大的主栽品种,其栽培面积占全国苹果栽培总面积的70%左右,年总产量占全国苹果总产量的75%～80%。花期冻害是苹果主要气象灾害,影响坐果、产量和品质。为科学客观监测、预警、评估富士系苹果花期冻害影响,规范并确定富士系苹果花期冻害等级,特制定本标准。

富士系苹果花期冻害等级

1 范围

本标准规定了富士系苹果花期冻害等级划分原则和冻害等级。
本标准适用于我国富士系苹果花期冻害监测、预警、评估和防御等。

2 术语和定义

下列术语和定义适用于本文件。

2.1

果园日最低气温 orchard daily minimum air temperature
前一日 20 时(北京时)至当日 20 时之间果园小气候环境的气温最低值。
注:单位为摄氏度(℃)

2.2

果园低温持续时间 duration of the low temperature in orchard
前一日 20 时(北京时)至当日 20 时之间果园小气候环境中 0 ℃以下气温持续时间。
注:单位为小时(h)。

2.3

花期 florescence
苹果树从花蕾露红始期(10%露红)到花朵脱落末期(80%脱落)之间的时段。

2.4

花期冻害 florescence freezing injury
苹果花期因低温影响花蕾、花朵出现受冻症状,造成坐果率减少的现象。
注:苹果花期冻害主要发生在 3 月至 5 月。

2.5

受冻率 freezing rate
低温冻害造成的苹果受冻花朵占总花朵数的百分率。

2.6

灾损率 disaster loss rate
因花期冻害造成当年苹果产量减少的百分率。

3 富士系苹果花期冻害等级划分原则

采用受冷空气影响的地区在一定时段内果园日最低气温和果园低温持续时间两个指标划分富士系苹果花期冻害等级。

4 富士系苹果花期冻害等级

4.1 分类

分为早中熟富士系苹果花期冻害和晚熟富士系苹果花期冻害两类。

4.2 等级划分

富士系苹果花期冻害等级分为轻度、中度和重度三级。不同等级花期冻害的表现症状、受冻率及灾损率见表1。

表 1 富士系苹果不同等级花期冻害的表现症状、受冻率及灾损率

冻害等级	苹果花受冻表现症状	受冻率	灾损率
轻度	花瓣呈黄褐色,内圈雄蕊花药、所有花丝、子房均完好。	<30%	<10%
中度	雌蕊轻微受冻发黄;雄蕊花药呈黄褐色,花丝发红且变形,子房局部发黑。	30%~80%	10%~30%
重度	雌蕊严重受冻,柱头全黑,花丝全黑、变形;雄蕊花粉头内部变黑,花丝变黑;子房内部全部变黑。	>80%	>30%

4.3 等级指标

4.3.1 早中熟富士系苹果花期冻害等级指标

早中熟富士系苹果花期冻害等级指标见表2。

表 2 早中熟富士系苹果花期冻害等级指标

冻害等级	果园日最低气温(T_{min})和果园低温持续时间(D)
轻度	$-3\ ℃<T_{min}≤-2\ ℃$,且 $4\ h≤D<6\ h$
中度	$-3\ ℃<T_{min}≤-2\ ℃$,且 $D≥6\ h$
中度	$-4\ ℃<T_{min}≤-3\ ℃$,且 $1\ h≤D<5\ h$
重度	$-4\ ℃<T_{min}≤-3\ ℃$,且 $D≥5\ h$
重度	$T_{min}≤-4\ ℃$,且 $D≥1\ h$

4.3.2 晚熟富士系苹果花期冻害等级指标

晚熟富士系苹果花期冻害等级指标见表3。

表 3 晚熟富士系苹果花期冻害等级指标

冻害等级	果园日最低气温（T_{min}）和果园低温持续时间（D）
轻度	$-3\ ℃<T_{min}≤-2\ ℃$，且 $4\ h≤D<7\ h$
	$-4\ ℃<T_{min}≤-3\ ℃$，且 $3\ h≤D<6\ h$
中度	$-3\ ℃<T_{min}≤-2\ ℃$，且 $D≥7\ h$
	$-4\ ℃<T_{min}≤-3\ ℃$，且 $D≥6\ h$
	$-5\ ℃<T_{min}≤-4\ ℃$，且 $1\ h≤D<5\ h$
重度	$-5\ ℃<T_{min}≤-4\ ℃$，且 $D≥5\ h$
	$T_{min}≤-5\ ℃$，且 $D≥1\ h$

参 考 文 献

[1] 刘璐,郭兆夏,柴芊,等. 陕西苹果花期冻害风险评估[J]. 干旱地区农业研究,2009,7(5):51-55

[2] 刘映宁,贺文丽,李艳莉,等. 陕西果区苹果花期冻害农业保险风险指数的设计[J]. 中国农业气象,2010,31(1):125-129

[3] 柴芊,栗珂,刘璐. 陕西果业基地苹果花期冻害指数及预报方法[J]. 中国农业气象,2010,31(4):621-626

[4] 荆惠锋,王娜娜,李前进,等. 不同措施防止红富士苹果花期冻害效果调查[J]. 西北园艺,2013,(12):47-48

[5] 王景红,刘璐,高峰,等. 陕西富士系苹果花期霜冻灾害气象指标的修订[J]. 中国农业气象,2015,36(1):50-56

[6] 王景红,梁轶,李艳莉,等. 陕西气候资源开发与优质苹果生产[M]. 北京:气象出版社,2014

ICS 07.060

A 47

备案号：61268—2018

中华人民共和国气象行业标准

QX/T 393—2017

冷空气过程监测指标

Monitoring indices of cold air processes

2017-10-30 发布

2018-03-01 实施

中 国 气 象 局 发布

前　言

本标准按照 GB/T 1.1—2009 给出的规则起草。

本标准由全国气候与气候变化标准化技术委员会(SAC/TC 540)提出并归口。

本标准起草单位:国家气候中心、天津市气象台。

本标准主要起草人:王遵娅、司东、段丽瑶。

冷空气过程监测指标

1 范围

本标准规定了冷空气过程监测的资料要求、监测指标、判别条件和计算方法。
本标准适用于中国冷空气过程的监测、预测、评价和服务。

2 术语和定义

下列术语和定义适用于本文件。

2.1

冷空气　cold air
使所经地点气温下降的空气。
[GB/T 20484—2006,定义 2.1]

2.2

冷空气过程　cold air processes
冷空气发生、发展、结束的天气过程。

2.3

日最低气温　daily minimum temperature
一天中气温的最低值。
注:按 QX/T 50—2007 规定:观测前一日 14:00(北京时间,下同)至当日 14:00 之间的气温最低值。
[GB/T 21987—2008,定义 2.2]

2.4

24 小时内降温幅度　the drop of daily minimum temperature in 24 hours
ΔT_{24}
某日 06 时以后 24 h 内的日最低气温与某日日最低气温之差。
[GB/T 20484—2006,定义 2.3]

2.5

48 小时内降温幅度　the drop of daily minimum temperature in 48 hours
ΔT_{48}
某日 06 时以后 48 h 内的日最低气温与某日日最低气温之差。
[GB/T 20484—2006,定义 2.4]

2.6

72 小时内降温幅度　the drop of daily minimum temperature in 72 hours
ΔT_{72}
某日 06 时以后 72 h 内的日最低气温与某日日最低气温之差。
[GB/T 20484—2006,定义 2.5]

3 资料要求

采用中国区域内具有 30 年以上资料序列的国家级气象观测站的日最低气温资料。

4 单站冷空气等级

依据单站降温幅度和日最低气温(T_{min})确定该站的冷空气强度等级。其强度分中等强度冷空气、强冷空气和寒潮3级。划分方法如下：

a) 中等强度冷空气：8 ℃＞单站 $\Delta T_{48} \geqslant 6$ ℃的冷空气。

b) 强冷空气：单站 $\Delta T_{48} \geqslant 8$ ℃的冷空气。

c) 寒潮：单站 $\Delta T_{24} \geqslant 8$ ℃或单站 $\Delta T_{48} \geqslant 10$ ℃或单站 $\Delta T_{72} \geqslant 12$ ℃，且 $T_{min} \leqslant 4$ ℃的冷空气（其中48 h、72 h内的日最低气温必须是连续下降的）。

5 区域冷空气过程判定

5.1 基本判定指标

5.1.1 每日监测区域内有170个及以上观测站或监测区域内有20％及以上观测站单站出现中等及其以上冷空气，且持续两日及以上，判定为出现一次区域冷空气过程。

5.1.2 在一次区域冷空气过程中，经计算，逐日出现中等及以上强度的冷空气站点数若随时间先减少后增加，则此次冷空气过程应判定为两次冷空气过程。站点数出现增加的前一日为前一次过程结束日，站点数出现增加的当日为后一次冷空气过程的开始日。

5.2 起止时间判定指标

5.2.1 开始时间

满足区域冷空气过程判定条件的首日为区域冷空气过程开始日。

5.2.2 结束时间

区域冷空气过程开始后，单日监测区域内少于170个观测站或监测区域内少于20％的观测站单站出现中等及其以上冷空气的首日为区域冷空气过程结束日。

5.3 强度判定指标

5.3.1 强度指数

依据某次区域冷空气过程中达到不同强度等级的单站比率确定该次冷空气过程的强度指数，计算公式见式(1)。

$$I = \frac{3N_3 + 2N_2 + N_1}{N_3 + N_2 + N_1} \qquad \cdots\cdots\cdots\cdots(1)$$

式中：

I ——区域冷空气过程强度指数；

N_3 ——监测区域内出现寒潮的站点数；

N_2 ——监测区域内出现强冷空气的站点数；

N_1 ——监测区域内出现中等强度冷空气的站点数。

5.3.2 强度等级

依据某次区域冷空气过程强度指数（I）确定其强度等级，并划分为中等强度冷空气过程、强冷空气过程和寒潮过程,见表1。

表 1　区域冷空气过程强度等级划分

强度等级	I 值范围
中等强度冷空气过程	[1.0,1.7)
强冷空气过程	[1.7,1.95)
寒潮过程	[1.95,3)

5.3.3　综合强度指数

依据某次冷空气过程的强度和范围确定该次区域冷空气过程的综合强度,计算公式见式(2)。

$$M = I \times \sqrt{\frac{N_3 + N_2 + N_1}{N}} \quad\quad\quad\cdots\cdots\cdots\cdots\cdots\cdots(2)$$

式中:

M——区域冷空气过程的综合强度指数;

N——监测区域内总监测站点数。

参 考 文 献

[1] GB/T 20484—2006　冷空气等级

[2] GB/T 21987—2008　寒潮等级

[3] QX/T 50—2007　地面气象观测规范

[4] 中国气象局.地面气象观测规范[M].北京:气象出版社,2003:35-40

[5] 国家气候中心气候应用室.寒潮年鉴[M].北京:气象出版社,1951—1980

[6] 王遵娅,丁一汇.近53年中国寒潮的变化特征及其可能原因[J].大气科学,2006,30(6):1068-1076

ICS 07.060
A 47
备案号：61269—2018

中华人民共和国气象行业标准

QX/T 394—2017

东亚副热带夏季风监测指标

Monitoring index of East Asian subtropical summer monsoon

2017-10-30 发布

2018-03-01 实施

中 国 气 象 局 发 布

前　言

本标准按照 GB/T 1.1—2009 给出的规则起草。

本标准由全国气候与气候变化标准化技术委员会(SAC/TC 540)提出并归口。

本标准起草单位:国家气候中心、南京信息工程大学、江苏省气象台。

本标准主要起草人:李跃凤、何金海、朱志伟、陈圣劼。

引　言

东亚大陆和太平洋纬向海陆热力差异季节转换最早发生在3月底或4月初的副热带地区,与其相伴随的对流层低层盛行的冬季偏北风转变为夏季偏南风,对流降水同时出现,从而标志着东亚副热带夏季风的建立。东亚夏季的天气气候受到东亚副热带夏季风的显著影响,如:中国的洪涝和干旱等自然灾害大多发生在夏季风期间。由于东亚副热带夏季风每年的强度不同,存在明显的年际变化,在监测及其对外服务中缺乏统一的标准,这直接影响东亚副热带夏季风的监测和服务效果。因此,在综合分析国内外现有东亚夏季风监测指数和借鉴有关最新研究成果的基础上,为规范对东亚副热带夏季风的监测和服务,制定了本标准。

东亚副热带夏季风监测指标

1 范围

本标准规定了东亚副热带夏季风建立、结束时间及其强度的监测指标。

本标准适用于东亚副热带夏季风的监测。

2 术语和定义

下列术语和定义适用于本文件。

2.1

东亚副热带季风区 **East Asian subtropical monsoon regions**

在东亚副热带气候受季风影响的区域。

2.2

东亚副热带夏季风 **East Asian subtropical summer monsoon**

夏季在东亚副热带季风区近地面层盛行的风。

2.3

经向风 **meridional wind**

南北方向的风。

注：经向风大于零时为南风，小于零时为北风。

2.4

气候标准平均值 **climatological standard normals**

连续 30 年气象要素的平均值。如：1901 年—1930 年，1911 年—1940 年等。

注：根据世界气象组织(WMO)有关规定，取最近 3 个年代的平均值。

3 资料与监测关键区

3.1 资料要求

采用美国国家环境预报中心/国家大气研究中心(NCEP/NCAR)近地面 10 m(T62 全球高斯格点资料，分辨率为 192×94,88.542°N～88.542°S, 0.0°E～358.125°E)和 925 hPa 等压面上(全球 17 个等压面格点资料，分辨率为 144×73(2.5°×2.5°), 0.0°E～357.5°E, 90.0°N～90.0°S)逐日经向风再分析资料。

3.2 监测关键区

东亚副热带夏季风监测关键区为中国东部区域(110°E～120°E,20°N～35°N)。

4 夏季风建立和结束时间

4.1 建立时间

当监测关键区某候平均近地面 10 m 经向风转为南风，且之后连续 2 候不再出现北风，则确认该候夏季风建立,详见表1。

表 1 东亚副热带夏季风建立

早晚等级	偏早	正常	偏晚
建立候	17 候及之前	(18～23)候	24 候及之后

4.2 结束时间

当监测关键区某候平均近地面 10 m 经向风转为北风,且之后连续 2 候不再出现南风,则确认该候夏季风结束,详见表2。

表 2 东亚副热带夏季风结束

早晚等级	偏早	正常	偏晚
结束候	48 候及之前	(49～53)候	54 候及之后

5 强度监测

5.1 强度指数

东亚副热带夏季风强度指数(I_{STSM})的计算见公式(1)～(4):

$$I_{STSM} = (I - \bar{I})/\sigma_I \qquad \cdots\cdots\cdots\cdots(1)$$

$$I = \sum_{j=j_b}^{j_e} I_j \qquad \cdots\cdots\cdots\cdots(2)$$

$$I_j = \frac{1}{N_j}\sum_{i=1}^{N_j} V_{ij} \qquad \cdots\cdots\cdots\cdots(3)$$

$$\sigma_I = \sqrt{\frac{1}{n}\sum_{i=1}^{n}(I-\bar{I})^2} \qquad \cdots\cdots\cdots\cdots(4)$$

式中:

I ——监测关键区夏季风活动期内低层 925 hPa 候平均南风指数累积值;

$\bar{I}$ ——I 最近的气候标准平均值;

σ_I ——I 的标准差;

j_e ——夏季风结束候;

j_b ——夏季风建立候;

I_j ——监测关键区内第 j 候平均南风指数;

N_j ——V_{ij} 的格点数;

V_{ij} ——监测关键区内 925 hPa 高度上,经向风为南风的某格点第 j 候风速平均值,取值大于或等于零;

n ——样本长度(取 1981—2010 年 30 年序列)。

5.2 等级划分

东亚副热带夏季风强度的年际变化基本符合正态高斯分布,并依据 I_{STSM} 将其强度划分为五个等级,具体划分详见表3。

表 3 东亚副热带夏季风强度等级划分

强度等级	I_{STSM}值范围
异常偏弱	$I_{STSM} < -1.28$
偏弱	$-1.28 \leqslant I_{STSM} < -0.67$
正常	$-0.67 \leqslant I_{STSM} \leqslant 0.67$
偏强	$0.67 < I_{STSM} \leqslant 1.28$
异常偏强	$I_{STSM} > 1.28$

参 考 文 献

[1] 何金海,温敏,丁一汇,张人禾. 亚澳"大陆桥"对流影响东亚夏季风建立的可能机制[J]. 中国科学 D 辑:地球科学,2006,36(10):959-967

[2] 何金海,祁莉,韦晋,池艳珍. 关于东亚副热带季风和热带季风的再认识[J]. 大气科学,2007,31(6):1257-1265

[3] 何金海,赵平,祝从文,等. 关于东亚副热带季风若干问题的讨论[J]. 气象学报,2008,66(5):683-696

[4] 朱志伟,何金海. 东亚副热带季风的季节转变特征及其可能机理[J]. 热带气象学报,2013,29(2):245-254

[5] 吴国雄,刘屹岷,宇婧婧,等. 海陆分布对海气相互作用的调控和副热带高压的形成[J]. 大气科学,2008,32(4):720-740

[6] 万日金,吴国雄. 江南春雨的气候成因机制研究[J]. 中国科学 D 辑:地球科学,2006,36(1):936-950

[7] 赵平,周秀骥,陈隆勋,何金海. 中国东部—西太平洋副热带季风和降水的气候特征及成因分析[J]. 气象学报,2008,66(6):940-954

[8] 祝从文,周秀骥,赵平,等. 东亚副热带夏季风建立与中国汛期开始时间[J]. 中国科学:地球科学,2011,41(8):1172-1181

[9] Anthony Arguez, Russell S Vose. The definition of the standard WMO climate normal:The key to deriving alternative climate normals[J]. BAMS,2011:699-704

[10] Wang B, Lin H. Rainy season of the Asian-Pacific summer monsoon[J]. J. Clim,2002,15:386-398

[11] World Meteorological Organization(WMO). Calculation of Monthly and Annual 30-Year Standard Normals[Z]. WCDP-No. 10,WMO-TD/No. 341,1989

[12] World Meteorological Organization(WMO). The role of climatological normals in a changing climate[Z]. WCDMP-No. 61,WMO-TD No. 1377,2007

[13] Zhao P, Zhang R H, Liu J P, et al. Onset of southwesterly wind over Eastern China and associated atmospheric circulation and rainfall[J]. Clim Dyn, 2007,28:797-811

ICS 07.060
A 47
备案号：61270—2018

中华人民共和国气象行业标准

QX/T 395—2017

中国雨季监测指标　华南汛期

Monitoring indices of rainy season in China—Flood season in South China

2017-10-30 发布　　　　　　　　　　　　　　　　2018-03-01 实施

中 国 气 象 局　发布

前　言

本标准按照 GB/T 1.1—2009 给出的规则起草。

本标准由全国气候与气候变化标准化技术委员会(SAC/TC 540)提出并归口。

本标准起草单位：国家气候中心、福建省气候中心、广东省气候中心、广西壮族自治区气候中心、海南省气候中心。

本标准主要起草人：王遵娅、王东阡、池艳珍、何芬、胡亚敏、潘蔚娟、何慧、陆甲、吴慧。

中国雨季监测指标 华南汛期

1 范围

本标准规定了华南汛期监测的资料要求、监测指标、判别条件、计算方法。

本标准适用于华南汛期的监测、预测、评价和服务。

2 术语和定义

下列术语和定义适用于本文件。

2.1

华南汛期 flood season in South China

通常每年 4 月—10 月发生在中国华南区域的降水集中期。分为前汛期和后汛期。

注：华南区域包括广东、广西、福建、海南四省（自治区）。

2.2

西北太平洋副热带高压 northwestern Pacific subtropical high

主体位于西北太平洋上的副热带高压，以 500 hPa 天气图上 588 dagpm 等值线所包围的区域来定义。

［QX/T 304—2015，定义 2.2］

2.3

西北太平洋副热带高压脊线位置 the ridge position of the northwestern Pacific subtropical high

西北太平洋 500 hPa 位势高度场上副热带高压体东西向中心轴线所处的位置。

注：在 10°N 以北 110°E～130°E 范围内，位势高度大于等于 588 dagpm 的副热带高压体内纬向风 $u=0$，且 $\frac{\partial u}{\partial y}>0$ 的特征线所在纬度位置的平均值。

3 资料要求

采用华南区域内具有 30 年以上资料序列的国家级气象观测站日平均 20 时—20 时（或 08 时—08 时）逐日平均降水资料。华南汛期监测站点分布见图 1。

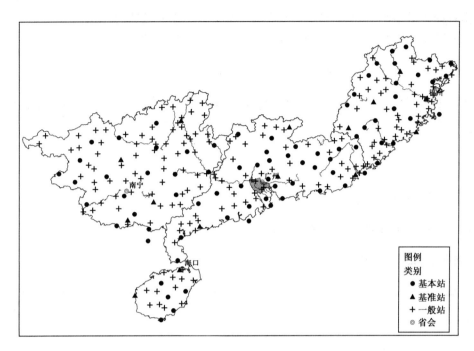

图 1　华南汛期监测站点分布

4　华南汛期起止时间

4.1　前汛期

4.1.1　开始时间

4.1.1.1　华南四省(自治区)判定指标

广东、广西两省(自治区):3 月 1 日起,某监测站出现日降水量不小于 38.0 mm 降水,则认为该站前汛期开始,该日为该监测站前汛期开始日;全省(自治区)累计前汛期开始站点达到省(自治区)内监测站点的 50%(或以上),且达到标准的当日及前 1 日(48 小时内)全省(自治区)共有 10%以上站点的日降水量不小于 38.0 mm,则将该日作为本省(自治区)前汛期开始日期。

福建、海南两省:4 月 1 日起,某监测站出现日降水量不小于 38.0 mm 降水,则认为该站前汛期开始,该日为该监测站前汛期开始日;全省累计前汛期开始站点达到省内监测站点的 50%(或以上),且达到标准的当日及前 1 日(48 小时内)全省共有 10%以上站点的日降水量不小于 38.0 mm,则将该日作为本省前汛期开始日期。

4.1.1.2　华南区域判定指标

以广东、广西、福建、海南四省(自治区)中前汛期的最早开始日期作为华南前汛期开始日期。

4.1.2　结束时间

4.1.2.1　华南区域判定指标

同时满足以下 3 个条件后,以华南区域平均日降水量小于 7.0 mm 的第一天作为前汛期中断日,如果有若干个中断日,则以最接近 6 月 30 日的中断日作为华南前汛期结束日:

　　a)　自 6 月 1 日起,华南连续 5 天区域平均日降水量小于 7.0 mm;

    b)　华南日降水量不小于 38.0 mm 的站点数连续 5 天少于总站数的 5%；

    c)　西北太平洋副热带高压脊线位置连续 5 天维持在 22°N 以北。

4.1.2.2　华南四省(自治区)判定指标

以华南区域前汛期结束日期作为广东、广西、福建、海南四省(自治区)的前汛期结束日期。

4.2　后汛期

4.2.1　开始时间

4.2.1.1　华南区域判定指标

华南前汛期结束后次日即为华南后汛期开始日。

4.2.1.2　华南四省(自治区)判定指标

以华南区域后汛期开始日期作为广东、广西、福建、海南四省(自治区)的后汛期开始日期。

4.2.2　结束时间

4.2.2.1　华南四省(自治区)判定指标

以同时满足以下 2 个条件的首日作为本省(自治区)后汛期中断日,如果有若干个中断日,则以最接近 10 月 15 日的中断日为本省(自治区)后汛期结束日:

    a)　自 10 月 1 日起,连续 5 天全省(自治区)监测站点平均日降水量小于 5.0 mm;

    b)　连续 5 天日降水量不小于 38.0 mm 的站数均少于本省(自治区)监测区域内总站数的 4%。

4.2.2.2　华南区域判定指标

以广东、广西、福建、海南四省(自治区)中后汛期的最晚结束日期作为华南后汛期结束日期。

4.3　汛期长度

4.3.1　华南区域汛期长度

4.3.1.1　前汛期长度指标

华南区域前汛期开始日至结束日的总天数。

4.3.1.2　后汛期长度指标

华南区域后汛期开始日至结束日的总天数。

4.3.1.3　汛期长度指标

华南区域前、后汛期长度之和。

4.3.2　华南四省(自治区)汛期长度

依据华南区域汛期长度计算方法,可以分别计算出华南各省(自治区)前汛期长度、后汛期长度和汛期长度。

5 华南汛期强度

5.1 降水量等级(I_p)

5.1.1 标准化

降水量等级由汛期降水量的标准化值确定,计算公式见(1)。

$$Z_p = \frac{P_j - P_0}{S_p} \qquad\qquad \cdots\cdots\cdots\cdots(1)$$

式中:

Z_p——汛期降水量标准化值;

P_j——某年汛期降水量,j 表示第 $1,2,3,\cdots,n$ 年,n 为样本长度;

P_0——汛期降水量的气候平均值;

S_p——汛期降水量的气候均方差。

注:气候平均值和气候均方差分别为气候标准期 1981—2010 年的平均值和均方差。根据 WMO 规定,气候标准期一般为最近 30 年平均。

5.1.2 等级划分

汛期降水量等级的划分见表 1。

表 1 汛期降水量等级划分

I_p	Z_p	等级描述
5	$(\infty, 1.5]$	显著偏多
4	$(1.5, 0.5]$	偏多
3	$(0.5, -0.5)$	正常
2	$[-0.5, -1.5)$	偏少
1	$[-1.5, -\infty)$	显著偏少

5.2 强降水频次等级(I_c)

5.2.1 标准化

强降水频次等级由汛期强降水站次比的标准化值确定,计算方法见式(2)。

$$Z_c = \frac{C_j - C_0}{S_c} \qquad\qquad \cdots\cdots\cdots\cdots(2)$$

式中:

Z_c——汛期强降水站次比标准化值;

C_j——某年汛期强降水站次比,即:某年监测区域内汛期强降水(日降水量≥38.0 mm)的站次数除以监测区域内总站数;j 表示第 $1,2,3,\cdots,n$ 年,n 为样本长度;

C_0——汛期强降水站次比的气候平均值;

S_c——汛期强降水站次比的气候均方差。

5.2.2 等级划分

汛期强降水频次等级的划分见表 2。

表 2 汛期强降水频次等级划分

I_c	Z_c	等级描述
5	$(\infty, 1.5]$	显著偏多
4	$(1.5, 0.5]$	偏多
3	$(0.5, -0.5)$	正常
2	$[-0.5, -1.5)$	偏少
1	$[-1.5, -\infty)$	显著偏少

5.3 综合强度等级(I)

5.3.1 强度指数

汛期降水综合强度等级根据汛期综合强度指数决定,计算公式见式(3)。

$$Z = [0.4 \times I_p + 0.6 \times I_c] \quad\quad \cdots\cdots\cdots\cdots\cdots\cdots (3)$$

式中:

Z ——汛期综合强度指数,四舍五入取整数;

I_p ——降水量等级;

I_c ——强降水频次等级。

5.3.2 等级划分

汛期降水综合强度等级的划分见表 3。

表 3 汛期综合强度等级划分

I	Z	等级描述
5	5	显著偏强
4	4	偏强
3	3	正常
2	2	偏弱
1	1	显著偏弱

参 考 文 献

[1]　QX/T 304—2015　西北太平洋副热带高压监测指标

[2]　中国气象局监测网络司.地面气象电码手册[M].北京:气象出版社,1999

[3]　中国气象局.地面气象观测规范[M].北京:气象出版社,2003

[4]　郑彬,梁建茵,林爱兰,等.2006.华南前汛期的锋面降水和夏季风降水—I.划分日期的确定[J].大气科学,30(6):1207-1216

[5]　强学民,杨修群,孙成艺.2008.华南前汛期降水开始和结束日期确定方法综述[J].气象,34(3):10-15

[6]　丁菊丽,徐志升,费建芳,等.2009.华南前汛期起止日期的确定及降水年际变化特征分析[J].热带气象学报,25(1):59-65

ICS 07. 060
A 47
备案号：61271—2018

中华人民共和国气象行业标准

QX/T 396—2017

中国雨季监测指标 西南雨季

Monitoring indices of rainy season in China—Rainy season in Southwest China

2017-10-30 发布   2018-03-01 实施

中 国 气 象 局 发布

前　　言

本标准按照 GB/T 1.1—2009 给出的规则起草。

本标准由全国气候与气候变化标准化技术委员会(SAC/TC 540)提出并归口。

本标准起草单位:国家气候中心、云南省气候中心。

本标准主要起草人:李清泉、晏红明、王东阡。

引　言

　　中国西南地区位于青藏高原向东延伸的部位,纬度低,地形复杂,受季风气候的影响,干湿季节分明。一般而言,11月至次年4月是西南地区的干季,降水稀少;而5—10月是西南地区的湿季,受西南夏季风的影响,降水集中,大部分地区该时段的降水占年总降水量的80%左右。初夏5月是西南大部分地区水稻、玉米等农作物栽种的关键时期,雨季开始早晚直接关系到农业生产。因此,提高西南地区雨季开始、雨季结束、雨季长度、雨季降水量、雨季降水强度的预测和监测能力,对于农作物栽种安排和政府决策等均有十分重要的实际意义。为建立国家级和省级相对统一的指标体系,特制定本标准。

中国雨季监测指标　西南雨季

1　范围

本标准规定了西南雨季的监测指标及其判别方法和计算方法。
本标准适用于西南地区雨季的预测、监测、评价和服务。

2　术语和定义

下列术语和定义适用于本文件。

2.1

西南地区　Southwest China
包括四川省、云南省、贵州省、西藏自治区、重庆市3省1自治区1直辖市。

2.2

西南雨季　rainy season in Southwest China
西南地区5—10月的一段降水集中时期。

2.3

降水量　precipitation
某一时段内,从天空降落到地面上的液态(降雨)或固态(降雪)(经融化后)降水,未经蒸发、渗透、流失而在水平面上积聚的深度。
［GB/T 28592—2012,定义2.1］
注:单位为毫米(mm)。

2.4

日降水量　daily accumulated precipitation
前一日20时到当日20时的累积降水量。

2.5

候降水量　pentad accumulated precipitation
连续5天的累积降水量。

2.6

5天滑动累积　5-day moving accumulation
连续要素序列依次以当天及前4天共5个数据为一组求和。

2.7

气候平均值　climate normal
气象要素30年或以上的平均值。
注:根据世界气象组织的有关规定,本标准取最近三个年代的平均值作为气候平均值。
［QX/T 152—2012,定义2.5］

3 监测指标

3.1 监测站点

选取西南地区 5—10 月降水量超过全年降水量 80％的站点作为西南雨季监测站点。

3.2 单站雨季开始和结束日期

3.2.1 单站雨季开始阈值

5 天滑动累积降水量与 5—10 月候降水量的气候平均值之比。计算公式见式(1)。

$$K_1 = R/\bar{R}_1 \qquad\qquad\qquad (1)$$

式中：

K_1——单站雨季开始阈值；

R ——5 天滑动累积降水量,单位为毫米(mm)；

$\bar{R}_1$——5—10 月候降水量的气候平均值,单位为毫米(mm)。

3.2.2 单站雨季结束阈值

5 天滑动累积降水量与 1—12 月候降水量的气候平均值之比。计算公式见式(2)。

$$K_2 = R/\bar{R}_2 \qquad\qquad\qquad (2)$$

式中：

K_2——单站雨季结束阈值；

R ——5 天滑动累积降水量,单位为毫米(mm)；

$\bar{R}_2$——1—12 月候降水量的气候平均值,单位为毫米(mm)。

3.2.3 单站雨季开始日期

自 4 月 21 日开始,任意连续 20 天内出现两次单站雨季开始阈值(K_1)大于或等于 1,则将第一次出现时的 5 天中降水量首次大于 10 mm 的一天(如果日降水量未超过 10 mm 时,选降水量最大的一天)确定为雨季开始日,雨季开始日所在的候为雨季开始候。具体判别方法见附录 A。

3.2.4 单站雨季结束日期

自 9 月 21 日开始,任意连续 20 天内单站雨季结束阈值(K_2)均小于 1,则第一次出现时的当天确定为雨季结束日,雨季结束日所在的候为雨季结束候。具体判别方法见附录 B。

3.3 区域雨季开始和结束日期

根据 3.2.3 和 3.2.4,当监测区域内有 60％监测站点达到单站雨季开始、结束标准的日期,即为区域雨季开始、结束的日期。

3.4 区域雨季长度

区域雨季开始日期至结束日期(含开始日期,不含结束日期)的总天数为区域雨季长度。

3.5 区域雨季降水量

区域雨季开始日期至结束日期(含开始日期,不含结束日期)时段内,区域内监测站点降水量的平均值为区域雨季降水量。

3.6 区域雨季降水强度

3.6.1 计算方法

区域雨季降水强度由区域雨季降水量的标准化值确定。计算方法见式(3)。

$$Z = \frac{(P - \bar{P})}{\sigma} \quad\quad\quad\quad\quad\quad (3)$$

式中：

Z——区域雨季降水量标准化值；

P——区域雨季降水量，单位为毫米(mm)；

$\bar{P}$——区域雨季降水量的气候平均值，单位为毫米(mm)；

σ——气候平均值30年计算周期内的区域雨季降水量的标准差，计算方法见附录C。

3.6.2 等级划分

将区域雨季降水量标准化值大小作为划分依据，把区域雨季降水强度划分为5个等级，等级划分见表1。

表 1 区域雨季降水强度等级划分

等级	等级描述	区域雨季降水量标准化值
1	显著偏弱	$(-\infty, -1.5]$
2	偏弱	$(-1.5, -0.5]$
3	正常	$(-0.5, 0.5)$
4	偏强	$[0.5, 1.5)$
5	显著偏强	$[1.5, \infty)$

附　录　A

（规范性附录）

单站雨季开始日期的判别方法

自 4 月 21 日开始，到单站雨季开始阈值（K_1）大于或等于 1 的某一天为止，按下列步骤判断：

a)　在 K_1 大于或等于 1 的 5 天中，降水量首次大于 10 mm 的一天（如果日降水量未超过 10 mm 时，选降水量最大的一天）确定为雨季开始待定日；在之后的 15 天内又出现 K_1 大于或等于 1 的情况，即将雨季开始待定日确定为雨季开始日，雨季开始日所在的候为雨季开始候。

b)　如果在之后的 15 天之内再未出现 K_1 大于或等于 1 的情况，则重复步骤 a)，重新确定雨季开始待定日和雨季开始日。

c)　如果计算得到的雨季开始日期是 4 月 21 日，则逐日向前按步骤 a)推算符合雨季开始日标准的日期。

附　录　B
（规范性附录）
单站雨季结束日期的判别方法

自 9 月 21 日开始,到单站雨季结束阈值(K_2)小于 1 的某一天为止,按下列步骤判断:

a) 在 K_2 小于 1 的当天确定为雨季结束待定日,在之后的 15 天内未再出现 K_2 大于或等于 1 的情况,即将雨季结束待定日确定为雨季结束日,雨季结束日所在的候为雨季结束候。

b) 如果在之后的 15 天之内又出现 K_2 大于或等于 1 的情况,则重复步骤 a),重新确定雨季结束待定日和雨季结束日。

c) 如果计算得到的雨季结束日是 9 月 21 日,则逐日向前按 a)步骤推算符合雨季结束日标准的日期。

附　录　C
（规范性附录）
标准差的计算方法

标准差的计算方法见式(C.1)。

$$\sigma = \left(\frac{1}{n} \sum_{i=1}^{n} (X_i - \overline{X})^2 \right)^{\frac{1}{2}} \quad \cdots\cdots\cdots\cdots\cdots (C.1)$$

式中：

σ ——气候平均值30年计算周期内的区域雨季降水量的标准差；

n ——样本长度；

X_i——第 i 年的要素值；

$\overline{X}$ ——要素的气候平均值。

参 考 文 献

[1] GB/T 28592—2012 降水量等级

[2] QX/T 152—2012 气候季节划分

[3] 中国气象局.地面气象观测规范[M].北京:气象出版社,2003

[4] 中国气象局预报与网络司.关于印发西南雨季监测业务规定(试行)的通知[Z]:气预函〔2013〕135 号,2013 年 12 月 30 日发布

[5] 晏红明,李清泉,孙丞虎,等.中国西南区域雨季开始和结束日期划分标准的研究[J].大气科学,2013,37(5):1111-1128

ICS 07.060

A 47

备案号：61272—2018

中华人民共和国气象行业标准

QX/T 397—2017

太阳能光伏发电规划编制规定

Compiling provision of solar photovoltaic power generation

2017-10-30 发布

2018-03-01 实施

中国气象局 发布

前　言

本标准按照 GB/T 1.1—2009 给出的规则起草。

本标准由全国气象防灾减灾标准化技术委员会(SAC/TC 345) 提出并归口。

本标准起草单位:吉林省气候中心、陕西省气候中心。

本标准主要起草人:刘玉英、谢今范、姜创业。

太阳能光伏发电规划编制规定

1 范围

本标准规定了编制并网型太阳能光伏发电项目规划时应遵循的操作程序。

本标准适用于地面式并网太阳能光伏发电项目规划。也可供聚光发电、太阳能热利用、城市太阳能利用规划等参考。

2 规范性引用文件

下列文件对于本文件的应用是必不可少的。凡是注日期的引用文件，仅注日期的版本适用于本文件。凡是不注日期的引用文件，其最新版本（包括所有的修改单）适用于本文件。

QX/T 89—2008 太阳能资源评估方法

3 术语和定义

下列术语和定义适用于本文件。

3.1

太阳能光伏发电 solar photovoltaic electric power generation

根据光生伏打效应原理，利用太阳电池将太阳光能直接转换为电能。

3.2

总辐射 global radiation

水平面从上方 2π 立体角范围内接收到的直接辐射和散射辐射之和。

3.3

直接辐射 direct radiation

从日面及其周围一小立体角内发出的辐射。

注：也可理解为由太阳直接发出而没有被大气散射改变投射方向的太阳辐射。

3.4

散射辐射 scattered radiation; diffuse radiation

太阳辐射被空气分子、云和空气中的各种微粒分散成无方向性的、但不改变其单色组成的辐射。

3.5

日照时数 sunshine duration

太阳光在一地实际照射的时数（地面观测地点受到太阳直接辐射辐照度等于和大于 $120 \text{ W} \cdot \text{m}^{-2}$ 的累计时间）。

3.6

太阳能光伏电站 solar photovoltaic power plant

通过太阳能光伏发电板方阵将太阳辐射能转换为电能的发电站，简称光伏电站。

3.7

光伏发电电池组件 photovoltaic battery parts

通过光伏效应将太阳辐射能转换为直流电能的发电装置。

3.8

光伏阵列 photovoltaic string

由数个光伏发电电池组件经过串联(以满足电压要求)和并联(以满足电流要求),形成的电池阵列。

3.9

光伏发电系统 photovoltaic system

由光伏发电电池组件、光伏控制器、蓄电池组、逆变器等组成的发电系统。

4 基本资料收集

4.1 气象水文资料

并网型太阳能光伏发电规划区域(以下简称规划区域)气象水文资料,包括气温、日照、风、雨、雪、雾、冻土、雷暴、沙尘暴、洪水等方面近30年观测统计资料。

4.2 太阳能资源观测资料

规划区域太阳能资源观测资料,包括附近长期气象观测站和总辐射观测站近30年历年各月总辐射、直接辐射、散射辐射和日照时数资料。

4.3 地形图和基础地理信息资料

规划区域1:50000及以上地形图资料及水体、道路、政域边界等基础地理信息资料。

4.4 地质、地震、卫星资料

规划区域地质图、地震资料、有关辐射的卫星资料及其他有关的工程地质勘查资料。

4.5 其他规划资料

规划区域国民经济发展规划、土地利用规划、电网规划、交通规划、已查明重要矿产资源分布、自然环境保护、军事用地、文物保护等敏感区的资料。

5 太阳能资源分析和评估

5.1 太阳能资源分析

规划区域太阳能资源分析应首先根据太阳能资源资料,分析规划区域太阳总辐射、直接辐射、散射辐射和日照时数的时间、空间分布特征,绘制总辐射、直接辐射、散射辐射和日照时数的年际变化曲线图、年变化曲线图和空间分布图。

5.2 太阳能资源评估

规划区域太阳能资源评估以太阳能资源丰富程度和稳定程度表示。具体方法见 QX/T 89—2008。

6 光伏电站站址选择、建设条件和规划容量

6.1 站址选择

6.1.1 站址初选

光伏电站站址选择需根据规划区域太阳能资源分布情况,结合规划区域土地利用规划,初拟太阳能光伏电站的站址范围,并进行现场查勘。

6.1.2 站址筛选

各站址应避开基本农田、省级以上自然保护区的核心区和缓冲区、军事敏感区、省级以上文物保护区、已查明存在重要矿产资源区、泄洪区和大型水体(江、河、湖、水库)的缓冲区,以及重要的给水、电力、通信、燃气、石油等管线。

6.1.3 站址确定

确定站址的范围坐标,说明站址用地类型、站址区及其周边主要建(构)筑物情况,并绘制站址地理位置图和规划站址范围图。

6.2 建设条件和建设方案

6.2.1 建设条件

分析并说明各光伏电站站址的太阳能资源、气象灾害风险、工程地质、交通运输、电力系统接入、工程施工、航空敏感等条件。

6.2.2 建设方案

建设方案应初拟光伏发电电池组件类型、光伏阵列布置方案、主要建(构)筑物的总体布置方案。

6.3 规划容量和发电量预测

6.3.1 规划容量

综合考虑规划光伏电站的太阳能资源和规划站址范围,结合工程地质等建设条件和初拟的光伏发电电池组件类型,在初拟光伏阵列的基础上,初拟光伏电站装机容量。

6.3.2 发电量预测

发电量预测可根据多年平均各月太阳总辐射量按光伏阵列固定斜面估算,固定斜面倾角可暂按站址所在纬度值估算,光伏发电系统综合效率可暂按 80% 计取。

7 环境影响初步评价

7.1 现场调查

收集各规划光伏电站所在规划区域的环境现状资料,进行初步现场调查,分析、识别,筛选出主要环境要素,作为环境评价的重点。

7.2 初步评价

对规划光伏电站站址主要环境要素的影响进行初步评价,对主要的不利影响提出初步对策措施。

7.3 项目可行性

进行环境影响评价,对近期工程从环境角度初步分析工程建设项目的可行性。

8 投资匡算

太阳能光伏电站投资匡算应采用规划年份作为统一的价格水平年。

9 规划目标、开发顺序和开发建议

9.1 规划目标

应根据规划区域太阳能资源条件,结合规划区域国民经济和能源发展规划要求,明确规划区域近期、中期、远期目标的太阳能光伏发电装机容量。

9.2 开发顺序

应根据规划太阳能光伏电站的前期工作进展、太阳能资源条件、接入电力系统条件、工程地质条件、交通运输和施工建设条件、工程投资等,经综合比较对规划太阳能电场的建设进行排序,列出开发顺序技术经济比较表,并提出规划太阳能光伏电站的开发顺序。

9.3 实施建议

根据规划目标和开发顺序,提出近期太阳能光伏电站开发建设实施建议,提出促进太阳能发电发展的有关措施。

参 考 文 献

[1]　鲁华永,袁越,陈志飞.太阳能发电技术研讨[J].江苏电机工程,2008,2(1):81-84

[2]　贾要勤,杨忠庆,等.分布式可再生能源发电系统研究[J].电力电子技术,2005,39(4):1-4

[3]　陈磊.太阳能发电系统的原理及发电效率的提高[J].宁夏机械,2009,25(4):47-48

[4]　隆志军,王秋,谢观健,等.硅型光伏电池的电特性及太阳能发电[J].机电工程技术,2010,39(8):82-84

[5]　张立文,张聚伟,田葳.太阳能光伏发电技术及其应用[J].应用能源技术,2010,27(3):4-8

ICS 07.060
A 47
备案号：61273—2018

中华人民共和国气象行业标准

QX/T 398—2017

防雷装置设计审核和竣工验收
行政处罚规范

Technical specification for the design of lightning protection device and the
acceptance of administrative law enforcement

2017-10-30 发布
2018-03-01 实施

中 国 气 象 局 发 布

前　言

本标准按照 GB/T 1.1—2009 给出的规则起草。

本标准由全国雷电灾害防御行业标准化技术委员会提出并归口。

本标准起草单位:云南省气象局、河北省气象局、陕西省气象局、湖北省气象局。

本标准主要起草人:孟庆凯、桑瑞星、施丽、李文祥、刘子萌、何军、王维刚、张涛。

防雷装置设计审核和竣工验收行政处罚规范

1 范围

本标准规定了实施防雷装置设计审核和竣工验收违法行为行政处罚的执法机构和执法人员的要求以及行政处罚的立案、调查取证、处罚决定等工作程序。

本标准适用于气象主管机构或受其委托的执法机构对防雷装置设计审核和竣工验收违法行为的行政处罚。本标准不适用于行政处罚决定书下达后的行政复议、行政诉讼和申请法院强制执行。

2 术语和定义

下列术语和定义适用于本文件。

2.1

建设工程 construction project

油库、气库、弹药库、化学品仓库、烟花爆竹、石化等易燃易爆建设工程和场所，雷电易发区内的矿区、旅游景点的建设项目。

2.2

违法行为 illegal activities

建设工程的建设单位未履行"防雷装置设计审核和竣工验收"行政许可，将建设工程所属的防雷装置擅自施工或投入使用的行为。

2.3

公示标牌 public signs

在施工现场的进出口处设置的工程概况牌、管理人员名单及监督电话牌、消防保卫牌、安全生产牌、文明施工牌及施工现场总平面图等。

[JGJ 59—2011,定义 2.0.3]

2.4

接地体 earth electrode

埋入土壤或混凝土基础中作散流用的导体。

[GB 50057—2010,定义 2.0.11]

2.5

地基处理 ground treatment

为提高建设工程地基强度,改善其变形性质或渗透而采取的技术措施。

[JGJ 79—2012,定义 2.1.1]

2.6

桩基 piled foundation

由设置于岩土中的桩和桩顶连接的承台共同组成的基础或由柱与桩直接连接的单桩基础。

[JGJ 94—2008,定义 2.1.1]

2.7

基坑支护 retaining and protection for excavations

为保护地下主体结构施工和基坑周边环境的安全,对基坑采用的临时性支挡、加固、保护与地下水控制的措施。

[JGJ 120—2012,定义 2.1.3]

3 执法机构与执法人员合法性要求

3.1 执法机构合法性要求

3.1.1 执法机构种类

执法机构分为气象主管机构和受气象主管机构委托实施行政处罚的机构两类。

3.1.2 执法机构合法性条件

执法机构应满足以下三个条件：
a) 执法机构具有法定职权；
b) 执法机构具有独立承担法律责任主体资格；
c) 执法机构具有承办案件的执法人员(有执法资格)。

3.1.3 证明执法机构主体合法的证据

3.1.3.1 具有法定职权证据

执法机构具有法定职权证据为授予法定职权的法律、法规、规章,按照附录 A 执行。

3.1.3.2 独立承担法律责任主体资格证据

3.1.3.2.1 气象主管机构独立承担法律责任主体资格证据

气象主管机构独立承担法律责任主体资格证据有以下两种：
a) 加盖公章的气象主管机构《事业单位法人证书》复印件；
b) 行政执法文书加盖的执法机构公章。

3.1.3.2.2 受委托实施行政处罚的机构独立承担法律责任主体资格证据

受委托实施行政处罚的机构独立承担法律责任主体资格证据有以下三种：
a) 加盖公章的受委托实施行政处罚机构的《法人证书》复印件和加盖公章的县级以上气象主管机构《事业单位法人证书》复印件；
b) 行政执法文书加盖的执法机构公章,其中《责令停止违法行为通知书》《行政处罚告知书》《行政处罚决定书》加盖委托行政处罚的气象主管机构公章；
c) 受气象主管机构委托在建设工程所在区域实施行政处罚的《气象行政执法委托书》。

3.2 执法人员合法性要求

3.2.1 执法人员合法性条件

执法人员应满足以下两个条件：
a) 执法人员具有有效的行政执法证件；
b) 执法证上注明的执法单位应当与实施行政处罚的执法机构一致。

3.2.2 执法人员合法性证据

执法人员合法性证据为参与执法人员的执法证,案卷中提交加盖公章的执法证复印件。

4 执法机构人员职责

执法机构人员职责,按照附录B执行。

5 行政处罚流程

5.1 概述

行政处罚流程分为立案流程、调查取证流程和处罚决定流程三部分,按照附录C执行。

5.2 立案流程

5.2.1 立案流程图

立案流程包括案件线索的受理、案件移送和立案,并按照附录C图C.1执行。

5.2.2 案件线索的受理

5.2.2.1 案件线索来源

案件线索来源分为以下五类:
a) 执法机构在执法检查中发现的案件线索;
b) 投诉、申诉、举报的案件线索;
c) 其他机关移送的案件线索;
d) 上级气象主管机构交办的案件线索;
e) 其他。

5.2.2.2 案件线索受理的条件

执法机构受理案件线索,应满足以下条件:
a) 提交的案件线索信息完整,应至少包括以下内容:
    1) 建设工程地址;
    2) 建设工程施工进度或投入使用情况;
    3) 建设工程未取得《防雷装置设计核准意见书》或《防雷装置验收意见书》。
注:建设工程是否取得《防雷装置设计核准意见书》或《防雷装置验收意见书》可由执法机构核实。
b) 建设工程地址在受理案件执法机构管辖的地域。

5.2.2.3 案件受理记录表填写

《案件受理记录表》的填写格式和填写要求,按照附录D图D.1和D.2执行。

5.2.3 案件线索移送

5.2.3.1 案件线索移送情况的分类

执法机构决定不予受理案件线索,应分以下四种情况移送其他机构或告知:
a) 不属于执法机构行政处罚职权范围,但违反了其他法律法规规定,应移送其他有权处罚的机构;
b) 不在执法机构地域管辖范围内,应将案件移送至对建设工程有地域管辖权的执法机构;

    c) 认为构成犯罪的移送司法机关；

    d) 认为不构成违法的告知相关人员或机构。

5.2.3.2 报请上级确定管辖

执法机构对其他气象主管机构移送的案件或上级气象主管机构交办的案件，认为不属于本机构管辖，不得再次移送，应当报请上级气象主管机构确定管辖。

5.2.4 立案

5.2.4.1 立案的条件

立案应满足以下三个条件：

    a) 执法机构对违法行为具有管辖权；

    b) 执法机构对建设工程具有地域管辖权；

    c) 经初步查证，确实存在违法行为。

5.2.4.2 立案的步骤

立案应按照以下五个步骤进行：

    a) 确定案件承办人员；

    b) 案件承办人员初步查证案件信息，并提出是否立案的意见；

    c) 法制监督人员提出审核意见；

    d) 执法机构负责人审批是否立案；

    e) 不批准立案的，按照5.2.3.1处理。

5.2.4.3 立案审批表填写

《立案审批表》的填写格式和填写要求，按照附录E图E.1和E.2执行。

5.3 调查取证流程

5.3.1 调查取证流程图

调查取证流程包括调查取证、责令停止违法行为和召开案件讨论会议，并按照附录C图C.2执行。

5.3.2 调查取证的实体证据分类

实体证据分为以下五类：

    a) 执法主体和执法人员合法证据；

    b) 被处罚对象合法证据；

    c) 被处罚对象违法行为证据；

    d) 调查询问笔录；

    e) 其他。

5.3.3 执法主体和执法人员合法性证据

执法主体和执法人员合法性证据，按照3.1.3和3.2.2的规定执行。

5.3.4 被处罚对象合法性证据

5.3.4.1 被处罚对象合法性证据分类

被处罚对象合法性证据分为独立承担法律责任主体资格和建设工程具有法律效力的行政文书两种。

5.3.4.2 独立承担法律责任主体资格的证据

被处罚对象独立承担法律责任主体资格的证据分为以下四类：

——企业法人和企业法人的取得营业执照以自己名义从事生产经营的分支机构以各级市场监督管理部门颁发的《营业执照》等相关登记注册资料作为独立承担法律责任主体资格的证据；

——事业单位以各级事业单位登记管理机构颁发的《事业单位法人证书》等相关登记备案资料作为独立承担法律责任主体资格的证据；

——行政机关以各级质量技术监督部门颁发的《组织机构代码证》等相关登记备案资料作为独立承担法律责任主体资格的证据；

——社会团体以各级民政部门颁发的《社会团体法人登记证书》等相关登记备案资料作为独立承担法律责任主体资格的证据。

5.3.4.3 建设工程具有法律效力的行政文书

5.3.4.3.1 建设工程具有法律效力的行政文书分类

建设工程具有法律效力的行政文书分为以下七种，在不同地区名称可能略有变化：

——各级城乡规划部门的《建设用地规划许可证》《建设工程规划许可证》等行政审批文书和其行政审批公示资料；

——各级商务部门对加油站的《成品油零售经营批准证书》和其行政审批公示资料；

——各级安全生产监督管理部门的《危险化学品经营许可证》和其行政审批公示资料；

——各级住房与城乡建设部门的《建设工程施工图设计文件审查备案书》《建设工程施工许可证》《燃气经营许可证》和其行政审批公示资料；

——各级环保部门的《环境影响报告书》批复和其行政审批公示资料；

——各级消防部门的《建设工程消防设计审核意见书》《建设工程消防验收意见书》和其行政审批公示资料；

——国土资源、安全生产监督管理、林业、旅游、审计等其他主管部门具有法律效力的建设工程相关行政审批文书和其公示资料。

5.3.4.3.2 建设工程具有法律效力的行政文书取证方式

建设工程具有法律效力的行政文书取证方式分为以下四种：

——向行政文书归属的管理机构直接调查；

——从行政文书归属的管理机构主动对外公示信息中取得；

——按照《中华人民共和国政府信息公开条例》的规定向行政文书归属的管理机构申请公开该行政文书；

——其他。

5.3.4.4 被处罚对象合法性证据取证疑难问题的处理

5.3.4.4.1 被处罚对象及建设工程名称确定

5.3.4.4.1.1 一般确定方法

被处罚对象及建设工程可能存在数个不同名称,按以下方式确认其正式名称:
a) 被处罚对象名称按照5.3.4.2登记、注册、备案证据上的名称为准;
b) 建设工程名称以建设工程具有法律效力的行政文书上的名称为准。

注:如建设工程具有法律效力的行政文书有多份,且多份文书建设工程名称不一致,可任选其中一份行政文书建设工程名称作为正式名称,并保持确定建设工程正式名称后的行政执法文书上建设工程名称的一致性。

5.3.4.4.1.2 暂不能确定被处罚对象及建设工程名称的处理

暂不能确定被处罚对象及建设工程名称,先按以下要求处理:
a) 在调查取证过程中,暂不能按照5.3.4.4.1.1确定被处罚对象及建设工程名称,可先以建设工程现场"公示标牌"所载明的建设单位及建设工程名称暂时确定;
b) 建设工程现场无"公示标牌"的,可先以建设工程其他宣传、招标、网站等相关资料上载明建设单位及建设工程名称暂时确定。

5.3.4.4.2 行政处罚过程中被处罚对象及建设工程名称前后不一致情况的处理

在下达《行政处罚告知书》前的行政处罚流程中,后调查确定的被处罚对象及建设工程名称与之前调查暂时确定的被处罚对象及建设工程名称不一致,应对前后行政执法文书中名称不一致情况作出说明。下达《行政处罚告知书》后,被处罚对象及建设工程名称再发生变动,应重新下达《行政处罚告知书》。

5.3.4.4.3 行政处罚过程中被处罚对象发生变更情况的处理

在行政处罚过程中案件线索受理后至《行政处罚决定书》下达前,出现被处罚对象变更等情况的,按以下三种方式处理:
a) 在行政处罚过程中发生被处罚对象名称、法定代表人、住所变更等情况,变更前的行政执法文书中被处罚对象的名称、法定代表人、住所等信息无需更改。执法机构确认变更事项后,按变更后的内容填写变更后的行政执法文书,并对前后行政执法文书中被处罚对象名称、法定代表人、住所等信息不一致情况作出说明。
b) 在行政处罚过程中发生被处罚对象合并、分立等变更,变更前的行政执法文书中被处罚对象的名称、法定代表人、住所等信息无需更改,按以下规定确认新的被处罚对象,按新的名称、法定代表人、住所等信息填写变更后的行政执法文书:
   1) 发生合并的,以合并后的机构为被处罚对象;
   2) 发生分立的,以建设工程归属的新机构为被处罚对象;
   3) 发生分立后,建设工程归属机构有一个以上的,各归属机构都应作为被处罚对象。
c) 被处罚对象在发生违法行为后,将建设工程出售给其他案外人,被处罚对象不变。

5.3.5 被处罚对象违法行为证据

5.3.5.1 被处罚对象违法行为证据分类

被处罚对象违法行为证据分为建设工程应办理"防雷装置设计审核和竣工验收"行政许可证据、未办理"防雷装置设计审核和竣工验收"行政许可证明、防雷装置已施工(已投入使用)证据和违法行为查处时效证据四种。

5.3.5.2 建设工程应办理"防雷装置设计审核和竣工验收"行政许可证据

建设工程应办理"防雷装置设计审核和竣工验收"行政许可证据分为三种:
a) 油库、气库、弹药库、化学品仓库、烟花爆竹、石化等易燃易爆建设工程和场所:
    1) 按照5.3.4.3、5.3.4.4的规定,能够通过建设工程具有法律效力的行政文书确定建设工程属于油库、气库、弹药库、化学品仓库、烟花爆竹、石化等易燃易爆建设工程和场所的,以建设工程具有法律效力的行政文书作为证据;
    2) 按照5.3.5.4.2的规定,现场拍摄的照片或录像能够明确建设工程属于油库、气库、弹药库、化学品仓库、烟花爆竹、石化等易燃易爆建设工程和场所,以现场拍摄的照片或录像作为证据。
b) 雷电易发区内的矿区建设工程:
    1) 各级气象主管机构发布的《雷电易发区及防范等级划分》;
    2) 按照5.3.5.4.2的规定,能够明确建设工程所在经纬度的现场拍摄照片或录像。
c) 雷电易发区内的旅游景点建设工程:
    1) 各级气象主管机构发布的《雷电易发区及防范等级划分》;
    2) 按照5.3.5.4.2的规定,能够明确建设工程所在的经纬度的现场拍摄照片或录像。

5.3.5.3 未办理"防雷装置设计审核和竣工验收"行政许可证明

5.3.5.3.1 未办理"防雷装置设计审核和竣工验收"行政许可证明内容

未办理"防雷装置设计审核和竣工验收"行政许可证明应包括以下内容:
a) 建设工程名称;
b) 建设工程的建设单位;
c) 建设工程地址;
d) 建设工程未在本机构办理"防雷装置设计审核和竣工验收"行政许可的表述。

5.3.5.3.2 未办理"防雷装置设计审核和竣工验收"行政许可证明出具机构

未办理"防雷装置设计审核和竣工验收"行政许可证明应由以下机构出具:
a) 省、市、县级气象主管机构之间有明确的"防雷装置设计审核和竣工验收"行政许可管辖分工的规定,由对建设工程具有管辖权的气象主管机构出具证明;
b) 省、市、县级气象主管机构之间没有明确的"防雷装置设计审核和竣工验收"行政许可管辖分工的规定,由建设工程所在地的省、市、县三级气象主管机构都出具证明;
c) 建设工程所在地"防雷装置设计审核和竣工验收"行政许可职权已委托给其他机构的,由被委托授权的机构出具证明,并附委托职权的气象主管机构盖章的行政许可职权委托书。

5.3.5.4 防雷装置已施工(已投入使用)证据

5.3.5.4.1 防雷装置已施工(已投入使用)的时间节点

防雷装置已施工(已投入使用)时间节点分以下两种情况:
a) 防雷装置已施工的时间节点从建设工程防雷装置接地体开始施工计算;
b) 防雷装置已投入使用时间节点分以下三种情况:
    1) 油库、气库、弹药库、化学品仓库、烟花爆竹、石化等易燃易爆建设工程和场所从取得《危险化学品经营许可证》时间开始计算；

2) 雷电易发区内的矿区建设工程：非煤矿山从安全生产监督管理部门同意非煤矿山试运行时间开始计算，煤矿从煤矿安全监察部门同意煤矿联合试运转时间开始计算；

3) 雷电易发区内的旅游景点建设工程从物价部门对景点收费批复文件下达时间开始计算。

5.3.5.4.2 现场勘验检查笔录

5.3.5.4.2.1 现场勘验检查笔录填写

《现场勘验检查笔录》的填写格式和填写要求，按照附录F图F.1和F.2执行。

5.3.5.4.2.2 现场勘验检查笔录注意事项

现场勘验检查笔录应注意以下事项：

a) 如被检查单位现场负责人不在现场或在现场但不签署意见，由两名以上执法人员备注说明被检查单位现场负责人不在现场或不签署意见的情况；

b) 现场勘验检查应现场拍摄照片或录像，并注意以下三点：

1) 现场拍摄的照片或录像应编号，作为现场勘验检查笔录的附件；

2) 现场拍摄的照片或录像能够明确建设工程属于油库、气库、弹药库、化学品仓库、烟花爆竹、石化等易燃易爆建设工程和场所，可以作为建设工程应办理"防雷装置设计审核和竣工验收"行政许可证据；

3) 在矿区和旅游景点建设工程现场拍摄的照片或录像能够明确建设工程所在的经纬度，可以作为矿区和旅游景点建设工程属于应办理"防雷装置设计审核和竣工验收"行政许可证据。

c) 《现场勘验检查笔录》有删改，在被检查单位现场负责人签署意见的情况下，应由被检查单位现场负责人在删改处捺指印。

5.3.5.5 违法行为查处时效证据

5.3.5.5.1 违法行为查处时效概述

违法行为查处时效是指执法机构对被处罚对象违法行为进行行政处罚的有效期限，超过该有效期限就不再予以行政处罚。

5.3.5.5.2 违法行为查处时效计算

违法行为按以下方式计算查处时效：

a) 防雷装置设计审核违法行为的查处时效从防雷装置擅自施工行为终了之日起开始计算2年查处时效；

注：防雷装置擅自施工行为终了之日为建设工程防雷装置竣工之日。防雷装置竣工之日难以确定，可按被处罚对象组织建设工程竣工验收时间确定。

示例：××市北市区银河大道中段"小康大道加油站"建设工程擅自施工日期为2011年6月30日，防雷装置竣工日期为2012年12月31日，该建设工程建设单位未履行"防雷装置设计审核"行政许可，防雷装置擅自施工的违法行为从2011年6月30日开始，持续到2012年12月31日违法行为终了，则执法机构查处时效从2012年12月31日持续到2014年12月31日。

b) 防雷装置竣工验收违法行为的查处时效从防雷装置擅自投入使用行为发生之日起开始计算2年查处时效，防雷装置擅自投入使用行为发生之日按照5.3.5.4.1的规定确定。

示例：××市北市区银河大道中段"小康大道加油站"建设工程取得《危险化学品经营许可证》时间为2013年3月31

日,该建设工程建设单位未履行"防雷装置竣工验收"行政许可,防雷装置擅自投入使用的违法行为从 2013 年 3 月 31 日开始,则执法机构查处时效从 2013 年 3 月 31 日持续到 2015 年 3 月 31 日。

5.3.5.5.3 违法行为查处时效证据分类

违法行为查处时效证据分为以下两类:

a) 防雷装置擅自施工查处时效证据:

1) 防雷装置正在施工,以《现场勘验检查笔录》为证据,证明未超过查处时效;

2) 已竣工验收的建设工程,被处罚对象组织建设工程竣工验收相关文件确定的时间距执法机构立案时间未超过 2 年,以竣工验收相关文件为证据,证明未超过查处时效。

注:被处罚对象组织建设工程竣工验收相关文件可按 5.3.4.3.2 的规定调查取得。

b) 防雷装置擅自投入使用查处时效证据:

1) 油库、气库、弹药库、化学品仓库、烟花爆竹、石化等易燃易爆建设工程和场所取得《危险化学品经营许可证》起至执法机构立案时间未超过 2 年,以《危险化学品经营许可证》为证据,证明未超过查处时效;

注:《危险化学品经营许可证》可按 5.3.4.3.2 的规定调查取得。

2) 雷电易发区内的矿区建设工程:非煤矿山试运行的时间距执法机构立案时间未超过 2 年,以安全生产监督管理部门同意非煤矿山试运行文件为证据,证明未超过查处时效;煤矿联合试运转时间距执法机构立案时间未超过 2 年,以煤矿安全监察部门同意煤矿联合试运转文件为证据,证明未超过查处时效;

注:非煤矿山试运行文件和煤矿联合试运转文件可按 5.3.4.3.2 的规定调查取得。

3) 雷电易发区内的旅游景点建设工程:物价部门对景点收费批复文件下达时间距执法机构立案时间未超过 2 年,以物价部门对景点收费批复文件为证据,证明未超过查处时效。

注:景点收费批复文件可按 5.3.4.3.2 的规定调查取得。

5.3.5.6 调查询问笔录

5.3.5.6.1 调查询问笔录概述

《调查询问笔录》是执法机构为查明案件事实,收集证据,依法向了解案件情况的人员或被处罚对象调查了解有关情况,记录被询问人陈述的行政执法文书。

5.3.5.6.2 对了解案件情况的人员进行调查询问

5.3.5.6.2.1 对了解案件情况的人员进行调查询问的条件

对了解案件情况的人员进行调查询问应满足以下条件:

a) 被调查人同意接受执法机构调查询问;

b) 被调查人了解被处罚对象的部分或全部违法行为;

c) 被调查人同意在调查询问笔录上签名;

d) 被调查人同意提供本人身份证复印件或其他能证明其身份的证件复印件。

5.3.5.6.2.2 调查询问了解案件情况人员的要点

《调查询问笔录》应包括以下要点:

a) 告知被调查人有陈述、申辩和申请执法人员回避的权利;

b) 执法人员与被调查人有直接利害关系的,被调查人提出回避申请,执法人员应回避;

c) 询问被调查人与被处罚对象违法行为的关系;

d) 询问被调查人了解的被处罚对象违法行为；

e) 询问被调查人是否有其他补充；

f) 被调查人应核对笔录,签署意见并签名,签署意见统一为"此记录属实"；

g) 《调查询问笔录》有删改,由被调查人在删改处捺指印；

h) 《调查询问笔录》应附有被调查人身份证复印件或其他能证明其身份的证件复印件。

5.3.5.6.3 对被处罚对象进行调查询问

5.3.5.6.3.1 对被处罚对象进行调查询问的条件

对被处罚对象进行调查询问应满足以下条件：

a) 被调查人属于被处罚对象在职工作人员,并了解被处罚对象的违法行为；

b) 被调查人同意在《调查询问笔录》上签名；

c) 被处罚对象同意在《调查询问笔录》上加盖被处罚对象公章或被调查人提交被处罚对象授权其参加执法机构调查询问的授权书。

5.3.5.6.3.2 被处罚对象授权被调查人参加执法机构调查询问的授权书内容

被处罚对象授权被调查人参加执法机构调查询问的授权书应包括以下内容：

a) 被调查人身份证号码；

b) 授权被调查人参加执法机构调查询问的表述；

c) 被处罚对象加盖公章。

5.3.5.6.3.3 调查询问被处罚对象要点

《调查询问笔录》应包括以下要点：

a) 告知被调查人有陈述、申辩和申请执法人员回避的权利；

b) 执法人员与被调查人或被处罚对象有直接利害关系的,被调查人提出回避申请,执法人员应回避；

c) 询问被调查人身份,确定属于被处罚对象在职工作人员；

d) 询问被调查人建设工程的建设单位、地址、名称；

e) 询问被调查人建设工程开始施工时间、竣工验收时间或投入使用时间；

f) 询问被调查人建设工程是否办理了"防雷装置设计审核和竣工验收"行政许可；

g) 询问被调查人是否有其他补充；

h) 被调查人应核对笔录,签署意见并签名,签署意见统一为"此记录属实"；

i) 《调查询问笔录》有删改,由被调查人在删改处捺指印；

j) 《调查询问笔录》应加盖被处罚对象公章或被调查人提交被处罚对象授权其参加执法机构调查询问的授权书。

5.3.5.6.4 调查询问笔录填写

《调查询问笔录》的填写格式和填写要求,按照附录 G 图 G.1 和 G.2 执行。

5.3.5.7 行政执法通知书(调查询问)

5.3.5.7.1 行政执法通知书(调查询问)概述

《行政执法通知书》(调查询问)是在被处罚对象不配合执法机构的调查询问或其相关人员暂不能接受调查询问的情况下,执法机构要求被处罚对象安排工作人员在限定时间到达限定地点接受执法机构调查询问下达的行政执法文书。

5.3.5.7.2 行政执法通知书(调查询问)填写

《行政执法通知书》(调查询问)的填写格式和填写要求,按照附录 H 图 H.1 和 H.2 执行。

5.3.6 案件调查终结

5.3.6.1 案件调查终结概述

案件调查终结是指案件承办人员已完成案件证据的调查取证,能够对被处罚对象行为是否违法进行定性的阶段。

5.3.6.2 案件调查终结的处理

案件调查终结后应按以下情况分别处理:
——确认被处罚对象违法行为属实,且违法行为处于继续状态的,下达《责令停止违法行为通知书》,在《责令停止违法行为通知书》到期后,召开案件讨论会;
——确认被处罚对象违法行为属实,且违法行为已停止的,召开案件讨论会。

5.3.6.3 责令停止违法行为通知书

5.3.6.3.1 责令停止违法行为通知书填写

《责令停止违法行为通知书》的填写格式和填写要求,按照附录 I 图 I.1 和 I.2 执行。

5.3.6.3.2 下达责令停止违法行为通知书后的处理

下达《责令停止违法行为通知书》后,根据被处罚对象是否停止并纠正违法行为,分以下情况处理:
——被处罚对象停止并纠正违法行为,可作为从轻或减轻处罚情节,进入案件讨论会程序;
——被处罚对象不停止违法行为,进入案件讨论会程序。

5.3.6.4 案件讨论会

5.3.6.4.1 案件讨论会概述

案件讨论会是指案件承办人员在案件调查终结后,通过执法机构集体讨论,对案件的事实、证据、法律适用进行全面审查,确定是否予以行政处罚,并拟定处罚种类、幅度的会议。

5.3.6.4.2 案件讨论记录填写

《案件讨论记录》的填写格式和填写要求,按照附录 J 图 J.1 和 J.2 执行。

5.4 处罚决定流程

5.4.1 处罚决定流程图

处罚决定流程包括行政处罚告知、听证、行政处罚审批和下达行政处罚决定,并按照附录 C 图 C.3 执行。

5.4.2 行政处罚告知

5.4.2.1 行政处罚告知概述

行政处罚告知是指执法机构在作出行政处罚决定之前,将据以作出行政处罚决定的事实、理由、法律依据及拟定行政处罚的种类、幅度告知被处罚对象,并告知被处罚对象有权在限定期限内向执法机构提出陈述、申辩的执法程序。

注:被处罚对象是否提交书面陈述、申辩不影响行政处罚继续进行。

5.4.2.2 行政处罚告知书填写

《行政处罚告知书》的填写格式和填写要求,按照附录 K 图 K.1 和 K.2 执行。

5.4.3 听证

5.4.3.1 行政处罚听证概述

行政处罚听证不是行政处罚的必经程序;适用于执法机构拟对被处罚对象处以 3 万元(不含 3 万元)以上罚款的案件;依被处罚对象申请召开,通过充分听取被处罚对象的陈述、申辩,并允许被处罚对象及其利害关系人与案件承办人员进行质证,进一步查明涉案事实。

5.4.3.2 听证告知书填写

《听证告知书》的填写格式和填写要求,按照附录 L 图 L.1 和 L.2 执行。

5.4.3.3 行政执法通知书(听证)

5.4.3.3.1 行政执法通知书(听证)概述

《行政执法通知书》(听证)是执法机构召开行政处罚听证会前,用于通知被处罚对象听证会召开时间、地点及注意事项的行政执法文书。

5.4.3.3.2 行政执法通知书(听证)填写

《行政执法通知书》(听证)的填写格式和填写要求,按照附录 M 图 M.1 和 M.2 执行。

5.4.3.4 行政处罚听证会程序

行政处罚听证会未在《行政处罚法》及相关全国性法律、法规中规定统一程序,但各省(自治区、直辖市)各有规定程序及相关文书,本规范不作统一规定,按各省(自治区、直辖市)规定程序执行。

5.4.3.5 行政处罚听证决定

行政处罚听证会应形成听证决定,确定案件是否予以行政处罚,应行政处罚的案件还应明确处罚的种类、幅度。

5.4.4 行政处罚审批

5.4.4.1 行政处罚审批概述

行政处罚审批是执法机构负责人决定是否对案件予以行政处罚和是否同意行政处罚种类、幅度的内部审批程序。

5.4.4.2 行政处罚审批表填写

《行政处罚审批表》的填写格式和填写要求,按照附录 N 图 N.1 和 N.2 执行。

5.4.5 行政处罚决定

5.4.5.1 行政处罚决定概述

行政处罚决定是执法机构针对被处罚对象的违法行为,在调查取证掌握违法证据的基础上,决定对被处罚对象予以行政处罚,并将行政处罚的违法事实、处罚理由、法律依据和处罚种类、幅度等事项书面下达给被处罚对象的程序。

5.4.5.2 行政处罚决定书填写

《行政处罚决定书》的填写格式和填写要求,按照附录O图O.1和O.2执行。

5.4.5.3 加重行政处罚的处理

《行政处罚告知书》下达后,如果出现新的证据,应当对被处罚对象加重处罚,应重新送达《行政处罚告知书》,如需听证的,还应履行听证程序。

6 法律适用

法律适用按照附录A执行。

7 送达

7.1 使用送达程序的行政执法文书

以下行政执法文书应履行送达程序:
a) 行政执法通知书(调查询问);
b) 责令停止违法行为通知书;
c) 行政处罚告知书;
d) 听证告知书;
e) 行政执法通知书(听证通知);
f) 行政处罚决定书。

7.2 送达方式

执法机构送达行政执法文书有以下四种送达方式:
a) 直接送达;
b) 留置送达;
c) 邮寄送达;
d) 公告送达。

7.3 直接送达

7.3.1 适用直接送达条件

直接送达是最优先适用的送达方式,需要行政执法文书签收人同意在送达回证上签名,并加盖被处罚对象公章。如签收人不同意在送达回证上签名,仅加盖被处罚对象公章,也可适用直接送达。

7.3.2 直接送达的例外

行政执法文书签收人同意在送达回证上签名,但未加盖被处罚对象公章,按以下两种方式处理:
—— 由行政执法文书签收人在送达回证上签名,再将行政执法文书放置在有醒目标识表明处于被处罚对象办公场所的位置,并采用拍照、录像等方式记录送达过程;
—— 征得被处罚对象同意,约定时间补盖被处罚对象公章。

7.4 留置送达

7.4.1 适用留置送达条件

适用留置送达应满足以下条件:
—— 行政执法文书签收人不同意在送达回证上签名,也不加盖被处罚对象公章;
—— 送达的地点是被处罚对象办公场所,且有被处罚对象的醒目标识便于采用拍照、录像等方式记录送达过程或被处罚对象办公场所的基层组织同意见证留置送达。

7.4.2 留置送达种类

留置送达有以下两种:
—— 基层组织见证留置送达;
—— 拍照或录像见证留置送达。

7.4.3 基层组织见证留置送达方式

基层组织见证留置送达方式如下:
a) 执法人员邀请送达地点被处罚对象办公场所的基层组织代表到场,见证被处罚对象拒绝签收行政执法文书的行为;
b) 执法人员在送达回证备注栏上载明以下事项:
1) 执法人员确实送达执法文书至被处罚对象办公场所;
2) 被处罚对象拒收事由;
3) 留置送达的日期。
c) 基层组织代表在送达回证备注栏签名并留联系方式或加盖基层组织公章;
d) 执法人员把行政执法文书放置在被处罚对象办公场所。

7.4.4 拍照或录像见证留置送达

7.4.4.1 拍照或录像见证留置送达方式

执法人员在送达回证备注栏上载明拒收事由和日期,由送达人签名,再将行政执法文书放置在送达地点被处罚对象办公场所有醒目标识的位置,采用拍照、录像等方式记录送达过程,把行政执法文书留在受送达人的办公场所,即视为送达。

7.4.4.2 留置送达时拍照或录像的要求

拍照或录像见证留置送达,照片或录像中应包括以下内容:
—— 参与送达的2名以上执法人员影像,应面部清晰;
—— 参与送达的2名以上执法人员执法证影像,应清晰显示执法证上执法人员姓名、执法单位、执法证号等内容;
—— 行政执法文书内容影像清晰;

——送达地点被处罚对象办公场所的醒目标识影像清晰。

7.5 邮寄送达

7.5.1 适用邮寄送达条件

适用邮寄送达应满足以下条件：
——被处罚对象或受其书面委托的委托人填写《当事人送达地址确认书》；
——能够有效邮寄送达到《当事人送达地址确认书》中确认的送达地址。

7.5.2 邮寄送达的送达日期

采用邮政送达以回执上注明的收件日期为送达日期。

注：邮政部门或快递公司信息系统中的邮件签收信息可视为回执。

7.5.3 当事人送达地址确认书的填写

《当事人送达地址确认书》的填写格式和填写要求，按照附录P图P.1和P.2执行。

7.6 公告送达

7.6.1 适用公告送达条件

无法通过直接送达、留置送达、邮寄送达方式有效送达行政执法文书，才能适用公告送达。

7.6.2 公告送达方式

公告送达有以下两种方式，宜同时使用：
——将应送达的行政执法文书张贴在被处罚对象住所（注册地址），经过60日，即视为送达；
——在当地报纸上刊登应送达的行政执法文书，经过60日，即视为送达。

7.6.3 公告送达时间

公告送达的60日送达时间，不包含在气象行政处罚办案期限内。

7.6.4 公告送达书填写

《公告送达书》的填写格式和填写要求，按照附录Q图Q.1和Q.2执行。

7.7 送达回证填写

《送达回证》的填写格式和填写要求，按照附录R图R.1和R.2执行。

8 结（销）案

8.1 结（销）案条件

出现以下情况，应履行结（销）案程序：
——被处罚对象违法行为不属实；
——被处罚对象违法行为属实，但情节轻微，可以不予行政处罚；
——被处罚对象违法行为属实，但已超过违法行为查处时效或对其行政处罚违反一事不再罚原则；
——被处罚对象违法行为属实，行政处罚执行完毕。

8.2 结(销)案报告填写

《结(销)案报告》的填写格式和填写要求,按照附录 S 图 S.1 和 S.2 执行。

附　录　A
（规范性附录）
法律适用

A.1 "防雷装置设计审核和竣工验收"行政许可权限和对违法行为予以行政处罚权限的法律依据

"防雷装置设计审核和竣工验收"行政许可权和对违法行为予以行政处罚权法律依据包括《中华人民共和国气象法》《国务院对确需保留的行政审批项目设定行政许可的决定》（国务院412号令）、《气象灾害防御条例》（国务院570号令）及中国气象局部门规章《防雷减灾管理办法》《防雷装置设计审核和竣工验收规定》。

示例1：《中华人民共和国气象法》第三十一条规定"各级气象主管机构应加强对雷电灾害防御工作的组织管理，并会同有关部门指导对可能遭受雷击的建筑物、构筑物和其他设施安装的雷电灾害防护装置的检测工作。安装的雷电灾害防护装置应符合国务院气象主管机构规定的使用要求"。

示例2：《国务院对确需保留的行政审批项目设定行政许可的决定》第378项规定"防雷装置设计审核和竣工验收"，由县级以上气象主管机构负责。

示例3：《气象灾害防御条例》第二十三条规定"各类建（构）筑物、场所和设施安装雷电防护装置应符合国家有关防雷标准的规定。对新建、改建、扩建建（构）筑物设计文件进行审查，应就雷电防护装置的设计征求气象主管机构的意见；对新建、改建、扩建建（构）筑物进行竣工验收，应同时验收雷电防护装置并有气象主管机构参加。雷电易发区内的矿区、旅游景点或者投入使用的建（构）筑物、设施需要单独安装雷电防护装置的，雷电防护装置的设计审核和竣工验收由县级以上地方气象主管机构负责"。

示例4：《防雷减灾管理办法》第十五条规定"防雷装置的设计实行审核制度。县级以上地方气象主管机构负责本行政区域内的防雷装置的设计审核。符合要求的，由负责审核的气象主管机构出具核准文件；不符合要求的，负责审核的气象主管机构提出整改要求，退回申请单位修改后重新申请设计审核。未经审核或者未取得核准文件的设计方案，不应交付施工"。

示例5：《防雷减灾管理办法》第十七条规定"防雷装置实行竣工验收制度。县级以上地方气象主管机构负责本行政区域内的防雷装置的竣工验收。负责验收的气象主管机构接到申请后，应根据具有相应资质的防雷装置检测机构出具的检测报告进行核实。符合要求的，由气象主管机构出具验收文件。不符合要求的，负责验收的气象主管机构提出整改要求，申请单位整改后重新申请竣工验收。未取得验收合格文件的防雷装置，不应投入使用"。

示例6：《防雷装置设计审核和竣工验收规定》第五条规定"防雷装置设计未经审核同意的，不应交付施工。防雷装置竣工未经验收合格的，不应投入使用。新建、改建、扩建工程的防雷装置必须与主体工程同时设计、同时施工、同时投入使用"。

示例7：《防雷减灾管理办法》第三十四条第三项、第四项的规定"违反本办法规定，有下列行为之一的，由县级以上气象主管机构按照权限责令改正，给予警告，可以处5万元以上10万元以下罚款；给他人造成损失的，依法承担赔偿责任：（三）防雷装置设计未经当地气象主管机构审核或者审核未通过，擅自施工的；（四）防雷装置未经当地气象主管机构验收或者未取得验收文件，擅自投入使用的"。

示例8：《防雷装置设计审核和竣工验收规定》第三十二条第三项、第四项规定"违反本规定，有下列行为之一的，由县级以上气象主管机构按照权限责令改正，给予警告，可以处5万元以上10万元以下罚款；给他人造成损失的，依法承担赔偿责任；构成犯罪的，依法追究刑事责任：（三）防雷装置设计未经有关气象主管机构核准，擅自施工的；（四）防雷装置竣工未经有关气象主管机构验收合格，擅自投入使用的"。

A.2 未履行"防雷装置设计审核"行政许可，防雷装置擅自施工行为行政处罚法律依据

示例1：违反法律条款：《防雷减灾管理办法》第十五条第二款及《防雷装置设计审核和竣工验收规定》第五条。

示例2:行政处罚依据:《防雷减灾管理办法》第三十四条第三项和《防雷装置设计审核和竣工验收规定》第三十二条第三项,只能引用其中一项。

A.3 未履行"防雷装置竣工验收"行政许可,防雷装置擅自投入使用行为行政处罚法律依据

示例1:违反法律条款:《防雷减灾管理办法》第十七条第二款及《防雷装置设计审核和竣工验收规定》第五条。

示例2:行政处罚依据:《防雷减灾管理办法》第三十四条第四项和《防雷装置设计审核和竣工验收规定》第三十二条第四项,只能引用其中一项。

附　录　B
（规范性附录）
行政执法人员职责

B.1　案件受理人员

案件受理人员应履行以下职责：
a)　审查案件线索，认为应受理案件的，向执法机构负责人提出是否受理案件的建议。
b)　按照执法机构负责人是否受理案件的决定对案件线索进行处理。
c)　案件受理人员应对案件线索移交人进行询问，宜明确以下内容：
1)　涉案建设工程名称；
2)　涉案建设工程地址；
3)　涉案建设工程建设单位；
4)　涉案建设工程施工进度或投入使用时间；
5)　涉案建设工程是否办理"防雷装置设计审核和竣工验收"。

B.2　案件承办人员

案件承办人员应履行以下职责：
a)　对已受理的案件线索进行初步查证；
b)　对执法机构立案的案件进行调查取证；
c)　列席案件讨论会，对案件的违法事实、证据、执法程序、法律适用情况作出说明，并提出是否予以行政处罚及行政处罚的种类和幅度；
d)　参加案件听证会，对案件的违法事实、证据、执法程序、法律适用情况作出说明，并对案件证据进行质证；
e)　案件行政执法文书制作；
f)　案件承办人员不应参与案件法制监督。

B.3　法制监督人员

法制监督人员应履行以下职责：
a)　对立案环节进行审查，签署立案审批表法制监督人员审核意见；
b)　对调查取证环节进行审查，列席案件讨论会，就案件法制监督情况对出席案件讨论会人员作出说明；
c)　对案件违法事实、证据、执法程序、法律适用进行全面审查，签署行政处罚审批表法制监督人员审核意见；
d)　法制监督人员不应参与案件调查取证。

B.4 案件讨论会参加人员

B.4.1 案件讨论会出席人员

案件讨论会出席人员为执法机构除案件承办、法制监督人员以外的人员,人数为单数,不少于 3 人,其中至少有 1 名执法机构领导班子成员。案件讨论会出席人员不应参加案件调查取证和法制监督。

B.4.2 案件讨论会出席人员职责

案件讨论会出席人员负责对案件是否予以行政处罚及行政处罚的种类和幅度发表意见,并根据案件讨论会出席人员的意见形成案件处理意见。

B.4.3 案件讨论会列席人员

案件承办人员和法制监督人员作为列席人员参加案件讨论会。

B.5 案件听证会听证员

B.5.1 案件听证会听证员

案件听证会听证员为执法机构除案件承办、法制监督人员以外的人员,人数为单数,不少于 3 人,可以与案件讨论会出席人员重合。

B.5.2 案件听证会听证员职责

B.5.2.1 案件听证会听证员负责根据被处罚对象、案件承办人员的陈述、质证和辩论,全面审查案件违法事实、证据、执法程序、法律适用,形成听证意见。

B.5.2.2 案件听证会听证员不应参加案件调查取证和法制监督。

B.6 执法机构负责人

执法机构负责人履行以下职责:

a) 签署受理案件审批意见,决定执法机构是否受理案件线索;

b) 签署立案审批意见,决定执法机构受理的案件线索是否立案;

c) 可参加案件讨论会和听证会,发表案件处理意见;

d) 签署行政处罚审批意见,决定案件是否予以行政处罚及行政处罚的种类和幅度。

附　录　C
（规范性附录）
行政处罚流程

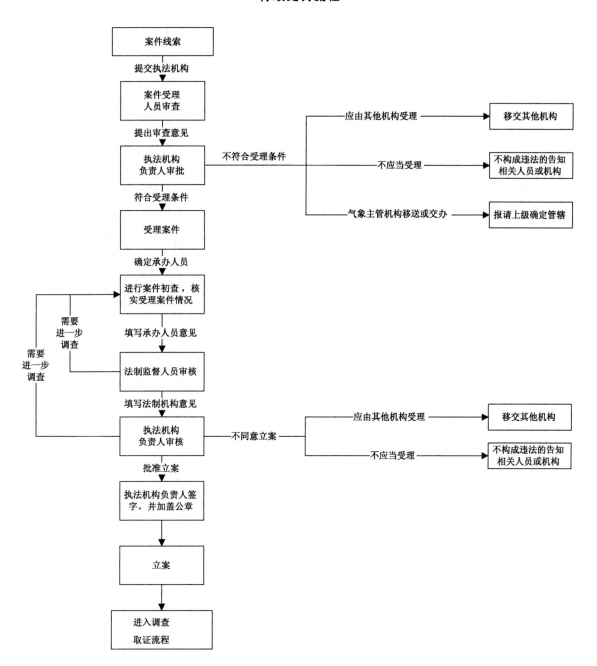

图 C.1　立案流程图

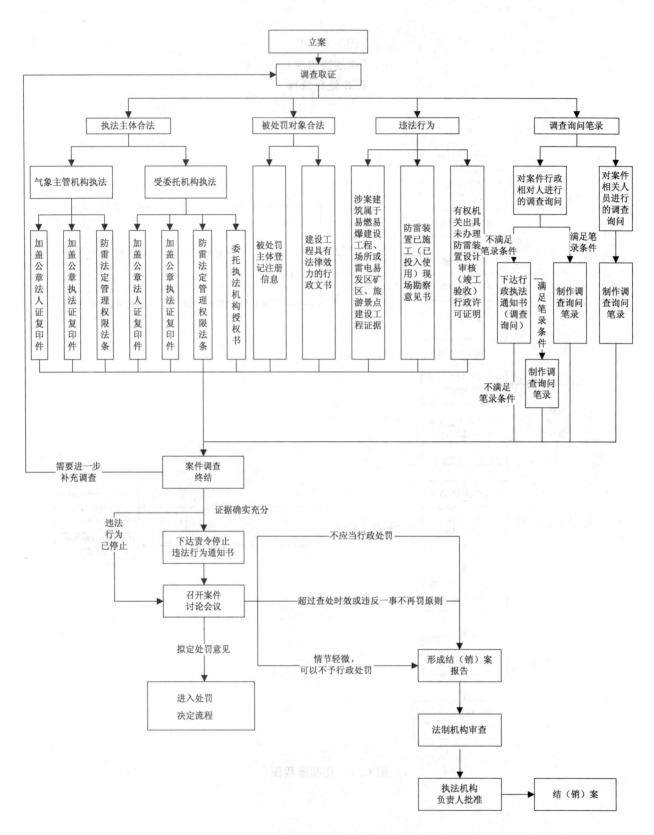

图 C.2　调查取证流程

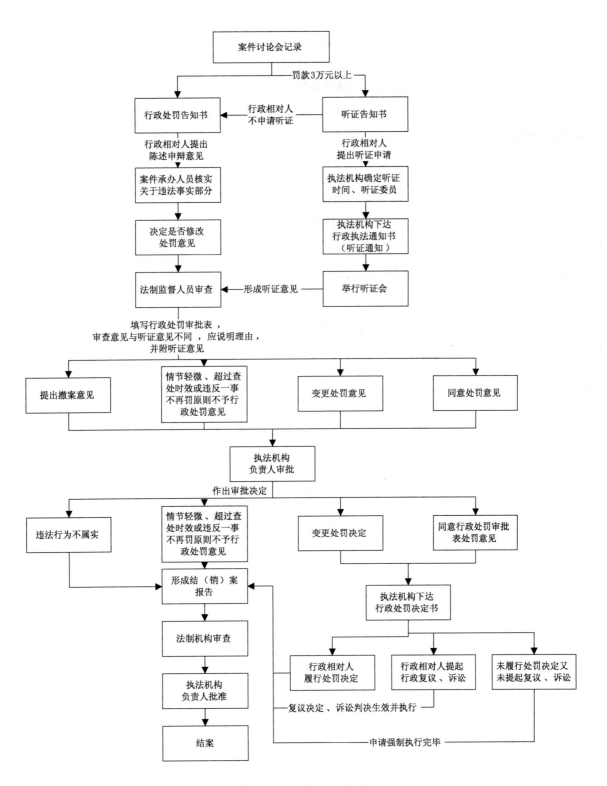

图 C.3 处罚决定流程

附 录 D
（规范性附录）
案件受理记录表

D.1 案件受理记录表样图见图 D.1

<table>
<tr><td colspan="2" style="text-align:center">

气象行政执法

案件受理记录表

（　　）气受案〔　　〕　　号

</td></tr>
<tr><td colspan="2">

案件来源：□检查　　□投诉、申诉、举报　　□移送、交办　　□其他

案件移交人：＿＿＿＿＿＿＿＿＿　联系方式：＿＿＿＿＿＿＿＿＿＿＿

建设单位：＿＿＿＿＿＿＿＿＿＿　建设工程地址：＿＿＿＿＿＿＿＿＿

受理时间：＿＿＿＿＿年＿＿＿月＿＿＿日＿＿＿时＿＿＿分

</td></tr>
<tr><td>受理案件
记录
摘要</td><td></td></tr>
<tr><td>案件受理
人员意见</td><td>案件受理人：　　　　　　　　　　　　　年　　月　　日</td></tr>
<tr><td>执法机构
负责人审
批意见</td><td>（印章）

批准人：　　　　　　　　　　　　　年　　月　　日</td></tr>
</table>

图 D.1 案件受理记录表

D.2 案件受理记录表填写

D.2.1 文书编号:(行政区划简称)气受案〔受案年号〕文书流水号。

示例:(昆)气受案〔2013〕001 号。

D.2.2 案件来源:按照案件来源在小方框中涂黑。

示例:■投诉、申诉、举报。

D.2.3 案件移交人:填写移交人姓名,如属于其他单位移交或上级交办,还应在移交人姓名前加移交或交办单位的名称。

示例:云南省气象局张××。

D.2.4 联系方式:移交人电话或手机号码。

示例:139＊＊＊＊＊＊＊＊。

D.2.5 建设单位:建设工程建设单位。

示例:云南××石化集团有限公司。

D.2.6 建设工程地址。

示例:××市北市区银河大道中段。

D.2.7 受理时间:移交人向执法机构提交案件线索时间,如实填写。

示例:2012 年 3 月 10 日 10 时 30 分。

D.2.8 受理记录摘要:按照 5.2.2.2 的规定记录案件线索信息。

示例1:2012 年 3 月 16 日,接到××市气象灾害防御技术中心王××、李××举报,位于××市北市区银河大道中段的"小康大道加油站"建设工程未办理"防雷装置设计审核"行政许可,擅自施工建设。

示例2:2012 年 3 月 16 日,执法人员孔××、罗××对位于××市北市区银河大道中段"小康大道加油站"建设工程进行执法检查,发现该建设工程未取得《防雷装置设计核准意见书》,擅自施工建设。

示例3:2012 年 3 月 16 日,接到××市住房和城乡建设局王××移交的××市北市区银河大道中段"小康大道加油站"建设工程,未办理"防雷装置设计审核"行政许可,擅自施工建设的案件。

示例4:2012 年 3 月 16 日,接到××省气象局交办的××市北市区银河大道中段的"小康大道加油站"建设工程未办理"防雷装置设计审核"行政许可,擅自施工建设的案件。

D.2.9 案件受理人员签署意见:案件受理人员应明确提出是否受理案件或按 5.2.3 提出移送案件线索的意见,如不受理还应写明理由。

示例1:案件线索符合受理条件,建议受理案件。

示例2:云南××石化集团有限公司违反了建筑法律法规的规定,不属于我局受理案件范围,建议不予受理案件,移送××市住房和城乡建设局。

D.2.10 案件受理人员签名,并签署日期,如实填写。

示例:刘××、2012 年 4 月 10 日。

D.2.11 执法机构负责人审批意见应按以下要求签署:

——执法机构负责人审批意见应明确是否同意案件受理人员意见,并签名;

——执法机构负责人不同意案件受理人员意见,应在审批意见栏中予以明确,并作出具体处理意见。

D.2.12 执法机构公章:加盖执法机构行政公章。

D.2.13 执法机构负责人审批意见时间:如实填写,同意受理的,签署审批意见时间为受理案件时间。

示例:2012 年 4 月 16 日。

附　录　E
（规范性附录）
立案审批表

E.1　立案审批表样图见图 E.1

气象行政执法 立案审批表 （　　）气立案〔　　〕　　号	
案件类别	
案　情 摘　要	
案件承办 人员意见	承办人：　　　　　　　　　　　　　年　　月　　日
法制监督 人员审核 意见	审核人：　　　　　　　　　　　　　年　　月　　日
执法机构 负责人审 批意见	（印章） 批准人：　　　　　　　　　　　　　年　　月　　日

图 E.1　立案审批表

E.2 立案审批表填写

E.2.1 文书编号:(行政区划简称)气立案〔立案年号〕文书流水号。

示例:(昆)气立案〔2013〕001 号。

E.2.2 案件类别:根据案件违法行为的性质分为"防雷装置设计审核违法案件"或"防雷装置竣工验收违法案件"。

E.2.3 案情摘要应写明以下信息:

——案件来源,按照附录 D.2.8 的规定填写;

——案件承办人员初步查证的违法行为信息或执法机构在执法检查中查证的案件线索:填写案件承办人员查证案件线索情况。

示例 1:执法人员孟××、施××于 2012 年 5 月 17 日进行初步调查,确认该建设工程未办理"防雷装置设计审核"行政许可,防雷装置擅自施工建设。

示例 2:执法人员孟××、施××于 2012 年 5 月 17 日进行初步调查,确认该建设工程未办理"防雷装置设计审核"行政许可,但防雷装置尚未施工。

E.2.4 案件承办人签署意见:案件承办人要按照附录 A 的规定,提出被处罚对象违法行为违反的法律法规,对案件是否立案的具体建议。应移送的案件线索,还应按 5.2.3 条的规定提出移送案件线索的建议,并写明理由。

E.2.5 案件承办人员签名,并签署日期:如实填写。

示例:孟××、施××、2012 年 5 月 27 日。

E.2.6 法制监督人员签署审核意见:应明确是否同意案件承办人的意见,如不同意应提出法制监督人员意见。法制监督人员是否同意立案应根据以下四个标准:

——执法机构具有违法行为的职责管辖权和地域管辖权;

——经案件承办人员查证确有违法行为存在;

——违法行为未超过查处时效,按照 5.3.5.5.2 条的规定计算查处时效。如案件承办人员还未调查取得违法行为查处时效证据,在立案时可不考虑该因素,先同意立案;

——不违反一事不再罚原则。如案件承办人员还未明确是否违反一事不再罚原则查处时效证据,在立案时可不考虑该因素,先同意立案。

E.2.7 法制监督人员签名,并签署日期:如实填写。

示例:曹××、2012 年 5 月 27 日。

E.2.8 执法机构负责人签署审批意见应按以下要求签署:

——执法机构负责人同意立案,应明确签署同意立案意见;

示例:同意立案。

——执法机构负责人不同意立案,应明确签署不同意立案意见。

示例:不同意立案,按法制监督意见移送司法机关。

E.2.9 执法机构公章:加盖执法机构行政公章。

E.2.10 执法机构负责人签名,并签署日期:如实填写。

注:同意立案的,签署审批意见时间为立案时间。

示例:李××、2012 年 3 月 21 日。

附　录　F
（规范性附录）
现场勘验检查笔录

F.1　现场勘验检查笔录样图见图 F.1

气象行政执法
现场勘验检查笔录

共　页　第　页

检查时间：........年......月......日......时......分至......日......时......分

被检查单位（人）：........................ 法定代表人：........................

　　性别：.................... 年龄：.................... 职务：....................

　　电话：....................

地址（住址）：..

检查场所：..

检查人：........................ 记录人：........................

　　我们是 .... 行政执法人员

....、..,证件号码为

....、..,这是我们的执法证件（出示证件）。我们依

法向你了解有关情况,请配合。

检查情况：..

....

....

被检查单位（人）对检查的意见：..

被检查单位现场负责人签名并盖章：..

检查人签名：........................ 记录人签名：........................

备注：..

年　月　日　时　分

图 F.1　现场勘验检查笔录

F.2 现场勘验检查笔录填写

F.2.1 检查时间:从执法人员进入检查场所到检查完毕为止。

示例:2013 年 5 月 8 日 16 时 30 分至 8 日 17 时 30 分。

F.2.2 被检查单位(人):建设工程建设单位名称。

示例:云南××石化集团有限公司。

F.2.3 法定代表人:建设工程建设单位的法定代表人姓名。

示例:李××。

F.2.4 性别:法定代表人的性别,非必填项。

示例:男。

F.2.5 年龄:法定代表人的年龄,非必填项。

示例:46 岁。

F.2.6 职务:法定代表人在建设工程建设单位担任的职务,非必填项。

示例:执行董事。

F.2.7 电话:法定代表人电话,非必填项。

示例:0871-××××××××。

F.2.8 地址(住址):建设工程建设单位的住所(注册地址)或实际办公地址,两者不一致时,以实际办公地址为准。

示例:云南省××市××区××路××号。

F.2.9 检查场所:建设工程名称。

示例:××市北市区银河大道中段"小康大道加油站"建设工程。

F.2.10 检查人:参加检查的执法人员姓名。

示例:孟××、施××。

F.2.11 记录人:填写现场勘验检查笔录的执法人员姓名。

示例:施××。

F.2.12 表明执法人员身份记录:表明执法机构,2 人以上执法人员姓名和执法证号。

示例:我们是××市气象局执法人员孟××、施××,证件号码为 YN093740、YN093745,这是我们的执法证件(出示证件)。我们依法向你了解有关情况,请配合。

F.2.13 检查情况:记录建设工程的施工进度或者投入使用的人员进驻、生产、运营情况,分为以下七种记录内容:

——建设工程现场处于地基处理阶段:现场拍摄照片或录像,文字记录建设工程现场地基处理情况,无桩基施工机械施工;

注 1:按照 5.3.5.4.1 的规定,地基处理阶段防雷装置接地体还未施工。

——建设工程处于桩基施工和基坑支护阶段:现场拍摄桩基施工和基坑支护照片或录像,文字记录基桩、承台施工和基坑开挖、回填、支护情况;

注 2:按照 5.3.5.4.1 的规定,桩基施工和基坑支护时防雷装置处于施工未完工状态。

——建设工程主体结构已开始施工:现场拍摄主体结构施工照片或录像,文字记录建设工程主体已有几处进行施工,已施工建筑主体高度;

注 3:按照 5.3.5.4.1 的规定,主体结构施工时防雷装置处于已施工未完工状态。

——建设工程主体已封顶:现场拍摄主体结构已封顶照片或录像,文字记录建设工程封顶,封顶建筑有几处;

注 4:按照 5.3.5.4.1 的规定,主体已封顶时防雷装置处于已施工未完工状态。

——建设工程进行外部装修:现场拍摄照片或录像,文字记录建设工程进行外部装修,装修的建筑有几处；

注5:按照5.3.5.4.1的规定,外部装修时防雷装置处于已施工未完工状态。

—建设工程投入使用:现场拍摄照片或录像,文字记录建设工程进行内部装修或建设工程投入、运营情况;

—对矿区或旅游景点的建设工程增加内容:执法人员通过经纬仪测定建设工程所在经纬度,并现场拍摄测定经纬度的照片或录像,文字记录测定经纬度数据。

F.2.14 被检查单位(人)对检查的意见:被检查单位现场负责人对检查记录的意见如实记载。

示例:此记录属实。

F.2.15 被检查单位现场负责人签名并盖章:签署意见的人签名并加盖公章。

示例:李长林、(印章)。

F.2.16 检查人签名:参加检查的执法人员姓名。

示例:孟××、施××。

F.2.17 记录人签名:填写现场勘验检查笔录的执法人员姓名。

示例:施××。

F.2.18 备注:被检查单位现场负责人不在现场或在现场但不签署意见则按5.3.5.4.2.2备注说明,无则不填。

附 录 G
（规范性附录）
调查询问笔录

G.1 调查询问笔录样图见图 G.1

气象行政执法
调查询问笔录

共 页 第 页

调查（询问）时间：＿＿＿＿年＿＿＿＿月＿＿＿＿日＿＿＿＿时＿＿＿＿分至＿＿＿＿日＿＿＿＿时＿＿＿＿分

调查（询问）地点：＿＿＿＿＿＿＿＿＿＿＿＿＿＿＿＿＿＿＿＿＿＿＿＿＿＿＿＿＿＿

调查（询问）人：＿＿＿＿＿＿＿＿＿＿证件号码：＿＿＿＿＿＿＿＿＿＿＿＿

记录人：＿＿＿＿＿＿＿＿＿＿＿＿证件号码：＿＿＿＿＿＿＿＿＿＿＿＿

被调查（询问）人：＿＿＿＿＿＿＿＿性别：＿＿＿＿＿＿年龄：＿＿＿＿＿＿

工作单位：＿＿＿＿＿＿＿＿＿职务：＿＿＿＿＿＿电话：＿＿＿＿＿＿

地址（住址）：＿＿＿＿＿＿＿＿＿＿＿＿＿＿＿＿＿＿＿＿＿＿＿＿＿＿＿＿＿＿

　我们是＿＿＿＿＿＿＿＿行政执法人员＿＿＿＿＿＿＿＿、＿＿＿＿＿＿＿＿，证件号码为

＿＿＿＿＿＿＿＿、＿＿＿＿＿＿＿＿，这是我们的执法证件（出示证件）。我们依法向你告知以下事项：

＿＿

＿＿

＿＿

被调查（询问）人意见及签名或押印：　　　　　　　　　　　　年　月　日　时　分

调查人（询问）签名：　　　　　　　　　　　　　　　　　　　年　月　日　时　分

记录人签名：　　　　　　　　　　　　　　　　　　　　　　　年　月　日　时　分

注：被调查（询问）人应在笔录逐页签名或押印，如有涂改之处，应在涂改之处签名或押印；并在笔录终了处注明"此记录属实"字样和调查结束时间。

图 G.1 调查询问笔录

G.2 调查询问笔录填写

G.2.1 调查(询问)时间:如实填写。

示例:2013 年 5 月 8 日 16 时 30 分至 8 日 17 时 30 分。

G.2.2 调查(询问)地点:如实填写。

示例:××市环城西路 416 号(××市气象行政执法支队办公室)。

G.2.3 调查(询问)人:参加调查(询问)的执法人员姓名。

示例:孟××、施××。

G.2.4 证件号码:参加调查(询问)的执法人员执法证号码。

示例:YN××××××、YN××××××。

G.2.5 记录人:填写《调查询问笔录》的执法人员姓名。

示例:施××。

G.2.6 证件号码:填写《调查询问笔录》的执法人员执法证号码。

示例:YN××××××。

G.2.7 被调查(询问)人:如实填写被调查人姓名。

示例:郝×。

G.2.8 性别:被调查人的性别,非必填项。

示例:男。

G.2.9 年龄:被调查人的年龄,非必填项。

示例:46 岁。

G.2.10 被调查人工作单位:如实填写。

示例:云南××石化集团有限公司。

G.2.11 职务:被调查人在工作单位担任的职务,非必填项。

示例:项目经理。

G.2.12 电话:被调查人电话。

示例:0871-××××××××。

G.2.13 地址:住址。

地址按以下要求填写:

a) 被调查人为了解案件情况的人员填写家庭住址;

b) 被调查人为被处罚对象在职工作人员,填写被处罚对象住所(注册地址)或实际办公地址,两者不一致时,以实际办公地址为准。

示例:云南省××市××区××路××号。

G.2.14 表明执法人员身份记录。

示例:我们是××市气象局执法人员孟××、施××,证件号码为 YN0937××、YN0937××,这是我们的执法证件(出示证件)。我们依法向你了解有关情况,请配合。

G.2.15 调查询问内容按照 5.3.5.6 的规定填写,在调查询问内容填写完的后一行标注"以下空白"。

G.2.16 被调查(询问)人意见及签名或盖章按以下要求填写:

a) 被调查人应核对笔录,在《调查询问笔录》的每一页签署意见并签名,签署意见统一为"此记录属实";

b) 被调查人属于了解案件情况的人员,只签名不加盖公章,需要附有被调查人身份证复印件或其他能证明其身份的证件复印件;

c) 被调查人属于被处罚对象在职工作人员,应在《调查询问笔录》的每一页签名处加盖被处罚对象公章或提交被处罚对象授权被调查人参加执法机构调查询问的授权书。

G.2.17 被调查(询问)人意见及签名或押印时间:如实填写。

示例:2013 年 5 月 29 日 17 时 27 分。

G.2.18 调查(询问)人:参加调查询问的执法人员姓名。

示例:孟××、施××。

G.2.19 调查(询问)人签名时间:如实填写。

示例:2013 年 5 月 29 日 17 时 28 分。

G.2.20 记录人:填写《调查询问笔录》的执法人员姓名。

示例:施××。

G.2.21 记录人签名时间:如实填写。

示例:2013 年 5 月 9 日 17 时 29 分。

附　录　H

（规范性附录）

气象行政执法通知书(调查取证)

H.1　气象行政执法通知书(调查取证)样图见图 H.1

气象行政执法

通　知　书

（　　）气通〔　　〕　　号

被通知单位	
通知事项	
应到时间	年　　月　　日　　时
应到处所	
注　意 事　项	

执法人员：

联系方式：

（印　　章）

年　　月　　日

注:本通知书适用于通知当事人及其他人员接受调查、询问或者听证时间、地点等事项时使用。

本文书一式两份,一份交当事人,一份留存。

图 H.1　气象行政执法通知书(调查取证)

H.2 行政执法通知书(调查询问)填写

H.2.1 文书编号:(行政区划简称)气通〔通知年号〕文书流水号。

示例:(昆)气通〔2013〕001 号。

H.2.2 被通知单位:建设工程建设单位名称。

示例:云南××石化集团有限公司。

H.2.3 通知事项。

示例:云南××石化集团有限公司:你单位位于××市北市区银河大道中段"小康大道加油站"建设工程未办理"防雷装置设计审核"行政许可,防雷装置擅自施工,现由××市气象局立案。为调查了解案情,保障你单位的陈述、申辩权,现通知你单位安排了解案情的工作人员,携带授权该工作人员接受××市气象局调查询问的授权书,接受调查询问。

H.2.4 应到时间:由执法机构决定。

示例:2013 年 5 月 10 日 9 点 30 分。

H.2.5 应到处所:由执法机构决定。

示例:××市环城西路 416 号(××市气象行政执法支队办公室)。

H.2.6 注意事项。

示例:请你单位按时到场,提交授权书,并可以委派律师、法律顾问等参加调查询问。

H.2.7 执法人员:送达行政执法通知书(调查询问)执法人员姓名及执法证号。

示例:孟××、施××,YN0937××、YN0937××。

H.2.8 联系方式:执法人员电话。

示例:0871-××××××××。

H.2.9 执法机构公章:加盖执法机构行政公章。

H.2.10 通知时间:如实填写。

示例:2013 年 5 月 6 日。

附　录　I

（规范性附录）

责令停止违法行为通知书

I.1　责令停止违法行为通知书样图见图 I.1

气象行政执法

责令停止违法行为通知书

（　　　）气停〔　　〕　　号

＿＿＿＿＿＿＿＿＿＿＿＿＿＿＿：

　　你（单位）＿＿＿＿＿＿＿＿＿＿＿＿＿＿＿＿＿＿＿＿＿＿＿＿＿＿，

违反了＿＿＿＿＿＿＿＿＿＿＿＿＿＿＿＿＿＿＿＿＿＿＿＿＿＿＿＿＿＿，

根据＿＿＿＿＿＿＿＿＿＿＿＿＿＿＿＿的规定,现责令你（单位）停止下列违

法行为：

＿＿＿＿＿＿＿＿＿＿＿＿＿＿＿＿＿＿＿＿＿＿＿＿＿＿＿＿＿＿＿＿＿＿

＿＿＿＿＿＿＿＿＿＿＿＿＿＿＿＿＿＿＿＿＿＿＿＿＿＿＿＿＿＿＿＿＿＿

＿＿＿＿＿＿＿＿＿＿＿＿＿＿＿＿＿＿＿＿＿＿＿＿＿＿＿＿＿＿＿＿＿＿

于＿＿＿年＿＿＿月＿＿＿日前予以改正或＿＿＿＿＿＿＿＿＿＿＿＿＿＿。

逾期不予改正的,我局将按照＿＿＿＿＿＿＿＿＿＿＿＿＿的规定,进行处罚。

当事人：　　　　　　行政执法人员：　　　　　　执法机构：

（印章）　　　　　　　　（签名）　　　　　　　　（印章）

　　　　　　　　　　　　　　　　　　　　　年　　　月　　　日

本文书一式两份,一份交当事人,一份留存。

图 I.1　责令停止违法行为通知书

I.2 责令停止违法行为通知书填写

I.2.1 文书编号:(行政区划简称)气停〔责停年号〕文书流水号。

示例:(昆)气停〔2013〕001号。

I.2.2 送达单位:建设工程建设单位名称。

示例:云南××石化集团有限公司。

I.2.3 违法事实。

示例:你单位位于××市北市区银河大道中段的"小康大道加油站"建设工程,未办理"防雷装置设计审核"行政许可,防雷装置已擅自施工建设。

I.2.4 违反法律条款:按照附录A的规定填写。

I.2.5 责令改正违法行为的依据:与行政处罚的依据相同,按照附录A的规定填写。

I.2.6 停止并纠正违法行为,按以下情况填写:

——停止建设工程防雷装置擅自施工行为;

示例:现责令你单位停止"小康大道加油站"建设工程防雷装置施工。

——停止建设工程防雷装置使用行为。

示例:现责令你单位停止"小康大道加油站"建设工程防雷装置使用。

I.2.7 纠正期限:执法机构决定责令纠正违法行为的期限不应超过责令停止违法行为通知书送达日期15个工作日。

I.2.8 行政处罚依据:按照附录A的规定填写。

I.2.9 当事人:加盖建设工程建设单位公章。

I.2.10 执法人员:参与《责令停止违法行为通知书》送达的执法人员签名并填写执法证号。

示例:孟××、施××,YN0937××、YN0937××。

I.2.11 执法机构公章:加盖执法机构行政公章。

I.2.12 送达日期:如实填写。

示例:2013年6月16日。

附 录 J
（规范性附录）
案件讨论记录

J.1 案件讨论记录样图见图 J.1

气象行政执法
案件讨论记录

共　　页　第　　页

案由：..

时间：................年............月............日............时至............时

地点：..

主持人：..

出席人员姓名及职务：..

....

....

....

列席人员姓名及职务：..

....

....

讨论记录：..

....

....

图 J.1 案件讨论记录

（续　页）

案件处理意见：

出席人员签名：

年　　月　　日

图 J.1　案件讨论记录（续）

J.2 案件讨论记录填写

J.2.1 案由。

示例:云南××石化集团有限公司位于××市北市区银河大道中段的"小康大道加油站"建设工程,未办理"防雷装置设计审核"行政许可,防雷装置已擅自施工建设。

J.2.2 时间:如实填写。

示例:2013年6月20日。

J.2.3 地点:如实填写。

示例:××市环城西路416号(××市气象行政执法支队办公室)。

J.2.4 主持人:案件法制监督人员担任主持人。

示例:曹××。

J.2.5 出席人员姓名及职务:如实填写。

示例:李××局长、王××副局长、赵××副局长、张××科长、陈××科长。

J.2.6 列席人员姓名及职务:如实填写。

示例:孟××科长、施××副科长、曹××科员。

J.2.7 讨论内容按以下要求开展:

    a) 案件承办人员汇报案件调查过程、被处罚对象违法行为、调查取得的证据、违反的法律条款、行政处罚的法律条款、已送达的行政执法文书和被处罚对象的陈述、申辩理由等;

    b) 案件承办人员提出案件处理意见的建议;

    c) 法制监督人员对案件法制监督情况作出说明;

    d) 出席人员对案件处理展开讨论,形成案件处理意见。

J.2.8 案件处理意见分以下四类:

    a) 被处罚对象违法行为不属实,履行结(销)案程序;

    b) 被处罚对象违法行为属实,但情节轻微,可以不予行政处罚,履行结(销)案程序;

    c) 被处罚对象违法行为属实,但已超过违法行为查处时效或对其行政处罚违反一事不再罚原则,应不予行政处罚,履行结(销)案程序;

    d) 被处罚对象违法行为属实,应给予行政处罚,拟定行政处罚的种类、幅度。

J.2.9 参会人员签名:参会人员(包括出席人员和列席人员)审核会议记录,内容修改无误后签名。

示例:李××、王××、赵××、张××、陈××、孟××、施××、曹××。

J.2.10 签名时间:参会人员在签名后如实填写各自签名时间。

附　录　K

（规范性附录）

行政处罚告知书

K.1 行政处罚告知书样图见图 K.1

气象行政执法

行政处罚告知书

（　　　）气罚告〔　　　〕　　　号

告知人：..

被告知单位（人）：..法定代表人

性别：....................年龄：....................职务：....................

电话：..

地址（住址）：..

告知内容：我们是......................行政执法人员....................、....................,证件号码为

....................、....................,这是我们的执法证件（出示证件）。我们依法向你告知以下事项：

1.违法事实：..

....

2.法律依据：以上事实已违反..,

依据..的规定。

3.拟行政处罚意见：将给予以下行政处罚：..

....

4.对上述告知内容，你（单位）有陈述、申辩的权利。如要求陈述、申辩，你（单位）在收到本通知之日起三日内，向我局提

出书面陈述、申辩意见。逾期未提出的，视为放弃此权利。

执法机构地址：....................................邮政编码：....................

执法人员：....................................电话：....................

（印　　章）

年　　月　　日

本文书一式两份，一份交当事人，一份留存。

图 K.1　行政处罚告知书

K.2 行政处罚告知书填写

K.2.1 文书编号:(行政区划简称)气罚告〔告知年号〕文书流水号。

示例:(昆)气罚告〔2013〕001 号。

K.2.2 告知人:执法机构名称。

示例:××市气象局。

K.2.3 被告知单位(人):建设工程建设单位名称。

示例:云南××石化集团有限公司。

K.2.4 法定代表人:建设工程建设单位的法定代表人姓名。

示例:李××。

K.2.5 性别:法定代表人的性别,非必填项。

示例:男。

K.2.6 年龄:法定代表人的年龄,非必填项。

示例:46 岁。

K.2.7 职务:法定代表人在建设工程建设单位担任的职务,非必填项。

示例:执行董事。

K.2.8 电话:法定代表人电话,非必填项。

示例:0871-××××××。

K.2.9 地址(住址):建设工程建设单位的住所(注册地址)或实际办公地址,两者不一致时,以实际办公地址为准。

示例:云南省××市××区××路××号。

K.2.10 告知内容。

示例:我们是××市气象局执法人员孟××、施××,证件号码为 YN0937××、YN0937××,这是我们的执法证件(出示证件)。我们依法向你告知以下事项。

K.2.11 违法事实。

示例:你单位位于××市北市区银河大道中段的"小康大道加油站"建设工程,未办理"防雷装置设计审核"行政许可,防雷装置已擅自施工建设。截至 2013 年 6 月 22 日,你单位仍未补办"防雷装置设计审核"行政许可。

K.2.12 法律依据:按照附录 A 的规定填写。

K.2.13 拟行政处罚意见:按照案件讨论会拟定的行政处罚种类、幅度确定。

K.2.14 执法机构地址:如实填写。

示例:××市环城西路 416 号。

K.2.15 邮政编码:如实填写执法机构的邮政编码。

示例:650034。

K.2.16 执法人员:参与《行政处罚告知书》送达的执法人员签名并填写执法证号。

示例:孟××、施××,YN0937××、YN0937××。

K.2.17 执法人员的电话:如实填写。

K.2.18 执法机构公章:加盖执法机构行政公章。

K.2.19 告知日期:如实填写。

示例:2013 年 6 月 30 日。

附　录　L
（规范性附录）
听证告知书

L.1　听证告知书样图见图 L.1

气象行政执法
听证告知书

（　　　）气听告〔　　　〕　　号

........................：

　　由我局立案调查的 _____ 一案，已经我局调查

终结。根据 _____ 的规定，现将我局拟对你（单位）作出

的行政处罚依据的违法事实、法律依据和拟行政处罚意见告知如下：

1.违法事实： _____

_____

2.法律依据：以上事实已违反 _____，

依据 _____ 的规定。

3.拟行政处罚意见：将给予以下行政处罚： _____

_____

　　根据《中华人民共和国行政处罚法》的有关规定，你（单位）有要求举行听证的权利。如要求举行听证的，请在收到此

通知之日起三日内向我局提出。逾期未提出的，视为放弃上述权利。

执法机构地址：_____　　　邮政编码：_____

执法人员：_____　　　电话：_____

（印　　章）

年　　月　　日

本文书一式两份，一份交当事人，一份留存。

图 L.1　听证告知书

L.2 听证告知书填写

L.2.1 文书编号:(行政区划简称)气听告〔听证年号〕文书流水号。

示例:(昆)气听告〔2013〕001 号。

L.2.2 被告知单位:建设工程建设单位名称。

示例:云南××石化集团有限公司。

L.2.3 《听证告知书》案由、听证依据部分。

示例:由××市气象局立案调查的你单位未办理"防雷装置设计审核"行政许可,防雷装置擅自施工一案,已经调查终结。根据《中华人民共和国行政处罚法》第四十二条的规定,现将我局拟对你(单位)作出行政处罚依据的违法行为、法律依据和拟行政处罚意见告知如下。

L.2.4 《听证告知书》违法事实、法律依据和拟行政处罚意见部分按照附录 K 中 K.2.11,K.2.12,K.2.13填写。

L.2.5 执法机构地址:如实填写。

示例:××市环城西路 416 号。

L.2.6 邮政编码:如实填写执法机构的邮政编码。

示例:650034。

L.2.7 执法人员:参与《行政处罚告知书》送达的执法人员签名并填写执法证号。

示例:孟××、施××,YN0937××、YN0937××。

L.2.8 执法人员的电话:如实填写。

示例:0871—×××××××。

L.2.9 执法机构公章:加盖执法机构行政公章。

L.2.10 告知日期:如实填写。

示例:2013 年 6 月 30 日。

附　录　M
（规范性附录）
行政执法通知书（听证）

M.1　气象行政执法通知书（听证）样图见图 M.1

气象行政执法

通知书（听证）

（　　　）气通〔　　　〕　号

被通知单位	
通知事项	
应到时间	年　　月　　日　　时
应到处所	
注　意 事　项	
执法人员： 联系方式： （印　章） 　　　年　　月　　日	

注：本通知书适用于通知当事人及其他人员接受调查、询问或者听证时间、地点等事项时使用。

本文书一式两份，一份交当事人，一份留存。

图 M.1　气象行政执法通知书（听证）

M.2 行政执法通知书(听证)填写

M.2.1 文书编号:(行政区划简称)气通〔通知年号〕文书流水号。

示例:(昆)气通〔2013〕002 号。

M.2.2 被通知单位:建设工程建设单位名称。

示例:云南××石化集团有限公司。

M.2.3 通知事项。

示例:云南××石化集团有限公司:你单位位于××市北市区银河大道中段"小康大道加油站"建设工程未办理"防雷装置设计审核"行政许可,防雷装置擅自施工,现由××市气象局立案。根据你单位提出的听证申请,现通知你单位安排了解案情的工作人员,携带授权该工作人员参加行政处罚听证会的授权书,参加行政处罚听证会。

M.2.4 听证时间:由执法机构决定。

示例:2013 年 7 月 15 日 9 点 30 分。

M.2.5 听证处所:由执法机构决定。

示例:××市环城西路 416 号(××市气象行政执法支队办公室)。

M.2.6 注意事项。

示例:请你单位按时到场,提交授权书,并可以委派律师、法律顾问等参加行政处罚听证会。

M.2.7 执法人员:送达行政执法通知书(听证)执法人员姓名及执法证号。

示例:孟××、施××,YN0937××、YN0937××。

M.2.8 联系方式:执法人员电话。

示例:0871—×××××××。

M.2.9 执法机构公章:加盖执法机构行政公章。

M.2.10 通知时间:如实填写。

示例:2013 年 7 月 5 日。

附　录　N

（规范性附录）

行政处罚决定审批表

N.1　行政处罚决定审批表样图见图 N.1

<table>
<tr>
<td colspan="2" align="center">气象行政执法
行政处罚决定审批表</td>
</tr>
<tr>
<td colspan="2">被处罚单位（人）：⋯⋯⋯⋯⋯⋯　　法定代表人 ⋯⋯⋯⋯⋯⋯⋯⋯

性别：⋯⋯⋯⋯⋯⋯　年龄：⋯⋯⋯⋯⋯　职务：⋯⋯⋯⋯⋯⋯

电话：⋯⋯⋯⋯⋯⋯⋯⋯⋯⋯⋯⋯⋯⋯⋯⋯⋯⋯⋯⋯⋯⋯

地址（住址）：⋯⋯⋯⋯⋯⋯⋯⋯⋯⋯⋯⋯⋯⋯⋯⋯⋯⋯⋯</td>
</tr>
<tr>
<td>违法事实

法律依据

处罚决定</td>
<td>

承办人：　　年　月　日</td>
</tr>
<tr>
<td>法制监督

人员审核

意见</td>
<td>

审核人：　　年　月　日</td>
</tr>
<tr>
<td>执法机构

负责人审

批意见</td>
<td>

（印章）

批准人：　　年　月　日</td>
</tr>
</table>

图 N.1　行政处罚决定审批表

N.2 行政处罚决定审批表填写

N.2.1 被告知单位(人):建设工程建设单位名称。

示例:云南××石化集团有限公司。

N.2.2 法定代表人:建设工程建设单位的法定代表人姓名。

示例:李××。

N.2.3 性别:法定代表人的性别,非必填项。

示例:男。

N.2.4 年龄:法定代表人的年龄,非必填项。

示例:46岁。

N.2.5 职务:法定代表人在建设工程建设单位担任的职务,非必填项。

示例:执行董事。

N.2.6 电话:法定代表人电话,非必填项。

示例:0871-×××××××××。

N.2.7 地址(住址):建设工程建设单位的住所(注册地址)或实际办公地址,两者不一致时,以实际办公地址为准。

示例:云南省××市××区××路××号。

N.2.8 《行政处罚决定审批表》违法事实、法律依据部分按照附录K中K.2.11和K.2.12填写。

N.2.9 《行政处罚决定审批表》行政处罚决定按以下三种方式确定:

——召开行政处罚听证会的案件,按照行政处罚听证会听证决定确定行政处罚种类、幅度处罚;

——未召开行政处罚听证会的案件,按照《行政处罚告知书》拟定的行政处罚种类、幅度处罚;

——未召开行政处罚听证会的案件,被处罚对象提出的陈述、申辩意见查证属实,确有从轻、减轻或免除处罚的事实,案件承办人员可以对《行政处罚告知书》拟定的行政处罚作出调整。

N.2.10 案件承办人员签名、签署日期:如实填写。

示例:孟××、施××、2012年7月27日。

N.2.11 法制监督人员的审核意见:应明确是否同意行政处罚决定,如不同意应提出法制监督人员意见。法制监督人员是否同意行政处罚决定应根据以下四个标准判断:

——实体证据是否确实充分,形成闭合证据链,推导出被处罚对象应受行政处罚的唯一结论;

——程序证据是否完整,保障了被处罚对象知情权和陈述、申辩权;

——法律适用是否正确;

——行政处罚的种类、幅度是否合适。

N.2.12 法制监督人员签名,并签署日期:如实填写。

示例:曹××、2012年7月28日。

N.2.13 执法机构负责人审批意见:应明确是否同意行政处罚决定及处罚的种类、幅度,并签名。审批意见应按以下要求填写:

——同意行政处罚及处罚的种类、幅度;

——同意行政处罚,变更处罚的种类、幅度;

——不予行政处罚,履行结(销)案程序。

N.2.14 执法机构公章:加盖执法机构行政公章。

N.2.15 执法机构负责人审批意见时间:如实填写,同意处罚的,签署审批意见时间为行政处罚审批决定时间。

示例:2012年7月28日。

附 录 O

（规范性附录）

行政处罚决定书

O.1 行政处罚决定书样图见图O.1

气象行政执法

行政处罚决定书

（　　）气罚〔　　〕　　号

被处罚单位（人）：_____ 法定代表人：_____

　　性别：_____ 年龄：_____ 职务：_____

　　电话：_____

地址（住址）：_____

违法事实：_____

_____

_____

　　以上事实已违反_____

依据_____规定，作出下列行政处罚决定：

_____

_____

　　请你（单位）自接到本决定书之日起15日内，到_____缴纳罚款，到期不缴纳罚款的，每日按罚款数额的3%加处罚款。到期不履行处罚决定的，我单位将申请人民法院强制执行。如对以上行政处罚不服，可在接到本决定书之日起60日内，向_____申请复议或者在接到本决定书之日起6个月内向_____人民法院起诉。

（印　章）

年　月　日

本文书一式两份，一份交当事人，一份留存

图 O.1　行政处罚决定书

O.2 行政处罚决定书填写

O.2.1 文书编号:(行政区划简称)气罚〔处罚年号〕文书流水号。

示例:(昆)气罚〔2013〕001号。

O.2.2 被告知单位(人):建设工程建设单位名称。

示例:云南××石化集团有限公司。

O.2.3 法定代表人:建设工程建设单位的法定代表人姓名。

示例:李××。

O.2.4 性别:法定代表人的性别,非必填项。

示例:男。

O.2.5 年龄:法定代表人的年龄,非必填项。

示例:46岁。

O.2.6 职务:法定代表人在建设工程建设单位担任的职务,非必填项。

示例:执行董事。

O.2.7 电话:法定代表人电话,非必填项。

示例:0871-××××××××。

O.2.8 地址(住址):建设工程建设单位的住所(注册地址)或实际办公地址,两者不一致时,以实际办公地址为准。

示例:云南省××市××区××路××号。

O.2.9 《行政处罚决定书》违法事实、法律依据部分按照附录K中K.2.11和K.2.12填写。

O.2.10 给予的行政处罚:按照《行政处罚决定审批表》确定的行政处罚种类、幅度填写。

O.2.11 缴纳罚款机构:执法机构所在地的财政部门指定执收罚款的银行。

示例:××市××银行。

O.2.12 行政复议机构按以下情况确定:

——执法机构是气象主管机构的,执法机构的上级气象主管机构或同级人民政府作为行政复议机构;

——执法机构是受气象主管机构委托进行行政处罚的机构,委托授权气象主管机构的上级气象主管机构或同级人民政府作为行政复议机构。

O.2.13 行政诉讼机构按以下情况确定:

——执法机构是国务院气象主管机构,行政诉讼机构为执法机构所在地的中级人民法院;

——执法机构是省级及以下气象主管机构,行政诉讼机构为执法机构所在地的基层人民法院;

——执法机构是受气象主管机构委托进行行政处罚的机构,行政诉讼机构为委托授权气象主管机构所在地的基层人民法院。

O.2.14 执法机构公章:加盖执法机构行政公章。

O.2.15 下达《行政处罚决定书》时间:如实填写。

示例:2012年7月30日。

附 录 P
（规范性附录）
当事人地址确认书

P.1 当事人地址确认书样图见图 P.1

案由	
立案文号	（ ）气立案〔 〕 号
当事人填写送达地址确认书的告知事项	根据相关法律法规的规定,告知如下: 　　一、当事人无法直接接收行政文书时,应当向执法机构提供或者确认自己准确的送达地址,并填写送达地址确认书。 　　二、当事人在行政处罚决定书下达前,变更送达地址的,应当及时以书面方式告知处罚机构。
当事人提供的送达地址	当事人: 收件人:　　　　　　　　　　　邮政编码: 送达地址: 联系电话: 1.手机:＿＿＿＿　2.住宅:＿＿＿＿　3.办公室:＿＿＿＿
当事人对自己送达地址的确认	我已经阅读了执法机构对当事人填写送达地址确认书的告知事项,并保证上述送达地址是准确、有效的。 　　　　　　　　　　　　　　当事人签名并加盖公章:＿＿＿＿ 　　　　　　　　　　　　　　　　　　年　月　日
备　考	
执法机构	
执法人员签名及执法证号	

　　注1:当事人填写本表前,应当仔细阅读表中第一栏内执法机构对当事人填写送达地址确认书的书面告知;当事人阅读有困难的,执法人员应当向其口头告知。

　　注2:本表中当事人的送达地址应当由当事人自己或当事人的代理人填写;当事人因文化水平限制不能书写,又没有代理人的,可以口述后由执法人员代为填写,并经执法人员宣读无误后由当事人签名并捺印确认。

　　注3:当事人的电话号码应当包括办公电话、住宅电话和移动电话。

　　注4:当事人拒绝提供自己送达地址的,或者当事人要求对《当事人送达地址确认书》中的内容保密的,应当在备考栏内注明。

图 P.1　当事人地址确认书

P.2 当事人地址确认书填写

P.2.1 案由。

示例：云南××石化集团有限公司位于××市北市区银河大道中段的"小康大道加油站"建设工程,未办理"防雷装置设计审核"行政许可,防雷装置已擅自施工建设。

P.2.2 立案文号:(行政区划简称)气立案〔立案年号〕文书流水号。

示例:(昆)气立案〔2013〕001号。

P.2.3 当事人:建设工程建设单位名称。

示例:云南××石化集团有限公司。

P.2.4 收件人:实际接收行政文书人的姓名。

示例:张××。

P.2.5 邮政编码:如实填写当事人的邮政编码。

示例:650034。

P.2.6 送达地址。

示例:××市环城西路418号。

P.2.7 联系电话。

示例:1、手机:×××××××××××;2、住宅:×××××××××;3、办公室:×××××××××。

P.2.8 当事人签名并加盖公章:如实填写。

示例:王××;公章。

P.2.9 执法机构:如实填写。

示例:××省××市气象局。

P.2.10 执法人员及执法证号:如实填写。

示例:孟××、施××,YN0937××、YN0937××。

附　录　Q
（规范性附录）
公告送达书

Q.1　公告送达书样图见图 Q.1

气象行政执法
公告送达书
（　　）气公告〔　　〕　号

⋯⋯⋯⋯⋯⋯⋯⋯⋯⋯：

由⋯⋯⋯⋯⋯立案调查的（　　）气立案〔　　〕　　号一案，现依法向你单位公告送达

⋯⋯⋯⋯⋯副本。自发出公告之日起经过 60 日（或涉港澳台为满 3 个月，或涉外为满 6 个月），即视为送达。

（拟通过公告送达的行政执法文书全文）

（印　章）

年　月　日

图 Q.1　公告送达书

Q.2 公告送达书填写

Q.2.1 文书编号:(行政区划简称)气公告〔公告年号〕文书流水号。

示例:(昆)气公告〔2013〕001 号。

Q.2.2 受公告送达人:建设工程建设单位名称。

示例:云南××石化集团有限公司。

Q.2.3 立案审批表文书编号:(行政区划简称)气立案〔立案年号〕文书流水号。

示例:(昆)气立案〔2013〕001 号。

Q.2.4 送达的文书:送达的行政执法文书名称。

示例:(昆)气罚告〔2013〕001 号行政处罚告知书。

Q.2.5 拟通过公告送达的行政执法文书:如实填写需要送达的执法文书全文。

示例:按 P.2.4 的示例,此处需要送达的执法文书为(昆)气罚告〔2013〕001 号行政处罚告知书,将该文书全文按附录 K 填写在此处。

Q.2.6 执法机构公章:执法机构行政公章。

Q.2.7 公告日期:如实填写。

示例:2013 年 7 月 19 日。

附　录　R

（规范性附录）

送达回证

R.1　送达回证样图见图R.1

<table>
<tr><td colspan="6" align="center">气象行政执法
送达回证</td></tr>
<tr><td>受送达人（单位）</td><td colspan="5"></td></tr>
<tr><td>送　达　地　点</td><td colspan="5"></td></tr>
<tr><td>送达文件名称
及文号</td><td>送达方式</td><td>发送日期及
具体时间</td><td>收到日期及
具体时间</td><td>受送达人（单位）
签名并盖章</td><td>送达人</td></tr>
<tr><td></td><td></td><td></td><td></td><td></td><td></td></tr>
<tr><td></td><td></td><td></td><td></td><td></td><td></td></tr>
<tr><td>不能直接
送达理由</td><td colspan="5"></td></tr>
<tr><td>基层组织
见证意见</td><td colspan="5">见证人：　　　　　　　联系方式：</td></tr>
<tr><td>备　　注</td><td colspan="5"></td></tr>
</table>

注1：如受送达人不在场时，可交其所在单位的领导或者同住的成年家属签收，并且在备注栏内写明与受送达人的关系。

注2：受送达人已指定代收人的，交代收人签收；受送达人为单位的，交单位人员签收，并盖章证明。

注3：受送达人拒绝签收的，送达人应当邀请有关基层组织的代表或其他人员到场，说明情况，并在备注栏中写明拒收理由，留下送达文件即为送达；也可以把行政执法文书留在受送达人的住所或办公场所，并采用拍照、录像等方式记录送达过程，即视为送达。

图 R.1　送达回证

R.2 送达回证填写

R.2.1 受送达人:建设工程建设单位名称。

　　示例:云南××石化集团有限公司。

R.2.2 送达地点:执法人员实际送达行政执法文书的地址。

　　示例:××市五华区××市北市区银河大道中段云南××石化集团有限公司办公大楼3楼307号。

R.2.3 送达文书名称及文号:行政执法文书编号。

　　示例:(昆)气通〔2013〕016号行政执法通知书。

R.2.4 送达方式:直接送达或者留置送达,公告送达和邮寄送达不使用送达回证。

R.2.5 发送日期及具体时间:如实填写。

　　示例:2013年5月19日15点30分。

R.2.6 收到日期及具体时间:如实填写。

　　示例:2013年5月19日15点32分。

R.2.7 受送达人(单位)签名并盖章:被处罚对象签收人员签名,并加盖被处罚对象公章。

　　示例:罗××、(印章)。

R.2.8 送达人:参与送达的执法人员姓名及执法证号。

　　示例:孟××、施××,YN0937××、YN0937××。

R.2.9 不能直接送达理由:留置送达时,按被处罚对象告知的拒收理由如实填写。

R.2.10 基层组织见证意见:请基层组织人员按实际情况填写。

　　示例:我是××市红云街道幸福家园社区工作人员陆××,协助××市气象局执法人员孟××、施××,YN0937××、YN0937××送达(昆)气通〔2013〕016号行政执法通知书给云南××石化集团有限公司。该公司以领导不在为由拒绝签收,执法人员将(昆)气通〔2013〕016号行政执法通知书留置在××市北市区银河大道中段云南××石化集团有限公司办公大楼3楼307号。

R.2.11 见证人:填写见证人姓名。

　　示例:陆××。

R.2.12 联系方式:见证人电话。

　　示例:0871-×××××××。

R.2.13 备注分以下三种情况处理:

　　——直接送达并签名盖章,无需备注;

　　——直接送达仅签名不盖章,备注被处罚对象不能盖章理由,并说明已通过拍照、录像等方式记录送达过程;

　　——通过拍照、录像等方式留置送达,备注被处罚对象拒绝签收情况,并说明已通过拍照、录像等方式记录送达过程。

附　录　S

（规范性附录）

结（销）案报告表

S.1　结（销）案报告表样图见图S.1

案由			
当事人 名称/姓名		法定代表人（责任人） 姓名	
住所或住址			
案件立案时间		立案审批表编号	
行政处罚 决定书编号		案件发生所在地	
案件承办人员 及执法证编号			
简要案情及 查处经过			
结（销）案 申请			
案件承办人员 意见	承办人：　　　　　年　　　月　　　日		
法制监督人员 审核意见	审核人：　　　　　年　　　月　　　日		
执法机构负责 人审批意见	（印章） 批准人：　　　　　年　　　月　　　日		

图 S.1　结（销）案报告表

S.2 结(销)案报告填写

S.2.1 案由。

示例:云南××石化集团有限公司位于××市北市区银河大道中段的"小康大道加油站"建设工程,未办理"防雷装置设计审核"行政许可,防雷装置已擅自施工建设。

S.2.2 当事人名称/姓名:建设工程建设单位名称。

示例:云南××石化集团有限公司。

S.2.3 法定代表人(责任人)姓名:建设工程建设单位的法定代表人姓名。

示例:李××。

S.2.4 住所(住址):建设工程建设单位的注册地址或实际办公地址,两者不一致时,以实际办公地址为准。

示例:云南省××市××区××路××号。

S.2.5 立案时间:填写《立案审批表》执法机构负责人审批意见时间。

示例:2013 年 3 月 21 日。

S.2.6 立案审批表编号:填写《立案审批表》文书编号。

示例:(昆)气立案〔2013〕001 号。

S.2.7 行政处罚决定书编号:填写《行政处罚决定书》文书编号。

示例:(昆)气罚〔2013〕001 号。

S.2.8 案件发生所在地:填写建设工程地址。

示例:××市北市区银河大道中段。

S.2.9 案件承办人员及执法证编号:填写案件承办的执法人员姓名及执法证号。

示例:孟××、施××,YN0937××、YN0937××。

S.2.10 简要案情及查处经过:填写案件调查过程、被处罚对象违法行为、调查取得的证据、违反的法律条款、行政处罚的法律条款等内容。

S.2.11 结(销)案申请按以下要求填写:

——经调查,确认被处罚对象违法行为不属实,申请撤销案件;

——经调查,确认被处罚对象违法行为属实,但情节轻微,拟不予行政处罚,申请结案;

——经调查,被处罚对象违法行为属实,但已超过违法行为查处时效或对其行政处罚违反一事不再罚原则,拟不予行政处罚,申请结案;

——被处罚对象违法行为属实,行政处罚执行完毕,申请结案。

S.2.12 案件承办人员签名、签署日期。

示例:孟××、施××,2013 年 9 月 15 日。

S.2.13 法制监督人员审核意见:应明确是否同意案件承办人的意见,如不同意应提出法制监督人员意见。

S.2.14 法制监督人员签名并签署日期。

示例:曹××、2013 年 9 月 15 日。

S.2.15 执法机构负责人审批意见:应明确是否同意结(销)案,并签名,如有不同意见应在审批意见栏中提出。

S.2.16 执法机构公章:加盖执法机构行政公章。

S.2.17 执法机构负责人审批意见时间:如实填写。

参 考 文 献

[1] GB 50057—2010 建筑物防雷设计规范

[2] JGJ 59—2011 建筑施工安全检查标准

[3] JGJ 79—2012 建筑地基处理技术规范

[4] JGJ 94—2008 建筑桩基技术规范

[5] JGJ 120—2012 建筑基坑支护技术规程

[6] 国务院.国务院关于优化建设工程防雷许可的决定:国发〔2016〕39 号[Z],2016 年 6 月 28 日发布

ICS 07. 060
A 47
备案号：61274—2018

中华人民共和国气象行业标准

QX/T 399—2017

供水系统防雷技术规范

Technical specification for lightning protection of water supply system

2017-10-30 发布
2018-03-01 实施

中 国 气 象 局 发 布

前　　言

本标准按照 GB/T 1.1—2009 给出的规则起草。

本标准由全国雷电灾害防御行业标准化技术委员会提出并归口。

本标准起草单位：深圳市气象公共安全技术支持中心、北京市避雷装置安全检测中心、贵州省防雷减灾中心、深圳市水务（集团）有限公司、福建省防雷中心、深圳市标准技术研究院。

本标准主要起草人：邱宗旭、杨悦新、余立平、郭宏博、苏琳智、宋平健、黄剑、任达盛、曾金全、刘敦训、孙丹波、吴序一、吴春富、吴仕军、李如箭、王颖波。

供水系统防雷技术规范

1 范围

本标准规定了供水系统的净水厂(水厂)及泵站的建(构)筑物、设施和设备雷电防护的基本要求,直击雷防护,电气系统的保护,电子系统的保护和特殊场所的保护以及检测、维护与管理。

本标准适用于新建、扩建、改建以及运行中的供水系统防雷装置的设计、施工、检测、维护与管理。

2 规范性引用文件

下列文件对于本文件的应用是必不可少的。凡是注日期的引用文件,仅注日期的版本适用于本文件。凡是不注日期的引用文件,其最新版本(包括所有的修改单)适用于本文件。

GB/T 21431 建筑物防雷装置检测技术规范

GB 50057—2010 建筑物防雷设计规范

GB/T 50064—2014 交流电气装置的过电压保护和绝缘配合设计规范

GB/T 50125—2010 给水排水工程基本术语

GB 50601—2010 建筑物防雷工程施工与质量验收规范

QX/T 186—2013 安全防范系统雷电防护要求及检测技术规范

3 术语和定义

GB 50057—2010 和 GB/T 50125—2010 界定的以及下列术语和定义适用于本文件。为了便于使用,以下重复列出了 GB 50057—2010 和 GB/T 50125—2010 中的一些术语和定义。

3.1

净水厂 water treatment plant;waterworks

对原水进行给水处理并向用户供水的工厂。又称水厂。

[GB/T 50125—2010,定义 2.0.82]

3.2

泵房 pumping house

设置水泵机组和附属设施用以提升液体而建的建筑物或构筑物。

[GB/T 50125—2010,定义 2.0.58]

3.3

泵站 pumping station

泵房和配套设施的总称。

[GB/T 50125—2010,定义 2.0.59]

3.4

自动化仪表 automation instrumentation

对被测变量和被控变量进行测量和控制的仪表装置和仪表系统的总称。

[GB 50093—2013,定义 2.0.1]

3.5

中、高压系统 medium and high voltage system

电压等级为 3 kV 至 10 kV 的供电系统。

注:供水系统中的中、高压系统一般以电压等级 10 kV 为主,也有电压等级为 6 kV、3 kV 的系统。

3.6

设备耐冲击电压额定值 rated impulse withstand voltage of equipment

U_w

设备制造商给予的设备耐冲击电压额定值,表征其绝缘防过电压的耐受能力。

[GB 50057—2010,定义 2.0.47]

3.7

防雷装置 lightning protection system;LPS

用于减少闪击击于建(构)筑物上或建(构)筑物附近造成的物质性损害和人身伤亡,由外部防雷装置和内部防雷装置组成。

[GB 50057—2010,定义 2.0.5]

3.8

外部防雷装置 external lightning protection system

由接闪器、引下线和接地装置组成。

[GB 50057—2010,定义 2.0.6]

3.9

内部防雷装置 internal lightning protection system

由防雷等电位连接和与外部防雷装置的间隔距离组成。

[GB 50057—2010,定义 2.0.7]

3.10

接闪器 air-termination system

由拦截闪击的接闪杆、接闪带、接闪线、接闪网以及金属屋面、金属构件等组成。

[GB 50057—2010,定义 2.0.8]

3.11

引下线 down-conductor system

用于将雷电流从接闪器传导至接地装置的导体。

[GB 50057—2010,定义 2.0.9]

3.12

接地装置 earth-termination system

接地体和接地线的总合,用于传导雷电流并将其流散入大地。

[GB 50057—2010,定义 2.0.10]

3.13

电涌保护器 surge protective device;SPD

用于限制瞬态过电压和分泄电涌电流的器件。它至少含有一个非线性元件。

[GB 50057—2010,定义 2.0.29]

3.14

磁屏蔽 magnetic shield

将需保护建筑物或其一部分包围起来的闭合金属格栅或连续屏蔽体,用于减少电气和电子系统的失效。

[GB/T 21714.1—2015,定义 3.52]

3.15

防雷等电位连接 lightning equipotential bonding；LEB

将分开的诸金属物体直接用连接导体或经电涌保护器连接到防雷装置上以减小雷电流引发的电位差。

［GB 50057—2010，定义 2.0.19］

4 基本要求

4.1 供水系统的雷电防护，应根据系统的特点、环境因素及雷电活动规律，因地制宜地采取防直击雷和防雷击电磁脉冲的措施，做到安全可靠、技术先进、经济合理。

4.2 供水系统建筑物应根据其重要性、使用性质以及发生雷电事故的可能性和后果，按防雷要求分为以下两类：

    a) 在可能发生对地闪击的地区，符合下列条件之一时，应划分为第二类防雷建筑物：

        1) 大城市、特大城市或超大城市的取水、给水泵房；

        2) 预计雷击次数大于 0.05 次/年的Ⅰ类、Ⅱ类水厂建筑物；

        3) 预计雷击次数大于 0.25 次/年的Ⅲ类水厂建筑物。

    b) 在可能发生对地闪击的地区，符合下列条件之一时，应划分为第三类防雷建筑物：

        1) 中等城市或小城市的取水、给水泵房；

        2) 预计雷击次数大于或等于 0.01 次/年，且小于或等于 0.05 次/年的Ⅰ类、Ⅱ类水厂建筑物；

        3) 预计雷击次数大于或等于 0.05 次/年，且小于或等于 0.25 次/年的Ⅲ类水厂建筑物。

    c) 当按城市规模和水厂规模划分的防雷类别出现不一致时，应按较高的防雷类别进行雷电防护。城市规模和水厂规模的划分见附录 A。

4.3 供水系统防雷装置设计应符合 GB 50057—2010 和本标准的要求。

4.4 供水系统防雷工程施工与质量验收应符合 GB 50601—2010 和本标准的要求。

5 直击雷防护

5.1 外部防雷装置应按 4.2 的分类规定进行设计，并应符合 GB 50057—2010 中 4.3 和 4.4 的要求。

5.2 利用金属屋面作为接闪器时，应符合 GB 50057—2010 中 5.2.7 的要求。

5.3 接闪器、引下线和接地装置的材料、结构和最小尺寸应符合 GB 50057—2010 第 5 章的要求。在腐蚀环境中宜采用耐腐蚀材料。

5.4 所有与建筑物组合在一起的大尺寸金属件都应与防雷接地装置相连。

5.5 沉淀池、滤池等空旷区域可不专设外部防雷装置，该区域内的大尺寸金属件，如栏杆、楼梯（含扶手）、设备等应接地。

5.6 位于绿地、人行道、公共活动区域或主要出入口且处于 LPZ0$_A$ 的金属灯杆，应采取防接触电压和防跨步电压的措施，措施应符合 GB 50057—2010 中 4.5.6 的要求。

6 电气系统的保护

6.1 中、高压系统及设备

6.1.1 供水系统的中、高压配电线路宜埋地敷设。

6.1.2 中、高压系统的变压器、柱上断路器、负荷开关和隔离开关等的雷电过电压防护应符合 GB/T 50064—2014 中 5.5 的要求。

6.1.3 中、高压电动机安装处应预留接地端子,并将金属基座与预留接地端子连接。

6.1.4 中、高压电动机的雷电过电压防护应符合 GB/T 50064—2014 中 5.6 的要求。

6.2 低压电气系统

6.2.1 当电源采用 TN 系统时,从建筑物总配电箱起供电给本建筑物内的配电线路和分支线路应采用 TN-S 系统。当远端取水井的电气设备采用 TT 系统供电时,TT 系统宜改造为 TN 系统。

6.2.2 防雷接地、安全保护地、直流工作地(逻辑地)和防静电接地等宜采用共用接地系统。共用接地装置的接地电阻应按 50 Hz 电气装置的接地电阻值确定,不应大于按人身安全所确定的接地电阻值。

6.2.3 进出配电室的线路宜采用铠装电缆或采用护套电缆穿钢管屏蔽,在进出端应把金属外皮、钢管等与防雷等电位连接带连接。

6.2.4 在电气接地装置与防雷接地装置共用或连接的情况下,应在低压电源线路引入的总配电箱、配电柜处装设 I 级试验的 SPD;当建筑物或线路不会遭受直接雷击时,在低压电源线路引入的总配电箱、配电柜处可装设 II 级试验的 SPD。I 级试验的 SPD 的电压保护水平值(U_P)应小于或等于 2.5 kV,其每一保护模式的冲击电流值宜按 GB 50057—2010 的 4.2.4 中第 9 项要求计算确定,当无法确定时应取等于或大于 12.5 kA。

6.2.5 按 6.2.4 选择安装 SPD 时,如果存在以下因素之一,应考虑在靠近被保护设备处加装第二级 SPD:

    a) 设备前端的 SPD 的 U_P(2.5 kV)大于其后电气设备的耐冲击电压额定值(U_W)的 0.8 倍,即 $U_P > 0.8U_W$;

    b) 设备前端的 SPD 与受保护设备之间的距离过长(一般指线缆长度大于 10 m);

    c) 建筑物内部存在雷击放电或内部干扰源产生的电磁场干扰。

6.2.6 按照 6.2.5 加装的第二级 SPD 应符合以下要求:

    a) SPD 可选用 II 级试验的产品;

    b) SPD 的每一保护模式中标称放电电流(I_n)值不应小于 5 kA(8/20 μs);

    c) SPD 的 U_P 应不大于被保护设备的 U_W 的 0.8 倍,即 $U_P \leqslant 0.8U_W$。

6.2.7 需要保护的线路和设备的耐冲击电压额定值(U_W),220/380 V 三相配电线路可按表 1 的规定取值。

表 1 配电线路各种设备耐冲击电压额定值

设备位置	电源处的设备	配电线路和最后分支线路的设备	用电设备	特殊需要保护的设备
耐冲击电压类别	IV 类	III 类	II 类	I 类
耐冲击电压额定值 U_W(kV)	6	4	2.5	1.5
注 1:I 类——含有电子电路的设备,如计算机、有电子程序控制的设备(如供水系统中的可编程控制器(PLC)、自动化仪表等)。 注 2:II 类——如额定工作电压为 220/380V 的电气、机械设备等。 注 3:III 类——如配电盘、断路器,包括线路、母线、分线盒、开关、插座等固定装置的布线系统以及应用于工业的设备和永久接至固定装置的固定安装的电动机等的一些其他设备。 注 4:IV 类——如电气计量仪表、一次线过流保护设备、滤波器。				

6.2.8 SPD 的放电电流、有效电压保护水平和接线形式的选择应满足 GB 50057—2010 中 6.4.5～6.4.8 的规定。低压电气系统 SPD 安装位置参见附录 B 的图 B.2。

6.2.9 SPD 的最大持续运行电压值应不小于表 2 的规定。

表 2 SPD 的最大持续运行电压的最小值

SPD 接于	配电网络的系统特征				
	TT 系统	TN-C 系统	TN-S 系统	引出中性线的 IT 系统	无中性线的 IT 系统
每一相线与中性线间	$1.15U_0$	不适用	$1.15U_0$	$1.15U_0$	不适用
每一相线与 PE 线间	$1.15U_0$	不适用	$1.15U_0$	$\sqrt{3}\,U_0^a$	相间电压[a]
中性线与 PE 线间	U_0^a	不适用	U_0^a	U_0^a	不适用
每一相线与 PEN 线间	不适用	$1.15U_0$	不适用	不适用	不适用
注:U_0 是低压系统相线对中性线的标称电压,即相电压 220 V。					
[a] 是故障下最坏的情况的值,所以不需计及 15% 的允许误差。					

7 电子系统的保护

7.1 一般规定

7.1.1 电子系统的低压配电线路的保护,应符合第 6 章的规定。

7.1.2 电子设备之间当采用金属电缆传输时,应采取线路屏蔽措施,屏蔽层应至少在两端并宜在防雷区交界处做等电位连接。在需要保护的空间内,当采用屏蔽电缆时,若系统要求屏蔽层只在一端做等电位连接,应采用两层屏蔽或穿钢管敷设,外层屏蔽或钢管应至少在两端并宜在防雷区交界处做等电位连接。屏蔽体应保持电气连通。分段设置的屏蔽体应在断接处进行跨接。当采用金属线槽屏蔽时,线槽盖与线槽应保持电气连通,屏蔽体保持电气连通的过渡电阻值不应大于 0.2 Ω。

7.1.3 电子设备应处于 LPZ0$_B$ 区或后续防雷区内。当按照 GB 50057—2010 中 6.3.2 的规定计算出该区内的磁场强度大于电子设备的耐磁场强度额定值(H_W)时,应增加屏蔽措施。防雷区应按 GB 50057—2010 中 6.2.1 的规定划分。

7.1.4 电子设备的接地与其他接地装置共用时,接地电阻值应按接入设备中要求的最小值确定。

7.1.5 电子设备宜采取隔离界面对雷电过电压进行隔离,隔离界面包括隔离变压器、光电耦合器(或称光电隔离器)、无金属光缆或无线传输等方式。

7.2 设备机房(监控室)的等电位连接

7.2.1 机房的等电位连接应符合 GB 50057—2010 中 6.3.4 的要求。当电子系统为 300 kHz 以下的模拟系统时,可仅在机房内设置与建筑物内钢筋相连的一个等电位连接板(接地基准点,ERP),所有设施管线和电缆及需接地的导体均应直接连接到 ERP 处。

7.2.2 当电子系统为兆赫兹级数字线路时,应采用 M 型等电位连接,系统的各金属组件不应与接地系统各组件绝缘。M 型等电位连接应通过多点连接组合到等电位连接网络中去,形成 M$_m$ 型连接方式。每台设备的等电位连接线的长度不宜大于 0.5 m,并宜设两根等电位连接线安装于设备的对角处,其长度相差宜为 20%。M 型等电位连接网络的设置见图 1、图 2。M 型等电位连接网络与接地装置应有不少于 2 处的直接连接,宜每隔 5 m 与建筑物内的钢筋或钢结构连接一次。

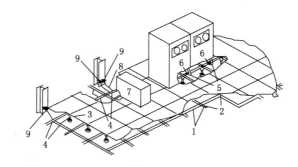

说明:

1——薄铜带(0.25 mm×100 mm);

2——薄铜带与薄铜带之间的连接;

3——薄铜带与立柱之间的连接;

4——薄铜带与等电位连接带之间的连接;

5——设备的低阻抗等电位连接带;

6——薄铜带与设备等电位连接带之间的连接;

7——配电箱;

8——配电箱的连接线;

9——基准网络与周围建筑物钢柱(或钢筋混凝土柱上的预埋件)的焊接连接。

图 1 活动地板下用薄铜带构成的高频信号基础网络

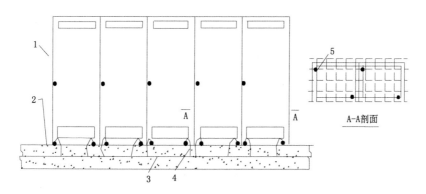

说明:

1——装有电子负荷设备的金属外壳;

2——混凝土地面的上部;

3——地面内焊接钢筋网;

4——高频等电位连接;

5——电子负荷设备的金属外壳与等电位连接基准网的连接点。

图 2 利用钢筋混凝土地面内焊接钢筋网做等电位连接基准网

7.2.3 设备与等电位连接网络之间的过渡电阻不应大于 0.2 Ω。

7.3 SPD 的选择和安装

7.3.1 SPD 的选择

电子系统中,SPD 应安装在图 3 所示的防雷区交界处,但由于工艺要求或其他原因,被保护设备的位置不一定恰好设在交界处,在这种情况下,当线路能承受所发生的电涌电压时,SPD 可安装在被保护设备处,而线路的金属保护层或屏蔽层宜首先在防雷区界面处做一次等电位连接。宜按表 3 的要求对SPD 进行选型。

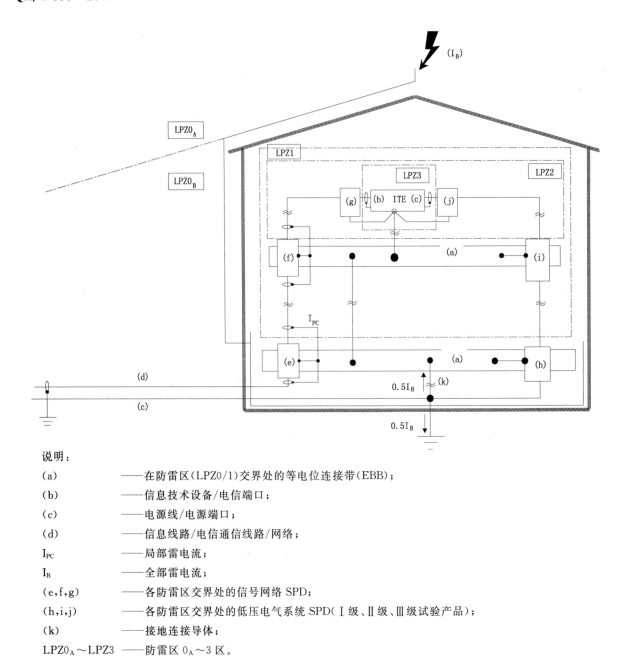

说明:

(a) ——在防雷区(LPZ0/1)交界处的等电位连接带(EBB);

(b) ——信息技术设备/电信端口;

(c) ——电源线/电源端口;

(d) ——信息线路/电信通信线路/网络;

I_{PC} ——局部雷电流;

I_B ——全部雷电流;

(e,f,g) ——各防雷区交界处的信号网络 SPD;

(h,i,j) ——各防雷区交界处的低压电气系统 SPD(Ⅰ级、Ⅱ级、Ⅲ级试验产品);

(k) ——接地连接导体;

LPZ0$_A$~LPZ3 ——防雷区 0$_A$~3 区。

图 3　SPD 安装在防雷区交界处的配置示例

表 3　在防雷区交界处使用的 SPD 额定值选型指南

防雷区		LPZ0/1	LPZ1/2	LPZ2/3
电涌值范围	10/350 μs	0.5 kA~2.5 kA	—	—
	10/250 μs	1.0 kA~2.5 kA		
	1.2/50 μs	—	0.5 kV~10 kV	0.5 kV~1 kV
	8/20 μs		0.25 kA~5 kA	0.25 kA~0.5 kA
	10/700 μs	4 kV	0.5 kV~4 kV	—
	5/300 μs	100 A	25 A~100 A	

表 3 在防雷区交界处使用的 SPD 额定值选型指南(续)

防雷区		LPZ0/1	LPZ1/2	LPZ2/3
SPDs 的要求	SPD(e)[a]	D1,D2 B2	——	与建筑物外部无电 阻性连接
	SPD(f)[a]	——	C2/B2	——
	SPD(g)[a]	——	——	C1
注:LPZ2/3 栏下电涌值范围包括了典型的最低耐受能力要求并可安装于信息技术设备内部。				
[a] SPD(e,f,g),见图3。				

7.3.2 SPD 的使用安装

7.3.2.1 SPD 的连接导线的截面积不宜小于 1.2 mm^2。

7.3.2.2 安装 SPD 时宜使两端连接导线最短,可采用图 4 的凯文连接方法。

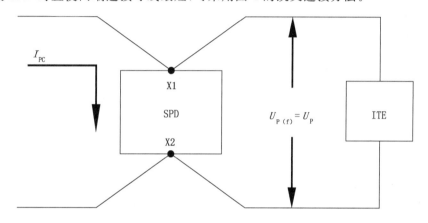

说明:

X1,X2 ——SPD 的接线端子;

I_{PC} ——部分雷电流;

$U_{P(f)}$ ——在 ITE 输入处(f)的电压(有效电压保护水平),其大小由 SPD 的电压保护水平(U_P)和连接电涌保护器
和受保护设备之间导线上的电压降决定;

U_P ——SPD 输出端的电压(电压保护水平)。

图 4 SPD 导线连接方法(凯文方法)的示例

7.4 自动化仪表

7.4.1 自动化仪表传感器至转换器的信号线路及转换器至可编程逻辑控制器(PLC)的信号线路应按
7.1.2 的规定采取屏蔽措施。自动化仪表至前端低压配电箱的低压配电线路宜采取线路屏蔽,屏蔽措
施应符合 7.1.2 的规定。

7.4.2 仪表的金属外壳应就近和接地系统做等电位连接。

7.4.3 处于室外较为空旷处的仪表宜在仪表的转换器端就近安装适配的信号 SPD,信号 SPD 宜安装
在转换器与 PLC 之间的信号线上,信号 SPD 的选择应满足 7.3 的规定。

7.5 可编程逻辑控制器(PLC)

7.5.1 PLC 子站所在位置应预留接地端子,接地端子从基础接地装置中引出;PLC 柜、前端配电箱等

应与就近的预留接地端子作等电位连接。

7.5.2 PLC柜之间的通信线及PLC柜与自动化仪表相连的信号线应按7.1.2的规定采取屏蔽措施。PLC柜至前端配电箱的低压配电线路宜采取线路屏蔽,屏蔽措施应符合7.1.2的规定。

7.5.3 PLC柜前端配电箱的低压配电线应安装适配的电源SPD,宜选用Ⅱ级或Ⅲ级试验的SPD,Ⅱ级试验的SPD其标称放电电流不应小于5 kA,Ⅲ级试验的SPD其标称放电电流不应小于3 kA,当SPD与PLC柜的电源线路长度小于或等于5 m时,或在线路有屏蔽并两端等电位连接下线路的长度小于或等于10 m时,SPD的U_P值不应大于1.2 kV。

7.5.4 进入PLC柜的信号线宜安装信号SPD,信号SPD的选择应满足7.3的规定。

7.6 安防系统

安防系统雷电防护应满足QX/T 186—2013的规定。

8 特殊场所的保护

8.1 加氯、加氨系统

8.1.1 电气系统雷电防护应符合第6章的规定。

8.1.2 电子系统雷电防护应符合第7章的规定。

8.1.3 加氯间、加氨间应设置等电位连接排,投加设备、金属罐体、金属管道、金属阀门以及其他金属物均应就近连接到等电位连接排上,加氯间的等电位连接材料宜使用铜质材料,当采用钢质材料时应加大其截面积,加氯设备、罐体应不少于2处与等电位连接排进行连接,等电位连接排应与防雷接地装置做防雷等电位连接。

8.2 液氧站

8.2.1 露天布置的液氧贮罐当其高度小于或等于60 m且罐顶壁厚不小于4 mm时,或当其高度大于60 m且罐顶壁厚和侧壁壁厚均不小于4 mm时,可不装设接闪器,但应接地,且接地点应不少于2处,两接地点间距离不宜大于30 m,每处接地点的冲击接地电阻应不大于30 Ω。

8.2.2 当接地装置的环形接地体所包围面积的等效圆半径等于或大于GB 50057—2010中4.3.6的规定时,可不计及防雷接地的冲击接地电阻。

8.2.3 汽化器、输送氧气管道宜处在$LPZ0_B$区内,当处在$LPZ0_A$区时,其材料、结构和最小截面应符合GB 50057—2010表5.2.1的规定。

8.2.4 液氧站内的金属围栏、金属灯杆等金属物应与接地装置就近连接。

8.2.5 氧气管道的每对法兰或螺纹接头间应设跨接导线,电阻值应小于0.03 Ω。

8.2.6 氧气管道应在进、出车间或用户建筑物处与防雷接地装置做防雷等电位连接。

8.3 危险化学品仓库

8.3.1 电气系统雷电防护应符合第6章的规定。

8.3.2 电子系统雷电防护应符合第7章的规定。

8.3.3 危险化学品仓库应设置等电位连接排,仓库内金属储罐、金属货架、金属门窗、风机等应就近连接到等电位连接排上,等电位连接排应与防雷接地装置做防雷等电位连接。

9 检测、维护与管理

9.1 供水系统防雷装置检测应按GB/T 21431的规定执行。

9.2 供水系统防雷装置检测项目参见附录 C。

9.3 应确定专人负责管理和维护供水系统防雷装置,每年应对供水系统的防雷装置进行检测,防雷装置检测宜在雷雨季节前进行。应及时对防雷装置的设计、安装、综合布线等图纸和防雷装置检测报告资料进行归档保存。如供水系统需进行防雷工程整改,应及时制定整改措施并加以落实,消除隐患。

9.4 雷雨天气,操作人员在室外巡视或操作时应注意雷电防护。

9.5 供水系统所属单位应建立健全雷电灾害报告制度,在遭受雷电灾害后应及时报告灾情,并协助主管机构做好雷电灾害的调查、鉴定工作,分析雷电灾害事故原因,提出解决方案和措施。

附　录　A

（规范性附录）

城市规模类别与供水厂规模类别

A.1　城市规模类别

以城区常住人口为统计口径,将城市划分为五类:

a)　小城市:城区常住人口在50万以下的城市;

b)　中等城市:城区常住人口在50万～100万的城市;

c)　大城市:城区常住人口在100万～500万的城市(其中300万以上500万以下的城市为Ⅰ型大城市,100万以上300万以下的城市为Ⅱ型大城市);

d)　特大城市:城区常住人口在500万～1000万的城市;

e)　超大城市:城区常住人口在1000万以上的城市。

注1:以上数值范围包含下限值,不包含上限值。

注2:城区是指在市辖区和不设区的市,区、市政府驻地的实际建设连接到的居民委员会所辖区域和其他区域。

注3:常住人口统计包括:居住在本乡镇街道,且户口在本乡镇街道或户口待定的人;居住在本乡镇街道,且离开户口登记地所在的乡镇街道半年以上的人;户口在本乡镇街道,且外出不满半年或在境外工作学习的人。

注4:城市规模划分依据是《国务院关于调整城市规模划分标准的通知》(国发〔2014〕51号文件)。

A.2　供水厂规模类别

供水厂规模类别按供水量(单位:m³/d)划分为三类:

a)　Ⅰ类:30万～50万;

b)　Ⅱ类:10万～30万;

c)　Ⅲ类:5万～10万。

注1:以上数值范围包含下限值,不包含上限值;Ⅰ类规模包含上限值。

注2:供水厂规模类别划分依据是《城市给水工程项目建设标准》(建标〔2009〕64号)。

附 录 B
（资料性附录）
过电压保护示例

B.1 高压电气系统过电压保护示例

水厂及泵站的高压电源线通常为 10 kV 进线,有单回路供电、双回路供电,在高压进线端安装高压避雷器。每台高压电动机有各自的配电箱,保护高压电动机的避雷器一般安装在该配电箱内。高压电气系统过电压保护示例见图 B.1。

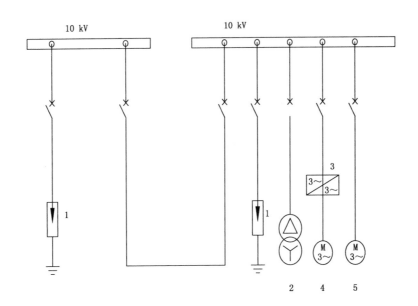

说明:
1——避雷器;
2——变压器 10/0.4 kV;
3——高压变频器;
4、5——电动机。

图 B.1 高压电气系统过电压保护示例

B.2 低压电气系统 SPD 安装示例

水厂及泵站的 10 kV 电源经过变压器后转换成低压,T1 的 SPD 安装于低压进线柜的位置,其后的电气、机械设备、电子设备的配电箱处根据 6.2 的规定选择使用适配的 SPD。低压电气系统 SPD 安装示例见图 B.2。

B.3 工业控制系统 SPD 安装示例

水厂及泵站用的最多的工业控制系统就是采用现场的自动化仪表采集数据,通过与 PLC 连接进行数据的处理。PLC 柜的过电压保护通过在低压电气线路和进入 PLC 的信号线路上安装 SPD 来实现,

SPD一般都安装在PLC柜内。SPD安装示例见图B.3。

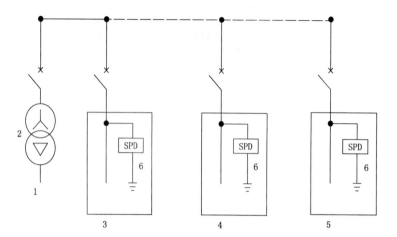

说明：
1——10 kV进线；
2——变压器；
3——低压总配电箱；
4——电气、机械设备配电箱；
5——电子设备配电箱；
6——低压配电线路上的SPD。

图B.2 低压电气系统SPD安装示例

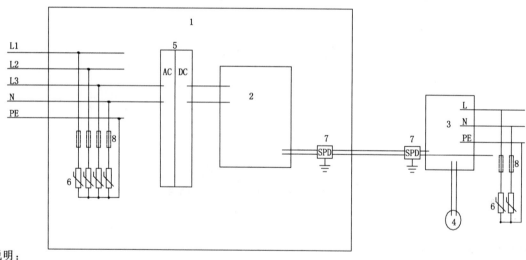

说明：
1——PLC柜；
2——PLC；
3——仪表转换器；
4——仪表传感器；
5——交/直流电源转换器；
6——低压电气线路上的SPD；
7——信号线路上的SPD；
8——后备过电流保护器。

图B.3 工业控制系统SPD安装示例

B.4 压力、温度仪表

压力仪表主要是通过压力变送器采集压力信号并转换成 4 mA～20 mA 的电流信号,可与其他仪表,单/多回路调节器,工业计算机以及集散控制系统联用,实现生产过程中的自动化测量与控制。温度仪表结构类似压力仪表,仅采集信号不同。

用于保护压力、温度仪表的低压配电线路 SPD,通常安装在其前端的低压配电箱处。信号线路上的 SPD,通常在仪表的变送器(也称转换器)处安装。

非电子式的压力、温度仪表(比如机械式、现场读取数值的仪表)无需安装 SPD 保护。

B.5 超声波液位仪表

常见的超声波液位仪与 PLC 的连接见图 B.4,电信号从传感器传输到变送装置,经过处理,转变成 4 mA～20 mA 的模拟信号,该模拟信号通过电缆传输到 PLC 的模拟量输入模块。

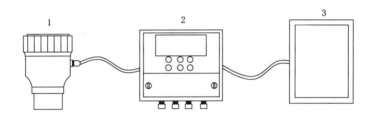

说明:
1——超声波探头;
2——变送装置;
3——PLC 输入模块。

图 B.4 超声波液位仪与 PLC 的连接

低压配电线路的 SPD 通常安装在液位仪变送装置处或其前端的低压配电箱处。信号 SPD 通常安装在变送装置和 PLC 连接的信号线路上,变送装置和探头之间的信号线路一般不安装信号 SPD。

B.6 电磁流量计

电磁流量计由电磁流量传感器和电磁流量转换器两大部分组成。

低压配电线路的 SPD 通常安装在电磁流量计转换器处或其前端的低压配电箱处。信号 SPD 通常安装在转换器和 PLC 连接的信号线路上,转换器和传感器之间的信号线路一般不安装信号 SPD。常见的电磁流量计接线图见图 B.5。

B.7 水质参数仪表

常见的水质参数仪表有浊度仪、余氯仪、PH 计等。水质参数仪表的结构基本类似,以浊度仪为例介绍其过电压保护的方法。

低压配电线路的 SPD 通常安装在仪表控制器处或其前端的低压配电箱处。信号 SPD 通常安装在控制器和 PLC 连接的信号线路上,控制器和传感器之间的信号线路一般不安装信号 SPD。常见的浊度仪与 PLC 的连接见图 B.6。

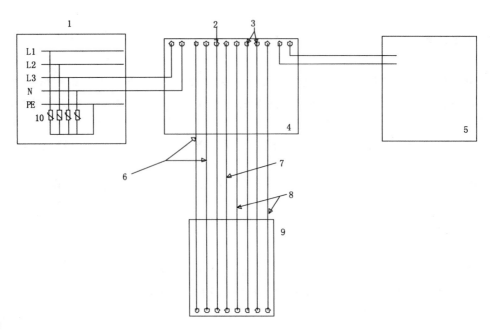

说明：
1 ——低压配电箱；
2 ——外层总屏蔽泄露线；
3 ——芯线；
4 ——转换器；
5 ——PLC 柜；
6 ——励磁信号线；
7 ——芯线外层屏蔽绞合线；
8 ——芯线内层屏蔽；
9 ——传感器；
10 ——低压电气线路上的 SPD。

图 B.5　电磁流量计接线图

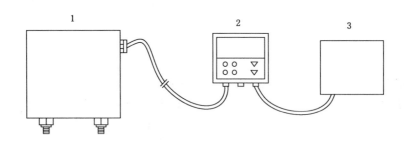

说明：
1——传感器；
2——控制器；
3——PLC 模拟量输入模块。

图 B.6　浊度仪与 PLC 的连接

B.8　加氯系统 SPD 安装示例

加氯系统的低压电气线路 SPD 安装在就近的配电柜内，SPD 安装示例见图 B.7。

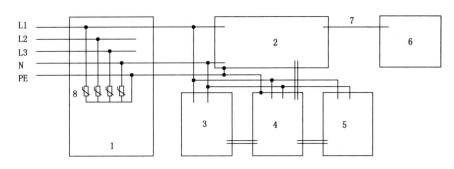

说明：

1——配电柜；

2——PLC 柜；

3——余氯仪；

4——加氯机；

5——流量计；

6——中控室；

7——光纤；

8——低压电气线路上的 SPD。

图 B.7 加氯系统 SPD 安装示例

B.9 加氨系统 SPD 安装示例

加氨系统的低压电气线路 SPD 安装在就近的配电柜内，SPD 安装示例见图 B.8。

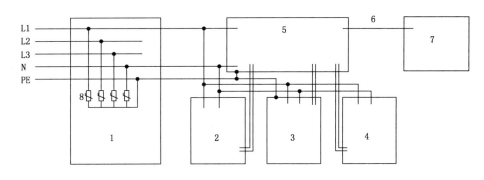

说明：

1——配电柜；

2——漏氨报警仪；

3——加氨机；

4——PH 计；

5——PLC 柜；

6——光纤；

7——中控室；

8——低压电气线路上的 SPD。

图 B.8 加氨系统 SPD 安装示例

B.10 臭氧系统 SPD 安装示例

臭氧系统的低压电气线路 SPD 安装在就近的配电柜内,SPD 安装示例见图 B.9。

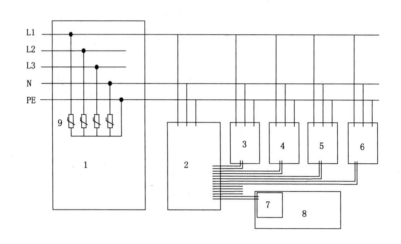

说明:
1——配电柜;
2——PLC 柜;
3——液氧罐;
4——气体分析仪;
5——泄露报警器;
6——尾气破坏器;
7——PLC;
8——臭氧发生器;
9——低压电气线路上的 SPD。

图 B.9 臭氧系统 SPD 安装示例

B.11 安防系统 SPD 安装示例

安防系统的控制中心的低压配电箱内安装 SPD,室外摄像头和室内设备柜上安装相应的视频信号、控制信号、直流电源的 SPD,安装示例见图 B.10。

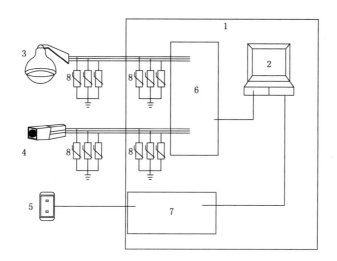

说明：

1——监控中心；

2——显示器；

3——室外球机；

4——室外枪机；

5——红外探测器；

6——设备柜机架；

7——报警主机；

8——视频、控制、电源等SPD。

图 B.10 安防系统 SPD 安装示例

附　录　C
（资料性附录）
防雷检测项目

C.1　净水厂防雷检测项目

净水厂防雷检测项目见表C.1。

表C.1　净水厂防雷检测项目

建(构)筑物或其分区	防雷检测项目		
生产、办公及辅助用房	接闪器	引下线	接地装置
中控室	屏蔽：线路屏蔽、空间屏蔽	等电位：机柜、计算机、配电箱、等电位连接排等	SPD：电源SPD、信号SPD
加氯、加氨间	屏蔽：线路屏蔽、空间屏蔽	等电位：液氯罐、金属管道、金属阀门、加氯机、真空调节器、配电箱、等电位连接排等；氨瓶、压力计、真空调节器、重量计、过滤器、加氨机、泄露报警仪等	SPD：电源SPD、信号SPD
低压配电房	屏蔽：线路屏蔽	等电位：配电柜、接地母排、金属门窗等	SPD：电源SPD
泵房	屏蔽：线路屏蔽	等电位：高压电动机、高压变频柜、配电箱	高压避雷器暂不列入防雷检测项目，由相关部门确认
臭氧发生车间	屏蔽：线路屏蔽	等电位：臭氧发生器金属外壳、金属管道、金属阀门、臭氧浓度分析仪、氧气泄漏报警仪、臭氧泄漏报警仪、压力表、露点监测仪、等电位连接排以及其他金属物等	SPD：电源SPD、信号SPD
PLC子站及自动化仪表区	屏蔽：线路屏蔽	等电位：PLC柜、配电箱、仪表箱、仪表金属外壳、等电位连接排等	SPD：电源SPD、信号SPD
液氧站	直击雷防护措施	等电位：液氧罐、汽化器、氧气管道、法兰盘、金属围栏、金属灯杆等	

C.2　泵站防雷检测项目

泵站防雷检测项目见表C.2。

表 C.2 泵站防雷检测项目

建(构)筑物或其分区	防雷检测项目		
生产、办公及辅助用房	接闪器	引下线	接地装置
低压配电房	屏蔽:线路屏蔽	等电位:配电柜、接地母排、金属门窗等	SPD:电源 SPD
泵房	屏蔽:线路屏蔽	等电位:高压电动机、高压变频柜、配电箱	高压避雷器暂不列入防雷检测项目,由相关部门确认
PLC 子站及自动化仪表区	屏蔽:线路屏蔽	等电位:PLC 柜、配电箱、仪表箱、仪表金属外壳、等电位连接排等	SPD:电源 SPD、信号 SPD

QX/T 399—2017

参 考 文 献

[1]　GB/T 21714.1—2015　雷电防护　第1部分:总则
[2]　GB 50093—2013　自动化仪表工程施工及质量验收规范

ICS 07. 060
A 47
备案号：61277—2018

中华人民共和国气象行业标准

QX/T 400—2017

防雷安全检查规程

Safety inspection code of practice for lightning protection

2017-12-29 发布　　　　　　　　　　　　　　2018-04-01 实施

中 国 气 象 局　发 布

QX/T 400—2017

前　言

本标准按照 GB/T 1.1—2009 的规则起草。

本标准由全国雷电灾害防御行业标准化技术委员会提出并归口。

本标准起草单位：重庆市气象局、广东省气象局、安徽省气象局、浙江省气象局、上海市气象局。

本标准主要起草人：李家启、余蜀豫、邹建军、彭黎明、洪伟、程向阳、李慧武、张卫斌、赵洋、贾佳、李良福、覃彬全。

引　言

本标准是防雷监管标准体系的标准之一。防雷监管标准体系是贯彻落实国务院"放管服"改革和《国务院关于优化建设工程防雷许可的决定》等精神,转变防雷监管方式,加强事中事后监管而制定的系列标准。为规范防雷安全检查工作,制定本标准。

防雷安全检查规程

1 范围

本标准规定了防雷安全检查的基本规定、检查内容、检查程序、防雷安全隐患整改及处理等内容。

本标准适用于油库、气库、弹药库、化学品仓库、烟花爆竹、石化等易燃易爆建设工程和场所,雷电易发区内的矿区、旅游景点或者投入使用的建(构)筑物、设施等需要单独安装雷电防护装置的场所,以及雷电风险高且没有防雷标准规范、需要进行特殊论证的大型项目的防雷安全检查,其他项目或者场所可参照执行。

2 术语和定义

下列术语和定义适用于本文件。

2.1

雷电防护装置 lightning protection system;LPS

防雷装置

用于减少闪击击于建筑物上或建筑物附近造成的物质性损害和人身伤亡,由外部雷电防护装置和内部雷电防护装置组成。

注:改写 GB 50057—2010,定义 2.0.5。

2.2

雷电灾害应急预案 lightning disaster emergency preplan

针对可能发生的雷电灾害而采取的防雷减灾计划或方案。

注:改写 QX/T 245—2014,定义 2.1。

2.3

雷电灾害风险评估 evaluation of lightning disaster risk

根据雷电及其灾害特征进行分析,对可能导致的人员伤亡、财产损失程度与危害范围等方面的综合风险计算,为项目选址和功能分区布局、防雷类别(等级)与防雷措施确定等提出建设性意见的一种评价方法。

[QX/T 85—2007,定义 3.1]

3 基本规定

3.1 防雷安全检查实行分类管理、分级负责、属地管理原则。

3.2 检查机构应制定防雷安全年度检查计划并组织实施。

3.3 检查机构应检查防雷法律法规和标准执行情况,排查防雷安全隐患,提出防雷安全隐患整改意见。

3.4 检查机构应及时通报检查情况,督促被检查单位整改防雷安全隐患。

3.5 检查机构应建立防雷安全检查档案,包括防雷安全检查记录、防雷安全检查总结、防雷安全隐患及其整改情况等。

4 检查内容

4.1 防雷安全管理情况,主要包括:
- a) 具有防雷安全管理的工作机构,并明确防雷安全管理职责;
- b) 建立防雷安全责任制,签订安全责任书;
- c) 制定和实施防雷工作计划;
- d) 制定防雷安全制度或安全操作规程,并督促落实;
- e) 建立有效预警信息接收和响应机制;
- f) 具有雷电灾害应急预案,并组织演练;
- g) 组织防雷安全教育培训。

4.2 防雷装置安装运行状况,主要包括:
- a) 安装并设置安全标志;
- b) 定期检测并合格;
- c) 定期维护。

4.3 防雷安全隐患排查整改情况,主要包括:
- a) 具有防雷安全隐患排查记录;
- b) 及时进行整改并合格。

4.4 防雷安全档案管理规范、完整。

4.5 有新(改、扩)建项目的,还应检查如下内容:
- a) 应开展雷电灾害风险评估的,有雷电灾害风险评估报告;
- b) 有防雷装置设计审核意见或防雷装置施工图审查意见;
- c) 有防雷装置验收意见;
- d) 有防雷产品相关参数及测试报告。

5 检查程序

5.1 了解情况

5.1.1 对初次进行检查的单位,应当了解被检查单位的地理位置、单位性质及相关人员的联系方式等情况,准备和熟悉相关的法律法规和标准规范等。

5.1.2 对再次检查的单位,应当查阅上一次检查时的档案资料,准备和熟悉相关的法律法规和标准规范等。

5.2 编制方案

检查人员应当依照防雷安全年度检查计划编制现场检查方案,明确检查区域、内容、重点及方式等,并经检查单位负责人批准后实施。

5.3 前期准备

检查人员应准备检查所需的车辆、录像、照相、录音、检测工具仪器、个体防护装备、证件及执法可能用到的法规、标准和文书等。

5.4 现场检查

5.4.1 出示证件。开展防雷安全检查时,防雷安全检查人员必须出示合法有效的行政执法证件。

5.4.2 说明来意。向被检查对象告知来意,并使用"我们是××的行政执法人员×××、×××,证件号码为××××、××××,这是我们的证件。现依法对你单位进行检查,请予以配合"等规范用语。

5.4.3 听取介绍。进行防雷检查时,首先听取被检查单位防雷安全工作情况的介绍,了解和掌握防雷安全工作的基本状况。主要包括:建章立制、教育培训、安全经费投入、雷电应急管理、重点防雷安全部位及管理等。

5.4.4 实施检查。检查人员进行现场检查时,应当依照现场检查方案,对被检查单位的防雷安全文件资料和所在场所防雷装置安全运行等情况进行检查。

5.4.5 现场记录。检查结束后,检查人员应将检查时间、地点、内容、发现的问题及其处理情况如实记录,并由检查人员和被检查单位的负责人签字;被检查单位的负责人拒绝签字的,检查人员应当将情况记录在案。现场防雷安全检查记录参见附录A。

5.5 反馈情况

检查人员对检查发现的防雷安全违法行为或者事故隐患,应当依照有关规定采取相关处理措施,并向被检查单位反馈检查情况,提出整改要求,督促被检查单位及有关人员依法履行相关的防雷安全责任。防雷安全检查隐患整改意见书参见附录B。

5.6 通报结果

检查结束后,检查组应对检查结果进行归纳总结,形成书面检查报告上报组织检查的部门,检查机构应将防雷安全检查结果向社会公开,防雷安全检查报告参见附录C。

6 防雷安全隐患整改及处理

6.1 检查机构应督促被检查单位按照防雷安全检查隐患整改意见要求,逐项整改,直至合格;

6.2 对责令限期整改的单位提出复查申请或者整改、治理限期届满后,检查机构应当及时进行复查。

附　录　A
（资料性附录）
现场防雷安全检查记录

现场防雷安全检查记录见表 A.1。

表 A.1　现场防雷安全检查记录

检查时间	年　月　日　时　分至　日　时　分					
被检查单位（人）						
法定代表人		性别		年龄		职务
联系电话		邮箱				
被检查单位地址						
检查场所						
检查人员（姓名、证件名称，号码）						
记录人						
检查情况（检查内容、方法和结果）						
被检查单位对检查意见	同意 □　　不同意 □					
被检查单位法定代表人或者被检查人签字或押印						
检查人签名						
记录人签名						

年　月　日　时　分

附　录　B
（资料性附录）
防雷安全检查隐患整改意见书

防雷安全检查隐患整改意见书见表 B.1。

表 B.1　防雷安全检查隐患整改意见书

检查单位名称（盖章）	
联系人	
整改意见与要求	
签收单位	
签收人员	
其他	

附 录 C

（资料性附录）

防雷安全检查报告

防雷安全检查报告见表C.1。

表 C.1 防雷安全检查报告

检查组成员					
填 表 人			填表时间		
被检查单位名称			法定代表人		
被检查单位地址					
联系人		联系电话		邮箱	
单位基本情况简介					
防雷安全管理情况	是否将防雷安全工作纳入本单位安全生产目标任务			□	
	是否开展防雷安全隐患排查工作	□	是否开展防雷安全科普宣传工作		□
	是否曾发生雷电灾害	□	是否接收雷电天气预警预报信息		□
	是否采取防雷安全工程性措施	□	是否采取防雷安全非工程性措施		□
	是否建立防雷装置安全性能定期检测制度	□	是否建立防雷安全工作档案		□
检查场所雷电灾害风险性	检查场所类别:易燃易爆 □　非易燃易爆 □				
	场地特征:地形开阔 □　平坦无遮阳 □　靠近水源 □　地势较高 □　临近高建(构)筑物 □				
	曾发生的雷电灾害情况简介:				
检查场所防雷装置情况	外部雷电防护装置:				
	内部雷电防护装置:				
防雷安全检查结果	否存在防雷安全隐患:□				
注:□中是打"√",不是打"×"。					

参 考 文 献

[1] GB 50057—2010 建筑物防雷设计规范
[2] QX/T 85—2007 雷电灾害风险评估技术规范
[3] QX/T 245—2014 雷电灾害应急处置规范

ICS 07.060
A 47
备案号：61278—2018

中华人民共和国气象行业标准

QX/T 401—2017

雷电防护装置检测单位质量管理体系
建设规范

Construction specification for quality management system of lightning
protection system inspection units

2017-12-29 发布
2018-04-01 实施

中 国 气 象 局 发布

前　　言

本标准按照 GB/T 1.1—2009 给出的规则起草。

本标准由全国雷电灾害防御行业标准化技术委员会提出并归口。

本标准起草单位：上海市气象灾害防御技术中心、广东省气象局、安徽省气象局、浙江省气象局、重庆市气象局。

本标准主要起草人：贾佳、赵洋、彭黎明、蔡占文、洪伟、邱阳阳、李慧武、张卫斌、李家启、青吉铭、林毅、严岩。

引　言

　　本标准是防雷监管标准体系的标准之一。防雷监管标准体系是贯彻落实国务院"放管服"改革和《国务院关于优化建设工程防雷许可的决定》等精神,转变防雷监管方式,加强事中事后监管而制定的系列标准。为规范雷电防护装置检测单位质量管理体系建设工作,制定本标准。

雷电防护装置检测单位质量管理体系建设规范

1 范围

本标准规定了雷电防护装置检测单位质量管理体系建设的要求。

本标准适用于从事雷电防护装置检测的单位。

2 术语和定义

下列术语和定义适用于本文件。

2.1

雷电防护装置 lightning protection system；LPS

防雷装置

用于减少闪击击于建筑物上或建筑物附近造成的物质性损害和人身伤亡，由外部雷电防护装置和内部雷电防护装置组成。

注：改写 GB 50057—2010，定义 2.0.5。

2.2

质量 quality

客体的一组固有特性满足要求的程度。

[GB/T 19000—2016，定义 3.6.2]

2.3

顾客满意 customer satisfaction

顾客对其期望已被满足程度的感受。

[GB/T 19000—2016，定义 3.9.2]

2.4

能力 competence

应用知识和技能实现预期结果的本领。

[GB/T 19000—2016，定义 3.10.4]

2.5

质量管理 quality management

关于质量的指挥和控制组织的协调活动。

[GB/T 19000—2016，定义 3.3.4]

2.6

管理体系 management system

组织建立方针和目标以及实现这些目标的过程的相互关联或相互作用的一组要素。

[GB/T 19000—2016，定义 3.5.3]

2.7

质量管理体系 quality management system

管理体系中关于质量的部分。

[GB/T 19000—2016，定义 3.5.4]

2.8

质量方针　quality policy

关于质量的由最高管理者正式发布的组织的宗旨和方向。

[GB/T 19000—2016,定义 3.5.9]

2.9

质量目标　quality objective

关于质量的要实现的结果。

[GB/T 19000—2016,定义 3.7.2]

2.10

最高管理者　top management

在最高层指挥和控制组织的一个人或一组人。

[GB/T 19000—2016,定义 3.1.1]

2.11

质量控制　quality control

质量管理的一部分,致力于满足质量要求。

[GB/T 19000—2016,定义 3.3.7]

2.12

质量保证　quality assurance

质量管理的一部分,致力于提供质量要求会得到满足的信任。

[GB/T 19000—2016,定义 3.3.6]

2.13

持续改进　continual improvement

提高绩效的循环活动。

[GB/T 19000—2016,定义 3.3.2]

2.14

组织　organization

为实现目标,由职责、权限和相互关系构成自身功能的一个人或一组人。

[GB/T 19000—2016,定义 3.2.1]

2.15

供方　supplier

提供产品或服务的组织。

[GB/T 19000—2016,定义 3.2.5]

2.16

文件　document

信息及其载体。

[GB/T 19000—2016,定义 3.8.5]

2.17

质量手册　quality manual

组织的质量管理体系的规范。

[GB/T 19000—2016,定义 3.8.8]

2.18

质量计划　quality plan

对特定的客体,规定由谁及何时应用程序和相关资源的规范。

［GB/T 19000—2016,定义3.8.9］

2.19

记录 record

阐明所取得的结果或提供所完成活动的证据的文件。

［GB/T 19000—2016,定义3.8.10］

3 管理要求

3.1 组织

3.1.1 雷电防护装置检测单位应具有独立法人资格。

3.1.2 如果雷电防护装置检测单位所在的组织还从事雷电防护装置检测以外的活动,为识别潜在利益冲突,应规定该组织中参与检测活动,或对检测活动有影响的关键人员的职责。

3.1.3 雷电防护装置检测单位应:

a) 有管理人员和技术人员,他们应具有所需的权力和资源来履行包括实施、保持和改进管理体系的职责,识别对管理体系或检测程序的偏离,以及采取措施预防或减少这些偏离(相关规定见4.1)。

b) 有措施确保其管理层和员工不受任何来自内外部的不正当的商业、财务和其他对工作质量有不良影响的压力和影响。

c) 有保护客户的机密信息和所有权的规定和程序,包括电子存储和传输结果的保护程序。

d) 有政策和程序以避免参与任何会降低其在能力、公正性、判断力或运作诚实性方面的可信度的活动。

e) 确定雷电防护装置检测单位的组织和管理结构,以及质量管理、技术运作和支持服务之间的关系。

f) 规定对检测质量有影响的所有管理、操作和核查人员的职责、权力和相互关系。

g) 由熟悉各项检测方法、程序、目的和结果评价的人员,对检测人员包括在培员工进行充分地监督。

h) 有技术管理者,全面负责技术运作和提供雷电防护装置检测单位运作质量所需的资源。

i) 指定一名员工作为质量主管(不论如何称谓),不论其他职责,应赋予其在任何时候都能确保与质量有关的管理体系得到实施和遵循的责任和权力。质量主管应有直接渠道接触决定雷电防护装置检测单位政策或资源的最高管理者。

j) 指定关键管理人员的代理人(参见注)。

k) 确保雷电防护装置检测单位人员理解他们活动的相关性和重要性,以及如何为实现管理体系目标做出贡献。

注:一个人可能有多项职能,对每项职能都指定代理人可能是不现实的。

3.1.4 最高管理者应确保在雷电防护装置检测单位内部建立适宜的沟通机制并就管理体系有效性的事宜进行沟通。

3.2 质量管理体系基本要求

3.2.1 雷电防护装置检测单位应建立、实施和保持与其活动范围相适应的质量管理体系。雷电防护装置检测单位应将其政策、制度、计划、程序和指导书形成文件。文件化的程度应保证雷电防护装置检测单位检测结果的质量。体系文件应传达至有关人员,并被其理解、获取和执行。

3.2.2 雷电防护装置检测单位的质量管理体系应覆盖单位在固定设施内、离开其固定设施的场所,或在相关的临时或移动设施中进行的工作。

3.2.3 雷电防护装置检测单位管理体系中与质量有关的政策,包括质量方针声明,应在质量手册中阐明。应制定总体目标并在管理评审时加以评审。质量方针声明应在最高管理者的授权下发布,至少包括下列内容:

a) 雷电防护装置检测单位管理者对良好职业行为和为客户提供检测服务质量的承诺;

b) 管理者关于雷电防护装置检测单位服务标准的声明;

c) 质量管理体系的目的;

d) 要求雷电防护装置检测单位所有与检测活动有关的人员熟悉质量文件,并在工作中执行政策和程序;

e) 雷电防护装置检测单位管理者对遵守本标准及持续改进质量管理体系有效性的承诺。

注:质量方针声明宜简明,可包括始终按照声明的方法和客户的要求来进行检测的要求。

3.2.4 最高管理者应提供建立和实施质量管理体系以及持续改进其有效性承诺的证据。

3.2.5 最高管理者应将满足客户要求和法定要求的重要性传达到本组织。

3.2.6 质量手册应包括或指明含技术程序在内的支持性程序,并概述质量管理体系中所用文件的架构。

3.2.7 质量手册中应规定技术管理者和质量主管的作用和责任,包括确保遵守本标准的责任。

3.2.8 最高管理者应确保保持质量管理体系的完整性。

3.3 文件控制

3.3.1 基本要求

雷电防护装置检测单位应建立和保持程序来控制构成其质量管理体系的所有文件(内部制定或来自外部的),诸如法规、标准、其他规范化文件、检测方法,以及图纸、软件、指导书和手册。

注1:本标准中的"文件"还可以是方针声明、程序、校准表格、图表、教科书、张贴品、通知、备忘录、计划等。这些文件可能承载在各种载体上,无论是硬拷贝或是电子载体,并且可以是数字的、模拟的、图片的或书面的形式。

注2:记录的控制在3.13中规定。有关检测数据的控制在4.3.5中规定。

3.3.2 文件的批准和发布

3.3.2.1 发放给雷电防护装置检测单位人员的所有质量管理体系文件,在发布之前应由授权人员审查并批准后使用。雷电防护装置检测单位应建立识别质量管理体系中文件当前修订状态和分发控制清单或等效的文件控制程序,并使之易于获取,以防止使用无效和(或)作废的文件。

3.3.2.2 文件控制程序应包含下列规定:

a) 在对雷电防护装置检测单位有效运作起重要作用的所有作业场所都能得到相应文件的授权版本;

b) 定期审查文件,必要时进行修订,以确保其持续适用并满足使用要求;

c) 及时地从所有使用或发布处撤除无效或作废文件,或用其他方法保证防止误用;

d) 出于法律或知识保存目的而保留的作废文件,应有适当的标记。

3.3.2.3 雷电防护装置检测单位制定的质量管理体系文件应有唯一性标识。该标识应包括发布单位、发布日期、修订标识、页码、总页数或表示文件结束的标记。

3.3.3 文件变更

3.3.3.1 除非另有特别指定,文件的变更应由原审查责任人进行审查和批准。被指定的人员应获得进行审查和批准所依据的有关背景资料。

3.3.3.2 若可行,更改的或新的内容应在文件或适当的附件中标明。

3.3.3.3 如果雷电防护装置检测单位的文件控制系统允许在文件再版之前对文件进行手写修改,则应确定修改的程序和权限。修改之处应有清晰的标注、签名并注明日期。修订的文件应尽快地正式发布。

3.3.3.4 应制定程序来描述如何更改和控制保存在计算机系统中的文件。

3.4 标书和合同

3.4.1 雷电防护装置检测单位应建立和保持评审客户要求、标书和合同的程序。这些为签订检测合同而进行评审的政策和程序应包含下列规定:

   a) 对包括所用方法在内的要求予以充分规定,形成文件,并易于理解(相关规定见 4.3.2);
   b) 雷电防护装置检测单位有能力和资源满足这些要求;
   c) 选择适当的、能满足客户和主管部门要求的检测方法(相关规定见 4.3.2);
   d) 客户的要求或标书与合同之间的任何差异,应在工作开始之前得到解决;
   e) 每项合同应被雷电防护装置检测单位和客户双方接受。

3.4.2 应保存包括任何重大变化在内的评审记录。在执行合同期间,就客户的要求或工作结果与客户进行讨论的有关记录,也应予以保存。

3.4.3 对例行和其他简单任务的评审,有雷电防护装置检测单位中负责合同工作的人员注明日期并加以标识(如签名)即可。对于重复性的例行工作,如果客户要求不变,仅需在初期调查阶段,或在与客户的总协议下对持续进行的例行工作合同批准时进行评审。对于新的、复杂的检测任务,则应当保存更为全面的记录。

3.4.4 评审的内容应包括被雷电防护装置检测单位分包出去的任何工作。

3.4.5 对合同的任何偏离均应通知客户。

3.4.6 工作开始后如果需要修改合同,应重复进行同样的合同评审过程,并将所有修改内容通知所有受到影响的人员。

3.4.7 对于新的、复杂的检测任务,技术负责人应组织相关人员进行评审讨论。主要考虑因素包括(但不限于)下列内容:

   a) 雷电防护装置检测资质是否符合项目的要求;
   b) 分析检测对象的结构、性能,识别产品的适用标准;
   c) 分析单位现有人员、设备、检测方法等资源是否满足要求;
   d) 财务方面的核算,利益与风险评估;
   e) 完成期限的要求;
   f) 检测结果的要求(如在检测报告中给出测量不确定度的要求等);
   g) 保密和保护所有权要素;
   h) 是否满足相关法律法规的要求;
   i) 双方权利和要求的声明。

3.5 检测的分包

3.5.1 雷电防护装置检测单位需将工作分包时,应分包给依法取得相应资质、有能力完成分包项目的分包方。

3.5.2 雷电防护装置检测单位应将分包安排以书面形式通知客户,并应得到客户的书面同意。

3.5.3 雷电防护装置检测单位应就分包方的工作对客户负责。

3.5.4 雷电防护装置检测单位应保存检测中使用的所有分包的登记表,并保存其工作符合本标准的证明记录。这些记录包括(但不限于)下列内容:

   a) 分包合同及其他有关资料;
   b) 分包方资质证明;

c) 分包试验相关设备的校准证书。

3.5.5 不应转包或者违法分包。

3.6 采购

3.6.1 雷电防护装置检测单位应有选择和购买影响检测质量的服务和设备的政策和程序。还应有与检测有关的消耗材料的购买、接收和存储的程序。

3.6.2 所使用的服务和设备应符合(但不限于)下列要求：

a) 所购买的、影响检测质量的设备、消耗材料,只有在经检验或以其他方式验证了符合有关检测方法中规定的标准规范或要求之后才投入使用。

b) 消耗品:如电线电缆等。应对其品名、规格、等级、生产日期、有效期、包装、贮存、数量、合格证明等进行符合性检查或验证。

c) 设备:选择设备时应考虑满足检测方法以及相关要求;应单独保留主要设备生产商记录;对于设备性能不能持续满足要求或不能提供良好售后服务的生产商,应考虑更换。

d) 选择校准服务时,应使用能够证明资格、测量能力和溯源性的实验室的校准服务。

e) 应保存所采取的符合性检查活动的记录。

3.6.3 影响雷电防护装置检测单位检测质量的物品的采购文件,应包含描述所购服务、设备、消耗材料的信息。这些采购文件在发出之前,其技术内容应经过审查和批准。

注:该描述可包括型式、类别、等级、准确的标识、规格、图纸、检验说明,以及包括检测结果批准、质量要求和进行这些工作所依据的质量管理体系标准在内的其他技术信息。

3.6.4 雷电防护装置检测单位应每年对影响检测质量的重要消耗材料、设备和服务的供应商进行评价,并保存这些评价的记录和获批准的供应商名单。

3.7 服务客户

3.7.1 在确保为其他客户保密的前提下,雷电防护装置检测单位应在明确客户要求和允许客户监视其相关工作表现方面积极与客户或其代表合作。

3.7.2 雷电防护装置检测单位应向客户征求反馈,无论是正面的还是负面的。应分析和利用这些反馈,以改进质量管理体系、检测活动及客户服务。

注:反馈的类型示例包括:客户满意度调查、与客户一起评价检测报告等。

3.8 投诉

雷电防护装置检测单位应有政策和程序处理来自客户或其他方面的投诉。应保存所有投诉的记录以及雷电防护装置检测单位针对投诉所开展的调查和纠正措施的记录(相关要求见3.11)。

3.9 不符合要求的检测工作的控制

3.9.1 在检测工作的任何方面,或该工作的结果不符合其程序或与客户达成一致的要求时,雷电防护装置检测单位应实施既定的政策和程序。该政策和程序应包括(但不限于)下列内容:

a) 确定对不符合工作进行管理的责任和权力,规定当识别出不符合工作时所采取的措施(包括必要时暂停工作、扣发检测报告);

b) 对不符合工作的严重性进行评价;

c) 立即进行纠正,同时对不符合工作的可接受性作出决定;

d) 必要时,通知客户并取消工作;

e) 规定批准恢复工作的职责。

注:对质量管理体系或检测活动的不符合工作或问题的识别,可能发生在质量管理体系和技术运作的各个环节,例

如客户投诉、质量控制、仪器校准、消耗材料的核查、对员工的考查或监督、检测报告的核查、管理评审和内部或外部审核。

3.9.2 当评价表明不符合工作可能再度发生,或对雷电防护装置检测单位的运作与其政策和程序的符合性产生怀疑时,应立即执行 3.11 中规定的纠正措施程序。

3.10 改进

雷电防护装置检测单位应通过利用质量方针、质量目标、审核结果、数据分析、纠正措施、预防措施和管理评审来持续改进质量管理体系的有效性。

3.11 纠正措施

3.11.1 基本要求

雷电防护装置检测单位应制定纠正措施的政策和程序,并指定合适的人员,在识别出不符合工作或对质量管理体系或技术运作政策和程序有偏离时实施纠正措施。

> 注:雷电防护装置检测单位质量管理体系或技术运作中的问题可以通过各种活动来识别,例如不符合工作的控制、内部或外部审核、管理评审、客户的反馈或员工的观察。

3.11.2 原因分析

纠正措施程序应从确定问题根本原因的调查开始。

> 注:原因分析是纠正措施程序中最关键有时也是最困难的部分。根本原因通常并不明显,因此需要仔细分析产生问题的所有潜在原因。潜在原因可包括:客户要求、样品、样品规格、方法和程序、员工的技能和培训、消耗品、设备及校准。

3.11.3 纠正措施的选择和实施

需要采取纠正措施时,雷电防护装置检测单位应识别出各项可能的纠正措施,并选择和实施最可能消除问题和防止问题再次发生的措施。纠正措施应与问题的严重程度和风险大小相适应。雷电防护装置检测单位应将纠正措施所导致的任何变更制定成文件并加以实施。

3.11.4 纠正措施的监控

雷电防护装置检测单位应对纠正措施的结果进行监控,以确保所采取的纠正措施是有效的。

3.11.5 附加审核

对不符合或偏离的识别,导致对雷电防护装置检测单位符合其政策和程序或符合本标准产生怀疑时,雷电防护装置检测单位应尽快依据 3.14 条的规定对相关活动区域进行审核。

> 注:附加审核常在纠正措施实施后进行,以确定纠正措施的有效性。仅在识别出问题严重或对业务有危害时,才有必要进行附加审核。

3.12 预防措施

3.12.1 应识别技术方面和相关管理体系方面所需的改进和潜在不符合的原因。当识别出改进机会或需采取预防措施时,应制定措施计划并加以实施和监控,以减少这类不符合情况发生的可能性并改进。

3.12.2 预防措施程序应包括措施的启动和控制,以确保其有效性。

> 注1:预防措施是事先主动识别改进机会的过程,而不是对已发现问题或投诉的反应。
>
> 注2:除对运作程序进行评审之外,预防措施还可能涉及数据分析,包括趋势和风险分析以及能力验证结果。

3.13 记录的控制

3.13.1 基本要求

3.13.1.1 雷电防护装置检测单位应建立和保持识别、收集、索引、存取、存档、存放、维护和清理质量记录和技术记录的程序。质量记录应包括内部审核报告和管理评审报告以及纠正措施和预防措施的记录。

3.13.1.2 所有记录应清晰明了,并以便于存取的方式存放和保存在具有防止损坏、变质、丢失的适宜环境的设施中。记录宜长期保存,应不少于五年。

> 注:记录可存于任何媒体上,例如硬拷贝或电子媒体。

3.13.1.3 所有记录应予安全保护和保密。

3.13.1.4 雷电防护装置检测单位应有程序来保护和备份以电子形式存储的记录,并防止未经授权的侵入或修改。

3.13.2 技术记录

3.13.2.1 雷电防护装置检测单位应将原始观察记录、导出数据和建立审核路径的足够信息的记录、员工记录以及发出的每份检测报告的副本按规定的时间保存。每项检测记录应包含足够的信息,以便在可能时识别不确定度的影响因素,并确保该检测在尽可能接近原条件的情况下能够复现。记录应包括每项检测的操作人员和结果校核人员的标识。

> 注:技术记录是进行检测所得数据(见 4.3.5)和信息的积累,它们表明检测是否达到了规定的质量或过程参数。技术记录可包括表格、合同、工作单、工作手册、核查表、工作笔记、控制图、外部和内部的检测报告、客户信函、文件和反馈。

3.13.2.2 观察结果、数据和计算应在产生的当时予以记录,并能按照特定任务分类识别。

3.13.2.3 当记录中出现错误时,每一错误应划改,不可擦涂掉,以免字迹模糊或消失,并将正确值填写在其旁边。对记录的所有改动应有改动人的签名。对电子存储的记录也应采取同等措施,以避免原始数据的丢失或改动。

3.14 内部审核

3.14.1 雷电防护装置检测单位应根据预定的日程表和程序,每 12 个月对其活动进行 1 次内部审核,以验证其运作持续符合质量管理体系和本标准的要求。内部审核计划应涉及质量管理体系的全部要素,包括检测活动。质量主管负责按照日程表的要求和管理层的需要策划和组织内部审核。审核应由经过培训和具备资格的人员来执行,只要资源允许,审核人员应独立于被审核的活动。

3.14.2 当审核中发现的问题导致对运作的有效性,或对雷电防护装置检测单位检测结果的正确性或有效性产生怀疑时,雷电防护装置检测单位应及时采取纠正措施。如果调查表明雷电防护装置检测单位的结果可能已受影响,应书面通知客户。

3.14.3 审核活动的领域、审核发现的情况和因此采取的纠正措施,应予以记录。

3.14.4 跟踪审核活动应验证和记录纠正措施的实施情况及有效性。

3.15 管理评审

3.15.1 雷电防护装置检测单位的最高管理者应根据预定的日程表和程序,每 12 个月对雷电防护装置检测单位的质量管理体系和检测活动进行评审,以确保其持续适用和有效,并进行必要的变更或改进。评审应包括(但不限于)下列内容:

    a) 政策和程序的适用性;

    b) 管理和监督人员的报告;

c) 近期内部审核的结果；

d) 纠正措施和预防措施；

e) 由外部单位进行的评审；

f) 雷电防护装置检测单位间比对或能力验证的结果；

g) 工作量和工作类型的变化；

h) 客户反馈；

i) 投诉；

j) 改进的建议；

k) 其他相关因素,如质量控制活动,员工培训。

3.15.2 管理评审的输出应包括(但不限于)下列内容：

a) 改进措施；

b) 质量管理体系所需的变更；

c) 资源需求。

3.15.3 应对管理评审中的发现和由此采取的措施进行记录并对评审结果形成评审报告,对提出的改进措施,最高管理者应确保负有管理职责的部门或岗位人员启动有关工作程序,在规定的时间内完成改进工作,并对改进结果进行跟踪验证。

4 技术要求

4.1 人员

4.1.1 雷电防护装置检测单位管理者应确保所有操作专门设备、从事检测、评价结果、签署检测报告的人员具有相应的能力。当使用在培员工时,应对其安排适当的监督。对从事特定工作的人员,应按要求根据相应的教育、培训、经验和(或)可证明的技能进行确认。

注1：某些技术领域可能要求从事某些工作的人员持有资格证书,雷电防护装置检测单位有责任满足规定的人员资格要求。人员资格的要求可能是法定的、特殊技术领域标准包含的,或是客户要求的。

注2：对检测报告所含意见和解释负责的人员,除了具备相应的资格、培训、经验以及所进行的检测方面的充分知识,还需具有：

——制造被检测物品、材料、产品等所需的相关技术知识、已使用或拟使用方法的知识、在使用过程中可能出现的缺陷或降级等方面的知识；

——法规和标准中阐明的通用要求的知识；

——对相关物品、材料和产品等非正常使用时所产生影响程度的了解。

4.1.2 雷电防护装置检测单位管理者应制定雷电防护装置检测单位人员的教育、培训和技能目标。雷电防护装置检测单位应有确定培训需求和提供人员培训的政策和程序。培训计划应与雷电防护装置检测单位当前和预期的任务相适应。应对这些培训活动的有效性进行评价。

4.1.3 雷电防护装置检测单位应使用长期雇佣人员或签约人员。在使用签约人员及其他技术人员及关键支持人员时,雷电防护装置检测单位应确保这些人员是胜任的且受到监督,并按照雷电防护装置检测单位质量管理体系要求工作。

4.1.4 雷电防护装置检测单位应以文件规定或者合同约定等方式确保检测人员只在本单位从事检测工作。

4.1.5 对与检测有关的管理人员、技术人员和关键支持人员,雷电防护装置检测单位应保留其当前工作的描述(参见附录 A),包括(但不限于)下列内容：

a) 从事检测工作方面的职责；

b) 检测策划和结果评价方面的职责；

c) 提交意见和解释的职责；

d) 方法改进、新方法制定和确认方面的职责；

e) 所需专业知识和经验；

f) 资格和培训计划；

g) 管理职责。

4.1.6 管理层应授权专门人员进行特定类型检测、签发检测报告、提出意见和解释、操作特定类型的设备。雷电防护装置检测单位应保留所有技术人员的相关授权、能力、教育和专业资格、培训、技能和经验的记录，并包含授权和（或）能力确认的日期。这些信息应易于获取。

4.1.7 雷电防护装置检测单位应制定培训计划，使检测人员了解必要的安全防护措施以防止检测中可能出现的电击、坠落、机械损伤等对人身构成的威胁。

4.2 设施和环境条件

4.2.1 用于检测的设施，包括但不限于能源、照明和环境条件，应有利于检测的正确实施。雷电防护装置检测单位应确保环境条件不会使结果无效，或对所要求的测量质量产生不良影响。对影响检测结果的设施和环境条件的技术要求应制定成文件。

4.2.2 相关的规范、方法和程序有要求，或对结果的质量有影响时，雷电防护装置检测单位应监测、控制和记录环境条件。对诸如电磁干扰、辐射、湿度、供电、温度等应予以重视，使其适应于相关的技术活动。当环境条件危及检测的结果时，应停止检测。

4.2.3 应将不相容活动的相邻区域进行有效隔离。必要时采取措施以防止因环境的原因导致检测结果无效或对检测质量造成不利影响。这类措施包括（但不限于）下列内容：

a) 当检测项目对土壤电阻率敏感时，如接地电阻测试等，应选择在适宜的时间和位置进行检测；

b) 当检测项目对杂散电流或极化的土壤敏感时，如接地电阻测试等，应更换检测位置；

c) 当检测设备对背景电磁辐射敏感时，如静电电位测试仪等，应采用适当的电磁屏蔽、接地、隔离等措施。

4.2.4 应采取措施确保实验室的良好内务，必要时应制定专门的程序。

4.2.5 为确保检测人员的健康和安全，雷电防护装置检测单位应建立并实施安全保护措施，包括（但不限于）下列内容：

a) 为检测人员配备防护用品（如安全胶鞋、安全帽等）；

b) 进入有触电危险的区域时，操作人员应采取有效的绝缘措施（如绝缘鞋、绝缘手套等）；

c) 进入易燃易爆场所时，应先确认场所的安全性，佩戴安全防护装置并使用相应的防爆设备，如防爆对讲机等；

d) 进行检测工作时应有 2 人以上。

4.3 检测方法及方法的确认

4.3.1 基本要求

4.3.1.1 雷电防护装置检测单位应使用适合的方法和程序进行所有检测。适当时，还应包括测量不确定度的评价和分析检测数据的统计技术。

4.3.1.2 如果缺少作业指导书可能影响检测结果，雷电防护装置检测单位应具有相关设备的使用和操作指导书和（或）处置、准备检测物品的指导书。所有与雷电防护装置检测单位工作有关的指导书、标准、手册和参考资料应保持现行有效并易于员工取阅（见3.3）。对检测和校准方法的偏离，仅应在该偏离已被文件规定、经技术判断、获得批准和客户接受的情况下才允许发生。

4.3.2 方法的选择

4.3.2.1 雷电防护装置检测单位应采用满足客户需求并适用于所进行的检测的方法。宜使用以国家或行业标准发布的方法。雷电防护装置检测单位应确保使用标准的最新有效版本。必要时,应采用附加细则对标准加以补充,以确保应用的一致性。

4.3.2.2 在引入标准之前,雷电防护装置检测单位应证实能够正确地运用标准方法。如果标准方法发生变化,应重新进行证实。

4.3.2.3 当认为客户建议的方法不适合或已过期时,雷电防护装置检测单位应通知客户。

4.3.3 方法的确认

4.3.3.1 确认是通过检查并提供客观证据,以证实某一特定预期用途的特定要求得到满足。方法的确认应尽可能全面,以满足预定用途或应用领域的需要。用于确定某方法性能的技术应当是下列之一,或是其组合:

    a) 与其他方法所得的结果进行比较;

    b) 实验室间比对;

    c) 对影响结果的因素作系统性评审;

    d) 根据对方法的理论原理和实践经验的科学理解,对所得结果不确定度进行的评定。

4.3.3.2 应记录所获得的确认结果、使用的确认程序以及该方法是否适合预期用途的声明。

4.3.3.3 按照预期用途对被确认方法进行评价时,方法所得值的范围和准确度应适应客户的需求。

4.3.4 测量不确定度的评定

4.3.4.1 雷电防护装置检测单位应具有并应用评定测量不确定度的程序。

4.3.4.2 某些情况下,检测方法的性质会妨碍对测量不确定度进行严密的计量学和统计学上的有效计算。这种情况下,雷电防护装置检测单位至少应努力找出不确定度的所有分量且作出合理评定,并确保结果的报告方式不会对不确定度造成错觉。合理的评定应依据对方法特性的理解和测量范围,并利用诸如过去的经验和确认的数据。

4.3.4.3 在评定测量不确定度时,对给定条件下所有重要不确定度分量,均应采用适当的分析方法加以考虑。

    注1:不确定度的来源包括(但不限于)所用的参考标准、方法和设备、环境条件、被检测物品的性能和状态以及操作人员。

    注2:在评定测量不确定度时,通常不考虑被检测物品预计的长期性能。

    注3:评定方法参见JJF 1059.1—2012《测量不确定度评定与表示》(见参考文献)。

4.3.5 数据控制

4.3.5.1 应对计算和数据传输进行系统和适当的检查。

4.3.5.2 当利用计算机或自动设备对检测数据进行采集、处理、记录、报告、存储或检索时,雷电防护装置检测单位应确保:

    a) 由使用者开发的计算机软件应被制订成足够详细的文件,并对其适用性进行适当确认。

    b) 建立并实施数据保护的程序。这些程序应包括(但不限于):数据输入或采集、数据存储、数据传输和数据处理的完整性和保密性。

    c) 维护计算机和自动设备以确保其功能正常,并提供保护检测数据完整性所必需的环境和运行条件。

4.3.5.3 通用的商业软件(如文字处理、数据库和统计程序),在其设计的应用范围内可认为是经充分确认的,但雷电防护装置检测单位对软件进行了配置或调整,则应当按4.3.5.2a)进行确认。

4.4 设备

4.4.1 雷电防护装置检测单位所有检测设备应满足相关检测标准或技术规范的要求。

4.4.2 当雷电防护装置检测单位需要使用永久控制之外的设备时,应确保满足本标准的要求。

4.4.3 用于检测的设备及其软件应达到要求的准确度,并符合相应的检测规范要求。对结果有重要影响的仪器的关键量或值,应制定校准计划。设备在投入使用前应进行校准或核查,以证实其能够满足雷电防护装置检测单位的规范要求和相应的标准规范。设备在使用前应进行核查和(或)校准(见4.5)。

4.4.4 设备应由经过授权的人员操作。设备使用和维护的最新版说明书(包括设备制造商提供的有关手册)应便于有关人员取用。

4.4.5 用于检测并对结果有重要影响的每一设备及其软件,如可能,均应加以唯一性标识。

4.4.6 应保存对检测具有重要影响的每一设备及其软件的记录。该记录应包括(但不限于)下列内容:
   a) 设备及其软件的识别,如设备名称、型号及设备编号;
   b) 制造商名称、型式标识、系列号或其他唯一性标识;
   c) 对设备是否符合规范的核查(见4.4.3);
   d) 当前的位置(如果适用);
   e) 制造商的说明书,或指明其地点;
   f) 所有校准报告和证书的日期、结果及复印件,设备调整、验收标准和下次校准的预定日期;
   g) 设备维护计划(适当时),以及已进行的维护;
   h) 设备的任何损坏、故障、改装或修理。

4.4.7 雷电防护装置检测单位应具有安全处置、运输、存放、使用和有计划维护测量设备的程序,以确保其功能正常并防止污染或性能退化。

4.4.8 曾经过载或处置不当、给出可疑结果,或已显示出缺陷、超出规定限度的设备,均应停止使用。这些设备应予以隔离以防误用,或加贴标签、标记以清晰表明该设备已停用,直至修复并通过校准表明能正常工作为止。雷电防护装置检测单位应核查这些缺陷或偏离规定极限对先前检测的影响,并执行"不符合要求的检测工作的控制"程序(见3.9)。

4.4.9 雷电防护装置检测单位控制下的需校准的所有设备,只要可行,应使用标签、编码或其他标识表明其校准状态,包括本次校准的日期、再校准或失效日期。

4.4.10 无论什么原因,若设备脱离了雷电防护装置检测单位的直接控制,该单位应确保该设备返回后,在使用前对其功能和校准状态进行核查并能显示满意结果。

4.4.11 当校准产生了一组修正因子时,雷电防护装置检测单位应有程序确保其所有备份(例如计算机软件中的备份)得到正确更新。

4.4.12 检测设备包括硬件和软件,应得到保护,以避免发生致使检测结果失效的调整。

4.4.13 当需要利用期间核查以保持设备校准状态的可信度时,应按照规定的程序进行。这些设备应具备有效检查手段,易于操作,包括(但不限于):
   a) 主要检测项目的检测设备;
   b) 使用较频繁的检测设备;
   c) 使用环境变化的检测设备;
   d) 精度较高的检测设备;
   e) 数据容易漂移的检测设备;
   f) 长期不使用的检测设备。

4.5 测量溯源性

4.5.1 用于检测的对检测的准确性或有效性有显著影响的所有设备,包括辅助测量设备,在投入使用前应进行校准。

4.5.2 雷电防护装置检测单位应制定设备校准的计划和程序。

4.5.3 当使用外部校准服务时,应使用能够证明资格、测量能力和溯源性的计量检定单位的校准服务,以保证设备的校准和测量可溯源到国际单位制(SI)。由这些计量检定单位发布的校准证书应有包括测量不确定度和(或)符合确定的计量规范声明的测量结果。

4.5.4 测量无法溯源到 SI 单位或与之无关时,要求测量能够溯源到诸如有证标准物质、约定的方法和(或)协议标准。可能时,参加实验室之间的比对。

4.5.5 对于具有测量功能的检测设备,除非已经证实校准带来的贡献对检测结果总的不确定度几乎没有影响。这种情况下,实验室应确保所用设备能够提供所需的测量不确定度。

4.6 检测对象

4.6.1 雷电防护装置检测单位应有用于检测物品的运输、接收、处置、保护、存储、保留和(或)清理的程序,包括为保护检测对象的完整性以及雷电防护装置检测单位与客户利益所需的全部条款。

4.6.2 雷电防护装置检测单位应具有检测对象的标识系统。检测对象在整个检测期间应保留该标识。标识系统的设计和使用应确保检测对象不会在实物上或在涉及的记录和其他文件中混淆。如果合适,标识系统应包含检测对象群组的细分和检测对象的传递。

4.6.3 应根据不同的检测对象制定不同的标识系统,包括(但不限于)下列内容:

    a) 在记录上描述检测对象位置;

    b) 绘制现场位置图,并标明检测对象位置;

    c) 在检测对象上挂牌区分;

    d) 粘贴具有唯一性标识的标签。

4.6.4 当对检测对象是否适合于检测存有疑问,或当检测对象不符合所提供的描述,或对所要求的检测规定不够详尽时,应在开始工作之前问询客户,以得到进一步的说明,并记录讨论的内容。

4.6.5 雷电防护装置检测单位应有程序避免检测对象在处置和准备过程中发生退化、丢失或损坏。应遵守检测对象提供的处理说明。

注:在检测之后要重新投入使用的检测对象,需特别注意确保检测对象的处置、检测或等待过程中不被破坏或损伤。

4.7 检测结果质量的保证

4.7.1 雷电防护装置检测单位应有质量控制程序以监控检测的有效性。所得数据的记录方式应便于可发现其发展趋势,如可行,应采用统计技术对结果进行审查。

4.7.2 质量主管应每年根据单位工作的特点、类型和工作量大小等情况,制定年度检测结果质量保证的监控计划,经技术负责人批准后组织实施。

4.7.3 质量监控方法应有计划并加以评审,可包括(但不限于)下列内容:

    a) 定期使用有证标准物质进行监控,和(或)使用次级标准物质开展内部质量控制;

    b) 参加单位间的比对或能力验证计划;

    c) 使用相同或不同方法进行重复检测;

    d) 对存留物品进行再检测;

    e) 分析一个物品不同特性结果的相关性;

    f) 不同人员之间进行比对;

    g) 不同设备进行比对。

4.7.4 雷电防护装置检测单位应分析质量控制的数据,当发现质量控制数据超出预先确定的判据时,应采取已计划的措施来纠正出现的问题,并防止报告错误的结果。

4.7.5 每项质量监控项目完成后,质量主管应负责编制该项目的报告。在报告中应给出测量结果是否符合预期要求的结论。

4.7.6 质量监控结果不满意的项目,技术负责人应组织相关人员查找、分析原因,并执行纠正、纠正措施或不符合工作的控制程序。

4.8 检测报告

4.8.1 雷电防护装置检测单位应准确、清晰、明确和客观地报告每一项检测,或一系列的检测的结果,并符合检测方法中规定的要求。

4.8.2 检测报告应包括客户要求的、说明检测结果所必需的和所用方法要求的全部信息。这些信息通常是4.8.3和4.8.4中要求的内容。

4.8.3 检测报告应至少包括下列内容:

    a) 标题(如"雷电防护装置检测报告");
    b) 加盖雷电防护装置检测单位公章;
    c) 雷电防护装置检测单位的名称和地址,进行检测的地点;
    d) 检测报告的唯一性标识(如系列号)和每一页上的标识,以确保能够识别该页是属于检测报告的一部分,以及表明检测报告结束的清晰标识;
    e) 客户的名称和地址;
    f) 所用方法的识别;
    g) 检测物品的描述、状态和明确的标识;
    h) 进行检测的日期;
    i) 检测的结果,适用时,带有测量单位;
    j) 授权签字人的姓名、职务、签字或等效的标识;
    k) 相关时,结果仅与被检测物品有关的声明;
    l) 检测报告的硬拷贝应当有页码和总页数;
    m) 作出未经雷电防护装置检测单位书面批准,不得复制(全文复制除外)检测报告的声明。

4.8.4 当需对检测结果作出解释时,除4.8.3中所列的要求之外,检测报告中还应包括下列内容:

    a) 对检测方法的偏离、增添或删节,以及特定检测条件的信息,如环境条件。
    b) 相关时,符合(或不符合)要求和/或规范的声明。
    c) 适用时,评定测量不确定度的声明。当不确定度与检测结果的有效性或应用有关,或客户的指令中有要求,或当不确定度影响到对规范限度的符合性时,检测报告中还需要包括有关不确定度的信息。
    d) 适用且需要时,提出意见和解释。
    e) 特定方法、客户或客户群体要求的附加信息。

4.8.5 意见和解释

当含有意见和解释时,雷电防护装置检测单位应把作出意见和解释的依据制定成文件。意见和解释应在检测报告中清晰标注。

注:检测报告中包含的意见和解释可以包括(但不限于)下列内容:
——对结果符合(或不符合)要求的声明的意见;
——合同要求的履行;
——如何使用结果的建议;

——用于改进的指导。

4.8.6 从分包方获得的检测结果

当检测报告包含了由分包方所出具的检测结果时,这些结果应予清晰标明。分包方应以书面或电子方式报告结果。

4.8.7 结果的电子传送

当用电话、电传、传真或其他电子或电磁方式传送检测结果时,应满足本标准数据控制的要求(见4.3.5)。

4.8.8 报告和证书的格式

报告的格式应设计为适用于所进行的各种检测类型,并尽量减小产生误解或误用的可能性。

4.8.9 检测报告的修改

对已发布的检测报告的实质性修改,应仅以追加文件或信息变更的形式,并包括如下声明:"对检测报告的补充,系列号……(或其他标识)",或其他等效的文字形式。这种修改应满足本标准的所有要求。当有必要发布全新的检测报告时,应注以唯一性标识,并注明所替代的原件。

附 录 A
（资料性附录）
检测相关人员工作描述（示例）

A.1 最高管理者

其职责为：
——负责雷电防护装置检测单位的各项工作,组织贯彻执行国家有关方针、政策、法律、法规和上级主管部门的决议；
——负责质量管理体系的策划,制定质量方针和质量目标,批准质量手册；
——负责审批评审计划,主持管理评审,并就质量管理体系的有效性和改进进行沟通；
——负责批准雷电防护装置检测单位的发展规划和年度工作计划,组织配置所需资源；
——负责对授权签字人、技术负责人、质量负责人和设备管理员进行授权,聘任质量监督员,任命关键岗位人员,指定关键岗位的代理人；
——负责组织制定和审批经费的预决算,审批重大日常支出；
——负责审批新建项目、技术改造项目、设备购置和采购计划；
——负责组织对全体人员的奖惩考核。

A.2 授权签字人

A.2.1 任职资格条件为：
——具有本科以上学历；
——获得授权签字人授权；
——精通检测业务及相关标准；
——精通检测技术,具备正确地检查所有的检测结果的准确性和可靠性的能力；
——能正确地评判检测报告的规范性和准确性；
——熟悉审批报告的程序和雷电防护装置检测单位授权业务及限制范围。

A.2.2 职责为：
——负责实验室的报告签发工作；
——负责审核检测员的工作结果。

A.3 技术负责人

A.3.1 任职资格条件为：
——具有高级工程师及以上技术职称；
——获得技术负责人授权；
——精通检测业务及相关标准；
——精通检测技术,具备正确地检查所有的检测结果的准确性和可靠性的能力。

A.3.2 职责为：
——负责技术运作所需资源；
——负责雷电防护装置检测单位的技术工作;组织编制、修订操作手册；

QX/T 401—2017

——负责组织处理检测和技术改造中的重大技术问题；
——负责组织新建项目、技术改造项目和设备购置计划的论证立项工作；
——负责组织雷电防护装置检测单位业务学习、技术培训工作；
——负责雷电防护装置检测单位能力比对试验或其他技术方案的批准、审查；
——协助质量负责人完成重大质量事故分析。

A.4 质量负责人

A.4.1 任职资格条件为：
——具有本科或以上学历；
——获得质量负责人授权；
——具有相当的管理和协调能力；
——对相关质量管理法律、法规、标准等有较为深刻的理解。

A.4.2 职责为：
——负责雷电防护装置检测单位质量工作，编制、修订质量手册和程序文件；
——负责雷电防护装置检测单位质量管理体系的建立、运行和改进，制定年度质量审核计划，组织实施内部质量审核；根据质量目标及项目实际情况，制订检测结果质量保证监控计划；
——负责组织实施内部质量审核或配合由上级主管部门或其他相关单位组织的外部审核，并对审核中出现的不符合组织整改；
——负责组织处理检测工作中的抱怨以及质量事故；
——负责与各部门保持密切联系，及时解决体系运行中接口不协调的问题，如无法解决可提交管理评审输入；
——负责编制管理评审计划和评审报告；
——负责主持召开重大质量事故分析会。

A.5 质量监督员

A.5.1 任职资格条件为：
——熟悉检测方法、程序；
——能够对检测结果进行正确评价；
——获得质量监督员授权。

A.5.2 职责为：
——负责根据监督计划执行质量监督；
——负责记录监督中发现的不符合，形成监督记录或监督报告并上报质量负责人。

A.6 检测员

A.6.1 任职资格条件为：
——掌握、熟悉相关法律法规知识、安全生产知识和检测理论知识；
——熟练判断雷电防护装置的完整性、可靠性、有效性和合理性；
——熟练掌握雷电防护装置《现场检测操作规程》（GB/T 32938—2016 附录 B 内容）并能组织实施；
——熟练但不限于使用以下仪器：经纬仪、测距仪、游标卡尺、测厚仪、接地电阻测试仪、过渡电阻测试仪、绝缘电阻测试仪、防雷元件测试仪、钳形表、大地网测试仪、表面阻抗测试仪、静电电位测试仪、可燃气体测试仪等；

——熟练常规仪器设备的调试方法；

——能够对接地电阻测试仪进行期间核查；

——能够进行仪器设备日常维护；

——会进行常规检测仪器设备断电、接口松动、线缆断裂等简单故障的处理；

——获得检测员授权。

A.6.2 职责为：

——根据检测计划完成检测工作；

——记录检测数据，填写原始记录表格；

——编制检测报告；

——对于检测过程中发现的问题，当场记录并反馈给相关人员。

A.7 设备管理员

A.7.1 任职资格条件为：

——掌握仪器和设备的检定校准；

——掌握设备的期间核查；

——获得设备管理员授权。

A.7.2 职责为：

——负责检测用仪器和设备的检定校准管理、期间核查工作；

——负责检测用仪器和设备的归档管理工作；

——负责编制专用仪器设备台帐，有权制止使用不符合相关要求的仪器设备，并向质量负责人汇报；

——负责制定检测设备维护保养规程和操作规程等，并监督操作人员做好记录；

——协助技术负责人完成新项目所需检测设备的订购、验收和量值溯源工作；

——负责雷电防护装置检测单位检测相关消耗品的申请与日常管理。

A.8 内审员

A.8.1 任职资格条件为：

——熟悉质量管理体系相关文件；

——获得内审员授权；

——通过内审员考评。

A.8.2 职责为：

——协助管理层实施、维持和改进雷电防护装置检测单位的质量管理体系；

——参加实验室内审活动，发现不符合项，提出纠正措施建议方案并上报质量负责人审核；

——跟踪验证责任部门对内审发现不符合项的纠正措施。

QX/T 401—2017

参 考 文 献

[1]　GB/T 19000—2016　质量管理体系　基础和术语(ISO 9000:2015,IDT)

[2]　GB/T 19001—2016　质量管理体系　要求(ISO 9001:2015,IDT)

[3]　GB/T 19011—2013　管理体系审核指南(ISO 19011:2011,IDT)

[4]　GB/T 19022—2003　测量管理体系　测量过程和测量设备的要求(ISO 10012:2003,IDT)

[5]　GB/T 27011—2005　合格评定　认可机构通用要求(ISO/IEC 17011:2004,IDT)

[8]　GB/T 27020—2016　合格评定　各类检验机构的运作要求(ISO/IEC 17020:2012,IDT)

[7]　GB/T 27025—2008　检测和校准实验室能力的通用要求(ISO/IEC 17025:2005,IDT)

[8]　GB/T 27065—2015　合格评定　产品、过程和服务认证机构的要求(ISO/IEC 17065:2012,IDT)

[9]　GB/T 32938—2016　防雷装置检测服务规范

[10]　GB 50057—2010　建筑物防雷设计规范

[11]　JJF 1059.1—2012　测量不确定度评定与表示

[12]　ISO/IEC 90003:2014　Software engineering—Guidelines for the application of ISO 9001:2008 to computer software

[13]　中国气象局.雷电防护装置检测资质管理办法:中国气象局令第 31 号[Z],2016 年 4 月 7 日发布

ICS 07.060
A 47
备案号：61279—2018

中华人民共和国气象行业标准

QX/T 402—2017

雷电防护装置检测单位监督检查规范

Specification for supervision and inspection of lightning protection system
inspection units

2017-12-29 发布
2018-04-01 实施

中 国 气 象 局 发布

前　言

本标准按照 GB/T 1.1—2009 给出的规则起草。

本标准由全国雷电灾害防御行业标准化技术委员会提出并归口。

本标准起草单位：广东省气象局、上海市气象局、安徽省气象局、浙江省气象局、重庆市气象局。

本标准主要起草人：陈昌、赵洋、贾佳、洪伟、陶寅、李慧武、张卫斌、覃彬全、青吉铭、曾阳斌、吴坚。

引　言

　　本标准是防雷监管标准体系的标准之一。防雷监管标准体系是贯彻落实国务院"放管服"改革和《国务院关于优化建设工程防雷许可的决定》等精神,转变防雷监管方式,加强事中事后监管而制定的系列标准。为规范雷电防护装置检测单位监督检查工作,制定本标准。

雷电防护装置检测单位监督检查规范

1 范围

本标准规定了雷电防护装置检测单位监督检查的内容、形式、组织实施、结果处置和档案管理。
本标准适用于对雷电防护装置检测单位开展监督检查。

2 规范性引用文件

下列文件对于本文件的应用是必不可少的。凡是注日期的引用文件，仅注日期的版本适用于本文件。凡是不注日期的引用文件，其最新版本（包括所有的修改单）适用于本文件。
QX/T 319 防雷装置检测文件归档整理规范

3 术语和定义

下列术语和定义适用于本文件。

3.1

雷电防护装置 lightning protection system；LPS
防雷装置
用于减少闪击击于建筑物上或建筑物附近造成的物质性损害和人身伤亡，由外部雷电防护装置和内部雷电防护装置组成。
注：改写 GB 50057—2010，定义 2.0.5。

4 监督检查内容

雷电防护装置检测单位监督检查包括但不限于以下内容：
——是否存在资质挂靠行为；
——是否与其检测项目的设计、施工单位以及所使用的防雷产品生产、销售单位有隶属关系或者其他利害关系；
——是否按资质要求配备相关人员；
——是否具有满足检测要求的固定工作场所；
——是否具有满足检测要求仪器设备；
——是否有有效管理和控制的内部文件和外部文件；
——检测项目是否有检测协议（合同）或委托书；
——是否按照现行的技术标准和规程开展防雷技术服务；
——检测技术人员是否持证上岗；
——检测技术人员是否按规范填写检测记录和编制检测报告；
——检测报告检测数据是否与原始记录一致，内容正确无误；
——检测报告是否加盖检测机构印章且签名齐全；
——检测文件归档是否符合 QX/T 319 要求；

——是否建立培训计划,并有效实施。

注:检查记录表格模板参见附录 A。

5 监督检查形式

5.1 总则

检查包括但不限于日常检查、专项检查、随机抽查和重点检查等。

5.2 日常检查

组织单位对辖区内雷电防护装置检测单位的服务活动通过在线监察方式进行的检查。

5.3 专项检查

由组织单位依法对雷电防护装置检测单位进行专项检查。

5.4 随机抽查

随机抽查分为定向抽查和不定向抽查。定向抽查是指按照监管对象类型、性质、组织架构、经营规模、市场占有率、地理区域、注册地、服务地等特定条件,通过摇号等方式,随机抽取确定待查对象名单。不定向抽查是指不设定条件,通过摇号等方式,随机抽取确定待查对象名单。

5.5 重点检查

由组织单位对存在群众举报或投诉、被媒体曝光、部门移(送)交线索、进入经营异常目录或黑名单、曾经出现违法违规服务行为等情况的雷电防护装置检测单位实施检查。

6 组织实施

6.1 制定计划

6.1.1 组织单位应制定年度监督检查计划。

6.1.2 专项检查、随机抽查、重点检查应制定工作方案。工作方案应明确监督检查的对象范围、工作目标、检查内容、工作步骤、时间安排、工作要求等内容。

6.2 人员安排

6.2.1 监督检查人员应由组织单位派出,并安排不少于2名具备相关专业知识的检查人员参与。

6.2.2 在专业技术性强、工艺、设备、设施复杂的行业领域、部位和场所,可聘请相关专业的技术专家参与监督检查。

6.3 检查准备

6.3.1 专项检查应组织参与监督检查的人员召开预备会,了解工作方案,掌握监督检查工作要求,明确工作分工。

6.3.2 聘请专家人数3人及以上的,应成立专家组并确定专家组组长。

6.3.3 其他检查形式可参照6.3.1、6.3.2执行。

6.4 告知

监督检查人员进行监督检查时,应出示有效证件,告知雷电防护装置检测单位现场负责人配合监督检查的义务和对监督检查及其处置结果提出行政复议的权利,说明监督检查的目的和内容,必要时可要求跟随雷电防护装置检测单位检查实际开展项目的服务过程。

6.5 查阅资料

检查人员应查阅防雷服务单位资质情况,人员情况,仪器设备情况,质量管理体系,技术、档案和安全管理制度等。

6.6 现场检查

6.6.1 监督检查人员可根据需要组织对雷电防护装置检测单位实际开展项目的现场检查,检查应包括服务方案或合同、人员情况、技术方法、设备使用、操作过程、安全措施落实、现场记录等情况。

6.6.2 可对雷电防护装置检测单位的服务对象通过开展问卷调查、询问等多种方式了解其服务情况。

6.7 填写记录

6.7.1 监督检查人员应当场如实填写记录,记录应包括单位名称、监督检查时间、监督检查内容、监督检查发现的问题等。同时,监督检查人员及雷电防护装置检测单位现场负责人应签名确认。

6.7.2 监督检查人员在检查过程中发现的问题应逐一记录,并留存必要的照片佐证或复印佐证,有条件的可留存音频、视频佐证。

6.8 意见反馈

监督检查人员应当面向雷电防护装置检测单位现场负责人反馈监督检查情况及整改时限要求,并解释监督检查中发现问题的理由和法律法规、标准规范依据。

7 结果处置

监督检查情况应通报资质认定机构,并记入雷电防护装置检测单位信用档案。

8 档案管理

组织单位应将监督检查全流程材料归档处理,宜进行信息化管理。档案应包括:检查方案、检查记录、雷电防护装置检测单位存在问题和整改情况等。

附　录　A
（资料性附录）
监督检查记录表模板

雷电防护装置检测单位监督检查记录表见表 A.1。

表 A.1　雷电防护装置检测单位监督检查记录表

日期：_____年___月___日

单位名称：		法定代表人：	
地址：		统一社会信用代码：	
资质等级：		资质证编号：	
现场负责人：		联系电话：	
序号	检查内容	是否符合要求	存在问题
1	不得存在资质资格挂靠行为。	□ 符合 □ 不符合	
2	不得与其检测项目的设计、施工单位以及所使用的防雷产品生产、销售单位有隶属关系或者其他利害关系。	□ 符合 □ 不符合	
3	按资质要求配备相关人员。应为工作人员建立劳动或录用关系并购买社会保险，明确技术人员和管理人员的岗位职责、任职要求和工作关系。	□ 符合 □ 不符合	
4	具有满足检测要求的固定工作场所。	□ 符合 □ 不符合	
5	具有满足检测要求的仪器设备。检测仪器应在检定/校准有效期内使用，有档案登记、检定/校准计划、记录及结果确认。	□ 符合 □ 不符合	
6	应有有效管理和控制的内部文件和外部文件，防止使用无效或作废文件。	□ 符合 □ 不符合	
7	检测项目应有检测协议（合同）或委托书。	□ 符合 □ 不符合	

表 A.1 雷电防护装置检测单位监督检查记录表(续)

8	按照现行的技术标准和规程开展防雷技术服务。	□ 符合 □ 不符合	
9	检测技术人员应持证上岗。	□ 符合 □ 不符合	
10	按规范填写检测记录和编制检测报告。	□ 符合 □ 不符合	
11	检测报告的检测数据应与原始记录一致,内容正确无误。	□ 符合 □ 不符合	
12	检测报告应加盖检测机构印章且签名齐全。	□ 符合 □ 不符合	
13	检测文件归档符合 QX/T 319 要求。	□ 符合 □ 不符合	
14	应建立培训计划,并有效实施。	□ 符合 □ 不符合	
其他问题			
整改意见			
整改期限			

我单位对本表中各项检查结果无异议。

被检查单位现场负责人(签名):＿＿＿＿＿＿＿＿＿

监督检查人员(签名):＿＿＿＿＿＿＿＿＿

参 考 文 献

[1] GB 50057—2010 建筑物防雷设计规范

[2] 国务院.国务院关于优化建设工程防雷许可的决定:国发〔2016〕39号,2016年6月28日发布

[3] 中国气象局.雷电防护装置检测资质管理办法:中国气象局令第31号,2016年4月7日发布

[4] 广东省防雷减灾管理中心.广东省气象局关于防雷装置检测单位监督管理的办法:粤气〔2017〕59号,2017年10月14日发布

ICS 07.060
A 47
备案号：61280—2018

中华人民共和国气象行业标准

QX/T 403—2017

雷电防护装置检测单位年度报告规范

Specification for annual report of lightning protection system inspection units

2017-12-29 发布　　　　　　　　　　　　　　2018-04-01 实施

中 国 气 象 局　发 布

前　言

本标准按照 GB/T 1.1—2009 给出的规则起草。

本标准由全国雷电灾害防御行业标准化技术委员会提出并归口。

本标准起草单位:广东省气象局、上海市气象局、浙江省气象局、安徽省气象局、重庆市气象局。

本标准主要起草人:蔡占文、邹建军、周炳辉、赵洋、贾佳、李慧武、张卫斌、洪伟、鞠晓雨、青吉铭、覃彬全。

引　言

　　本标准是防雷监管标准体系的标准之一。防雷监管标准体系是贯彻落实国务院"放管服"改革和《国务院关于优化建设工程防雷许可的决定》等精神,转变防雷监管方式,加强事中事后监管而制定的系列标准。为规范雷电防护装置检测单位年度报告工作,制定本标准。

雷电防护装置检测单位年度报告规范

1 范围

本标准规定了雷电防护装置检测单位年度报告的内容、格式和报送等要求。

本标准适用于雷电防护装置检测单位年度报告的编制和管理。

2 术语和定义

下列术语和定义适用于本文件。

2.1

年度报告 annual report

雷电防护装置检测单位向资质认定机构报送的上年度雷电防护装置检测的基本工作情况。

3 内容

年度报告的内容应包括持续符合资质认定条件和要求、遵守技术标准和规范情况、检测项目表以及统计数据等，具体内容如下：

a) 基本信息，包括单位名称、法定代表人、统一社会信用代码、资质等级、资质证总编号、资质证编号、联系电话、电子邮箱、通信地址、邮政编码、主要从业人员变化情况、检测专用设备变化情况、定期检测项目总数、新改扩项目检测总数、分支机构设立情况、年度检测工作综述等；

b) 本部专业技术人员情况，包括姓名、有效证件名称及代码、职称及专业、工作岗位、从事雷电防护装置检测工作时间、雷电防护装置检测技术人员职业能力评价证书编号、在本单位购买社保时段等；

c) 分支机构专业技术人员情况，包括姓名、有效证件名称及代码、职称及职称专业、工作岗位、从事雷电防护装置检测工作时间、雷电防护装置检测技术人员职业能力评价证书编号、在本单位购买社保时段、所属分支机构名称等；

d) 检测专用设备情况，包括专用设备名称、型号、数量、增加/减少数量、检定校准情况、主要性能描述等；

e) 检测项目情况，包括雷电防护装置检测项目的检测报告编号、项目名称、项目所在地、防雷类别、建(构)筑物数量、检测类型、合同编号、完成时间等；

f) 其他事项。

4 格式

年度报告由封面、基本信息表、本部专业技术人员简表、分支机构专业技术人员简表、检测专用设备情况简表、检测项目统计表组成，样式参见附录 A 中的图 A.1～图 A.6。

5 报送

雷电防护装置检测单位应按资质认定机构要求通过网上填报年度报告,同时报送法定代表人签字、加盖公章及骑缝章的纸质文件。

附　录　A
（资料性附录）
年度报告样式

编号：

雷电防护装置检测单位年度报告
（　　　　　年度）

单位名称：＿＿＿＿＿＿＿（公章）

单位地址：

填报日期：　　年　月　日

图 A.1　年度报告封面样式

雷电防护装置检测单位年度报告基本信息表

单位名称				法定代表人		
统一社会信用代码				资质等级		
资质证总编号				资质证编号		
联系电话				电子邮箱		
通信地址				邮政编码		
主要从业人员变化情况	高级专业人员	报告年度人数		中级专业人员	报告年度人数	
		前一年度人数			前一年度人数	
检测专用设备变化情况	增加总数			减少总数		
定期检测项目总数				新改扩检测项目总数		
分支机构设立情况	序号	分支机构名称		负责人姓名	办公地点及联系电话	
	1					
	2					
	3					
年度检测工作综述	（报告遵守国家有关法律法规、技术规范和上年度开展检测业务培训、受奖惩、投诉等情况以及存在问题、改进措施等，可附页填写） 法定代表人签字：＿＿＿＿＿＿＿＿ 年　　月　　日					

注1：本报告书填报的通信地址、邮政编码、联系电话、电子邮箱均为报送时的信息，其余信息为所报告年度1月1日
　　　至12月31日的信息。
注2：项目总数按表A.6的检测报告数进行统计。
注3：本报告书所有信息项均为必填项，如果该项内容确无信息，请填写"无"。
注4：报告单位发现其年度报告内容不准确的，应于报告当年的6月30日前进行更正。

图 A.2　雷电防护装置检测单位年度报告基本信息表样式

雷电防护装置检测单位年度报告本部专业技术人员简表

序号	姓名	有效证件名称及号码	职称及职称专业	工作岗位	从事雷电防护装置检测工作时间	雷电防护装置检测技术人员职业能力评价证书编号	在本单位购买社保的时段

注 1:技术负责人应在工作岗位栏注明。

注 2:可续表填写。

图 A.3 雷电防护装置检测单位年度报告本部专业技术人员简表样式

<h3>雷电防护装置检测单位年度报告分支机构专业技术人员简表</h3>

序号	姓名	有效证件名称及号码	职称及职称专业	工作岗位	从事雷电防护装置检测工作时间	雷电防护装置检测技术人员职业能力评价证书编号	在本单位购买社保的时段	所属分支机构名称

注1：由雷电防护装置检测单位对每个分支机构按序填写并在所属分支机构填报位置盖分支机构公章，同一分支机构只需盖一次公章。

注2：可续表填写。

图 A.4　雷电防护装置检测单位年度报告分支机构专业技术人员简表样式

雷电防护装置检测单位年度报告检测专用设备情况简表

序号	专用设备名称	型号	数量	增加/减少数量	检定校准情况	主要性能描述

注1:数量是指报告年度的数量。

注2:检测专用设备有变化的,在增加/减少数量一栏填写,减少要在数字前加负号;未变化的无需填写。

注3:增加/减少数量是指报告年度与前一年度比较值。

图 A.5　雷电防护装置检测单位年度报告检测专用设备情况简表样式

雷电防护装置检测单位年度报告检测项目统计表

序号	检测报告编号	项目名称	项目所在地	防雷类别	建(构)筑物数量	检测类型 (定期检测/ 新改扩检测)	合同编号	完成时间

注1:防雷类别应与检测报告一致。

注2:可续表填写。

图 A.6　雷电防护装置检测单位年度报告检测项目统计表样式

ICS 07. 060

A 47

备案号：61281—2018

中华人民共和国气象行业标准

QX/T 404—2017

电涌保护器产品质量监督抽查规范

Specification for quality supervision and spot inspection of surge
protective devices

2017-12-29 发布

2018-04-01 实施

中 国 气 象 局 发 布

前　言

本标准按照 GB/T 1.1—2009 给出的规则起草。

本标准由全国雷电灾害防御行业标准化技术委员会提出并归口。

本标准起草单位：上海市气象局、广东省气象局、安徽省气象局、浙江省气象局、重庆市气象局。

本标准主要起草人：赵洋、林毅、邹建军、黄敏辉、洪伟、孙浩、李慧武、张卫斌、青吉铭、覃彬全。

引　言

　　本标准是防雷监管标准体系的标准之一。防雷监管标准体系是贯彻落实国务院"放管服"改革和《国务院关于优化建设工程防雷许可的决定》等精神,转变防雷监管方式,加强事中事后监管而制定的系列标准。为规范防雷产品质量监督抽查工作,制定本标准。

电涌保护器产品质量监督抽查规范

1 范围

本标准规定了电涌保护器产品质量监督抽查检验依据、抽样、检验要求、判定原则、异议处理、复查和对检验机构的要求。

本标准适用于电涌保护器产品质量监督抽查工作,监督抽查产品范围包括低压配电系统的电涌保护器产品、电信和信号网络的电涌保护器以及用于光伏系统的电涌保护器。

2 规范性引用文件

下列文件对于本文件的应用是必不可少的。凡是注日期的引用文件,仅注日期的版本适用于本文件。凡是不注日期的引用文件,其最新版本(包括所有的修改单)适用于本文件。

GB/T 10111—2008 随机数的产生及其在产品质量抽样检验中的应用程序

GB/T 18802.1—2011 低压电涌保护器(SPD) 第 1 部分:低压配电系统的电涌保护器 性能要求和试验方法

GB/T 18802.21—2016 低压电涌保护器 第 21 部分:电信和信号网络的电涌保护器(SPD) 性能要求和试验方法

GB/T 18802.31—2016 低压电涌保护器 特殊应用(含直流)的电涌保护器 第 31 部分:用于光伏系统的电涌保护器(SPD) 性能要求和试验方法

3 术语和定义

3.1

电涌保护器 surge protective device;SPD
用于限制瞬态过电压和泄放电涌电流的电器,它至少包含一非线性的元件。
［GB/T 18802.1—2011,定义 3.1］

3.2

检验 inspection
为确定产品或服务的各特性是否合格,测量、检查、测试或量测产品或服务的一种或多种特性,并且与规定要求进行比较的活动。
［GB/T 2828.1—2012,定义 3.1.1］

3.3

不合格 nonconformity
不满足规范的要求。
注:改写 GB/T 2828.1—2012,定义 3.1.5。

4 抽查检验依据

4.1 国家标准

包括 GB/T 18802.1—2011、GB/T 18802.21—2016 以及 GB/T 18802.31—2016。

4.2 法律法规

包括相关的法律法规、部门规章和规范。

4.3 企业标准及产品明示的技术指标

产品明示的技术指标可以来源于产品本体标识、产品外包装或使用安装说明文件,也可以是企业标准等其他形式。

5 抽样

5.1 总则

在电涌保护器生产、销售和安装前等环节实施抽样,监督抽查的样品由受检单位(用户、制造商或经销商)无偿提供。监督抽查产品可根据组织抽查部门发布的相关要求选取。

5.2 抽样型号或规格

在产品生产和销售环节实施抽样时,对每个制造商应抽取具有技术和工艺代表性的产品。抽样时制造商或经销商应提供被抽样产品的使用说明书、技术资料、认证证书等的复印件。

在竣工验收前的产品安装环节实施抽样时,制造商或经销商应配合建设单位提供被抽样产品的使用说明书、技术资料、认证证书等复印件。

5.3 抽样方法、基数及数量

抽样人员应直接在制造商成品仓库(必要时为生产过程末端)、经销商待销的产品仓库或货架或竣工验收前防雷工程施工现场待安装产品中随机抽取有产品质量检验合格证明或者其他形式表明合格的、近期生产的产品,且该产品应未被使用过。

随机数的产生依据 GB/T 10111—2008 条款 5.3.3 用科学计算器中的伪随机数功能进行简单抽样的程序,抽样基数及数量见表 1。根据随机数和抽样基数确认抽样样品的方法依据附录 A 执行。

表 1 抽样基数及数量

电涌保护器产品种类	抽样基数	抽样数量	
		检验样品	备用样品
低压配电系统的电涌保护器	40 套	3 套	3 套
电信和信号网络的电涌保护器	6 套	1 套	1 套
用于光伏系统的电涌保护器	40 套	3 套	3 套
在电涌保护器产品安装前实施抽样时,被抽查产品总数不足抽样基数且大于抽样数量时,按照实际数量作为抽样基数进行抽样。同时制造商或经销商应派出有关人员现场确认。			
备用样品仅在受检单位或者经过确认了样品的制造商或经销商对检验结果提出异议后,需要对不合格项目进行复检时,才被使用。如有必要,检验机构在检验过程中对检验结果进行复验所采用的样品,也应是抽取的检验样品,不应采用备用样品。			

5.4 抽样人员

抽样人员应是组织抽查部门授权的人员,抽样时,抽样人员不得少于2名。抽样前,应向受检单位出示《产品质量监督抽查/复查通知书》(参见附录B)和有效身份证件,向受检单位告知抽查产品范围和实施标准等相关信息后,再进行抽样。抽样人员抽样时,应公平、公正。

5.5 样品处置

样品应由抽样人员和受检单位工作人员在封样单(参见附录C)上签字并注明抽样日期后共同加封,封样时,应采取在样品外包装箱封口处粘贴封样单,如有必要,在样品本体上所有可能开启或拆卸或输入及输出端子处均应贴上封样单,包装上的所有可能的开口处也可贴上封样单。封样方法要具有防拆措施,以保证样品的真实性。封样时,应将受检单位提供的相应产品的零配件、使用说明书、合格证及相关技术资料等妥善放置于被抽取的样品包装中一同封样。

检验样品和备用样品应分别签封,检验样品和备用样品的包装应符合运输的要求条件,检验样品和备用样品应由抽样人员负责携带或者寄送。

5.6 抽样单

抽样人员应填写符合规定的抽样单,并记录被抽查产品及单位相关信息。同时记录被抽查单位上一年度生产的电涌保护器产品销售总量;若单位上一年度未生产,则记录本年度实际销售量,并加以注明。

抽样单必须由抽样人员和受检单位有关人员签字,并加盖受检单位公章。抽样单填写应字迹工整、清楚,容易辨认,不得随意涂改,如有更改时应由双方签字确认。抽样单应分别留存单位和检验机构,并报送组织抽查部门。

5.7 文书的送达及反馈

相关文书的送达应由受送达人或其委托代理人签收,并保留相关记录,也可以邮寄送达,邮寄送达的,受送达人或其委托代理人应在邮件回执上签名、盖章,如要求受送达人反馈意见的,应在指定期间内反馈,逾期未收到反馈将视同受送达人无意见。

6 检验要求

6.1 检验项目及重要程度分类

6.1.1 不合格程度分类

在某些情况下,规范与使用方要求一致;在另一些情况它们可能不一致,或更严,或更宽,或者不完全知道或不了解两者间的精确关系。

按不合格的严重程度将它们分为下列两类:

——A类 认为最被关注的一种类型的不合格,是可能导致起火、燃烧、爆炸和电击等严重后果的不合格情况。在检验抽样中,将这种类型的不合格指定一个很小的可接受质量水平(AQL值)。

——B类 认为关注程度比A类稍低的一种类型的不合格,是虽然不满足制造商所声称的性能参数,但不至产生严重危害的不合格情况。

6.1.2 低压配电系统的电涌保护器产品

低压配电系统的电涌保护器产品的检验项目及重要程度分类见表 2。

表 2 低压配电系统的电涌保护器产品的检验项目及重要程度分类

序号	检验项目	依据法律法规或标准	强制性/推荐性	检测方法	重要程度或不合格程度分类	
					A 类[a]	B 类[b]
1	标识和标志	GB/T 18802.1—2011	推荐性	6.1.1/6.1.2/7.2		●
2	电压保护水平			6.2.2/7.5		●
3	介电强度			6.2.10/7.9.8	●	
4	动作负载试验			6.2.6/7.6	●	
5	热稳定性试验[c]			6.2.7/7.7.2	●	

序号 1、2、3 检验项目合并使用一套样品,序号 4、5 检验项目各使用一套样品。

[a] 极重要质量项目。

[b] 重要质量项目。

[c] 本序号试验仅适用于电压限制型 SPD。

6.1.3 电信和信号网络的电涌保护器产品

电信和信号网络的电涌保护器产品的检验项目及重要程度分类见表 3。

表 3 电信和信号网络的电涌保护器产品的检验项目及重要程度分类

序号	检验项目	依据法律法规或标准	强制性/推荐性	检测方法	重要程度或不合格程度分类	
					A 类	B 类
1	标识和标志	GB/T 18802.21—2016	推荐性	6.1.1/6.1.2		●
2	插入损耗[a]			6.2.1.3		●
3	电压保护水平			6.2.1.6		●
4	冲击耐受试验			6.2.3.2	●	

注 1:使用相同的冲击波形进行电压保护水平和冲击耐受试验。

注 2:按照检验项目的序号按顺序进行检验。

[a] 本试验仅在适用时实施检验,见 GB/T 18802.21—2016 的表 1。

6.1.4 用于光伏系统的电涌保护器产品

用于光伏系统的电涌保护器产品的检验项目及重要程度分类见表 4。

表 4　用于光伏系统的电涌保护器产品的检验项目及重要程度分类

序号	检验项目	依据法律法规或标准	强制性/推荐性	检测方法	重要程度或不合格程度分类	
					A 类	B 类
1	标识和标志	GB/T 18802.31—2016	推荐性	6.1.2/6.1.3/7.3		●
2	电压保护水平			6.2.3/7.4.4		●
3	介电强度			6.2.7/7.4.9	●	
4	动作负载试验			6.2.4/7.4.5	●	
5	耐热试验			6.2.5/7.4.6.1	●	
序号 1、2、3 检验项目合并使用一套样品,序号 4、序号 5 检验项目各使用一套样品。						

6.2　检验后的样品处置

检验后的样品应妥善保管,不合格样品须保留必要的影像记录。检验结果为合格的样品应在检验结果异议期满后及时退还受检单位。检验结果为不合格的样品应在检验结果异议期满三个月后退还受检单位。

6.3　检验记录

应保存检验相关的所有记录,包括纸质记录、电子记录、影像记录或与不合格项目相关联的其他质量数据等,保存周期应符合相关管理部门的要求。

7　判定原则

7.1　单项判定原则

表 2 至表 4 中检验项目应依据相关标准的规定进行判定。

若被检产品明示的质量要求高于本规范中检验项目依据的标准要求时,应按被检产品明示的质量要求判定。

若被检产品明示的质量要求低于或未包含本规范中检验项目依据的标准要求时,应以推荐性标准要求的质量要求判定,并在检验报告备注中进行说明。

7.2　综合判定原则

经检验,检验项目全部合格时,判定被抽查产品符合标准的相关要求;检验项目中仅有 B 类不合格时,判定抽查产品一般不合格;检验项目中有一项或一项以上 A 类不合格时,判定被抽查产品严重不合格。

7.3　检验结果

检验机构检验完毕应签发检验报告,检验报告应发往制造商、经销商和用户,并报送组织抽查部门,向制造商发放检验报告的同时发放产品质量监督抽查/复查检验结果通知单(参见附录 D),并向组织抽查部门报送产品质量监督抽查不合格产品移送处理通知单(参见附录 E)。

8 异议处理

8.1 异议申请

受检单位对检验结果有异议的,可以自收到检验结果之日起15日内向检验机构以书面形式提出异议并陈述异议理由,提出书面复检申请。逾期未提出异议的,视为承认检验结果。

8.2 异议处理

依据受检单位提出的书面异议理由,检验机构应确认是否对产品进行复检,并给出产品质量监督抽查异议处理通知书(参见附录F)。

确认需对不合格项目进行复检时,检验机构应采用备用样品组织复检,并出具检验报告,复检结论为最终结论。

异议处理和复查的流程图见图1。

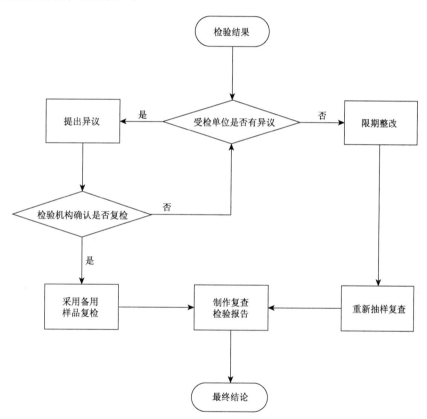

图1 异议处理和复查的流程图

9 复查

受检单位收到不合格检验报告未提出异议时,根据组织抽查部门的规定,应在规定期限内作出整改并申请复查,申请复查时采用相同的抽样方法、基数及数量和相同的检验要求,整改期限由组织抽查部门发放的产品质量监督抽查整改通知书(参见附录G)规定。

针对生产环节抽查的复查应由制造商提出申请,针对销售和安装环节抽查的复查可由制造商或经

QX/T 404—2017

销商提出申请,复查申请仅能申请一次,复查时应对所有重要质量项目进行检验。

完成复查(如果有),组织抽查部门根据抽查和复查结果向受检单位发放产品质量监督抽查结果处理通知书(参见附录 H)。

不合格报告中仅有 B 类不合格时,制造商应通过修改产品标识或技术资料等声明性文件使产品符合技术要求。

不合格检验报告中有任一项或一项以上 A 类不合格时才需提出复查申请。

复查的流程图见图 1。

10 检验机构

10.1 资质要求

检验机构应取得省级以上质量技术监督部门颁发的资质认定证书。

10.2 能力范围

检验机构检测能力范围应能覆盖检验依据中的相应条款,如果这些能力有限制,仅能在资质认定授权范围内承担监督抽查任务。

附　录　A
（规范性附录）
抽样样品的产生

科学计算器都有产生伪随机数的功能键用于产生(0,1)区间均匀分布的随机数,可为现场操作提供方便。

打开计算器后,找到有产生随机数的功能键,每按一次可以产生一个 3 位小数的随机数,如 $\boxed{0.619}$ 。对抽样基数 $N \leqslant 1000$ 和抽样数量为 n 的情形,每次产生一个 r_0 ,对 $N \times r_0$ 向上取整得到一个样本单元号,重复上述过程,可以得到新的样本单元号,舍去重复的号码,直到获得 n 个不同的样本单元号。

示例:设抽样基数 $N = 40$,抽样数量 $n = 6$,试对其进行随机抽样。

首先对抽样基数中的产品从 1 到 40 连续编号;

利用科学计算器产生伪随机数的功能键产生一组随机数 r_0:

0.916,0.139,0.494,0.583,0.824,0.046

生成的第 1 个样本单元号为 $40 \times 0.916 = 36.64$ 向上取整的值为 37;

生成的第 2 个样本单元号为 $40 \times 0.139 = 5.56$ 向上取整的值为 6;

以此类推可得到 6 个样本单元的编号分别为:37、6、20、24、33、2。

抽样时将 n 个样本单元号填入随机抽样记录表,见表 A.1。

表 A.1　随机抽样记录表

产品质量监督抽查/复查随机抽样记录表				
编号		抽样日期		
依据标准	GB/T 10111—2008			
样品型号	抽样基数	抽样数量	随机数	样本单元号
抽样人(签名):				

附　录　B

（资料性附录）

产品质量监督抽查/复查通知书（样本）

B.1　产品质量监督抽查/复查通知书（见图 B.1）

（编号）

　　（受检单位全称）：

　　依据《　（组织抽查部门）　电涌保护器质量监督抽查工作的通知》，　（组织抽查部门）　对低压配电系统的电涌保护器质量实行监督抽查制度。按照　（组织抽查部门）　的部署，现对你单位　（生产/销售）（项目地址）的（项目名称）　的电涌保护器进行产品质量监督（□抽查；□复查），受检产品见下。请你单位认真阅读《产品质量监督抽查单位须知》，并予以积极配合。

　　受检产品：_____

　　抽样单位：_____

　　抽样人员：_____

　　抽样日期：____年___月___日

（组织抽查部门名称和公章）

年　月　日

有效期至　　年　月　日

注1：此通知书一式三联，第一联由受检单位留存；第二联由抽样单位完成抽样后送负责抽查后处理工作的部门；第三联由组织抽查部门留存。

注2：对制造商进行抽查时填写"生产"，对经销商进行抽查时填写"销售"，在竣工验收前的产品安装环节实施抽样时填写"××××项目地址的××××项目名称"。

图 B.1　产品质量监督抽查/复查通知书

B.2 产品质量监督抽查单位须知

产品质量监督抽查单位须知如下：
a) 产品质量监督样品由监督抽查工作组织部门授权的人员持《产品质量监督抽查/复查通知书》（原件）、有效身份证件（身份证或工作证）在制造商成品仓库（必要时为生产过程末端）、经销商待销的产品仓库或货架或防雷工程施工现场待安装产品中随机抽取。试制品、处理品或仅用于出口的产品不属抽样范围。
b) 各单位应配合产品质量监督抽查。
c) 检验样品和备用样品如果需要单位协助送样的，单位应在规定的时间内将样品完好地送到指定单位，拒检单位以及未按要求寄送样品的单位应责令改正。
d) 抽查用样品由受检单位无偿提供。抽查工作结束后，样品由检验单位按有关规定退还受检单位；样品在流通或使用环节抽取的，制造商应无偿向被抽取样品的单位补给。
e) 受检单位对执行此次抽查任务的单位、个人及有关此次抽查工作的任何意见，请及时向组织抽查的部门反馈，反馈意见者应留下电话、传真、电子邮件等联系方式。
f) 组织抽查部门联系方式包括通信地址、邮政编码、联系电话、传真。

B.3 文书说明

文书说明如下：
a) 本文书是抽样人员到受检单位执行产品质量监督抽查、不合格复查抽样任务时所使用的文书。
b) 抽样人员不得少于两名，在进入单位抽查之前必须填写好抽样人员姓名。
c) 有效时间一般不超过75日。
d) 《单位须知》用于监督抽查工作组织部门授权的人员向受检单位履行告知义务时使用。
e) 《单位须知》印在《产品质量监督抽查/复查通知书》背面。

<h1 style="text-align:center">附　录　C</h1>

（资料性附录）

产品质量监督抽查/复查封样单（样本）

C.1　竖式封样单

竖式封样单形式见图 C.1。

图 C.1　竖式封样单

C.2　横式封样单

横式封样单形式见图 C.2。

产 品 质 量 监 督 抽 查 封 样 单

（抽样单位公章）　　年　　月　　日封

封样人：

受检企业代表：

图 C.2　横式封样单

C.3 文书说明

文书说明如下：
a) 本文书是用于抽样人员抽样时封存样品的文书；
b) 尺寸大小、封样单材料由抽样单位根据样品具体情况自行制定；
c) 封样单有横式和竖式两种，由抽样人员根据具体情况使用，使用时必须经双方的签字认可，并加盖抽样单位公章方为有效；
d) 对于不同产品，为确保样品真实性，抽样单位可自行采取漆封、特殊材料、拍照等其他附加的防拆封措施。

附　录　D

（资料性附录）

产品质量监督抽查/复查检验结果通知单(样本)

D.1　产品质量监督抽查/复查检验结果通知单(见图 D.1)

（编号）

　　(制造商或经销商名称)：

　　受　(组织抽查部门)　委托,我单位于____年___月___日对你单位(□经销;□生产)的型号为__(规格型号)__的　(产品名称)　产品进行了产品质量监督(□抽查;□复查),检验结果为(□符合标准相关要求;□不合格),检验报告附后。

　　请你单位收到此单后立即将《检验结果确认回执》传真或寄送回我单位。对检验结果若有异议,请在接到本通知单15日内向我单位提出书面(传真或寄送文本)意见和相关证明材料。逾期无书面反馈的,视为认可检验结果。

　　我单位电话、传真：_____

　　我单位邮编、地址：_____

检验单位名称(公章)

年　月　日

┄┄┄

检验结果确认回执　　(下达通知单位流水编号)

□我单位对检验结果无异议;

□我单位将在规定时间内提出书面异议,异议理由简述：_____

(单位公章及日期)

图 D.1　产品质量监督抽查/复查检验结果通知单

D.2　文书说明

文书说明如下：

a)　本文书是完成监督抽查或者复查的检验工作后,通知受检单位或相关单位检验结果并获得确认时所使用的文书。

b)　此单一式二联。第一联由检验机构寄送制造商或经销商。第二联由检验机构留存。

c)　此单可以特快专递等快捷、便于核实查询的形式邮寄送达待确认的受检单位,但应保留邮件回执。

d)　规定时限自受送达人或其委托代理人收到(以书面证明为据,如邮局、快递公司等出具的邮件回执等)此单之日起计算。

附　录　E

（资料性附录）

产品质量监督抽查不合格产品移送处理通知单（样本）

E.1　产品质量监督抽查不合格产品移送处理通知单（见图E.1）

（编号）

　　（组织抽查部门）：

　　在 （组织抽查部门） 组织的 ＿＿年＿＿月＿＿产品质量监督抽查中,经检验,下列单位产品被判为不合格产品。现将不合格产品及其单位名单、相关文件移送你单位,请你们按照有关规定对生产单位或建设项目进行处理。

　　联系地址：＿＿＿＿＿＿＿＿＿　邮政编码：＿＿＿＿＿＿＿＿＿

　　联系电话：＿＿＿＿＿＿＿＿＿　联系传真：＿＿＿＿＿＿＿＿＿

　　联 系 人：＿＿＿＿＿＿＿＿＿

检验单位名称（公章）

年　月　日

图 E.1　产品质量监督抽查不合格产品移送处理通知单

E.2　不合格产品及其生产单位名单

　　产品质量监督抽查不合格产品移送处理通知单可将不合格产品及其生产单位名单列为附件一,其形式见表 E.1。

表 E.1　不合格产品及其生产单位名单

序号	产品名称	制造商名称	地址	商标	规格型号	生产日期/批号	不合格项目	建设项目名称	联系人及电话

E.3　不合格产品及其单位相关材料

　　产品质量监督抽查不合格产品移送处理通知单可将不合格产品及其单位相关材料列为附件二。

示例: 检验报告编号 No.××××××××。

E.4　文书说明

文书说明如下:

a) 移送处理单一式二联,第一联寄送被函告单位,第二联函告单位留存;

b) 该文件主要目的是通知组织抽查部门监督抽查不合格情况;

c) "附件二"主要指检验报告等材料,其他材料视具体情况决定。

附　录　F

（资料性附录）

产品质量监督抽查异议处理通知书（样本）

F.1　产品质量监督抽查异议处理通知书（见图 F.1）

（编号）

＿＿（提出异议的受检单位）：

　　根据你单位对＿＿（填写具体产品名称）＿＿产品质量监督抽查检验结果提出的申诉意见,经我单位调查核实/复检,作出如下处理意见：

　　　　□ 维持原结论

　　　　□ 变更检验结论为＿＿＿＿＿＿＿＿＿＿

　　　　理由：＿＿＿＿＿＿＿＿＿＿＿＿＿＿＿＿＿＿＿＿＿＿＿＿＿＿＿＿＿。

联 系 人：＿＿＿＿＿＿＿＿＿＿＿＿＿＿＿＿

联系电话：＿＿＿＿＿＿＿＿＿＿＿＿＿＿＿＿

联系地址：＿＿＿＿＿＿＿＿＿＿＿＿＿＿＿＿

检验单位名称（公章）

年　月　日

图 F.1　产品质量监督抽查异议处理通知书

F.2　文书说明

文书说明如下：

a)　本文书是用于有关单位受理不合格单位异议后,告知申请异议单位处理结果的文书。

b)　此单一式三联,第一联由检验机构寄送对检验结果提出异议的单位。第二联检验机构留存。第三联报送组织抽查部门。

c)　检验机构在□内选择处理意见后,应给出相应结论的理由。

附 录 G

（资料性附录）

产品质量监督抽查整改通知书（样本）

G.1 产品质量监督抽查整改通知书（见图 G.1）

（编号）

　　（制造商或经销商名称）：

　　在　　　　（组织抽查部门）　　　　组织的　　　　（填写具体产品名称）　　　　产品质量监督抽查中，你单位（□生产；□经销）的　　　（产品型号）　　产品，经抽样检验，结论为不合格。

　　依据《　　　（组织抽查部门）　　　电涌保护器质量监督抽查工作的通知》（文件号），现责令你单位结合产品检验报告中的不合格项，认真查找不合格原因，采取措施进行整改。整改后样品数量需满足再次抽样要求，并于　　　年　　月　　日前向　　　（组织抽查部门）　　　提出整改复查申请报告。

（组织抽查部门名称）
年　月　日

图 G.1　产品质量监督抽查整改通知书

G.2　文书说明

文书说明如下：

a)　此文书用于组织抽查部门向被抽查不合格单位发出整改通知时使用；

b)　此单一式二联，第一联寄送被函告单位，第二联函告单位留存；

c)　整改期限一般为 3 个月。

附 录 H
（资料性附录）
产品质量监督抽查结果处理通知书（样本）

H.1　产品质量监督抽查结果处理通知书（见图 H.1）

（制造商或经销商名称）：

　　在＿＿＿＿（组织抽查部门）＿＿＿＿组织的＿＿＿＿（填写具体产品名称）＿＿＿＿产品质量监督抽查中，你单位（□生产；□经销）的＿＿＿（产品型号）＿＿＿产品，（□拒绝监督抽样；□抽样检验结论不合格拒绝整改；□经抽样检验及复检后，结论为不合格）。

　　依据《＿＿＿（组织抽查部门）＿＿＿电涌保护器质量监督抽查工作的通知》（文件号），即日起将上述产品报送相关管理部门。

（组织抽查部门单位名称）
年　月　日

图 H.1　产品质量监督抽查结果处理通知书

H.2　文书说明

文书说明如下：
a)　此文书用于通知受检单位监督抽查结果的处理决定；
b)　拒检、拒绝整改和整改复检仍不合格等情况均使用本表单；
c)　发放该文件后除送达相关单位、主管部门，还需上传至主管部门网站公示；
d)　此单一式二联，第一联寄送被函告单位，第二联函告单位留存。

参 考 文 献

[1]　GB/T 2828.1—2012　计数抽样检验程序　第 1 部分:按接收质量限(AQL)检索的逐批检验抽样计划

ICS 07.060
A 47
备案号：61282—2018

中华人民共和国气象行业标准

QX/T 405—2017

雷电灾害风险区划技术指南

Technical guidelines for lightning disaster risk zoning

2017-12-29 发布

2018-04-01 实施

中 国 气 象 局　发布

前　言

本标准按照 GB/T 1.1—2009 给出的规则起草。

本标准由全国雷电灾害防御行业标准化技术委员会提出并归口。

本标准起草单位：安徽省气象局、广东省气象局、上海市气象局、浙江省气象局、重庆市气象局。

本标准主要起草人：程向阳、陶寅、邹建军、陈昌、赵洋、贾佳、李慧武、陈春晓、李家启、覃彬全、刘岩、鞠晓雨。

引　言

　　本标准是防雷监管标准体系的标准之一。防雷监管标准体系是贯彻落实国务院"放管服"改革和《国务院关于优化建设工程防雷许可的决定》等精神,转变防雷监管方式,加强事中事后监管而制定的系列标准。为指导雷电灾害风险区划工作,制定本标准。

雷电灾害风险区划技术指南

1 范围

本标准给出了雷电灾害风险区划的流程、资料收集与处理、区划模型和方法。
本标准适用于雷电灾害风险区划。

2 规范性引用文件

下列文件对于本文件的应用是必不可少的。凡是注日期的引用文件,仅注日期的版本适用于本文件。凡是不注日期的引用文件,其最新版本(包括所有的修改单)适用于本文件。
GB/T 21010—2007 土地利用现状分类

3 术语和定义

下列术语和定义适用于本文件。

3.1

雷电灾害风险 lightning disaster risk
雷电灾害发生的可能性及其可能损失。

3.2

致灾因子 hazard
可能造成人员伤亡、财产损失、资源与环境破坏、社会系统混乱等的异变因子。

3.3

承灾体 hazard-affected body
承受灾害的对象。
[MZ/T 027—2011,定义 3.6]

3.4

暴露度 exposure
受雷电灾害影响的承灾体的数量和价值量。

3.5

脆弱性 frangibility
受到不利影响的倾向或趋势。

3.6

易损性 vulnerability
承灾体的易损程度,包含暴露度和脆弱性两方面。

3.7

雷电灾害风险指数 lightning disaster risk index
根据致灾因子危险性和承灾体易损性对雷电灾害风险进行评定的量化指标。

3.8

雷电灾害风险区划 lightning disaster risk zoning

根据雷电灾害风险指数大小,对雷电灾害风险的空间范围进行区域划分。

3.9

闪电定位系统 lightning location system

利用多种闪电定位技术和方法,通过探测闪电放电过程中一些特定放电事件产生的电磁辐射信号来确定该事件发生的时间和位置,用来监测闪电时空演变和特征的设备系统。从构成上闪电定位系统一般由多个设在不同地理位置的探测子站(简称子站)、数据处理和系统监控中心(简称闪电定位中心站或中心站)、产品输出和显示系统以及配套的通信设施等组成。

[QX/T 79—2007,定义3.6]

3.10

地闪 cloud ground flash

发生在雷暴云体与大地和地物之间的闪电放电过程。

[QX/T 79—2007,定义3.4]

3.11

地闪密度 lightning density

单位面积上年平均地闪次数。

注1:改写GB 50057—2010,附录A.0.1中 N_g 定义。

注2:单位为次每平方千米年。

3.12

地闪强度 lightning intensity

按百分位数法将地闪放电的雷电流幅值分级后加权平均得到的强度。

注:单位为千安培(kA)。

3.13

生命损失指数 life lose index

单位面积上年平均雷电灾害次数与雷击造成人员伤亡数的加权平均指数。

3.14

经济损失指数 economic lose index

单位面积上年平均雷电灾害次数与雷击造成直接经济损失的加权平均指数。

4 区划流程

雷电灾害风险区划流程见图1。

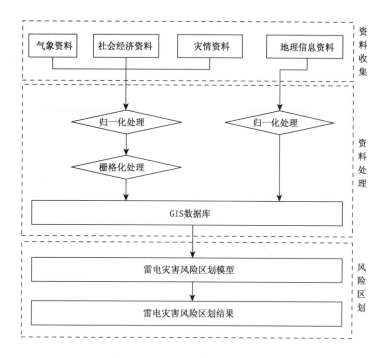

图 1　雷电灾害风险区划流程

5　资料收集与处理

5.1　资料收集

5.1.1　气象资料

宜收集 5 年以上的闪电定位系统资料,包括雷击的时间、经纬度、雷电流幅值等参数。

5.1.2　社会经济资料

以县级行政区域为单元,收集土地面积、GDP、总人口资料。

5.1.3　灾情资料

宜收集 5 年以上的雷电灾情资料,包含人员伤亡和直接经济损失。

5.1.4　地理信息资料

收集分辨率不低于 1∶250000 的数字高程模型(DEM)数据、土壤电导率数据和土地利用数据。

5.2　资料处理

5.2.1　处理方法

5.2.1.1　对收集的资料进行归一化处理,归一化处理方法参见附录 A。

5.2.1.2　采用百分位数法对雷电流幅值进行等级划分,百分位数法参见附录 B。

5.2.2　气象资料

5.2.2.1　剔除雷电流幅值为 0 kA～2 kA 和 200 kA 以上的闪电定位系统资料。

5.2.2.2　将区域划分为 3 km×3 km 的网格,统计各网格内地闪频次,除以资料年限,得到各网格内的地闪密度,并进行归一化处理,形成地闪密度栅格数据。

5.2.2.3 按表1将雷电流幅值划分为5个等级。

表 1　雷电流幅值等级

等级	百分位数(P)区间
1 级	$P \leqslant 60\%$
2 级	$60\% < P \leqslant 80\%$
3 级	$80\% < P \leqslant 90\%$
4 级	$90\% < P \leqslant 95\%$
5 级	$P > 95\%$

5.2.2.4 将区域划分为 3 km×3 km 的网格,统计各网格内不同雷电流幅值等级的地闪频次,并进行归一化处理。

5.2.2.5 按照公式(1)计算各网格内的地闪强度,形成地闪强度栅格数据。

$$L_n = \sum_{i=1}^{5} \left(\frac{i}{15} \times F_i \right) \quad\quad\cdots\cdots\cdots\cdots\cdots(1)$$

式中:

L_n ——地闪强度;

i　——雷电流幅值等级;

F_i ——雷电流幅值为 i 等级的地闪频次的归一化值。

5.2.3　社会经济资料

5.2.3.1 以人口除以土地面积,得到人口密度,并进行归一化处理,形成 3 km×3 km 的人口密度栅格数据。

5.2.3.2 以 GDP 除以土地面积,得到 GDP 密度,并进行归一化处理,形成 3 km×3 km 的 GDP 密度栅格数据。

5.2.4　灾情资料

5.2.4.1 统计单位面积上的年平均雷电灾害次数(单位为次每平方千米年)与单位面积上的雷击造成人员伤亡数(单位为人每平方千米年),并进行归一化处理。

5.2.4.2 按照公式(2)计算生命损失指数,形成 3 km×3 km 的生命损失指数栅格数据。

$$C_l = 0.5 \times F + 0.5 \times C \quad\quad\cdots\cdots\cdots\cdots\cdots(2)$$

式中:

C_l ——生命损失指数;

F ——年平均雷电灾害次数的归一化值;

C ——年平均雷击造成人员伤亡数的归一化值。

5.2.4.3 统计单位面积上的年平均雷电灾害次数(单位为次每平方千米年)与雷击造成直接经济损失(单位为万元每平方千米年),并进行归一化处理。

5.2.4.4 按照公式(3)计算经济损失指数,形成 3 km×3 km 的经济损失指数栅格数据。

$$M_l = 0.5 \times F + 0.5 \times M \quad\quad\cdots\cdots\cdots\cdots\cdots(3)$$

式中:

M_l ——经济损失指数;

F ——年平均雷电灾害次数的归一化值；

M ——年平均雷击造成直接经济损失的归一化值。

5.2.5 地理信息资料

5.2.5.1 对土壤电导率资料进行归一化处理，形成归一化的土壤电导率栅格数据。

5.2.5.2 对数字高程模型(DEM)资料进行归一化处理，形成归一化的海拔高度栅格数据。

5.2.5.3 计算以目标栅格为中心、大小为 3×3 栅格的正方形范围内高程的标准差，并进行归一化处理，形成归一化的地形起伏栅格数据。

5.2.5.4 根据 GB/T 21010—2007 表 A.1 的三大类分类，将土地利用数据按表 2 进行赋值，并进行归一化处理，形成归一化的防护能力指数栅格数据。

表 2 防护能力指数赋值标准

土地利用类型	防护能力指数
建设用地	1.0
农用地	0.6
未利用地	0.5

5.2.6 建立 GIS 数据库

将气象资料、社会经济资料和地理信息资料处理成相同的空间分辨率和空间投影坐标系统，建立地理信息系统(GIS)数据库。

6 区划模型和方法

6.1 区划模型

雷电灾害风险区划模型由雷电灾害风险指数计算和雷电灾害风险等级划分组成。雷电灾害风险指数计算包括致灾因子危险性分析和承灾体易损性分析。承灾体易损性分析包括承灾体暴露度分析和脆弱性分析。区划模型见图 2。

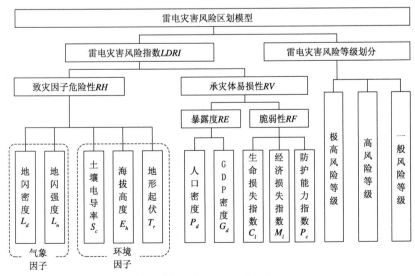

图 2 雷电灾害风险区划模型

6.2 区划方法

6.2.1 雷电灾害风险指数计算

雷电灾害风险指数按式(4)计算:

$$LDRI = (RH^{wh}) \times (RE^{we} \times RF^{wf}) \quad\cdots\cdots\cdots\cdots\cdots(4)$$

式中:

$LDRI$ —— 雷电灾害风险指数;

RH —— 致灾因子危险性;

wh —— 致灾因子危险性权重;

RE —— 承灾体暴露度;

we —— 承灾体暴露度权重;

RF —— 承灾体脆弱性;

wf —— 承灾体脆弱性权重。

各权重值的计算参见附录C。

6.2.2 致灾因子危险性分析

致灾因子危险性按式(5)计算:

$$RH = (L_d^{wd} + L_n^{wn}) \times (S_c^{ws} + E_h^{we} + T_r^{wt}) \quad\cdots\cdots\cdots\cdots\cdots(5)$$

式中:

RH —— 致灾因子危险性;

L_d —— 地闪密度;

wd —— 地闪密度权重;

L_n —— 地闪强度;

wn —— 地闪强度权重;

S_c —— 土壤电导率;

ws —— 土壤电导率权重;

E_h —— 海拔高度;

we —— 海拔高度权重;

T_r —— 地形起伏;

wt —— 地形起伏权重。

各权重值的计算参见附录C。

6.2.3 承灾体暴露度分析

承灾体暴露度按式(6)计算:

$$RE = P_d^{wp} + G_d^{wg} \quad\cdots\cdots\cdots\cdots\cdots(6)$$

式中:

RE —— 承灾体暴露度;

P_d —— 人口密度;

wp —— 人口密度权重;

G_d —— GDP密度;

wg —— GDP密度权重。

各权重值的计算参见附录C。

6.2.4 承灾体脆弱性分析

承灾体脆弱性按式(7)计算:

$$RF = C_l^{wc} + M_l^{wm} + (1 - P_c)^{wp} \quad\quad\quad\cdots\cdots\cdots\cdots\cdots(7)$$

式中:

RF ——承灾体脆弱性;

C_l ——生命损失指数;

wc ——生命损失指数权重;

M_l ——经济损失指数;

wm ——经济损失指数权重;

P_c ——防护能力指数;

wp ——防护能力指数权重。

各权重值的计算参见附录C。

6.2.5 雷电灾害风险等级划分

依据雷电灾害风险指数大小,采用自然断点法,将雷电灾害风险划分为极高风险等级(Ⅰ级)、高风险等级(Ⅱ级)和一般风险等级(Ⅲ级)。自然断点法参见附录D。

附　录　A
（资料性附录）
归一化处理方法

归一化是将有量纲的数值经过变换，化为无量纲的数值，进而消除各指标的量纲差异。计算公式为：

$$D_{ij} = 0.5 + 0.5 \times \frac{A_{ij} - \min_i}{\max_i - \min_i} \qquad\qquad\cdots\cdots\cdots\cdots\cdots (A.1)$$

式中：

D_{ij} ——j 站（格）点第 i 个指标的归一化值；

A_{ij} ——j 站（格）点第 i 个指标值；

$\min_i$、$\max_i$ ——分别是第 i 个指标值中的最小值和最大值。

附 录 B

（资料性附录）

百分位数法

百分位数是一种位置指标，常用于描述一组样本值在某百分位置上的水平，多个百分位结合使用，可以更全面地描述资料的分布特征。百分位数的计算采用以下经验公式：

$$\hat{Q}_i(p) = (1-\gamma)X_{(j)} + \gamma X_{(j+1)} \qquad \cdots\cdots\cdots\cdots\cdots (B.1)$$

$$\gamma = p \times n + (1+p)/3 - j \qquad \cdots\cdots\cdots\cdots\cdots (B.2)$$

$$j = int(p \times n + (1+p)/3) \qquad \cdots\cdots\cdots\cdots\cdots (B.3)$$

式中：

$\hat{Q}_i(p)$ ——第 i 个百分位数；

p ——百分位数；

γ —— 对应第 j 位的中间计算量；

X ——升序排列后的样本序列；

j ——第 j 个序列数；

n ——序列总数。

附　录　C
（资料性附录）
权重大小确定方法

C.1　熵值法

C.1.1　原理

熵是系统无序程度的度量,可用于度量已知数据所包含的有效信息量和确定权重。通过对熵的计算确定权重,即根据各项指标值的差异程度,确定各指标的权重。当评价对象的某项指标值相差较大时,熵值较小,说明该指标提供的有效信息量较大,其权重也应较大;反之,若某项指标值相差较小,熵值较大,说明该指标提供的信息量较小,其权重也应较小。当各被评价对象的某项指标值完全相同时,熵值达到最大,意味着该指标无有用信息,可以从评价指标体系中去除。

C.1.2　步骤

C.1.2.1　原始数据矩阵归一化

设 m 个评价指标 i、n 个被评价对象 j,构成原始数据矩阵 $(a_{ij})_{m \times n}$,对其归一化后,对大者为优的评价指标,归一化公式为:

$$r_{ij} = \frac{a_{ij} - \min_j\{a_{ij}\}}{\max_j\{a_{ij}\} - \min_j\{a_{ij}\}} \qquad \cdots\cdots\cdots\cdots\cdots (C.1)$$

式中:

r_{ij}——j 站(格)点第 i 个指标的归一化值;

a_{ij}——j 站(格)点第 i 个指标值。

对小者为优的评价指标,归一化公式为:

$$r_{ij} = \frac{\max_j\{a_{ij}\} - a_{ij}}{\max_j\{a_{ij}\} - \min_j\{a_{ij}\}} \qquad \cdots\cdots\cdots\cdots\cdots (C.2)$$

式中:

r_{ij}——j 站(格)点第 i 个指标的归一化值;

a_{ij}——j 站(格)点第 i 个指标值。

C.1.2.2　定义熵

在有 m 个评价指标 i、n 个被评价对象 j 的评估案例中,第 i 个评价指标的熵的计算公式为:

$$h_i = -k \sum_{j=1}^{n} f_{ij} \ln f_{ij} \qquad \cdots\cdots\cdots\cdots\cdots (C.3)$$

式中:

h_i　——第 i 个评价指标的熵;

k　——与样本 m 有关的常数,一般为 $1/\ln m$;

f_{ij}——第 j 项评价指标下第 i 个评估方案占该评价指标的比重,计算公式见(C.4)。

$$f_{ij} = r_{ij} / \sum_{j=1}^{n} r_{ij} \qquad \cdots\cdots\cdots\cdots\cdots (C.4)$$

式中:

r_{ij}——归一化后的值。

C.1.2.3 定义熵权

定义了第 i 个评价指标的熵之后,按照公式(C.5)可得到第 i 个评价指标的熵权:

$$w_i = \frac{1 - h_i}{m - \sum_{i=1}^{m} h_i} \qquad (0 \leqslant w_i \leqslant 1, \sum_{i=1}^{m} w_i = 1) \qquad \cdots\cdots\cdots\cdots\cdots (C.5)$$

式中:

w_i ——第 i 个评价指标的熵权;

h_i ——第 i 个评价指标的熵;

m ——评价指标数量。

C.2 层次分析法

C.2.1 原理

把一个复杂系统中的每个指标都分解为若干个有序层次,每一层次中的元素具有大致相等的地位,并且每一层与上一层次的某个指标和下一层次的若干指标有着一定的联系,每一个层次之间按照隶属关系组建成一个有序的递阶层次结构模型。在这个层次结构模型中,根据客观事实的判断,通过两两比较判断的方式确定同一层次中每个指标的相对重要性,以数字的方式建立判断矩阵,然后利用向量的计算方法得出同一层次中每个指标的相对重要性权重系数,最后通过组合计算所有层次的相对权重系数得到每个最底层指标相对于目标的重要性权重系数。

C.2.2 步骤

C.2.2.1 构造判断矩阵

采用 $1\sim9$ 标度法对各指标进行成对比较,确定各指标之间的相对重要性并给出相应的比值,见表 C.1。

表 C.1 两两比较赋值表

标度	含义
$a_{ij} = 1$	因素 A_i 与因素 A_j 具有相等的重要性
$a_{ij} = 3$	因素 A_i 比 A_j 稍显重要
$a_{ij} = 5$	因素 A_i 比 A_j 明显重要
$a_{ij} = 7$	因素 A_i 比 A_j 强烈重要
$a_{ij} = 9$	因素 A_i 比 A_j 极度重要
$a_{ij} = 2、4、6、8$	因素 A_i 与因素 A_j 相比,介于结果的中间值
倒数	$a_{ji} = 1/a_{ij}$

上述过程得出的判断矩阵 A 为:

$$A = (a_{ij})_{n \times n} = \begin{bmatrix} a_{11} & a_{12} & \cdots & a_{1n} \\ a_{21} & a_{22} & \cdots & a_{2n} \\ \cdots & \cdots & \cdots & a_{3n} \\ a_{n1} & a_{n2} & \cdots & a_{m} \end{bmatrix} \qquad \cdots\cdots\cdots\cdots\cdots (C.6)$$

其中：$a_{ii}=1$，$a_{ji}=1/a_{ij}$。

C.2.2.2 计算相对权重

通过求解判断矩阵 A 的最大特征值 λ_{max} 及最大特征值对应的特征向量 W，得出同一层次各指标的相对权重系数。

C.2.2.3 一致性检验

用平均随机一致性指标（$R.I.$）对各指标重要程度比较链上的相容性进行检验，当成对比较得出的判断矩阵的阶数大于或等于 3 时，则需要进行一致性检验。

根据判断矩阵得出一致性指标（$C.I.$）：

$$C.I.=\frac{\lambda_{max}-n}{n-1} \quad\quad\quad\cdots\cdots\cdots\cdots\cdots(C.7)$$

根据判断矩阵阶数，按照表 C.2 找出对应的 $R.I.$。

表 C.2 平均随机一致性指标值

判断矩阵的阶数	R.I.
1	0
2	0
3	0.52
4	0.9
5	1.12
6	1.26
7	1.36

根据 $C.I.$ 和 $R.I.$ 的值，计算一致性比例（$C.R.$）：

$$C.R.=\frac{C.I.}{R.I.} \quad\quad\quad\cdots\cdots\cdots\cdots\cdots(C.8)$$

当 $C.R.$ 小于或等于 0.1 时，则判断矩阵 A 的一致性是符合要求的，反之，需要对判断矩阵 A 的两两比较值作调整，直到计算出符合一致性要求的 $C.R.$ 值。

C.2.2.4 计算合成权重

当所有层次的相对权重计算得出后，利用各层次指标的层次单排序结果，进一步计算递阶层次结构模型中最底层指标相对于总目标的组合权重，由下而上逐层进行，进行层次总排序。

附 录 D
（资料性附录）
自然断点法

自然断点法(Jenks natural breaks method)是一种地图分级算法。该算法认为数据本身有断点，可利用数据这一特点进行分级。算法原理是一个小聚类，聚类结束条件是组间方差最大、组内方差最小。计算方法见式(D.1)：

$$SSD_{i-j} = \sum_{k=1}^{j} A[k]^2 - \frac{(\sum_{k=1}^{j} A[k])^2}{j-i+1} \quad (1 \leqslant i < j \leqslant N) \quad \cdots\cdots\cdots\cdots (D.1)$$

式中：

SSD ——方差；

i、j ——第 i、j 个元素；

A ——长度为 N 的数组；

k ——i、j 中间的数，表示 A 组中的第 k 个元素。

参 考 文 献

[1]　GB 50057—2010　建筑物防雷设计规范

[2]　MZ/T 027—2011　自然灾害风险管理基本术语

[3]　QX/T 79—2007　闪电监测定位系统　第1部分:技术条件

[4]　章国材.自然灾害风险评估与区划原理和方法[M].北京:气象出版社,2014

[5]　章国材.气象灾害风险评估与区划方法[M].北京:气象出版社,2010

[6]　IEEE Std 1243-1997. IEEE guide for improving the lightning performance of transmission lines[S]. New York:IEEE Inc. ,1997

[7]　IPCC. Managing the risks of extreme events and disasters to advance climate change adaptation: A special report of working groups I and II of the Intergovernmental Panel on Climate Change [M]. Cambridge and NewYork: Cambridge University Press,2012

ICS 07.060
A 47
备案号：61283—2018

中华人民共和国气象行业标准

QX/T 406—2017

雷电防护装置检测专业技术人员职业要求

Occupational requirement for inspection technicans of lightning protection system

2017-12-29 发布
2018-04-01 实施

中 国 气 象 局 发 布

前　言

本标准按照 GB/T 1.1—2009 给出的规则起草。

本标准由全国雷电灾害防御行业标准化技术委员会提出并归口。

本标准主要起草单位:上海市气象灾害防御技术中心、广东省气象局、安徽省气象局、浙江省气象局、重庆市气象局。

本标准主要起草人:贾佳、严岩、彭黎明、陈昌、洪伟、刘岩、李慧武、张卫斌、李良福、覃彬全、陈东、杨清。

引　言

本标准是防雷监管标准体系的标准之一。防雷监管标准体系是贯彻落实国务院"放管服"改革和《国务院关于优化建设工程防雷许可的决定》等精神,转变防雷监管方式,加强事中事后监管而制定的系列标准。为统一雷电防护装置检测专业技术人员职业要求,制定本标准。

雷电防护装置检测专业技术人员职业要求

1 范围

本标准规定了雷电防护装置检测专业技术人员从业的基本要求及知识与业务技能要求。
本标准适用于雷电防护装置检测专业技术人员职业能力评价。

2 规范性引用文件

下列文件对于本文件的应用是必不可少的。凡是注日期的引用文件,仅注日期的版本适用于本文件。凡是不注日期的引用文件,其最新版本(包括所有的修改单)适用于本文件。

GB/T 21431 建筑物防雷装置检测技术规范
GB/T 32937 爆炸和火灾危险场所防雷装置检测技术规范
GB/T 32938 防雷装置检测服务规范
GB/T 33676 通信局(站)防雷装置检测技术规范
QX/T 186 安全防范系统雷电防护要求及检测技术规范
QX/T 317 防雷装置检测质量考核通则
QX/T 319 防雷装置检测文件归档整理规范

3 术语和定义

下列术语和定义适用于本文件。

3.1

雷电防护装置 lightning protection system;LPS
防雷装置

用于减少闪击击于建筑物上或建筑物附近造成的物质性损害和人身伤亡,由外部雷电防护装置和内部雷电防护装置组成。

注:改写 GB 50057—2010,定义 2.0.5。

3.2

防雷装置检测 inspection of lightning protection system

按照建筑物防雷装置的设计标准确定防雷装置满足标准要求而进行的检查、测量及信息综合分析处理的全过程。

注:改写 GB/T 21431—2015,定义 3.23。

4 基本要求

4.1 具有学习、表达、计算、综合判断和仪器设备的使用及维护的能力。

4.2 身体健康,无恐高症、心脏病、癫痫病、色盲、抑郁症、突发性昏厥等妨碍防雷装置检测工作的疾病及生理缺陷。

4.3 遵守如下职业守则:

a) 遵章守纪,尽职尽责。

b) 科学检测,行为公正。

c) 程序规范,保质保量。

d) 廉洁自律,优质服务。

5 知识与业务技能要求

5.1 知识要求

5.1.1 内容分为法律法规知识、安全生产知识和检测理论知识。

5.1.2 程度由高到低,分为掌握、熟悉、了解三个层次:

a) 掌握——熟知并能运用,表示较高要求;

b) 熟悉——知道得很清楚,表示一般要求;

c) 了解——知道得清楚,表示较低要求。

5.1.3 具体应符合表1的规定。

表 1 雷电防护装置检测专业技术人员知识要求

项次	分类	知识要求
1	法律法规知识	熟悉雷电灾害防御及安全生产相关法律法规。
2	安全生产知识	1.掌握检测人员安全作业操作规程(GB/T 32938—2016 附录 C)及安全事故的处理程序。 2.掌握爆炸和火灾危险场所安全生产常识及常见安全生产防护设施的功用。 3.掌握工器具的安全使用方法。 4.掌握高处作业的知识。 5.掌握劳动防护用品的功用。 6.掌握人身伤害(如摔伤、砸伤、电击伤等)现场自救常识。
3	检测理论知识	1.掌握 GB/T 32938 的内容。包括防雷装置检测的服务流程、质量控制、环境、安全、设备、档案管理等方面的要求。 2.掌握 GB/T 21431 的内容。包括检测项目、检测要求和方法、检测周期、检测程序和检测数据整理及报告;爆炸危险环境分区和防雷分类;接地电阻和土壤电阻率的测量方法;冲击接地电阻与工频接地电阻的换算方法;检测中常见问题处理;磁场测量和屏蔽效率的计算;检测仪器的主要性能和参数指标。 3.掌握 GB/T 32937 的内容。包括爆炸和火灾危险场所防雷装置检测的一般规定、检测方法及周期、检测内容及技术要求;爆炸性气体和可燃性粉尘场所分区;防雷区划分;生产场所和储运场所分类;防雷装置技术要求。 4.掌握 GB/T 33676 的内容。包括检测项目、检测流程、检测内容与要求和检测报告。 5.掌握 QX/T 186 的内容。包括安全防范系统的防雷等级划分、雷电防护要求和防雷装置检测要求。 6.掌握 QX/T 317 的内容。包括防雷装置检测质量考核的基本规定、程序、机构、内容、要求、方式、资料处理及判定规则、报告上报。 7.掌握 QX/T 319 的内容。包括防雷装置检测文件归档的基本规定以及归档文件的形式、范围、质量和立卷要求。

表 1 雷电防护装置检测专业技术人员知识要求(续)

项次	分类	知识要求
3	检测理论知识	8.熟悉雷电学相关知识。包括闪电的类型、电场、电流参数和形成机制,雷电的物理效应,雷电的气候特征等。 9.熟悉建筑物防雷设计相关知识。包括新建、扩建、改建建筑物的防雷设计。 10.熟悉建筑电子信息系统防雷技术知识。包括新建、改建和扩建的建筑物电子信息系统防雷的设计、施工、验收、维护和管理。 11.熟悉建筑物(包括其设施、内部物体及人员)雷电防护所应遵循的一般原则;通过采用雷电防护装置(LPS)来防止建筑物的物理损坏、避免 LPS 附近因接触和跨步电压而引起生命危险等相关知识。 12.熟悉数值修约规则与极限数值的表示和判定相关知识。包括对数值进行修约的规则、数值极限数值的表示和判定方法,有关用语及其符号等。 13.了解防雷工程施工与质量验收;古建筑防雷工程技术;汽车加油加气站设计与施工;电子信息系统机房设计、使用及验收;石油化工装置防雷设计等相关知识。

5.2 业务技能要求

5.2.1 程度由高到低,分为熟练、能够、会三个层次:

a) 熟练——通过反复练习而形成的稳固的,能迅速、精确运用的技能,表示较高要求;

b) 能够——具有某种能力,表示一般要求;

c) 会——懂得某种技能,表示较低要求。

5.2.2 具体应符合以下规定:

a) 熟练判断雷电防护装置的完整性、可靠性、有效性和合理性;

b) 熟练掌握雷电防护装置现场检测操作规程(GB/T 32938—2016 附录 B)并能组织实施;

c) 熟练但不限于使用以下仪器:经纬仪、测距仪、游标卡尺、测厚仪、接地电阻测试仪、过渡电阻测试仪、绝缘电阻测试仪、防雷元件测试仪、钳形表、大地网测试仪、表面阻抗测试仪、静电电位测试仪、可燃气体测试仪等;

d) 熟练常规仪器设备的调试方法;

e) 能够对接地电阻测试仪进行期间核查;

f) 能够进行仪器设备日常维护;

g) 会进行常规检测仪器设备断电、接口松动、线缆断裂等简单故障的处理。

参 考 文 献

[1]　GB 50057—2010　建筑物防雷设计规范

[2]　人力资源和社会保障部办公厅.国家职业技能标准编制技术规程:人社厅发〔2012〕72 号，2012 年 8 月 9 日发布

ICS 07.060
A 47
备案号：61284—2018

中华人民共和国气象行业标准

QX/T 407—2017

雷电防护装置检测专业技术人员职业
能力评价

Occupational ability evaluation for inspection technicians of lightning
protection system

2017-12-29 发布

2018-04-01 实施

中 国 气 象 局 发 布

前　言

本标准按照 GB/T 1.1—2009 给出的规则起草。

本标准由全国雷电灾害防御行业标准化技术委员会提出并归口。

本标准起草单位:浙江省气象安全技术中心、广东省气象局、上海市气象局、安徽省气象局、重庆市气象局。

本标准主要起草人:张卫斌、李慧武、邹建军、彭黎明、赵洋、贾佳、洪伟、张恬、青吉铭、覃彬全、邢天放、顾媛。

引　言

本标准是防雷监管标准体系的标准之一。防雷监管标准体系是贯彻落实国务院"放管服"改革和《国务院关于优化建设工程防雷许可的决定》等精神,转变防雷监管方式,加强事中事后监管而制定的系列标准。为规范雷电防护装置检测专业技术人员职业能力评价工作,制定本标准。

雷电防护装置检测专业技术人员职业能力评价

1 范围

本标准规定了雷电防护装置检测专业技术人员职业能力评价的基本规定、评价实施、信息公开和档案管理等要求。

本标准适用于雷电防护装置检测专业技术人员职业能力评价。

2 规范性引用文件

下列文件对于本文件的应用是必不可少的。凡是注日期的引用文件,仅注日期的版本适用于本文件。凡是不注日期的引用文件,其最新版本(包括所有的修改单)适用于本文件。

QX/T 406—2017 雷电防护装置检测专业技术人员职业要求

3 术语和定义

下列术语和定义适用于本文件。

3.1

雷电防护装置 lightning protection system;LPS
防雷装置

用于减少闪击击于建(构)筑物上或建(构)筑物附近造成的物质性损害和人身伤亡,由外部雷电防护装置和内部雷电防护装置组成。

注:改写 GB 50057—2010,定义 2.0.5。

4 基本规定

4.1 评价工作应遵循自愿、公平、公正、公开的原则。

4.2 职业能力评价证书有效期为 5 年。

4.3 评价机构开展评价工作应接受社会各界监督。

5 评价实施

5.1 流程图

雷电防护装置检测专业技术人员职业能力评价流程见图 1。

5.2 发布通知

评价机构应至少提前 30 天在其网站上(或其他媒体上)向社会发布开展职业能力评价的通知,明确报名、职业能力评价、公示及核实处置等有关事项。

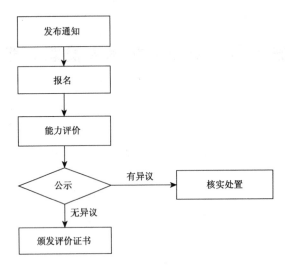

图1 雷电防护装置检测专业技术人员职业能力评价流程图

5.3 报名

5.3.1 申请人应按通知要求在规定时间内向评价机构报名,并提交以下材料:

——雷电防护装置检测专业技术人员职业能力评价报名表,报名表样式参见附录A;

——有效身份证件扫描件或复印件。

5.3.2 申请人对材料的真实性负责。

5.4 职业能力评价

5.4.1 职业能力评价采用考试方式进行,考试时长不少于120分钟。

5.4.2 考试试题宜从题库抽取,包括法律法规知识、安全生产知识、检测理论知识和业务技能要求四个方面的内容,其中检测理论知识和业务技能要求相关试题各不少于40%,出题范围应符合QX/T 406—2017的要求。

5.4.3 试卷满分100分,成绩得到60分以上颁发职业能力评价证书。试卷题型和权重宜符合表1要求。

表1 职业能力评价考试试卷题型和权重

题型	填空	选择	判断	简述	计算
权重/%	30	20	10	20	20

5.5 公示及核实处置

5.5.1 评价机构应在其网站上(或其他媒体上)对拟颁发职业能力评价证书的人员名单进行公示,公示时间应不少于10天。

5.5.2 公示期内,单位或个人对公示内容有异议的,应向评价机构书面提出,并提交相关证明材料。

5.5.3 评价机构自收到书面申请30日内,应对提出的问题进行调查核实,并进行相应处置,书面回复申请人。

5.5.4 公示期满无异议的,评价机构应在承诺的时间内办理职业能力评价证书颁发事宜。

6 信息公开

评价机构应指定网站向社会公开雷电防护装置检测专业技术人员职业能力评价证书的相关信息。
公开信息应包含以下内容：
——持证人姓名；
——证书编号；
——证书有效期。

7 档案管理

7.1 报名表和考试答卷应及时归档,保存期限不少于 5 年。
7.2 评价机构不应泄露个人报名信息。

附　录　A
（资料性附录）
报名表样式

雷电防护装置检测专业技术人员职业能力评价报名表样式参见表 A.1。

表 A.1　雷电防护装置检测专业技术人员职业能力评价报名表

姓　名		性　别		出生年月		近期一寸正面半身免冠彩色照片
手机号码				健康状况		
通信地址				电子邮箱		
有效身份证件名称及号码						
学　历		学　位		毕业院校及专业		
技术职称		资格时间		专业特长		
工　作经　历						
本人郑重承诺:本表格所填信息均属实。 申请人(签字)： 年　月　日						
备注						

参 考 文 献

[1] GB 50057—2010 建筑物防雷设计规范

ICS 07.060

A 47

备案号：61285—2018

中华人民共和国气象行业标准

QX/T 408—2017

基于CAP的气象灾害预警信息
文件格式　网站

File format for meteorological disaster warning information based on the
common alerting protocol—Website

2017-12-29 发布

2018-05-01 实施

中 国 气 象 局 发布

前　言

本标准按照 GB/T 1.1—2009 给出的规则起草。

本标准由全国气象基本信息标准化技术委员会(SAC/TC 346)提出并归口。

本标准起草单位:中国气象局公共气象服务中心。

本标准主要起草人:刘颖杰、谢凯、吕宸、李超、裴顺强、贺姗姗、陈辉、陈钻、张寅伟、于涵。

引　言

中国是自然灾害频发的国家,气象灾害占所有自然灾害的 70%以上,给国家经济社会发展和人民生命财产安全造成重大损失,因此,气象灾害预警信息的快速传播十分必要,而使用网站传播气象灾害预警信息是非常有效的方式之一,有着广泛的前景。为规范网站气象灾害预警信息的传播,统一信息采集标准和存储规范,制定本标准。

基于CAP的气象灾害预警信息文件格式　网站

1　范围

本标准规定了网站传播气象灾害预警信息的文件格式。

本标准适用于通过网站传播气象灾害预警信息。

2　规范性引用文件

下列文件对于本文件的应用是必不可少的。凡是注日期的引用文件,仅注日期的版本适用于本文件。凡是不注日期的引用文件,其最新版本(包括所有的修改单)适用于本文件。

GB/T 2260—2007　中华人民共和国行政区划代码

GB/T 16831—2013　基于坐标的地理点位置标准表示法

GB/T 19710—2005　地理信息元数据

QX/T 342—2016　气象灾害预警信息编码规范

3　缩略语

下列缩略语适用于本文件。

JSON　JavaScript 对象表示法(JavaScript Object Notation)

MIME　多用途互联网邮件扩展(Multipurpose Internet Mail Extensions)

URI　统一资源标识符(Uniform Resource Identifier)

URL　统一资源定位符(Uniform Resource Locator)

UTF-8　Unicode 转换格式(8-bit Unicode Transformation Format)

XML　可扩展标记语言(extensible Markup Language)

4　文件类型

气象灾害预警信息的文件分为 XML 或 JSON 两种类型,编码格式为 UTF-8。

5　文件名格式

气象灾害预警信息文件的文件名使用大写英文字母和数字编写,各段之间用英文半角下划线"_"分隔。格式如下:

MSP2_预警发布单位标识_预警门类标识_信息种类标识_地理高度标识_覆盖区域标识_发布时间编码_起止时间编码.文件类型标识

格式说明如下:

——MSP2,为固定编码。

——预警发布单位标识,编码见 6.3.2。

——预警门类标识,选用固定编码 WFDWS,表示气象灾害预警信息产品。

QX/T 408—2017

——信息种类标识,编码见 6.3.4。

——地理高度标识,选用固定编码 L88,表示预警的地理高度为地面或水面特性。

——覆盖区域标识,取值见 6.3.6。

——发布时间编码,采用北京时,精确到秒,格式为"YYYYMMddhhmmss",其中"YYYY"为 4 位数字,表示年;"MM"为 2 位数字,表示月;"dd"为 2 位数字,表示日;"hh"为 2 位数字,表示小时(采用 24 小时制);"mm"为 2 位数字,表示分钟;"ss"为 2 位数字,表示秒。

——起止时间编码,"TTTT1-TTTT2"表示。TTTT1:起始时间(5 位),TTTT2:终止时间(5 位)。时间前三位表示小时,后两位表示分钟。两个时间同为 00000 时,表示解除气象灾害预警的数据文件。

——文件类型标识,"XML"表示文件以 XML 格式存储,"JSON"表示文件以 JSON 格式存储。

6 文件内容

6.1 气象灾害预警信息文件结构及组成

气象灾害预警信息文件结构及组成见图 1。

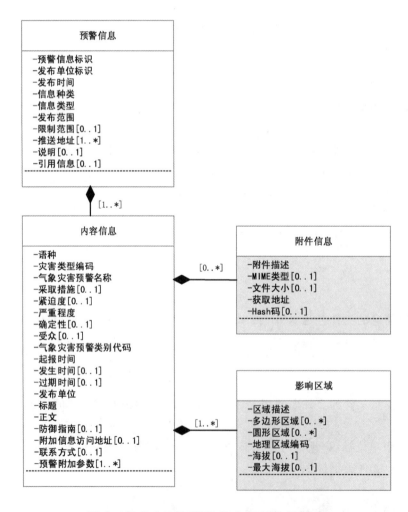

图 1 气象灾害预警信息文件结构及组成

652

预警信息实体是气象灾害预警信息的基本信息单元,由其下属信息元素和一个或多个内容信息实体组成。

预警信息实体下属信息元素包括预警信息标识、发布单位标识、发布时间、信息种类、信息类型、发布范围、限制范围、推送地址、说明、引用信息。

气象灾害预警信息内容由其下属信息元素和附件信息实体及影响区域实体组成。内容信息实体下属信息元素包括语种、灾害类型编码、气象灾害预警名称、采取措施、紧迫度、严重程度、确定性、受众、气象灾害预警类别代码、起报时间、发生时间、过期时间、发布单位、标题、正文、防御指南、附加信息访问地址、联系方式、预警附加参数。

附件信息实体下属信息元素包括附件描述、MIME 类型、文件大小、获取地址、Hash 码。

影响区域实体下属信息元素包括区域描述、多边形区域、圆形区域、地理区域编码、海拔、最大海拔。

图 1 中符号说明见 GB/T 19710—2005 第 5 章。其中"0..*"表示 0 或多,"0..1"表示 0 或 1,"1..*"表示 1 或多,没有标明的情况,严格为 1。图中实体有必选的元素和/或可选的元素。可选的实体可以有必选的元素,只在选用了可选实体时,这些元素才成为必选。

图 1 对应的数据字典见 6.2。

图 1 对应的预警信息示例参见附录 A。

6.2 气象灾害预警信息数据字典

图 1 的数据字典见表 1。

表 1 气象灾害预警信息数据字典

序号	元素	层次关系	中文名称	定义	约束/条件	数据类型	说明
1	alert	alert	预警信息	预警信息的根元素，包含整个预警信息，每个预警信息只能含有一个〈alert〉，每个〈alert〉可以包含多个〈info〉	必选	类	
1.1	identifier	alert identifier	预警信息标识	预警信息的唯一标识	必选	字符串	见 6.3.1
1.2	sender	alert sender	发布单位标识	发布单位标识	必选	字符串	见 6.3.2
1.3	sent	alert sent	发布时间	预警信息由气象预警主管机构实际签发的时间	必选	日期时间型	见 6.3.3
1.4	status	alert status	信息种类	预警信息的种类，用代码表示	必选	字符串	见 6.3.4
1.5	msgType	alert msgType	信息类型	预警信息的类型，用代码表示	必选	字符串	见 6.3.5
1.6	scope	alert scope	发布范围	预警发布范围	必选	字符串	见 6.3.6
1.7	restriction	alert restriction	限制范围	预警发布的限制范围描述	有限可选，当〈scope〉为"Restricted"时必选	字符串	自由文本

表 1 气象灾害预警信息数据字典（续）

序号	元素	层次关系	中文名称	定义	约束/条件	数据类型	说明
1.8	addresses	alert addresses	推送地址	预警推送地址的描述	有限可选，当〈scope〉的取值是〈private〉时为必选	字符串	每一个接收者都应由唯一标识符或者地址描述；可以允许多条空格分隔的地址，包含空格的地址应加双引号
1.9	note	alert note	说明	对预警信息目的或重要性的说明	可选	字符串	自由文本
1.10	references	alert references	引用信息	本条预警信息引用的预警信息的标识。当〈msgType〉为"Update"时，〈references〉元素内容为被更新的预警信息的标识；当〈msgType〉为"Cancel"时，〈references〉元素内容为被取消的预警信息的标识	有限可选，当〈msgType〉为"Update""Cancel""Ack"或"Error"时为必选	字符串	多个预警信息标识用空格分隔
2	info	alert info	内容信息	预警信息的具体内容。每个〈alert〉可包含多个〈info〉。本标准规定多个〈info〉只用于对一条预警信息进行多语种发布	必选	类	
2.1	language	alert info language	语种	本〈info〉文本内容使用的语种，用代码表示	必选	字符串	见 6.3.7
2.2	category	alert info category	灾害类型编码	灾害的类型的编码	必选	字符串	选用固定编码"Met"，表示气象灾害

表1 气象灾害预警信息数据字典(续)

序号	元素	层次关系	中文名称	定义	约束/条件	数据类型	说明
2.3	event	alert info event	气象灾害预警名称	气象灾害预警的名称与eventCode和MDWI_SeverityCode的代码对应	必选	字符串	如"暴雨预警""台风预警信号"
2.4	responseType	alert info responseType	采取措施	预警应采取的措施	可选	字符串	见6.3.8
2.5	urgency	alert info urgency	紧迫度	预警的气象灾害的紧迫程度,也即启动相应措施的紧迫程度,用代码表示	可选	字符串	见6.3.9
2.6	severity	alert info severity	严重程度	预警的严重程度	必选	字符串	见6.3.10
2.7	certainty	alert info certainty	确定性	预警的气象灾害发生的可能性,用代码表示	可选	字符串	见6.3.11
2.8	audience	alert info audience	受众	对预警信息受众的描述	可选	字符串	自由文本
2.9	eventCode	alert info eventCode	气象灾害预警类别代码	气象灾害预警的类别,用代码表示	必选	字符串	见6.3.12

表 1 气象灾害预警信息数据字典（续）

序号	元素	层次关系	中文名称	定义	约束/条件	数据类型	说明
2.10	effective	alert info effective	起报时间	预警信息的起始生效时间	必选	日期时间型	见 6.3.3
2.11	onset	alert info onset	发生时间	气象灾害预警的预期发生时间	可选	日期时间型	见 6.3.3
2.12	expires	alert info expires	过期时间	预警信息的过期时间	有限可选，当〈msgType〉为"Alert"或"Update"时为必选	日期时间型	见 6.3.3
2.13	senderName	alert info senderName	发布单位	气象灾害预警发布单位的规范名称	必选	字符串	自由文本
2.14	headline	alert info headline	标题	预警信息的标题	必选	字符串	自由文本
2.15	description	alert info description	正文	预警信息正文	必选	字符串	自由文本
2.16	instruction	alert info instruction	防御指南	预警信息防御指南	有限可选，当〈msgType〉为"Alert"或"Update"时为必选	字符串	自由文本

表 1 气象灾害预警信息数据字典（续）

序号	元素	层次关系	中文名称	定义	约束/条件	数据类型	说明
2.17	web	alert info web	附加信息访问地址	与预警信息有关的附加信息的访问地址	可选	URI	URL
2.18	contact	alert info contact	联系方式	本条预警信息咨询、服务的联系方式	必选	字符串	自由文本
2.19	parameter	alert info parameter	预警附加参数	预警附加参数	必选	字符串	见6.3.13
3	resource	alert info resource	附件信息	本〈info〉的附件信息。每个〈info〉必须包含至少一个〈resource〉	必选	类	见6.3.15
3.1	resourceDesc	alert info resource resourceDesc	附件描述	对附件内容的说明	必选	字符串	自由文本
3.2	mimeType	alert info resource mimeType	MIME类型	附件文件MIME类型	可选	字符串	参见[RFC 2046]
3.3	size	alert info resource size	文件大小	附件文件大小的整数表示	可选	整型	整型数，以字节为单位

表 1 气象灾害预警信息数据字典（续）

序号	元素	层次关系	中文名称	定义	约束/条件	数据类型	说明
3.4	uri	alert info resource uri	获取地址	附件文件的获取地址	必选	字符串	可以是绝对URI，也可以是相对URI
3.5	digest	alert info resource digest	Hash 码	附件文件的 Hash 码	可选	字符串	采用 SHA-1 算法，参照 FIPS 180-2
4	area	alert info area	影响区域	本〈info〉信息内容的影响区域。每个〈info〉必须包含至少一个〈area〉。每个〈area〉至少包含一个〈polygon〉、〈circle〉、〈geocode〉。当一个〈info〉含有多个〈area〉时，这个〈info〉的影响区域是多个〈area〉的总合。当一个〈area〉含多个〈polygon〉、〈circle〉、〈geocode〉，〈area〉的区域是这些元素区域的总合	必选	类	
4.1	areaDesc	alert info area areaDesc	区域描述	对〈area〉的说明。当〈area〉含有〈geocode〉时，〈area-Desc〉为〈geocode〉对应的地理区域名称	必选	字符串	自由文本
4.2	polygon	alert info area polygon	多边形区域	由依次相连的多个地理坐标点构成的区域。首尾两个点取值必须相同，表示封闭图形	可选	字符串	见 6.3.16

表 1 气象灾害预警信息数据字典（续）

序号	元素	层次关系	中文名称	定义	约束/条件	数据类型	说明
4.3	circle	alert info area circle	圆形区域	由圆心地理坐标和半径表示的区域	可选	字符串	见 6.3.17
4.4	geocode	alert info area geocode	地理区域编码	对区域地理的编码	必选	字符串	见 6.3.18
4.5	altitude	alert info area altitude	海拔	与〈ceiling〉配合使用时，表示预警信息影响区域海拔高度的下限。单独使用时，表示一个具体的海拔高度	可选	实型	以米为单位
4.6	ceiling	alert info area ceiling	最大海拔	必须与〈altitude〉配合使用，表示预警信息影响区域海拔高度的上限	可选	实型	以米为单位

6.3 元素取值和说明

6.3.1 预警信息标识

表 1 中 1.1〈identifier〉元素的内容用大写字母和数字编写,分 5 段,各段之间用英文半角下划线"_"分隔,格式应为:

〈identifier〉发布单位标识_发布时间编码_MDWI_信息种类_信息类型〈/identifier〉

其中"发布单位标识"见 6.3.2。

"发布时间编码"是对〈sent〉元素(表 1 中 1.3)时间取值的编码,精确到秒,格式见第 5 章的"发布时间编码"。

"MDWI"为气象灾害预警信息标识。

"信息种类"见 6.3.4。

"信息类型"见 6.3.5。

6.3.2 发布单位标识

表 1 中 1.2〈sender〉元素的内容为 6 位数字编码,格式应为:

〈sender〉XXYYZZ〈/senderCode〉

其中"XX"为省、自治区、直辖市、特别行政区代码;"YY"为市、地区、自治州、盟代码;"ZZ"为县、自治县、县级市、旗、自治旗、市辖区、林区、特区代码。

"XXYYZZ"的编码方法见 GB/T 2260—2007 第 4 章,行政区划名称及代码见 GB/T 2260—2007 第 5 章。

本标准中,"000000"表示国家级气象主管机构所属的气象台站;"XX0000"表示 XX 对应省(自治区、直辖市、特别行政区)气象主管机构所属的气象台站;"XXYY00"表示 XX 对应省(自治区、直辖市、特别行政区)YY 对应市(地区、自治州、盟)气象主管机构所属的气象台站;"XXYYZZ"表示 XX 对应省(自治区、直辖市、特别行政区)YY 对应市(地区、自治州、盟)ZZ 对应县(自治县、县级市、旗、自治旗、市辖区、林区、特区)气象主管机构所属的气象台站。

6.3.3 日期时间型

表 1 中 1.3〈sent〉元素、表 1 中 2.10〈effective〉元素、表 1 中 2.11〈onset〉元素和表 1 中 2.12〈expires〉元素都是日期时间型元素,格式为"YYYY-MM-DDThh:mm:ss+08:00",其中"YYYY"为日历年;"MM"为日历年中日历月的顺序数;"DD"为日历月中日历日的顺序数;"T"为时间的标志符,指出日的时间表示的开始;"hh"为时;"mm"为分;"ss"为秒。

本标准"YYYY-MM-DDThh:mm:ss"采用北京时。

"+08:00"为英文固定字符,表示北京时比协调世界时超前"08"小时"00"分;"-"为英文半角中划线。

6.3.4 信息种类

表 1 中 1.4〈status〉元素取值的信息种类编码,见 QX/T 342—2016 的 7.3.4。

6.3.5 信息类型

表 1 中 1.5〈msgType〉元素取值的信息类型与编码,见 QX/T 342—2016 的 7.3.5。

6.3.6 发布范围

表 1 中 1.6〈scope〉元素取值如表 2 所示。

表 2 发布范围

序号	元素值	中文名称	说明
1	Public	公众	面向全体公众发布气象灾害预警
2	Restricted	有限制范围	面向部分群体发布气象灾害预警
3	Private	个人	面向个人用户发布气象灾害预警

6.3.7 语种

表 1 中 2.1〈language〉元素取值的语种类型与编码,见 QX/T 342—2016 的 7.3.6。

6.3.8 采取措施

表 1 中 2.4〈responseType〉元素取值如表 3 所示。

表 3 采取措施代码

序号	元素值	中文名称	说明
1	Shelter	掩蔽	进入避难所躲避(与〈instruction〉对应)
2	Evacuation	疏散	疏散(与〈instruction〉对应)
3	Prepare	准备	准备(与〈instruction〉对应)
4	Execute	处置	根据预案进行处置(与〈instruction〉对应)
5	Monitor	监控	密切注意(与〈instruction〉对应)
6	Assess	评估	评估本预警消息中的消息(与〈instruction〉对应)
7	None	没有推荐行动	没有推荐行动

6.3.9 紧迫度

表 1 中 2.5〈urgency〉元素取值引用的紧迫度类型与编码,见 QX/T 342—2016 的 7.3.10。

6.3.10 严重程度

表 1 中 2.6〈severity〉元素取值如表 4 所示。

表 4 严重程度代码

序号	元素值	中文名称	说明
1	Extreme	特别重大	气象灾害严重程度特别重大
2	Severe	重大	气象灾害严重程度重大
3	Moderate	较大	气象灾害严重程度较大
4	Minor	一般	气象灾害严重程度一般
5	Unknown	未知	气象灾害严重程度未知

6.3.11 确定性

表 1 中 2.7〈certainty〉元素取值的确定性类型与编码,见 QX/T 342—2016 的 7.3.11。

6.3.12 气象灾害预警类别代码

表 1 中 2.9〈eventCode〉元素的取值引用的预警类别名称与编码,见 QX/T 342—2016 的 7.3.8。

6.3.13 预警附加参数

预警附加参数格式:

〈Parameter〉
　　　　〈valueName〉valueName〈/valueName〉
　　　　〈value〉value〈/value〉

表 1 中 2.19〈Parameter〉设置附加参数如表 5 所示。

表 5 预警附加参数

序号	元素	层次关系	中文名称	定义	约束/条件	数据类型	说明
2.19.1	MDWI_Severity Code	alert info parameter. MDWI_Severity Code	预警级别代码	首要气象灾害预警信息的级别,用代码表示。	必选	字符串	见 6.3.14
2.19.2	coSender	alert info parameter. coSender	联合发布单位	联合发布本条预警信息的单位的规范名称。	可选	字符串	自由文本
2.19.3	validTime	alert info parameter. validTime	预警时效	预警的时效。	有限可选,当〈msgType〉为"Alert"或"Update"时为必选	整型	整型数,以分钟为单位

6.3.14 预警颜色代码

表 5 中 2.19.1〈MDWI_SeverityCode〉元素必须与表 1 中 2.6〈severity〉同时对应使用。〈MDWI_SeverityCode〉的取值与〈severity〉对应关系如表 6 所示。

表 6　预警颜色代码

序号	元素值	中文名称	对应严重程度	说明
1	BLACK	黑色	Extreme	预警信号颜色为黑色,作为特别严重状态补充色
2	RED	红色	Extreme	预警信号颜色为红色,表示特别严重状态
3	ORANGE	橙色	Severe	预警信号颜色为橙色,表示严重状态
4	YELLOW	黄色	Moderate	预警信号颜色为黄色,表示较重状态
5	BLUE	蓝色	Minor	预警信号颜色为蓝色,表示一般状态
6	WHITE	白色	Minor	预警信号颜色为白色,作为一般状态补充色
7	OTHER	其他	Unknown	预警信号的预警级别为其他级别

6.3.15　附件信息

表 1 中 3〈resource〉为气象灾害预警信息文件所带附件的相关内容。如果是气象灾害预警,附件中必须包含气象灾害预警预报落区图的信息。如果是气象灾害预警信号,附件中必须包含气象灾害预警信号图标的信息。

6.3.16　多边形区域

表 1 中 4.2〈polygon〉元素的内容为依次排列的多边形各顶点的坐标,表示一个多边形至少需要 4 对"Lat,Lon"。大地坐标系采用 WGS-84 坐标系。格式应为:

〈polygon〉Lat,Lon Lat,Lon Lat,Lon Lat,Lon [Lat,Lon…]〈/polygon〉

其中"Lat"为纬度,以度和十进制小数度表示,±DD.DDDDDD,见 GB/T 16831—2013 的 6.4。

"Lon"为经度,以度和十进制小数度表示,±DDD.DDDDDD,见 GB/T 16831—2013 的 6.5。

"Lat,Lon"为坐标对,表示一个点,"Lat"和"Lon"用英文逗号","连接。

"Lat,Lon"之间用一个空格符分隔。

"Lat,Lon"依次排列,第一对"Lat,Lon"与最后一对"Lat,Lon"取值相同,表示首尾为同一个点的封闭图形。

6.3.17　圆形区域

表 1 中 4.3〈circle〉元素的内容为圆形区域的圆心坐标和半径。大地坐标系采用 WGS-84 坐标系。格式应为:

〈circle〉Lat,Lon r〈/circle〉

其中"Lat"为圆心纬度坐标,以度和十进制小数度表示,±DD.DDDDDD,见 GB/T 16831—2013 的 6.4。

"Lon"为圆心经度坐标,以度和十进制小数度表示,±DD.DDDDDD,见 GB/T 16831—2013 的 6.5。

"r"为圆的半径,单位为千米。

"Lat"和"Lon"用英文逗号","连接。

"r"与"Lat,Lon"用一个空格符分隔。

6.3.18　地理区域编码

表 1 中 4.4〈geocode〉元素的内容为中华人民共和国统计用区划代码,〈geocode〉由〈valueName〉

（代码名称）〈value〉（代码值）共同组成,格式为：

> 〈geocode〉
> 　　〈valueName〉CAD-STATS〈/valueName〉
> 　　〈value〉$A_1 A_2 B_1 B_2 C_1 C_2 D_1 D_2 D_3 E_1 E_2 E_3$〈/value〉
> 〈/geocode〉

具体编码规则见 QX/T 342—2016 的 7.3.15。

附　录　A
（资料性附录）
气象灾害预警信息示例

A.1　说明

北京市气象台 2016 年 1 月 21 日 16 时发布持续低温黄色预警信号，XML 和 JSON 格式预警信号文件名和文件内容见 A.2、A.3。

A.2　气象灾害预警信号发布示例（XML）

A.2.1　文件名

MSP2_ BJ-MO_ WFDWS_ CLTMS_L88_ BJ_20160121160000_00000-02400. XML

A.2.2　文件内容

```
〈? xml version＝"1.0" encoding＝"UTF-8"?〉
〈alert xmlns＝"MeteorologicalDisasterWarningInformationWebsite 1.0" 〉
    〈identifier〉110000_20160121160000_MDWI_Actual_Alert 〈/identifier〉
    〈sender〉110000〈/sender〉
    〈sent〉2016-01-21T16:00:00＋08:00〈/sent〉
    〈status〉Actual〈/status〉
    〈msgType〉Alert〈/msgType〉
    〈scope〉Public〈/scope〉
    〈info〉
        〈language〉zh-CN〈/language〉
        〈category〉Met 〈/category〉
        〈event〉持续低温预警信号〈/event〉
        〈eventCode〉CLTMS 〈/eventCode〉
        〈responseType 〉Execute 〈/responseType 〉
        〈urgency〉Immediate〈/urgency〉
        〈severity〉Severe 〈/severity〉
        〈certainty〉Observed 〈/certainty〉
        〈effective〉2016-01-21T16:30:00＋08:00〈/effective〉
        〈expires〉2016-01-23T16:30:00＋08:00〈/expires〉
        〈senderName〉北京市气象台〈/senderName〉
        〈headline〉北京市发布持续低温黄色预警〈/headline〉
        〈description〉受强冷空气影响，预计 22—23 日，本市最低气温将下降 10 ℃左右，平原地区最低气温达－16～－17 ℃、山区达－20～－23 ℃；并伴有 5、6 级偏北风，阵风可达 8 级左右，请注意防范。〈/description〉
        〈instruction〉1. 地方各级人民政府、有关部门和单位按照职责做好防寒潮工作，增强防火安全意识；2. 农、林、养殖业做好作物、树木与牲畜防冻害工作；设施农业生产企业和农户加强温室内
```

温度调控,防止经济植物遭受冻害;3. 有关部门视情况调节居民供暖,燃煤取暖用户注意防范一氧化碳中毒;4. 大风天气应及时加固围板、棚架、广告牌等易被大风吹动的搭建物,妥善安置易受大风影响的室外物品;停止高空作业及室外高空游乐项目;5. 老、弱、病、幼,特别是心血管病人、哮喘病人等对气温变化敏感的人群尽量不要外出;6. 个人外出注意防寒,尽量远离施工工地,不应在高大建筑物、广告牌或大树下方停留。〈/instruction〉

```
                    〈contact〉ZZZ〈/contact〉
                    〈parameter〉〈valueName〉MDWI_SeverityCode〈/valueName〉
                    〈value〉YELLOW〈/value〉〈/parameter〉
                    〈parameter〉〈valueName〉validTime〈/valueName〉
                    〈value〉2880〈/value〉〈/parameter〉
                    〈resource〉
                        〈resourceDesc〉北京市持续低温黄色预警信号〈/resourceDesc〉
                        〈mimeType〉PNG〈/mimeType〉
                        〈size〉6144〈/size〉
                        〈uri〉http://www.bjmb.gov.cn/uploads/image/yujing/wps9C34.tmp.png〈/uri〉
                    〈/resource〉
                    〈area〉
                        〈areaDesc〉北京市〈/areaDesc〉
                        〈geocode〉
                            〈valueName〉CAD-STATS〈/valueName〉
                            〈value〉110000000000〈/value〉
                        〈/geocode〉
                    〈/area〉
                〈/info〉
            〈/alert〉
```

A.3 气象灾害预警信号发布示例(JSON)

A.3.1 文件名

MSP2_BJ-MO_WFDWS_CLTMS_L88_BJ_20160121160000_00000-02400.JSON

A.3.2 文件内容

```
{
  "alert": {
    "identifier": "110000_20160121160000_MDWI_Actual_Alert ",
    "sender": "100000",
    "sent": "2016-01-21T16:00:00+08:00",
    "status": "Actual",
    "msgType": "Alert",
    "scope": " Public ",
    "info": [
      {
```

```
        "language": "zh-CN",
        "category": "Met",
        "event": "持续低温预警信号",
        "eventCode": "CLTMS",
        "responseType": "Execute",
        "urgency": "Immediate",
        "severity": " Severe",
        "certainty": " Observed ",
        "effective": "2016-01-21T16:00:00+08:00",
        "expires": "2016-01-23T16:00:00+08:00",
        "senderName": "北京市气象台",
        "headline": "北京市发布持续低温黄色预警",
        "description": "受强冷空气影响,预计22—23日,本市最低气温将下降10 ℃左右,平原地区最低气温达-16～-17 ℃、山区达-20～-23 ℃;并伴有5、6级偏北风,阵风可达8级左右,请注意防范。",
        "instruction": " 1. 地方各级人民政府、有关部门和单位按照职责做好防寒潮工作,增强防火安全意识;2. 农、林、养殖业做好作物、树木与牲畜防冻害工作;设施农业生产企业和农户加强温室内温度调控,防止经济植物遭受冻害;3. 有关部门视情况调节居民供暖,燃煤取暖用户注意防范一氧化碳中毒;4. 大风天气应及时加固围板、棚架、广告牌等易被大风吹动的搭建物,妥善安置易受大风影响的室外物品;停止高空作业及室外高空游乐项目;5. 老、弱、病、幼,特别是心血管病人、哮喘病人等对气温变化敏感的人群尽量不要外出;6. 个人外出注意防寒,尽量远离施工工地,不应在高大建筑物、广告牌或大树下方停留。",
        "contact": "ZZZ",
        "parameter": {"valueName":"MDWI_SeverityCode","value":"YELLOW "}
        "parameter": {"valueName":"validTime","value":"2880"}
        "resource": {
          "resourceDesc": "北京市持续低温黄色预警信号",
          "mimeType": "PNG",
          "size": "6144",
          "uri": " http://www.bjmb.gov.cn/uploads/image/yujing/wps9C34.tmp.png "
        },
        "area": {
          "areaDesc": "北京市",
          "geocode": {" valueName ":" CAD-STATS "," value ":"110000000000",}
        }
      },
    ]
  }
}
```

参 考 文 献

［1］　QX/T 116—2010　重大气象灾害应急响应启动等级

［2］　中国气象局.气象灾害预警信号发布与传播办法：中国气象局令第16号,2007年6月12日发布

［3］　中央气象台气象灾害预警发布办法［EB/OL］. http://www. weather. com. cn/index/qxzs/06/628209. shtml

［4］　蒋贤春,翟喜奎,等.中文文献全文版式还原与全文输入 XML 规范和应用指南［M］.北京：国家图书馆出版社,2010

［5］　RFC2046 National Institute for Standards and Technology，Secure Hash Standard［EB/OL］. http://csrc. nist. gov/publications/fips/fips180-2/fips180-2withchangenotice. pdf，2002-08

［6］　RFC3066 Tags for the Identification of Languages［EB/OL］. http://www. ietf. org/rfc/rfc3066. txt，IETF RFC 3066，2001

［7］　National Institute of standards and Technology. Fips 180-2 secure hash standard（SHS）［Z］，2015

［8］　OASIS Standard. Common Alerting Protocol Version 1. 2［Z］. http://docs. oasis-open. org/emergency/cap/

ICS 07.060
B 18
备案号：61286—2018

中华人民共和国气象行业标准

QX/T 409—2017

农业气象观测规范 番茄

Specifications for agrometeorological observation—Tomato

2017-12-29 发布

2018-05-01 实施

中 国 气 象 局 发布

前　言

本标准按照 GB/T 1.1—2009 给出的规则起草。

本标准由全国农业气象标准化技术委员会(SAC/TC 539)提出并归口。

本标准起草单位:内蒙古自治区巴彦淖尔市气象局、甘肃省气象局、新疆维吾尔自治区乌鲁木齐市气象局、河套学院。

本标准主要起草人:孔德胤、刘俊林、杨松、尹东、普宗朝、淡建兵、郝水源、高飞翔、赵斌、李建军。

农业气象观测规范 番茄

1 范围

本标准规定了番茄农业气象观测的原则和地段选择要求,以及发育期观测、生长状况评定、产量结构分析、农业气象灾害、病虫害观测和调查、田间记载格式、观测簿表填写、发育期间气象条件鉴定等内容。

本标准适用于开展番茄气象业务、服务和相关研究的农业气象观测。

2 术语和定义

下列术语和定义适用于本文件。

2.1

观测地段 observation plot

进行番茄农业气象观测的地块。

2.2

植株密度 plant density

单位土地面积上番茄植株的数量。

注:单位为株每平方米(株/米^2)。

2.3

植株高度 plant height

地面至自然生长状态下最高点的垂直距离。

注:单位为厘米(cm)。

2.4

移栽 transplanting

将提前培育好的幼苗,栽植到大田或温室、大棚等设施内的过程。

3 观测原则和地段选择要求

3.1 观测原则

3.1.1 平行观测

一方面观测番茄的发育进程、生长状况、产量形成情况,另一方面观测番茄生长环境的物理要素(包括气象要素等)。番茄观测地段的气象条件与气象观测场基本一致的情况下,气象台站的基本气象观测可作为平行观测的气象部分。

3.1.2 点与面结合

要有相对固定的观测地段进行系统的观测,同时,在番茄生育的关键时期以及在农业气象灾害、病虫害发生时,根据当地服务需求进行较大范围的农业气象调查,以增强观测的代表性。

3.2 地段选择

地段必须具有代表性。代表当地一般气候、土壤、地形、地势、耕作制度及产量水平。地段要保持长期稳定,为使观测资料具有连续性,要根据当地的耕作制度,选定若干观测地段并进行编号,每年在这些地段上进行。如确需调整应选择邻近农田,并进行记载。具体要求见附录 A。

4 发育期观测

4.1 观测内容

播种期、出苗期、三真叶期、移栽期、现蕾期、开花期、坐果期、采收成熟期、拉秧期。

4.2 观测时间

播种、移栽期,以实际日期记载;出苗期通过目测确定并记载;其他发育期进行隔日观测,若规定观测的相邻两个发育期间隔时间较长,在不漏测发育期的前提下,可逢 5 和旬末观测,临近发育期即恢复隔日观测。具体时段由台站根据历史资料和当年番茄生长情况确定。

4.3 观测地点

在观测地段 4 个区内,各选有代表性的一个点,作上标记并编号,发育期观测在此进行。

4.4 观测植株数的选择

定植前植株不固定,定植后固定植株观测,每个测点连续选取 10 株。

4.5 发育期的识别特征

各发育期的特征为:
a) 出苗期:子叶平展(心叶开始生长);
b) 三真叶期:第三片真叶出现,叶长大于或等于 1.0 cm;
c) 现蕾期:主茎上出现花蕾;
d) 开花期:植株第一朵花完全展开;
e) 坐果期:植株上形成第一个幼果,果实长度大于或等于 1.5 cm;
f) 采收成熟期:植株上的果实达到商品成熟期,呈现出该品种成熟固有的颜色。

当观测植株上出现某一发育期特征时,即为该个体进入了某一发育期。观测地段番茄群体进入发育期,应以观测的总株数中进入发育期的株数所占的百分率确定。第一次大于或等于 10% 时为该发育期的始期,大于或等于 50% 时为发育普遍期。一般发育期观测到 50% 为止。

4.6 特殊情况处理

4.6.1 因品种等原因,进入发育期植株达不到 10% 或 50% 时,观测进行到进入该发育期的植株数连续3 次总增长量不超过 5% 为止,气候原因所造成的上述情况,仍应观测记载。

4.6.2 如某次观测结果出现发育期百分率有倒退现象,应立即重新观测,检查观测是否有误,如果有误,以后一次观测结果为准。

4.6.3 因品种、栽培措施等原因,有的发育期未出现或发育期出现异常现象,应予记载。

4.6.4 固定观测植株如失去代表性,应在测点重新固定植株观测,当测点内观测植株有 3 株或 3 株以上失去代表性时,应另选测点。

4.6.5 在规定观测时间遇到有妨碍进行田间观测的天气或旱地灌溉时可推迟观测,过后应及时进行补测。如出现进入发育期百分率超过10%或50%,则将本次观测日期相应作为进入发育始期或普遍期的日期。

4.6.6 4.6.1—4.6.5中特殊情况的处理情况应记入备注栏。

5 生长状况测定

5.1 测定时间和项目

植株株高与植株密度测量应在开花期和采收成熟期进行;生长状况评定除播种外,每个发育普遍期进行,评定出一、二、三类苗。

5.2 植株高度测量—植株选择

5.2.1 在发育期观测点附近,选择植株生长高度具有代表性的地方进行。由土壤地表面量至主茎顶端,每个测点连续取10株,4个测点取40株。株高测量以厘米(cm)为单位,小数四舍五入,取整数记载。

5.2.2 当1~2株失去代表性时,应等量补选。测点中有3株或3株以上失去代表性时,应另选测点,并在备注栏注明。

5.3 植株密度测定

5.3.1 密度测定地点

第一次测定,选有代表性的测点,做上标志,采收成熟期密度测定也在此进行。如测点失去代表性时,应另选测点,并注明原因。

5.3.2 密度测定方法

测定单位面积上的总株数,以株数每平方米(株数/米²)为单位。有效株数的测定结合总株数测定进行,单株正常果大于或等于10个为有效株,密度测定运算过程及计算结果均取二位小数。单位面积的株数测算如下:

　　a) 1 m内的行数:平作地段每个测点测出10个行距(1~11行)的宽度;畦作或垄作地段应量出2个或2个以上畦或沟的宽度。以米(m)为单位,取2位小数(即cm),然后数出行距数,4个测点总行距数除以所量总宽度,即为平均1 m内的行数;

　　b) 1 m内的株数:每个测点连续量出10个株距(1~11株的株距),各测点的株距数之和除以所量总长度,即为1 m内的株数;

　　c) 1 m²的株数:1 m内平均行数与1 m内平均株数之积。

5.4 生长状况评定

5.4.1 评定时间和方法

5.4.1.1 评定时间

在发育期普遍期(除播种期外)进行。

5.4.1.2 评定方法

目测评定。以整个观测地段全部番茄为对象,与本区域(市、县、区)范围对比和当年与近5年平均

674

状况对比,综合评定番茄生长状况的各要素,按照5.4.2划分苗类的方法进行评定。前后两次评定结果出现变化时,要注明原因。

5.4.2 评定标准

一类:植株生长状况优良。植株生长健壮,整齐,叶色正常,花序发育良好。果实多、均匀,没有或仅有轻微的病虫害和气象灾害,对生长影响极小。预计能达到丰产年景的水平。

二类:植株生长状况较好或中等。有少量缺苗断垄现象,生长整齐度中等。植株遭受病虫害或气象灾害较轻。预计可达到近5年平均产量年景的水平。

三类:植株生长状况不好或较差。植株矮小,生长不整齐,缺苗断垄严重。病虫害或气象灾害对植株有明显的抑制或产生严重危害。预计产量很低,是减产年景。

5.5 大田生育状况调查

5.5.1 一般要求

大田调查应在开花期和采收成熟期进行,其他还可根据当地的气象服务需要,记载调查情况并存档。

5.5.2 调查地点

在所属区域(市、县、区)内,选择有代表性的高、中、低产量水平番茄地块(以观测地段代表一种产量水平,另选两种产量水平地块)。也可结合农业部门资料调查或分片设点进行(若当地生产水平比较均衡,也可选择二类产量水平的代表性地块进行调查)。

5.5.3 调查时间和项目

植株株高与植株密度测量应在开花期后3天和采收成熟期后3天进行;生长状况评定除播种外,每次调查均评定出一、二、三类苗。

5.5.4 调查方法

5.5.4.1 大田调查方法与观测地段观测方法相同,调查番茄所处的发育期按"未进入某发育期""发育始期""发育普遍期""发育期已过",进行目测记载。每个调查点取两个重复。

5.5.4.2 播种期、收获期、产量等应直接向土地使用单位或个人调查补记。

6 产量结构分析

6.1 测定和分析内容

测定项目:每次采摘的单果重、单株果实重、单株果实数、次果数、坏果数、次坏果率、果实纵径、果实横径。

分析项目:公顷产量、经济系数。

6.2 测定时间

成熟期的全程。

6.3 测定和分析方法

自果实成熟开始,在有代表性的四个小区分别连续固定5株,共20株,具体方法见附录B。

7 农业气象灾害、病虫害观测和调查

7.1 农业气象灾害观测

7.1.1 观测内容

干旱、洪涝、渍害(湿害)、连阴雨、冰雹、霜冻、风灾等。

7.1.2 观测的时间和地点

7.1.2.1 观测时间:在灾害发生后及时进行观测。从番茄受害开始至受害症状不再加重为止。

7.1.2.2 观测地点:一般在番茄生育状况观测地段上进行,若灾害重大,还要做好所在区域(市、县、区)的调查。

7.1.3 观测和记载项目

观测和记载项目包括:
a) 农业气象灾害的名称、受害期;
b) 天气气候情况;
c) 受害症状、受害程度;
d) 灾前灾后采取的主要措施,预计对产量的影响,代表地段灾情类型;
e) 地段所涉范围(乡镇及县)受灾面积和比例。

7.1.4 受害期

7.1.4.1 当地农业气象灾害开始发生,番茄出现受害症状时记为灾害开始期,灾害解除或受害部位症状不再发展时记为终止期,其中灾害如有加重,必须进行记载。霜冻、洪涝、冰雹等突发性灾害除记载番茄受害的开始和终止日期外,还应记载天气过程开始和终止的时间(以时或分计)。以台站气象观测记录为准。

7.1.4.2 当有的农业气象灾害达到当地灾害指标时,则将达到灾害指标日期记为灾害发生开始期,并进行各项观测,如未发现番茄有受害症状,则继续监测两旬,然后按实况做出判断,如判断番茄未受害,记载"未受害"并分析原因,记入备注栏。

7.1.5 农业气象灾害及期间的天气气候情况

7.1.6 受灾期间天气气候情况记载

在灾害开始、增强和结束时记载使作物受害的天气气候情况。主要记载导致灾害发生的前期气象条件、灾害开始至终止期间的气象条件及其变化、使灾害解除的气象条件、对番茄产量的影响等,见表1。

表1 农业气象灾害及期间的天气气候情况

灾害名称	天气气候情况记载内容
干旱	最长连续无降水日数、干旱期间的降水量和天数、逐旬记载地段干土层厚度(cm)、土壤相对湿度(%)
洪涝	连续降水日数、过程降水量、日最大降水量及日期、水层厚度、水层滞留时间
连阴雨	连续阴雨日数、过程降水量
冰雹	最大冰雹直径(mm)、冰雹密度(个/米²)或积雹厚度(cm)
霜冻	过程最低气温≤0 ℃持续时间、极端最低气温及日期
风灾	过程平均风速、最大风速及出现日期、持续时间

7.1.7 受灾程度、受害症状和程度

记录作物受害后的特征状况,主要描述作物受害的器官(叶片、花蕾、花朵、果实等)、受害部位(上、中、下)及外部形态、颜色的变化等,受害程度的判断见表2。

表2 受害症状及受害程度

灾害名称	程度		
	轻	中	重
干旱	对播种、出苗不利。植株生长缓慢,叶片下垂,少量(5%以下)叶片脱落,茎蔓发干;花蕾、花朵变干,少量(5%以下)脱落。	出苗缓慢不齐;植株生长缓慢,部分(5%~20%)叶片下垂脱落,茎蔓逐渐枯干;部分(5%~20%)花蕾、花朵、鲜果脱落。	缺苗、断垄;不能播种出苗。植株生长缓慢,叶片下垂,大量(20%以上)叶片脱落,茎蔓逐渐干枯;大量(20%以上)花蕾、花朵、鲜果脱落。
洪涝	洪水冲刷农田,积水1天以内,少部分(10%以内)植株受淹,但根系无腐烂现象。	部分(10%~50%)植株受淹,积水在1天~2天排出,部分(10%~50%)植株根系腐烂。	大部分(50%~100%)植株受淹,大部分(50%~100%)植株根系腐烂严重,出现植株死亡。
连阴雨	发育期推迟,但根系未腐烂,少量(5%以内)花蕾、花朵、鲜果脱落,少量(10%以内)成熟果裂果。	发育期推迟10天以上,部分(5%~20%)植株根系腐烂,部分(5%~20%)花蕾、花朵、鲜果脱落,部分(10%~40%)成熟果裂果。	发育期推迟15天以上,植株根系腐烂严重(20%以上),大量(20%以上)花蕾、花朵、鲜果脱落,大量(40%以上)成熟果裂果。
冰雹	叶片击破,个别叶、茎、花蕾、果实被击破、打落。	部分(10%~50%)叶片破碎,部分(5%~20%)茎蔓折断,部分(10%~50%)花朵、果实脱落。	大量(50%以上)叶片击碎,大量茎蔓(20%以上)折断,大量(50%以上)叶片、花朵、鲜果脱落严重,甚至造成空枝。
霜冻	少量(10%以内)叶片花蕾、花朵、鲜果受冻。	部分(10%~50%)叶片花蕾、花朵、鲜果受冻脱落。	大量叶片花蕾、花朵、鲜果(50%以上)受冻脱落。

7.1.7.1　植株受害程度:反映番茄受害的数量,统计植株受害百分率。其方法是在受害程度有代表性的 4 个地方分别数出一定数量(每个小区不少于 25)的株数,统计其中受害(不论受害轻重)、死亡株数,分别求出百分率(百分率取整)。大范围旱、涝等灾害,植株受灾程度一致,则不统计植株受害百分率,记载"全田受害"。

7.1.7.2　器官受害程度:反映植株受害的严重性。目测估计器官受害百分率。

7.1.8　灾前和灾后采取的主要措施

记载措施名称、效果。如喷药填写药品名称。

7.1.9　预计对产量的影响

按照无影响、轻、中、重记载,中等以上应估计减产百分率。

7.1.10　地段代表灾害类型

所在区域(市、县、区)灾情分轻、中、重三类,记载代表性地段灾情类型。

7.1.11　地段所在乡镇和全县受灾面积及比例

通过调查记载观测番茄和其他番茄的受灾面积和比例,并注明资料来源。如灾后进行调查,所在区域(市、县、区)情况可不记载。

7.2　病虫害观测

7.2.1　观测范围和重点

病虫害观测主要以番茄是否受害为依据。病害观测发病情况,虫害则直接观测害虫的为害情况,一般不作病虫繁殖过程的追踪观测。对发生范围广的番茄立枯病、早疫病、晚疫病、病毒病、脐腐病等病害,为害严重的小地老虎、甜菜夜蛾、番茄斑潜蝇等虫害应作为观测重点。重点病虫害观测应与当地植保部门商定。

7.2.2　观测时间

结合番茄生长状况观测进行。如有病虫害发生,应立即进行观测记载,直至该病虫害不再蔓延和发展为止。

7.2.3　观测地点

在番茄观测地段上进行。同时记载地段周围情况,遇有病虫害大发生时,应在所在区域(市、县、区)内进行调查。

7.2.4　观测项目及记载方法

7.2.4.1　病虫害名称

记载本标准所列相应名称,见附录 C。如遇本标准未列病虫害名称应采用国内通用名,各地的俗名应在备注栏记载。

7.2.4.2　受害期

当发现番茄受病虫害为害时,开始观测受害株率;当发现 10％植株出现病虫害时,记为发生始期,当 50％植株出现某种病虫害为害特征时,记载为害高峰期(猖獗期);当连续 2 次观测样株病虫害受害株率不再增加时,记为停止期。

7.2.4.3 受害特征和受害部位

记载番茄主要病虫害受害特征和受害部位。

7.2.4.4 植株受害程度

受害比较均匀的情况,观测方法同7.1.7。

$$\varphi = \frac{n}{m} \times 100\% \qquad \cdots\cdots\cdots\cdots(1)$$

式中:

φ——植株受害、死亡百分率;

n——植株受害、死亡株数;

m——总株数。

受害不均匀的情况,分别估计受害、死亡面积占整个地段面积的百分率。

7.2.4.5 器官受害程度

采用目测估计器官受害严重程度。叶、茎、分枝、花、果实受害,估测受害植株中某受害器官占该器官总数的百分率。

7.2.4.6 灾前和灾后采取的主要措施及对产量的影响

病虫害发生前和发生后采取的主要措施,预计对产量的影响,地段代表灾害类型,地段所属区域受害面积和比例。各项方法按照7.1.7～7.1.10执行。

8 田间记载

8.1 记载要求

由于生产水平及栽培技术的地域差异较大,因此要按实际的项目和内容,用通用术语记载项目名称。

同一项目进行多次观测时,要记明时间、次数。

数量、质量、规格等计量单位以法定计量单位记录。

8.2 记载时间

在发育期观测的同时,记载观测地段上实际进行的栽培管理项目、起止日期、方法和质量效果等。若田间操作已经结束,应及时向种植户了解,补记田间记录。

8.3 记载项目和内容

田间记载的项目和内容应包括:

a) 整地:观测地段各次耕耙的起止日期、深度、方式等;

b) 播前准备:覆膜时间、地膜厚度、地膜宽度;

c) 播种,具体包括:

    1) 种子处理:浸种、催芽、拌种等的日期、时间、浸种水温、催芽温度等,药剂拌种的药品名称、操作方法等;

   2) 播种的时间、方式等；

   3) 移栽的日期、方式、方法等。

 d) 田间管理：定苗日期；中耕方法、培土高度等；移栽、整枝打尖、搭架、绑蔓时间等；施肥时间、种类、数量、方式等；灌溉时间、灌溉量及灌溉方式；病虫害名称、施用农药及防御措施；农业气象灾害名称、发生时间、灾害程度及防御措施等；

 e) 收获：采收时间、采收鲜果重量。

9 观测簿表填写

  所有观测和分析内容均需按规定填写农业气象（简称农气）观测簿和表，并按规定时间上报主管部门。具体填写方法见附录 D，簿表样式见附录 E。

10 发育期间气象条件鉴定

  总结分析番茄播种（移栽）至成熟期间的气象条件，主要从温度、降水、日照条件等方面，分析气象条件对番茄生长发育和产量形成的利弊影响。同时，还应分析气象灾害、病虫害等的发生情况及对产量的影响。

附 录 A
（规范性附录）
观测地段选择要求、分区及记载

A.1 地段选择要求

A.1.1 品种选择：应为当地的主栽品种。

A.1.2 观测地段面积：一般为 1 hm²，特殊情况下不得小于 0.1 hm²。

A.1.3 地段位置：距林缘、建筑物、道路（公路和铁路）、水塘等应在 20 m 以上。应远离河流、水库等大型水体，尽量减少小气候的影响（农林间作不受此限制，但应在地段描述中说明）。

A.1.4 番茄生育状况调查点：能反映当地番茄生长状况和产量水平的不同类型的田块。农业气象灾害和病虫害的调查应在能反映不同受灾程度的田块上进行，不限于观测番茄的品种。

A.2 观测地段分区

将观测地段按其田块形状分成相等的 4 个区，作为 4 个重复，按顺序编号，各项观测在 4 个区内进行。为便于观测工作的进行，要绘制观测地段分区和各类观测的分布示意图。

A.3 观测地段资料记载

A.3.1 观测地段综合平面示意图的内容应包括：
a) 观测地段的位置、编号；
b) 气象观测场的位置；
c) 观测场和观测地段的环境条件，如村庄、树林、果园、山坡、河流、渠道、湖泊、水库及铁路、公路和田间大道的位置；
d) 其他建筑物和障碍物的方位和高度。

A.3.2 观测地段的说明应包括：
a) 地段编号；
b) 地段土地使用单位名称或个人姓名；
c) 地段所在地的地形（山地、丘陵、平原、盆地）、地势（坡地的坡向、坡度等）及面积（hm²）；
d) 地段距气候观测场的直线距离、方位和海拔高度；
e) 地段环境条件，如房屋、树林、水体、道路等的方位和距离；
f) 地段的种植制度及前茬作物（近三年），包括熟制、轮作作物和前茬作物；
g) 地段灌溉条件，包括有无灌溉条件、保证程度及水源和灌溉设施；
h) 地段地下水位深度，记"大于 2 m"或"小于 2 m"；
i) 地段土壤状况，包括土壤质地（沙土、壤土、黏土、沙壤土等）、土壤酸碱度（酸、中、碱）和肥力（上、中、下）情况等；

地段的产量水平分上、中上、中、中下、下五级记载：约高于当地近 5 年平均产量的 20% 为上，比近 5 年平均产量高 10%～20% 的为中上，相当于近 5 年平均产量的为中，比近 5 年平均产量低 10%～20% 的为中下，低于近 5 年平均产量 20% 的为下。

附　录　B
（规范性附录）
番茄产量结构分析

B.1　理论产量和地段实产

理论产量:分析计算的产量,以克每平方米(g/m^2)为单位。
地段实产:通过调查农户,及时记载。以千克每公顷(kg/hm^2)为单位,取整数。

B.2　仪器与用具

电子天平:感量 0.1 g、载重 1000 g 和感量为 0.5 g~1 g、载重 10 kg 的电子天平各一台。
电子台秤:感量 50 g,载重 100 kg 的电子台秤一台。

B.3　产量结构分析

B.3.1　取样要求

自果实成熟开始,在有代表性的 4 个小区分别连续固定 5 株,共 20 株,挂牌做好标记,分四次采摘,记录每次采摘的单果重、单株果实重、单株果实数、次果数、坏果数、次坏果率、果实纵径、果实横径、公顷产量地段实产、经济系数。

B.3.2　鲜果重测产方法

根据每次采收时数出各点的果实数和果实重量,数据填入鲜果重测产表内。计算出这 4 点各次采收的果实数占总果实数的百分数,再计算出第二次、第三次、第四次采收的平均单果重分别是第一次平均单果重的百分数($e\%$、$f\%$、$g\%$)。

设单位面积保苗株数 A,设采收的总果实数为 B,第一次、第二次、第三次、第四次采收的果实数分别为 $Ba\%$、$Bb\%$、$Bc\%$、$Bd\%$($a\%+b\%+c\%+d\%=1$)。设第一次采收的平均单果重为 C,第二次、第三次、第四次采收的平均单果重分别为 $Ce\%,Cf\%,Cg\%$,单位均为克(g)。计算单位面积鲜果产量(Y)公式:

$$Y=(a\%+b\%e\%+c\%f\%+d\%g\%)ABC/1000 \quad\cdots\cdots\cdots\cdots\cdots\cdots(B.1)$$

根据式(B.1),以后在第一次采摘前即能进行测产。果实成熟期密度为单位面积保苗株数,即为 A。选择有代表性的几个植株,数出所有的青红大小果实数,算出平均数,即为 B。算出第一次采收的平均单果重 C,根据分批次采摘的鲜果重和鲜果数,再套用式(B.1)能得出单位面积鲜果产量。

B.4　产量结构分析精度

单果重、单株果实重、单株果实数、次果数、坏果数、果实纵径、果实横径、理论产量均取一位小数,次坏果率取整数,经济系数取两位小数。在运算过程中不作小数处理。

公顷产量地段实产、经济系数。经济系数表征有机物转化成人们所需要产品的能力,经济系数愈大,越符合人们栽培的目的。

理论产量为平均单株果重与单位面积保苗株数之积。

经济系数为经济产量与生物学产量之商。

对于同一品种,果实纵径、横径比值基本恒定,因此在分批次采摘时,每次仅需随机选取 10 个果实量取果实纵径、横径,然后计算果实纵径、横径比。

附　录　C
（规范性附录）
番茄常见病虫害

C.1　常见病害

C.1.1　真菌性病害

C.1.1.1　早疫病（early blight）

病原为茄链格孢菌，拉丁名 *Alternaria solani*（*Ellis et martin*）*Jones et Grout*. 属半知菌亚门真菌。又叫轮纹病，主要为害叶片，也能侵害枝蔓和果实。在叶片上初期呈水渍状暗褐色病斑，扩大后呈近圆形并有同心轮纹。一般从下部叶片发病逐步向上蔓延，严重时下部叶片枯死。果实受害部位多在果柄附近，呈黑褐色凹陷并有霉状物。气温、相对湿度和降水量与该病发生有直接关系。湿度是病害发生与流行的主导因素，连续5天平均气温21℃左右，相对湿度大于70%的时间超过2天，即可发病；相对湿度在80%以上，气温20℃～25℃时最易发病。

C.1.1.2　晚疫病（late blight）

病原为番茄壳针孢属致病疫霉菌，拉丁名 *Phytophthora infestans*（*Mont.*）*De Bary*. 属鞭毛菌亚门真菌。茎及叶柄发病，初呈水浸状斑点，病斑呈暗褐色或黑褐色腐败状，很快绕茎及叶柄一周呈软腐状绕缩或凹陷。潮湿时表面生有稀疏霉层，引起病部以上枝叶萎蔫。果实发病，主要危害青果，病斑呈不规则形的灰绿色水浸状硬斑块，后变成暗褐色至棕褐色云纹状，边缘明显，病果一般不变软；湿度大时长少量白霉，迅速腐烂。当白天气温24℃以下，夜间10℃以上，空气相对湿度95%以上，或有水膜存在时发病重，持续时间越长，发病越重。当温度有利于发病时，降水的早晚、雨日多少、雨量大小及持续时间长短，是决定该病发生与流行的重要条件。气温低、日照少、病害会加重发生。

C.1.1.3　灰霉病（gray mold）

病原为灰葡萄孢菌，拉丁名 *Botrytis cinerea Pers*. 属半知菌亚门真菌。主要为害果实，从幼果至大果都可受害，以第一、二花序果实特别是青果发病为重；亦可为害叶片与枝蔓，叶片发病多由叶缘向内呈"V"字形扩展，初为水渍状，后为黄褐色或茶褐色病斑；染病的花落到叶面上可形成圆形或梭形斑，潮湿时表面生有灰色霉层。番茄果实发病多由花器侵入，果蒂、果柄或脐部首先显症，病变部果皮呈灰白色水渍状软腐，上覆厚厚的灰色霉层。低温、连续阴雨天气多的年份危害严重，其发病适温20℃～23℃，相对湿度95%以上。

C.1.1.4　斑枯病（septorial leaf spot）

病原为壳针孢菌，拉丁名 *Septoria lycopersici Speg*. 属半知菌亚门真菌。多从植株下部叶片开始发生，叶正反面均出现圆形或近圆形病斑，边缘深褐色，中间灰白色，稍凹陷，果实上散生黑色小斑点，直径2mm～3mm，呈鱼眼状，病斑上散生许多黑色小点，坏死斑呈灰黄色或黄褐色，有轮纹或边缘有黄色晕，潮湿时着生暗灰色霉层。病菌发育适温22℃～26℃。高湿利于分生孢子从器内溢出，适宜相对湿度92%～94%。多雨，特别是雨后转晴，以及植株生长衰弱、肥料不足易发病。

C.1.1.5　叶霉病（leaf mold）

病原为黄褐孢霉属菌，拉丁名 *Fulvia fulva*（*Cooke*）*Cif*. 属半知菌亚门真菌。主要为害叶片，严重时也为害枝蔓、花和果实。(1)叶部:叶片发病先从中、下部叶片开始,逐渐向上部叶片扩展,发病时叶片正面出现椭圆或不规则形淡黄色褪绿斑,晚期病部生褐色霉层或坏死,叶背病部初生白色霉层,后变为紫灰色至黑色致密的绒状霉层。条件适宜时,病斑正面也可长出霉层;发病重时,叶片布满病斑或病斑连片,叶片逐渐卷曲、干枯。(2)枝蔓:嫩枝或果柄发病,症状与叶片类似。(3)花果:引起花器调萎或幼果脱落。果实病斑自蒂部向四面扩展,产生近圆形硬化的凹陷斑,上长灰紫色至黑褐色霉层。高湿适温有利发病。气温 22 ℃左右,相对湿度 90%以上,发病重。晴天光照充足,温室内短期增温至 30 ℃～36 ℃,对病菌有明显抑制作用。连阴雨天气,大棚通风不良,棚内湿度大或光照弱,叶霉病扩展迅速。

C.1.1.6 枯萎病(fusarium wilt)

病原为半知菌亚门真菌,拉丁名 *Fusarium oxysporum f. sp. Lycopersici Snyder et Hansen*. 属半知菌亚门真菌。又称萎蔫病和萎凋病。苗期染病,会迅速萎凋死亡。多在开花结果期发病,往往在盛果期枯死;发病初期,植株中、下部叶片在中午前后萎蔫,早晚尚可恢复,以后萎蔫症状逐渐加重,叶片自下而上逐渐变黄,不脱落,直至枯死。有时仅在植株一侧发病,另一侧枝叶生长正常。茎基部接近地面处呈水浸状,高湿时产生粉红色、白色或蓝绿色霉状物。拔出病株,切开病茎基部,可见维管束变为褐色。在温度 25 ℃和饱和的相对湿度下,48 h 内病菌即可侵入寄主组织内,连阴雨后或大雨过后骤然放晴,气温迅速升高;或时晴时雨、高温闷热天气,有利于该病的发生。

C.1.1.7 绵腐病(damping-off)

病原为瓜果腐霉菌,拉丁名 *Pythium aphanidermatum(Eds.)Fitzp.* 属鞭毛菌亚门真菌。又称猝倒病。果实发病,尤其是发生生理裂果的成熟果实最易染病。果实发病后产生水浸状、淡褐色病斑,迅速扩展,果实软化、发酵,有时病部表皮开裂,其上密生白色霉层。病果多脱落,很快烂光。发病规律病菌以卵孢子形式在土壤中越冬,也可以菌丝体在土壤中营腐生生活。借雨水、灌溉水传播。侵染接近地面的果实,引发病害。病菌对温度适应范围较广,10 ℃～30 ℃均能发育,并为害番茄生长。病菌发育要求 95%以上的相对湿度,需要有水存在,高湿度和水是能否发病的决定因素。该病在地温 15 ℃的湿冷条件下发病严重,特别是早春连阴雨,发病迅速。

C.1.1.8 白粉病(powdery mildew)

病原为鞑靼内丝白粉菌,拉丁名 *Leveillula taurica*. 属子囊亚门真菌。叶面初现白色霉点,散生,后逐渐扩大成白色粉斑,并互相连合为大小不等的白粉斑,严重时整个叶面被白粉所覆盖,像被撒上一薄层面粉。叶柄、茎部、果实等部位染病,病部表面也出现白粉状霉斑。白粉状物即为病菌的分生孢子梗及分生孢子。分生孢子萌发适宜温度为 15 ℃～30 ℃,最适温度为 25 ℃左右。温暖干燥的环境容易发生白粉病,对湿度要求不严,相对湿度在 70%以上都能发病。

C.1.1.9 立枯病(rhizoctonia rot)

病原菌为立枯丝核菌,拉丁名 *Rhizoctonia solani*. 属半知菌亚门真菌。有性阶段为丝核薄膜革菌 *Pellicularia filamentosa(Pat.)Rogers*,属担子菌亚门真菌。刚出土幼苗及大苗均能受害,多发生在育苗的中后期。为害茎基部,初期病部呈椭圆形暗褐色斑,病苗白天萎蔫,夜间恢复,病部逐渐凹陷,扩大至绕茎 1 周后,病部收缩干枯,植株死亡。病部有不明显的淡褐色蛛丝状霉层,有时产生大小为 0.1 mm～0.5 mm 的菌核,呈黑褐色颗粒。病菌喜高温、高湿环境,发病最适宜的条件为温度 20 ℃左右。管理不当、弱苗均易发生。

C.1.1.10 斑点病(stemphylium leaf spot)

病原为番茄匍柄霉菌,拉丁名 *Stemphylium lycopersici(Enjoji)Yamamoto*. 属半知菌亚门真菌。

初生绿褐色水浸状小斑点,后扩大,周缘黑褐色,中间灰褐色,大小 2 mm~3 mm,病斑圆形或近圆形,病斑周围形成不规则形黄化区,后期病斑中间穿孔,叶片黄化枯死或脱落。病原菌生长适宜温度为 20 ℃~25 ℃,连续阴雨、光照不足、空气潮湿、植株徒长、生长势衰弱等都利于该病的发生和发展。

C.1.1.11 炭疽病(anthracnose)

病原为番茄刺盘孢菌,拉丁名 *Colletotrichum lycopersici Ell. et Ev.* 属半知菌亚门真菌。病菌在果实着色前侵染,潜伏到着色以后发病,初生透明小斑点,而后病斑逐渐扩展并变成黑色,稍凹陷,上面着生黑色小点,在潮湿条件下病部还会分泌红色黏液,最后果实腐烂脱落。在生长中后期和采收后的贮运销售期间亦会引起果实腐烂,造成损失。幼果期温度在 24 ℃ 左右,多雨、露重、湿度大均有利于病菌侵染;果实接近成熟期,温度上升至 28 ℃~30 ℃,多雨、湿度大则有利于病害的发展流行。

C.1.2 细菌性病害

C.1.2.1 青枯病(southem bacterial wilt)

病原为青枯假胞菌,拉丁名 *Pseudomans solanacearum(smith)smith.* 属细菌。受害植株苗期为害症状不明显,植株开花以后,病株开始表现出为害症状。叶片色泽变淡,呈萎蔫状。叶片萎蔫先从上部叶片开始,随后是下部叶片,最后是中部叶片。发病初始叶片中午萎蔫,傍晚、早上恢复正常,反复多次,萎蔫加剧,最后枯死,但植株仍为青色。病茎中下部皮层粗糙,发生许多不定根,病株根部纤维束、导管变成褐色腐烂,同时分泌出乳褐色黏液。高温高湿易诱发该病,连阴雨天过后天气转晴,易引发病害流行。在夏初发生,盛夏流行,病原菌 10 ℃~40 ℃ 均可生长,发病的适宜温度为 20 ℃~30 ℃。

C.1.2.2 溃疡病(bacterial canker)

病原为密执安棒杆菌番茄溃疡病致病型,拉丁名 *Clavivbacter michiganense subsp. michiganense (Smith)Davies et al.* 属细菌。是典型的维管束病害,在植株的全生育期均可发生。叶、枝蔓、果均可受害。田间主要靠雨水、灌溉水、整枝打杈,特别是带雨水作业传播。温暖潮湿的气候和结露时间长,有利于病害发生。气温超过 25 ℃,降雨尤其是暴风雨后病害明星加重,喷灌的地块病重。土温 28 ℃ 发病重,16 ℃ 发病明显推迟,偏碱性的土壤利于病害发生。

C.1.2.3 细菌性斑疹病(bacterial speck)

病原为丁香假单胞菌番茄致病变种,拉丁名 *Pseudomonas syringae pv tomato(Okabe)Young,Dye & Wilkie.* 属薄壁菌门假单胞菌属。主要为害叶、枝蔓、花、叶柄和果实。叶片感染,产生深褐色至黑色不规则斑点,直径 2 mm~4 mm,斑点周围有或无黄色晕圈。叶柄和枝蔓症状和叶部症状相似,产生黑色斑点,但病斑周围无黄色晕圈。病斑易连成斑块,严重时可使一段茎部变黑。为害花蕾时,在萼片上形成许多黑点,连片时,使萼片干枯,不能正常开花。幼嫩果实初期的小斑点稍隆起,果实近成熟时病斑周围往往仍保持较长时间的绿色。气温低于 25 ℃ 和相对湿度 80% 以上,有利发病。

C.1.3 病毒性病害

C.1.3.1 烟草花叶病(tobacco mosaic)

病原为烟草花叶病毒,拉丁名 *Tobacco mosaic virus.* 简称 TMV。为害症状有两种情况:一是花叶,表现出绿色深浅不匀的斑驳,叶片不变小,不畸形,植株不矮化,对产量影响不大;二是叶片黄绿,花叶明显凹凸不平,新叶片变小、细长、畸形、扭曲,叶脉变紫,植株矮化,花芽分化能力减退,大量落花落蕾,果小质劣呈花脸状,对产量影响很大,病株比健株减产 10%~30%。适宜发病温度为 20 ℃~25 ℃。

C.1.3.2 条斑病毒病（spot virus）

病原有两种：一是马铃薯X病毒，拉丁名 *Potato virus X*. 简称 *PVX*；二是烟草花叶病毒，拉丁名 *Tobacco mosaic virus*，简称 *TMV*。发病初期枝蔓、叶柄、果实等位产生黑褐色条纹状坏死。因部位不同而有差异，在叶片的表现为茶褐色的斑点或云纹；枝蔓上为黑褐色长条斑，变色部分仅局限于表皮组织，并不深入茎内；果实上出现黑褐色油渍病斑，并随果实发育病斑渐渐凹陷或畸形。烟草花叶病毒主要引发番茄花叶症状，在高温、干旱、强光照下，与马铃薯X病毒混合侵染时，产生条斑症症状。长期干旱或高温季节浇水不及时，病害发生严重。发病后连续阴雨病害亦发生严重，这是由于阴雨造成土壤湿度大，地面板结，土温降低，影响根系发育，从而使植株抗病力下降。

C.1.3.3 蕨叶病毒病（brake leaf virus）

病原黄瓜花叶病毒 *Cucumber mosaic virus*. 简称 *CMV*。夏、秋季发病重，病株率可达50%以上，最严重时造成毁种绝收。为害症状：顶芽幼叶细长，叶肉组织退化，叶片十分狭长，主脉扭曲，叶片卷起呈管状或螺旋状，形似蕨叶，中、下部叶片向上卷起，病株明显矮化，果少而小。在高温干旱条件下，有利于蚜虫的繁殖和迁飞传毒，会使该病发生严重。

C.1.4 根结线虫病（root-knot nematode disease）

病原为南方根结线虫，拉丁名 *Meloidogyne incognita Chitwood*. 属植物寄生线虫。从苗期到成株期均可为害植株根部。地下部分：病株根部产生肥肿畸形瘤状结，使根部畸形。细根上有许多结节状球形或圆锥形大小不等的瘤状物，初为乳白色，后变为褐色，表面常有龟裂。解剖根结有很小的乳白色线虫埋于其内。在根结之上可生出细弱新根，再度发病，则形成根结状肿瘤。地上部分：轻病株症状不明显，重病株矮小，生育不良，结实少，干旱时中午萎蔫或提早枯死。发病适宜温度为25 ℃～30 ℃,10 ℃时停止活动。主要分布在土表10 cm 土层内。成虫喜温暖湿润环境。南方发生更为普遍，受害更重。棚室栽培，提高了土温，增加了土壤湿度，更易于根结线虫的繁殖，受害逐年上升。

C.1.5 生理病害

C.1.5.1 脐腐病（blossom end rot）

又称蒂腐病、尻腐病，俗称贴膏药病。幼果期开始发病，发病初期果实顶部（脐部）呈水浸状暗绿色或深灰色，很快变为暗褐色，果肉失水，顶部扁平或凹陷，有的病斑中心有同心轮纹，果皮和果肉柔软，不腐烂。在空气温度高时病果常被某些真菌寄生而腐烂。该病是高温、干旱季节较常见的生理病害。

C.1.5.2 日灼病（sunscald）

空气干燥，土壤缺水，阴雨后太阳骤出暴晒，均易发生该病。果实经常受强日光直射，表皮颜色发白，影响商品价值。其发生原因是果实上无遮阳物，经常受日光直射，引起果皮温度过高造成表皮细胞死亡。

C.2 常见害虫

C.2.1 小地老虎（black cut worm）

拉丁名：*Agrotis ypsilon Rottemberg*. 属鳞翅目夜蛾科。不仅能造成植株地下部分的直接为害，还造成伤口为病害的入侵打开门户。国内各省、区均有发生。小地老虎食性很杂，幼虫为害幼苗，切断幼苗近地面的根茎部，使整株死亡，造成缺苗断垄，严重地块甚至绝收。以雨量丰富、气候湿润的长江流域和东南沿海发生量大,适宜生存温度为 15 ℃～25 ℃。

C.2.2 甜菜夜蛾(beet army worm)

拉丁名 *Spodoptera exigua Hubner*. 属鳞翅目夜蛾科,体色多变化,食性杂,生育初期即开始为害,啃食幼嫩叶片,开花后常潜伏于花部为害,亦会啃食幼果之果皮,引起落果。初龄幼虫常群集于心梢,吐丝牵引叶片而藏身其中为害。适宜温度:卵为 14.9 ℃～16.5 ℃;幼虫为 14.8 ℃～17.2 ℃;蛹为 16.4 ℃～18.0 ℃;雌成虫为 16.0 ℃～20.8 ℃;雄成虫为 21.5 ℃～24.7 ℃。它是喜温而又耐高温害虫,高温干旱宜于其大发生。多雨对其蛹羽化不利,夏末炎热干旱,秋天常大发生。

C.2.3 番茄斑潜蝇(tomato leaf miner)

拉丁名 *Liriomyza bryoniae(Kaltenbach)*. 俗称绘图虫,幼虫孵化后潜食叶肉,呈曲折蜿蜒的食痕,苗期二至七叶受害多,严重的潜痕密布,致叶片发黄、枯焦或脱落。虫道的终端不明显变宽。适宜温度 25 ℃～27 ℃,干旱、少雨天气利于其发生。

C.2.4 白粉虱(white fly)

拉丁名 *Trialeurodes vaporariorum (Westwood)*. 又名小白蛾子,属同翅目粉虱科。成虫、若虫均刺吸寄主植物汁液,分泌蜜露诱发煤污病,成虫还能传播某些病毒病。生长发育的温度范围为 15 ℃～40 ℃,最适温度为 20 ℃～28 ℃,繁殖适宜温度为 18 ℃～21 ℃,相对湿度为 70% 以上。

C.2.5 棉铃虫(cotton bollworm)

拉丁名 *Helicoverpa armigera Hubner*. 又称棉铃实夜蛾,分类上属鳞翅目、夜蛾科。在不同的器官上为害表现是不一的。一是对成熟的果实只蛀食果内的部分果肉,但常因蛀孔在降水或喷灌进水后溃烂;二是幼果先被蛀食,然后逐步被掏空;三是幼蕾受害后,萼片张开,进而变黄脱落;四是蚕食部分幼芽、幼叶和嫩茎,常使嫩茎折断。一旦大量发生,产量和品质会受到严重影响。最适合的温度为 25 ℃～28 ℃,适宜相对湿度 70% 以上。

C.2.6 桃蚜 (green peach aphid)

拉丁名 *Myzus persicae*. 对幼苗为害严重,使幼苗无法存活。成虫及若虫在叶上刺吸汁液,造成叶片卷缩变形,植株生长不良。桃蚜还是多种植物病毒病的传毒媒介,其为害远远大于蚜虫刺吸汁液的影响。吸收汁液影响寄主质量外,分泌之蜜露诱发霉病。有翅型桃蚜可传播烟草脉绿嵌纹病,及其他多种作物之嵌纹病等。有翅成虫为病毒病之主要媒介昆虫。最适环境温度为 15 ℃～28 ℃,起点温度 4.3 ℃,有效积温 137 ℃·d。湿度过大时,容易发生蚜霉病,发生轻;降雨对其有冲刷作用;干旱季节和干旱地区发生重。

C.2.7 斜纹夜蛾(common cutworm)

拉丁名:*Prodenia litura Fabricius*. 又名莲纹夜蛾,俗称夜盗虫、花虫、黑头虫,属鳞翅目夜蛾科。卵产在叶背,初孵幼虫集中在叶背为害,残留透明的上表皮,使叶片成纱窗状,三龄后分散为害,开始逐渐四处爬散或吐丝下坠分散转移为害,取食叶片或咬嫩部位造成许多小孔;四龄以后随虫龄增加食量骤增。虫口密度高时,叶片被吃光,仅留主脉,呈扫帚状。卵的孵化适宜温度是 24 ℃左右,幼虫在气温 25 ℃时,历经 14 天～20 天,化蛹的适合土壤湿度是土壤含水量在 20% 左右,蛹期为 11 天～18 天。它是一种喜温性而又耐高温的间歇猖獗危害的害虫。温度范围 20 ℃～33 ℃,最适温度 28 ℃～30 ℃,但在高温下 33 ℃～40 ℃,生活也基本正常。抗寒力很弱,在冬季 0 ℃左右的长时间低温下,基本上不能生存。

附 录 D

（规范性附录）

农气簿表的填写

D.1 农气簿-1-1的填写

D.1.1 一般要求

附录E的图E.1供填写番茄生育状况观测原始记录用,要随身携带边观测边记录。

D.1.2 封面

D.1.2.1 省、自治区、直辖市和台站名称:填写台站所在的省、自治区、直辖市。台站名称应按上级业务主管部门命名填写。

D.1.2.2 番茄品种名称:按照农业科技部门鉴定的名称填写,不得填写俗名。

D.1.2.3 品种类型:熟性。

D.1.2.4 栽培方式:分直播或移栽;直播又分平作或开沟起垄。

D.1.2.5 起止日期:第一次使用图E.1的日期为开始日期;最后一次使用图E.1的日期为结束日期。

D.1.3 观测地段说明和测点分布图

D.1.3.1 观测地段说明:按照附录A规定的观测地段说明内容逐项填入。

D.1.3.2 地段分区和测点分布图:将地段的形状、分区及发育期、植株高度、密度、产量因素等测点标在图上,以便观测。

D.1.4 发育期观测记录

D.1.4.1 发育期:记载发育期名称,观测时未出现下一发育期记"未"。

D.1.4.2 观测总株数:需记载4个测点观测的总株数。

D.1.4.3 进入发育期株数:分别填写4个测点观测植株中,进入发育期的株数,并计算总和及百分率。

D.1.4.4 生长状况评定:按照5.4的规定记录。

D.1.5 植株生长高度测量记录

D.1.5.1 填写番茄株高测量时所处的发育期。

D.1.5.2 4个测点按顺序逐株测量,并计算合计、总和及平均。

D.1.6 植株密度测定记录

D.1.6.1 发育期:填写番茄密度测量时所处的发育期。

D.1.6.2 测定过程项目:填写测定1 m内的行数的"量取宽度"和"所含行距数"及测定1 m内株数的"量取长度",并记录在双线上。每次进行密度测定时在双线下填写量取长度的"所含株数"。

D.1.6.3 1 m内的行、株数:双线上填写通过"量取长度"和"所含株距数"总和计算的1 m内行数。双线下填写通过"量取长度"和"所含株数"总和计算1 m内株数。

D.1.6.4 1 m² 内株数:直播、移栽方式均在双线下填写。

D.1.7 番茄产量因素测定记录

D.1.7.1 项目：记载产量因素测定项目名称。

D.1.7.2 单株测定值：分株测定的项目，则分株记载；不需分株测定的项目，应分区记载。单个番茄果重直接记入合计、平均值。

D.1.8 番茄产量结构分析记录

分析计算过程记入分析计算步骤栏，计算最后结果记入分析结果栏。

D.1.8.1 各项分析记录按照6.1项目的先后顺序逐项填写。

D.1.8.2 分析计算过程记入分析计算步骤栏，计算最后结果记入分析结果栏。

D.1.8.3 地段实收面积、总产量：与户主联系进行单独采收，地段实收面积以平方米（m²）为单位，其总产量以千克（kg）为单位，最后换算出每公顷产量。

D.1.9 观测地段农业气象灾害和病虫害观测记录

D.1.9.1 灾害名称：农业气象灾害按7.1.1规定和普遍采用的名称进行记载，病虫害按7.2.4.1规定和植保部门的名称进行记载。不得采用俗名。农业气象灾害和病虫害按出现先后次序记载。如果同时出现两种或以上灾害，按先重后轻记载，如分不清，应综合记载。

D.1.9.2 受害期：记载农业气象灾害或病虫害发生的开始期、终止期。有的灾害受害过程中有发展也应观测记载，以便确定农业气象灾害严重日期和病虫害发生高峰期（猖獗期）。突发性灾害天气，以时或分记录。

D.1.9.3 天气气候情况：农业气象灾害按7.1.5内容记载，病虫害不记载此项。

D.1.10 主要田间工作记载

参照参考文献[2]第七章，由于不是每天进行观测，为不漏记，应经常与所在单位或个人取得联系及时记载。

D.1.11 发育期农业气象条件鉴定

总结分析番茄全年气象条件，包括温度、降水量、日照时数、阴雨日数等，采用与常年和上一年资料对比的方法写出鉴定意见。重点评述气象条件对产量形成的作用和贡献，以及对品质的影响。

D.2 农气表-1的填写

D.2.1 填写规定

D.2.1.1 图E.2的内容抄自图E.1相应栏。

D.2.1.2 地址、北纬、东经、观测场海拔高度抄自台站气表-1。

D.2.1.3 产量结构分析结束后，立即制作报表，并抄录、校对、预审，半月内报出。

D.2.1.4 各项记录统计填写最后的结果。

D.2.2 填写说明

D.2.2.1 发育期

按照发育期出现的先后次序填写发育期名称，并填写始期、普遍期的日期。

播种（移栽）的第二天算起至成熟期的当天的天数。

D.2.2.2 生长高度、密度、生长状况

抄自图 E.1 观测地段植株高度测量、密度测定、生长状况评定记录页。各项测定值填入规定测定的发育期相应栏下。

D.2.2.3 产量结构

项目按 7.1 规定项目顺序填入并注明单位。测定值栏抄自图 E.1 分析结果栏的数值。地段实产抄自图 E.1 相应栏。

D.2.2.4 观测地段农业气象灾害和病虫害

农业气象灾害和病虫害观测记录根据图 E.1 相应栏的记录,对同一灾害过程先进行归纳整理,再抄入记录表。先填农业气象灾害,再填病虫害,中间以横线隔开。

受害期,大多数灾害记载开始和终止日期,有的灾害有发展、加重,农业气象灾害还应填写灾害严重的日期,病虫害填写发生高峰期(猖獗期)。突发性天气灾害应记到小时或分。

D.2.2.5 主要田间工作记载

逐项抄自图 E.1 相应栏。若某项田间工作进行多次,且无差异,应归纳在同一栏填写。

D.2.2.6 其他

观测地段说明、发育期农业气象条件鉴定抄自图 E.1 相应栏。

附 录 E
（规范性附录）
农气簿、表的样式

图 E.1 给出了番茄生育状况观测记录簿的样式。

番茄生育状况观测记录簿

省、自治区、直辖市＿＿＿＿＿＿＿＿＿＿＿＿＿＿＿＿＿＿＿＿＿

台站名称＿＿＿＿＿＿＿＿＿＿＿＿＿＿＿＿＿＿＿＿＿＿＿＿＿

作物名称＿＿＿＿＿＿＿＿＿＿＿＿＿＿＿＿＿＿＿＿＿＿＿＿＿

品种名称＿＿＿＿＿＿＿＿＿＿＿＿＿＿＿＿＿＿＿＿＿＿＿＿＿

品种类型、熟性＿＿＿＿＿＿＿＿＿＿＿＿＿＿＿＿＿＿＿＿＿＿

栽培方式＿＿＿＿＿＿＿＿＿＿＿＿＿＿＿＿＿＿＿＿＿＿＿＿＿

开始日期＿＿＿＿＿＿＿＿＿＿＿＿＿＿＿＿＿＿＿＿＿＿＿＿＿

结束日期＿＿＿＿＿＿＿＿＿＿＿＿＿＿＿＿＿＿＿＿＿＿＿＿＿

年 月 日 至 年 月 日

印制单位

图 E.1 番茄生育状况观测记录簿

观 测 地 段 说 明

1. _____

2. _____

3. _____

4. _____

5. _____

6. _____

7. _____

8. _____

9. _____

图 E.1 番茄生育状况观测记录簿(续)

地段分区和各测点分布示意图

图 E.1 番茄生育状况观测记录簿(续)

发育期观测记录

观测日期（月/日）	发育期	观测株数	进入发育期株数						生长状况评定（类）	观测员	校对员
			1	2	3	4	总和	%			
备　　注											

观测员_____　　校对员_____

图 E.1　番茄生育状况观测记录簿（续）

植株生长高度测量记录

测量日期	月/日				月/日			
发育期								
株(茎)号	1	2	3	4	1	2	3	4
1								
2								
3								
4								
5								
6								
7								
8								
9								
10								
合计								
总和								
平均								
备注								

观测员 _____ 校对员 _____

图 E.1 番茄生育状况观测记录簿(续)

植株密度测定记录

测定日期（月/日）	发育期	测定过程项目	测 点				总和	1 m内行数	1 m内株数	1 m²株数	订正后1 m²株数
			1	2	3	4					
	开花期	宽度									
		行距数									
		长度									
		株距数									
	可采收期	宽度									
		行距数									
		长度									
		株距数									
备注											

观测员_____   校对员_____

图 E.1 番茄生育状况观测记录簿（续）

番茄产量因素测定记录

	小区				合计
	1	2	3	4	
5 株果重					
5 株果数					
次果数					
坏果数					
次坏果率					
果实纵径					
果实横径					
备注					
观测员					
校对员					

测量日期_____年___月___日　　第___次采摘

图 E.1　番茄生育状况观测记录簿(续)

番茄产量因素测定汇总表

	采摘批次				平均
	1	2	3	4	
5株果重					
5株果数					
次果数					
坏果数					
次坏果率					
果实纵径					
果实横径					
茎叶鲜重	——	——	——	——	
经济系数	——	——	——	——	
果数占总果中的比率					
单果重为首次果重的比率					
理论测产					
观测员					
校对员					

图 E.1　番茄生育状况观测记录簿（续）

观测地段农业气象灾害和病虫害观测

观测日期 （月/日）	灾害 名称	受害期	天气气候 情况	受害症状 及程度	预计对产量 的影响
观测员			校对员		

图 E.1 番茄生育状况观测记录簿（续）

田间工作记载

项目	日期	方法和工具	数量、质量和效果	观测	校对

图 E.1 番茄生育状况观测记录簿（续）

番茄发育期间农业气象条件鉴定

县平均产量 （kg/hm²）		与上年比增 减产百分率	

图 E.1　番茄生育状况观测记录簿（续）

图 E.2 给出了番茄生育状况观测记录年报表的样式。

农气表-1
台站号_____
档案号_____

番茄生育状况观测记录年报表

品种名称_____

品种类型、熟性、栽培方式_____

_____年

省、自治区、直辖市_____

台站名称_____

地址_____

北纬_____°_____′   东经_____°_____′

海拔高度_____米

台站长_____   抄录_____

观测_____   校对_____

预审_____   审核_____

寄出日期   年   月   日

中 国 气 象 局

图 E.2   番茄生育状况观测记录年报表

QX/T 409—2017

发育期（日/月）	名称	播种			播种到成熟天数		主要田间工作记载			
	始期						项目	起止日期	方法和工具	数量、质量、效果
	普遍期				地段实产					
生长状况（类）					实收面积（m²）					
生长高度（cm）					总产（kg）					
密度（株/米²）					1 m² 产量（kg）					
产量因素	发育期				观测日期					
	项目（单位）									
	数值									
产量结构	项目（单位）									
	数值									
观测地段	观测日期（日/月）	灾害名称	受害期	天气气候情况	受害症状与程度	器官受害程度（%）	对产量的影响		地段代表	
农业气象灾害									灾害类型	
病虫害										

图 E.2 番茄生育状况观测记录年报表（续）

703

农业气象灾害和病虫害调查								观测地段说明
调查日期（月、日）								
灾害名称								
受害期								
灾害分布在县内哪些主要乡镇								
本县成灾面积及面积比例								
作物受害症状								
植株、器官受害程度								
灾前灾后采取的主要措施								纪要
灾情综合评定								
减灾情况								
其他损失								
成灾其他原因（地形、品种、播期、载培方式、前茬、土壤状况、熟性、管理等）								
资料来源								

图 E.2 番茄生育状况观测记录年报表（续）

大田生育状况观测调查											发育期间农业气象条件鉴定
生产水平											
观测调查地点											
作物品种名称		播种日								播种日	
产量（kg/hm²）		收获日								收获日	
观测调查日期											
发育期											
高度（cm）											
密度（株/米²）											
生长状况（类）											
产量因素	项目（单位）										
	数值										
	项目（单位）										
	数值										
	项目（单位）										
	数值										
	项目（单位）										
	数值							县平均产量（kg/hm²）		与上年比增减产百分比	

图 E.2　番茄生育状况观测记录年报表（续）

参 考 文 献

［1］ QX/T 21—2004　农业气象观测记录年报数据文件格式

［2］ 中国气象局.农业气象观测规范［M］.北京:气象出版社,1993

［3］ 冯秀藻,陶炳炎.农业气象学原理［M］.北京:科学出版社,1991

［4］ 北京农业大学农业气象专业.农业气象学［M］.北京:科学出版社,1986

［5］ 胡毅,李萍,杨建功,等.应用气象学［M］.北京:气象出版社,2005

［6］ 段若溪,姜会飞.农业气象学［M］.北京:气象出版社,2002

［7］ 蒋先明,王如英,葛晓光,等.蔬菜栽培学各论:北方本［M］.北京:中国农业出版社,2000

［8］ 李宝栋,林柏青.番茄病虫害防治新技术［M］.北京:金盾出版社,2005

［9］ 陈应山,陈慧.茄子、辣椒、番茄栽培关键技术问答［M］.北京:中国农业出版社,1998

［10］ 柴敏,耿三省.特色番茄彩色甜椒新品种及栽培［M］.北京:中国农业出版社,2003

［11］ 甘中祥,张勇.加工番茄测产方法研究［J］.新疆农业科学,2008,45（s1）:111-114

ICS 07. 060
A 47
备案号：61287—2018

中华人民共和国气象行业标准

QX/T 410—2017

茶树霜冻害等级

Grade of frost damage to tea plant

2017-12-29 发布
2018-05-01 实施

中 国 气 象 局 发 布

前　言

本标准按照 GB/T 1.1—2009 给出的规则起草。

本标准由全国农业气象标准化技术委员会(SAC/TC 539)提出并归口。

本标准起草单位:浙江省气候中心、浙江省气象局、浙江省农业技术推广中心、福建省气象科学研究所。

本标准主要起草人:金志凤、姚益平、高亮、王治海、俞燎远、陈惠、李仁忠。

茶树霜冻害等级

1 范围

本标准规定了茶树霜冻害的等级。

本标准适用于江南茶区开展中小叶型茶树霜冻害的监测、影响评估及防御,其他茶区和茶树品种可参照执行。

2 术语和定义

下列术语和定义适用于本文件。

2.1

小时最低气温 hourly minimum air temperature

距离地面 1.5 m 高度百叶箱中一小时内(前一个整点后到下一个整点)气温的最低值。

注:单位为摄氏度(℃),数据取一位小数。

2.2

茶园气温 tea garden air temperature

茶园内距离地面 1.5 m 高度处百叶箱内的空气温度值。

注1:单位为摄氏度(℃),数据取一位小数。

注2:当园内无小气候观测站时,茶园气温估算参见附录 A。

2.3

气温直减率 temperature lapse rate

垂直方向上每增加 100 m 的气温下降值。

注:单位为摄氏度每 100 m(℃/100 m),数据取两位小数。

2.4

春茶新梢生长期 growth period of spring tea shoots

春季茶树新芽开始萌动生长至对夹叶或驻芽形成的时期。

2.5

茶树霜冻 frost damage of tea plant

春茶新梢生长期间,受低温天气影响,茶园气温下降,幼嫩芽叶受到伤害的现象。

注:霜冻害防御措施参见附录 B。

2.6

芽叶受害率 percentage of frost damage on tea shoots

茶树受到伤害的芽叶占全部芽叶的百分比。

3 霜冻害等级

3.1 指标因子

表述茶树霜冻害的指标因子包括:茶园逐小时最低气温和持续小时数。

3.2 等级划分

茶树霜冻害应划分为四个等级,即轻度霜冻、中度霜冻、重度霜冻和特重霜冻。

3.3 等级判别

依据指标对霜冻害等级的判定标准见表1。

表 1 茶树霜冻害等级判定标准及受害症状

等级	气象指标	受害症状	新梢受害率
轻度霜冻	$0 \leqslant Th_{min} < 2$ 且 $2 \leqslant H < 4$ 或 $2 \leqslant Th_{min} < 4$ 且 $H \geqslant 4$	芽叶受冻变褐色、略有损伤,嫩叶出现"麻点""麻头"、边缘变紫红、叶片呈黄褐色	$<20\%$
中度霜冻	$-2 \leqslant Th_{min} < 0$ 且 $H < 4$ 或 $0 \leqslant Th_{min} < 2$ 且 $H \geqslant 4$	芽叶受冻变褐色,叶尖发红,并从叶缘开始蔓延到叶片中部,茶芽不能展开,嫩叶失去光泽、芽叶枯萎、卷缩	$\geqslant 20\%$ 且 $<50\%$
重度霜冻	$Th_{min} < -2$ 且 $H < 4$ 或 $-2 \leqslant Th_{min} < 0$ 且 $H \geqslant 4$	芽叶受冻变暗褐色,叶片卷缩干枯,叶片易脱落	$\geqslant 50\%$ 且 $<80\%$
特重霜冻	$Th_{min} < -2$ 且 $H \geqslant 4$	芽叶受冻变褐色、焦枯;新梢和上部枝梢干枯,枝条表皮开裂	$\geqslant 80\%$

注:Th_{min} 为茶园内小时最低气温,单位为摄氏度(℃);H 为满足 Th_{min} 持续的小时数,单位为小时(h)。

附　录　A
（资料性附录）
茶园气温的估算方法

A.1　茶园气温的估算方法

实际应用中，当茶园所在的区域没有小气候观测站时，其气温可以由式(A.1)估算：

$$T = T_0 - \frac{H - H_0}{100} \times \gamma \qquad \cdots\cdots\cdots\cdots\cdots (A.1)$$

式中：

T ——茶园气温，单位为摄氏度(℃)；

T_0 ——茶园所在地气象台站观测的气温，单位为摄氏度(℃)；

H ——茶园的海拔高度，单位为米(m)；

H_0 ——茶园所在地气象台站的海拔高度，单位为米(m)；

γ ——茶园所在地气温直减率，单位为摄氏度每100米(℃/100 m)。

A.2　不同坡向气温直减率

不同坡向气温直减率见表 A.1。

表 A.1　不同坡向气温直减率(γ)

山名	海拔高度 m	坡向	气温直减率 ℃/100 m		
			一月	四月	年
天目山	1477	北坡	0.36	0.43	0.45
	1455	南坡	0.41	0.45	0.47
括苍山	1174	北坡	0.47	0.43	0.51
	1174	南坡	0.49	0.44	0.53
	1366	东坡	0.48	0.43	0.51
	1324	西坡	0.48	0.48	0.54
注：表 A.1 中为浙江 2 个高山，其他山区参照应用。					

附 录 B
(资料性附录)
茶园霜冻害防御措施

B.1 灾前防控措施

B.1.1 抢摘

霜冻发生前,对可采摘的芽叶进行抢摘。

B.1.2 覆盖

霜冻发生前,在茶树蓬面覆盖遮阳网、无纺布、稻草等。

B.1.3 喷水防霜

即将出现霜冻时,使用喷灌设备对茶树蓬面进行喷水,直至白天茶园温度上升。

B.1.4 熏烟防霜

根据风向、地势、面积设堆,气温下降茶树可能会受害时点火生烟。

B.1.5 风扇防霜

在低温来临前,开启防霜风扇。

B.2 灾后补救措施

B.2.1 整枝修剪

受轻度霜冻的茶园不修剪,中度霜冻的轻修剪,重度或特重霜冻危害的应深修剪。深修剪时,受害部位应剪干净。

B.2.2 浅耕施肥

受冻茶树修剪后,待气温回升应进行浅耕施肥,及时补充速效肥料或喷施叶面肥,如尿素、复合肥等,并配施一定的磷、钾肥。

参 考 文 献

[1]　QX/T 50—2007　地面气象观测规范　第 6 部分:空气温度和湿度观测

[2]　DB33/T 995—2015　茶树霜冻等级

[3]　杨亚军.中国茶树栽培学[M].上海:上海科学技术出版社,2005:8-130

[4]　毛祖法,梁月荣.茶叶[M].北京:中国农业科学技术出版社,2006:8-23

[5]　李倬,贺龄萱.茶与气象[M].北京:气象出版社,2005:90-92

[6]　李仁忠,金志凤,杨再强,等.浙江省茶树春霜冻害气象指标的修订[J].生态学杂志,2016,35(10):2659-2666

ICS 07.060

A 47

备案号：61288—2018

中华人民共和国气象行业标准

QX/T 411—2017

茶叶气候品质评价

Assessment of tea climate quality

2017-12-29 发布

2018-05-01 实施

中 国 气 象 局 发 布

前　言

本标准按照 GB/T 1.1—2009 给出的规则起草。

本标准由全国农业气象标准化技术委员会(SAC/TC 539)提出并归口。

本标准起草单位:浙江省气候中心、福建省气象科学研究所。

本标准主要起草人:金志凤、姚益平、李仁忠、陈惠、王治海。

茶叶气候品质评价

1 范围

本标准规定了茶叶气候品质评价要求、评价方法和等级划分。

本标准适用于茶叶初级产品的气候品质分析和定量化评价。

2 术语和定义

下列术语和定义适用于本文件。

2.1

茶叶初级产品 tea primary agricultural product

采摘后未经过加工、理化指标未发生改变的茶树叶片。

注:茶鲜叶、茶青、茶叶原料。

2.2

茶叶气候品质 tea climate quality

影响茶叶初级产品品质的天气气候条件的优劣。

2.3

酚氨比 the ratio of polyphenols to amino acids;RPA

茶多酚与氨基酸的比值,用于衡量茶叶初级产品品质优劣的重要理化指标之一。

3 茶叶气候品质评价要求

评价的茶叶必须是来源于申请评价的生产区域范围内的茶叶初级产品。

4 茶叶气候品质评价方法

茶叶气候品质评价模型:

$$I_{\text{tcq}} = \sum_{i=1}^{3} a_i M_i \qquad \cdots\cdots\cdots\cdots\cdots\cdots (1)$$

式中:

I_{tcq} ——茶叶气候品质评价指数;

a_i ——平均气温、平均相对湿度、平均日照时数的权重系数,通常分别取 0.6、0.2、0.2;

M_i ——茶叶采收前 15 天无农业气象灾害影响条件下的平均气温、平均相对湿度、平均日照时数的分级值(见表 1)。

表 1   茶叶气候品质评价模型中气象指标的分级赋值方法

M_i 赋值	平均气温(T_{avg}) ℃	平均相对湿度(U) %	日照时数(S) h
3	$12.0 \leqslant T_{avg} \leqslant 18.0$	$U \geqslant 80.0$	$3.0 \leqslant S \leqslant 6.0$
2	$11.0 \leqslant T_{avg} < 12.0$ 或 $18.0 < T_{avg} \leqslant 20.0$	$70.0 \leqslant U < 80.0$	$1.5 \leqslant S < 3.0$ 或 $6.0 < S \leqslant 8.0$
1	$10.0 \leqslant T_{avg} < 11.0$ 或 $20.0 < T_{avg} \leqslant 25.0$	$60.0 \leqslant U < 70.0$	$0 < S < 1.5$ 或 $8.0 < S \leqslant 10.0$
0	$T_{avg} < 10.0$ 或 $T_{avg} > 25.0$	$U < 60.0$	$S = 0.0$ 或 $S > 10.0$

5   茶叶气候品质等级划分

按茶叶气候品质指数,将茶叶气候品质划分成 4 个等级,见表 2。

表 2   茶叶气候品质评价等级划分

等级	茶叶气候品质指数(I_{tcq})	对应的酚氨比(r_{RPA})
特优	$I_{tcq} \geqslant 2.5$	$r_{RPA} < 2.5$
优	$1.5 \leqslant I_{tcq} < 2.5$	$2.5 \leqslant r_{RPA} < 5.0$
良	$0.5 \leqslant I_{tcq} < 1.5$	$5.0 \leqslant r_{RPA} < 7.5$
一般	$I_{tcq} < 0.5$	$r_{RPA} \geqslant 7.5$

参 考 文 献

[1] 杨亚军.中国茶树栽培学[M].上海:上海科学技术出版社,2005:8-130

[2] 毛祖法,梁月荣.茶叶[M].北京:中国农业科学技术出版社,2006:8-23

[3] 李倬,贺龄萱.茶与气象[M].北京:气象出版社,2005

[4] 金志凤,叶建刚,杨再强,等.浙江省茶叶生长的气候适宜性[J].应用生态学报,2014,25(4):967-973

[5] 陈龙.浙江省十大农业主导产业对策研究[M].北京:中国农业科学技术出版社,2007:22-28

[6] 黄寿波.试论生态环境与茶叶品质的关系[J].生态学杂志,1984,(2):13-16

[7] 金志凤,王治海,姚益平,等.浙江省茶叶气候品质等级评价[J].生态学杂志,2015,34(5):1456-1463

ICS 07.060

A 47

备案号：61289—2018

中华人民共和国气象行业标准

QX/T 412—2017

卫星遥感监测技术导则 霾

Technical directives for haze monitoring by satellite remote sensing

2017-12-29 发布   2018-05-01 实施

中 国 气 象 局 发 布

前　言

本标准按照 GB/T 1.1—2009 给出的规则起草。

本标准由全国卫星气象与空间天气标准化技术委员会气象遥感应用分技术委员会(SAC/TC 347/SC 2)提出并归口。

本标准起草单位:国家卫星气象中心。

本标准主要起草人:李晓静、张兴赢、高玲、刘旭艳、闫欢欢、王维和、郑伟、张艳、张倩倩、王舒鹏、曹冬杰、陈洁、孙凌。

卫星遥感监测技术导则　霾

1　范围

本标准规定了利用卫星遥感技术监测霾所采用的卫星数据、监测内容、监测方法以及监测服务产品制作的流程。

本标准适用于利用卫星遥感技术监测霾的业务、服务和科学研究等。

2　术语和定义

下列术语和定义适用于本文件。

2.1

吸收性气溶胶指数　absorbing aerosol index；AAI

在紫外波段，选择两个波长处辐亮度观测计算的表征气溶胶吸收和散射特性差异，及其含量变化的参数，依据附录 A 式（A.1）计算。

2.2

昂斯特伦指数　Angström exponent；AE

在紫外、可见光至近红外波段，选择两个波长气溶胶光学厚度测值计算的体现气溶胶粒子尺度特征的参数，依据附录 A 式（A.2）计算。

2.3

气溶胶层高度　aerosol layer height；ALH

以近地面大气气溶胶消光系数为基准值，当大气气溶胶消光系数随高度减小到近地面基准值的 e^{-1} 时的高度。

3　数据

3.1　数据源

3.1.1　数据源概述

本标准基于卫星产品完成霾的监测信息提取，在卫星参数反演计算和检验过程中引入地基观测数据和数值模式产品辅助完成。数据源的获取能力及质量决定监测信息提取能力。

3.1.2　卫星数据

常见卫星数据产品参见附录 B 表 B.1 和表 B.2。霾监测所需的主要卫星数据包括：
a)　卫星观测 L1B 级产品中光谱通道反射率和辐亮度；
b)　L2 或 L3 级产品中的气溶胶光学厚度（AOD）、吸收性气溶胶指数（AAI）、气溶胶粒子尺度指数（AE）、火点。
辅助分析用卫星数据有：
a)　L2 级产品中的植被指数（NDVI）；
b)　L3 级产品中的土地覆盖类型数据。

气象卫星数据分级和分类标准分别参见 QX/T 158—2012 和 QX/T 327—2016。

3.1.3 辅助数据

辅助地基观测数据包括：

a) 相对湿度；

b) 能见度(或者近地面气溶胶消光系数,或者激光雷达观测的气溶胶消光系数廓线)；

c) 细颗粒物($PM_{2.5}$)质量浓度；

d) 气温、风向、风速等可选择参数；

e) 数值模式产品和再分析数据获取气象参数场,可取 WRF 模式产品等。

3.2 数据要求

霾监测选用的卫星数据和其他辅助数据应用需满足：

a) 卫星 L1 级产品数据应使用经过定位、定标预处理后的数据；

b) 源于卫星反射波段观测的各级别产品不宜使用日出后和日落前 2 h 的数据；

c) 霾监测选用的卫星产品空间分辨率不宜大于 50 km；

d) 各类数据观测时间与霾监测时间的时间差以及各类数据之间观测时间差均不宜大于 5 h。

3.3 数据预处理

霾监测所用卫星数据应首先完成以下数据格式转换、图像生成和参数计算预处理步骤：

a) 针对设定的监测区范围,以等经纬度投影方式完成各类卫星数据的定标计算、空间合成及格点数据存储；

b) 利用卫星 L1B 级产品,采用可见光红、绿、蓝三通道表观反射率制作自然色合成图像,以 Geo-Tiff 格式存储；

c) 依据附录 C 方法采用卫星气溶胶产品 AOD 数据反演近地面能见度格点数据和近地面细颗粒物($PM_{2.5}$)质量浓度格点数据,规范存储数据文件。

4 监测内容

霾监测内容包括：霾区分布、霾强度、霾中气溶胶类型、霾区覆盖面积。

5 监测方法

5.1 霾区分布

5.1.1 概述

自然色合成图像上人工识别为霾的区域,同时利用色调容差判识方法或反射率阈值判识方法计算机计算识别霾像元,当人工识别与计算机交互识别均判识为霾的像元标记为霾像元,形成霾区分布标识码数据文件。

5.1.2 人工图像识别方法

在自然色合成图像上,没有云、雾遮挡条件下,均匀分布的色调为灰色或灰白色、造成地表特征模糊或不可见的区域人工识别为霾区。

5.1.3 人机交互判识方法

5.1.3.1 色调容差判识方法

针对自然色合成图像上人工识别为霾的区域，采用色调容差判识方法人机交互识别并标记霾像元，有霾像元标记为"7"，无霾像元或云等霾不可辨像元标记为"0"，见表1。

表 1　霾区分布人机交互判识方法和对应卫星监测标识码

基于自然色合成图像的人机交互判识		霾的卫星监测标识码	
色调容差判识方法[a,b]	反射率阈值判识方法[b]	霾分布标识码	标识码说明
$(x-a)^2+(y-b)^2+(z-c)^2>3M^2$	/	0	无霾或霾不可辨
$(x-a)^2+(y-b)^2+(z-c)^2\leqslant 3M^2$	/	7	有霾
/	式（1）	7	有霾
/	式（2）	7	有霾

注：色调容差和反射率阈值方法根据需要选择其一或者同时应用，最终判识结果用于建立监测区霾分布标识码数据文件。

[a] 依据5.1.2节人工选择自然色合成图像上霾像元的图像RGB通道色调基准值(a,b,c)，其他待判识像元的图像RGB通道色调值为(x,y,z)，设定的色调容差值为M。色调值取值范围$[0,255]$，M容差值取值范围$(0,30]$。

[b] 依据土地覆盖类型和植被指数数据提供的地表信息分区判识。不同下垫面会有不同的色调基准值，不同霾强度可设定不同的色调容差值，然后逐步判识；反射率阈值方法还应区分下垫面类型应用。

5.1.3.2 反射率阈值判识方法

5.1.3.2.1 地表背景

地表背景上，针对自然色合成图像人工判识为霾的区域，人机交互分析满足式（1）判识条件的像元标识为霾，霾分布标识码记为7，见表1。

$$R_{\text{S1R2}} \leqslant R_{\text{S1R2\_TH}} \text{ 且 } R_{\text{Red}} \geqslant \frac{R_{\text{S1R2}}}{2.0} \quad\quad\cdots\cdots\cdots\cdots\cdots(1)$$

式中：
R_{S1R2} ——中心波长在 2.13 μm 附近卫星通道表观反射率；
$R_{\text{S1R2\_TH}}$ ——R_{S1R2} 对应的阈值；
R_{Red} ——中心波长在 0.65 μm 附近卫星通道表观反射率。
式（1）判识参数的参考阈值见表2。

表 2 霾监测反射率阈值方法参数表

反射率阈值方法	判识参数	参考阈值	阈值范围
式(1)	R_{S1R2_TH}	0.2	0.15～0.25
式(2)	N	8	≥8
	$D_{R_{N1R0}\_TH}$	0.003	0.002～0.004
	R_{S1R1_TH1}	0.022	0.018～0.025
	R_{S1R1_TH2}	0.05	0.045～0.055
	R_{Blue_TH}	0.12	0.11～0.13
	D_{R_{Blue}/R_{S1R1}_TH}	5.0	4.5～5.5
	D_{R_{S1R2}/R_{S1R1}_TH}	0.5	0.45～0.55
注:判识参数的阈值可根据卫星通道特性和监测区域地表特性、季节变化等影响条件的差异调整。			

5.1.3.2.2 水体背景

水体背景上,依据自然色合成图像显现有霾区且满足式(2)判识条件的像元标识为霾,霾分布标识码记为7,见表1。

$$\sqrt{\frac{1}{N}\sum_{i=1}^{N}\left[(R_{N1R0})_i-\overline{R_{N1R0}}\right]^2} \leqslant D_{R_{N1R0}\_TH} \text{ 且 } R_{S1R1\_TH1} < R_{S1R1} < R_{S1R1\_TH2} \text{ 且 } R_{Blue} \geqslant R_{Blue\_TH} \text{ 且}$$

$$\frac{R_{Blue}}{R_{S1R1}} \geqslant D_{R_{Blue}/R_{S1R1}\_TH} \text{ 且 } \frac{R_{S1R2}}{R_{S1R1}} \geqslant D_{R_{S1R2}/R_{S1R1}\_TH} \quad\quad\cdots\cdots\cdots\cdots\cdots(2)$$

式中:

N ——判识子区的像元总数;

i ——判识子区的像元序数,取值为1～N;

R_{N1R0} ——中心波长在0.86 μm附近的卫星通道表观反射率;

$\overline{R_{N1R0}}$ ——判识子区R_{N1R0}的平均值;

$R_{R_{N1R0}\_TH}$ ——判识子区R_{N1R0}标准差的阈值;

R_{S1R1} ——中心波长在1.24 μm附近卫星通道表观反射率;

R_{S1R1_TH1} ——R_{S1R1}对应的低端阈值;

R_{S1R1_TH2} ——R_{S1R1}对应的高端阈值;

R_{Blue} ——中心波长在0.47 μm附近卫星通道表观反射率;

R_{Blue_TH} ——R_{Blue}对应的阈值;

D_{R_{Blue}/R_{S1R1}_TH} ——R_{Blue}和R_{S1R1}比值的阈值;

R_{S1R2} ——中心波长在2.13 μm附近卫星通道表观反射率;

D_{R_{S1R2}/R_{S1R1}_TH} ——R_{S1R2}和R_{S1R1}比值的阈值。

式(2)判识参数的参考阈值见表2。

5.2 霾强度分级与卫星监测标识码

5.2.1 概述

霾强度分级根据卫星AOD数据进一步反演的近地面能见度和细颗粒物(PM$_{2.5}$)数据设定分级阈值完成,见5.2.2;5.2.2霾强度信息和5.1霾分布信息融合形成综合的霾空间特征信息,见5.2.3。

5.2.2 分级方法

根据近地面能见度或近地面细颗粒物（PM$_{2.5}$）质量浓度阈值将霾的强度分为五级（或六级），霾强度分级判识参数及对应卫星监测标识码详见表3。

表3 霾强度分级判识参数阈值及对应卫星监测标识码

霾强度分级判识参数1阈值	霾强度分级判识参数2阈值	霾强度等级	霾的卫星监测标识码	
卫星遥感能见度 V km	卫星遥感 PM$_{2.5}$ 质量浓度 M $\mu g/m^3$	（在相对湿度小于80%条件下）	霾强度标识码	标识说明
−999（无效值）	−999（无效值）	/	0	无霾或霾不可辨
$V \geqslant 10.0$	$0 < M \leqslant 35$	无霾	1	无霾，大气透明度好
$5.0 \leqslant V < 10.0$	$35 < M \leqslant 75$	轻微	2	轻微霾
$3.0 \leqslant V < 5.0$	$75 < M \leqslant 115$	轻度	3	轻度霾
$2.0 \leqslant V < 3.0$	$115 < M \leqslant 150$	中度	4	中度霾
$V < 2.0$	$150 < M \leqslant 250$	重度	5	重度霾
/	$M > 250$	严重	6	严重霾

注：霾的强度分级判识参数1"卫星遥感能见度 V"指标依据 QX/T 113—2010；判识参数2"卫星遥感 PM$_{2.5}$ 质量浓度 M"指标依据 HJ 633—2012。上述两参数可任选其一应用。

5.2.3 卫星监测标识码

根据霾分布标识码（二值）数据和霾强度标识码（五级或六级码）数据合成霾的卫星监测标识码（七类码）数据，数据融合流程图见附录D的图D.1，卫星监测标识码及对应图像配色方案见附录D的表D.1。

5.3 霾中气溶胶类型分析

5.3.1 概述

采用卫星产品气溶胶光学厚度（AOD）和气溶胶粒子尺度指数（AE）、吸收性气溶胶指数（AAI）数据分析形成霾的气溶胶类型，火点数据辅助判识生物质燃烧造成的烟尘型气溶胶。

5.3.2 分类方法

5.3.2.1 满足式（3）条件判识为形成霾的主要气溶胶成分是含碳类吸收性气溶胶；若霾区周边有火点存在，则明确为生物质燃烧烟尘型气溶胶。式（3）判识参数阈值参考表4设定。

$$\tau_{0.55} \geqslant \tau_{0.55\_TH} \text{ 且 } E_{(\lambda_1\_\lambda_2)} > E_{(\lambda_1\_\lambda_2)\_TH} \text{ 且 } I_{(\lambda_3\_\lambda_4)} > I_{(\lambda_3\_\lambda_4)\_TH} \quad\cdots\cdots\cdots\cdots\cdots\text{(3)}$$

式中：

$\tau_{0.55}$ ——卫星反演的 0.55 μm 波长 AOD；

$\tau_{0.55\_TH}$ ——$\tau_{0.55}$ 对应的阈值；

$E_{(\lambda_1\_\lambda_2)}$ ——根据 λ_1 波长和 λ_2 波长通道卫星观测值计算的 AE，λ_1 和 λ_2 常用波长组合有陆上 0.47 μm /0.65 μm，海上 0.44 μm/0.86 μm；

QX/T 412—2017

$E_{(\lambda_1\_\lambda_2)\_TH}$——$E_{(\lambda_1\_\lambda_2)}$对应的阈值；

$I_{(\lambda_3\_\lambda_4)}$——根据$\lambda_3$波长和$\lambda_4$波长通道卫星观测值计算的 AAI，$\lambda_3$和$\lambda_4$常用波长组合有
0.34 μm/0.38 μm，0.335 μm/0.38 μm，0.331 μm/0.36 μm；

$I_{(\lambda_3\_\lambda_4)\_TH}$——$I_{(\lambda_3\_\lambda_4)}$对应的阈值。

5.3.2.2 满足式(4)条件判识为霾的主要气溶胶成分是无主控气溶胶成分的混合型气溶胶。式(4)符号同式(3)，判识参数阈值可参考表4设定。

$$\tau_{0.55} \geqslant \tau_{0.55\_TH} \text{ 且 } E_{(\lambda_1\_\lambda_2)} > E_{(\lambda_1\_\lambda_2)\_TH} \text{ 且 } I_{(\lambda_3\_\lambda_4)} \leqslant I_{(\lambda_3\_\lambda_4)\_TH} \quad\quad\quad\cdots\cdots\cdots\cdots(4)$$

表4 形成霾的气溶胶类型分析方法判识参数表

判识参数	参考阈值	阈值范围
$\tau_{0.55\_TH}$	0.4	0.3～0.4
$\tau_{(\lambda_1\_\lambda_2)\_TH}$	0.8	0.6～0.8
$I_{(\lambda_3\_\lambda_4)\_TH}$	4.0	3.0～4.0

注1：λ_1和λ_2波长组合陆上取 0.47 μm/0.65 μm，海上取 0.44 μm/0.86 μm；λ_3和λ_4组合取 0.331 μm/0.36 μm。

注2：阈值可根据卫星通道特性和监测区域地表特性、季节变化等影响条件的差异调整。

5.4 霾区面积估算

5.4.1 霾区总面积估算

根据霾的卫星监测标识码文件信息统计标识码标记为2～6的霾像元个数，按照附录 E 的式(E.1)～(E.3)计算等经纬度投影单像元面积，依据式(5)估算出霾区覆盖总面积。

$$S_{haze} = \sum_{i=1}^{n}\Delta S_i \quad\quad\quad\cdots\cdots\cdots\cdots(5)$$

式中：

S_{haze}——霾区分布面积；

ΔS_i——单像元面积；

i ——霾区内像元序号；

n ——霾区的像元总数。

5.4.2 霾区面积分类估算

5.4.2.1 分省霾区面积统计

按照5.4.1内容，根据行政区划地理信息和霾的卫星监测标识码数据，统计出特定省份范围内的霾像元，并估算其霾区面积。

5.4.2.2 分强度级别霾区面积统计

按照5.4.1内容，根据霾的卫星监测标识码数据，统计指定强度级别的霾像元，并估算其霾区面积。

5.4.2.3 分类标准霾区面积统计

根据需要设定分类标准，按照5.4.1节内容估算指定分类标准的霾区面积。

6 监测服务产品制作

6.1 概述

霾监测具体内容和适用方法需依据可获取数据源参数的种类确定,并据此建立监测服务产品制作流程。依据风云卫星数据产品建立的霾监测服务产品制作流程见6.2,流程图参见附录F的图F.1。

6.2 监测服务产品制作流程

6.2.1 数据预处理

实现3.3中霾监测数据预处理内容。

6.2.2 监测内容信息提取

提取步骤为:
- a) 依据5.1.2和5.1.3的方法人机交互分析,在监测区域内实现逐像元的霾判识和分布标识码标记,建立霾分布标识码文件;
- b) 依据5.2.2的方法,在监测区域内完成逐像元霾强度判识和强度标识码标记,建立霾强度分布标识码文件;
- c) 依据5.2.3的方法,合成霾分布标识码文件和霾强度分布标识码文件,建立卫星遥感霾监测标识码文件;
- d) 依据5.3的方法分析霾中气溶胶类型信息;
- e) 依据5.4的方法计算霾区覆盖面积。

6.2.3 专题图制作

在自然色合成图像上叠加霾监测相关信息形成专题图。可依据卫星遥感霾监测标识码文件,采用表D.1的配色方案,显示霾区分布和强度信息;还可以叠加卫星监测火点信息、地基能见度或细颗粒物（PM$_{2.5}$）质量浓度信息。

6.2.4 监测报告编制

说明卫星遥感霾监测信息,包括卫星观测时间、霾区位置、范围、强度和面积估算、引起霾的气溶胶类型,并附加对应卫星遥感霾监测专题图。

附 录 A

（规范性附录）

气溶胶参数计算公式

A.1 吸收性气溶胶指数 AAI

在紫外波段,选择两个波长辐亮度观测值,依据式(A.1)计算吸收性气溶胶指数参数。

$$AAI = -100 \left[\ln\left(\frac{I_{\lambda_1}^{Meas}}{I_{\lambda_2}^{Meas}}\right) - \ln\left(\frac{I_{\lambda_1}^{Calc}}{I_{\lambda_2}^{Calc}}\right) \right] \quad \cdots\cdots\cdots\cdots\cdots (A.1)$$

式中:

AAI ——吸收性气溶胶指数;

$I_{\lambda_1}^{Meas}$ ——给定较短波长 λ_1 处真实大气在大气层顶的后向散射辐亮度测量值;

$I_{\lambda_2}^{Meas}$ ——给定较长波长 λ_2 处真实大气在大气层顶的后向散射辐亮度测量值;

$I_{\lambda_1}^{Calc}$ ——给定较短波长 λ_1 处假设没有气溶胶存在的大气在大气层顶的后向散射辐亮度模拟计算值;

$I_{\lambda_2}^{Calc}$ ——给定较长波长 λ_2 处假设没有气溶胶存在的大气在大气层顶的后向散射辐亮度模拟计算值。

A.2 气溶胶粒子尺度参数 AE

在紫外、可见光至近红外波段,选择两个波长气溶胶光学厚度测值依据式(A.2)计算气溶胶粒子尺度参数。

$$\alpha = -\frac{\ln(\tau_1/\tau_2)}{\ln(\lambda_1/\lambda_2)} \quad \cdots\cdots\cdots\cdots\cdots (A.2)$$

式中:

α ——昂斯特伦指数,也称为 Angström 指数,AE;

λ_1 ——波长 1;

λ_2 ——波长 2,与 λ_1 间隔一般宜大于 0.2 μm;

τ_1 —— λ_1 波长处气溶胶光学厚度;

τ_2 —— λ_2 波长处气溶胶光学厚度。

附　录　B
（资料性附录）
霾监测选用的卫星产品参数

B.1　霾监测常用星载仪器的L1级产品参数信息

表B.1给出了霾监测常用星载仪器的L1级产品重点参数信息。

表B.1　霾监测常用星载仪器的L1级产品重点参数信息

卫星/仪器	中心波长 μm	光谱带宽 nm	波段	星下点空间分辨率 m
FY-3A、B、C/MERSI-1 FY-3D/MERSI-2	0.470	50	可见光,蓝(Visible, Blue)	250
	0.550	50	可见光,绿(Visible,Green)	250
	0.650	50	可见光,红(Visible,Red)	250
	0.865	50	近红外(Near infrared)	250
	1.24 或 1.03	20	短波红外(Short infrared)	1000
	2.13	50	短波红外(Short infrared)	1000
EOS-TERRA/MODIS EOS-AQUA/MODIS	0.645	50	可见光,红(Visible,Red)	250
	0.858	35	近红外(Near infrared)	250
	0.469	20	可见光,蓝(Visible, Blue)	500
	0.555	20	可见光,绿(Visible,Green)	500
	1.24	20	短波红外(Short infrared)	500
	2.13	50	短波红外(Short infrared)	500
Suomi-Npp/VIIRS	0.488	20	可见光,蓝(Visible,Blue)	750
	0.555	20	可见光,绿(Visible,Green)	750
	0.672	20	可见光,红(Visible, Red)	750
	0.865	39	近红外(Near infrared)	750
	1.24	20	短波红外(Short infrared)	750
	2.25	50	短波红外(Short infrared)	750
FY-4A/AGRI	0.470	40	可见光,蓝(Visible, Blue)	1000
	0.650	200	绿-红-近红外(Visible-Near infrared)	500~1000
	0.825	150	近红外(Near infrared)	1000
	2.25	250	短波红外(Short infrared)	2000~4000
Himawari/AHI	0.455	50	可见光,蓝(Visible, Blue)	1000
	0.510	20	可见光,绿(Visible,Green)	1000
	0.645	30	可见光,红(Visible,Red)	500

表 B.1 霾监测常用星载仪器的 L1 级产品重点参数信息(续)

卫星/仪器	中心波长 μm	光谱带宽 nm	波段	星下点空间分辨率 m
Himawari/AHI	0.860	20	近红外(Near infrared)	1000
	2.26	20	短波红外(Short infrared)	2000
HJ-1A、B/WVC (WIDE View CCD Cameras)	0.475	90	可见光,蓝(Visible, Blue)	30
	0.560	80	可见光,绿(Visible, Green)	30
	0.660	60	可见光,红(Visible, Red)	30
	0.830	140	近红外(Near infrared)	30
注:卫星及星载仪器完整信息参见世界气象组织 WMO 发布信息,网址 http://www.wmo-sat.info/oscar/space-capabilities。				

B.2 霾监测常用星载仪器的 L2、L3 级产品参数信息

表 B.2 给出了霾监测常用星载仪器的 L2、L3 级重点产品参数信息。

表 B.2 霾监测常用星载仪器的 L2、L3 级重点产品参数信息

星载仪器	产品	物理参数	时间分辨率	空间分辨率	备注
FY-3A、B、C / MERSI-1 FY-3D /MERSI-2	陆上气溶胶产品 ASL 和海上气溶胶产品 ASO(L2)	AOD	1 次/日	1 km	www.nsmc.org.cn 发布产品
		AE			
	全球火点监测产品 GFR(L2)	火点	1 次/日	1 km	
	植被指数产品 NVI(L3)	归一化植被指数 NDVI	1 次/旬	0.05°	
FY-3A、B、C/VIRR	全球火点监测产品 GFR(L2)	火点	1 次/日	1 km	
EOS-TERRA/MODIS EOS-AQUA/MODIS	MOD04(L2) MYD04(L2)	AOD	1 次/日	3 km 或 10 km	ladsweb. modaps. eosdis. nasa. gov 发布产品
		AE		3 km 或 10 km	
	MOD14(L2) MYD14(L2)	温度异常点/火点	1 次/日	1 km	
	MOD12(L3) MYD12(L3)	土地覆盖类型 Land Cover	96 天	1 km	
	MOD13(L2) MYD13(L2)	植被指数 NDVI/EVI	1 次/日	250 m	

表 B.2 霾监测常用星载仪器的 L2、L3 级重点产品参数信息(续)

星载仪器	产品	物理参数	时间分辨率	空间分辨率	备注
TRANSAT/CAPI	气溶胶参数产品(L2)	AOD;Aerosol column burden	1次/日	10 km	www.nsmc.org.cn 存档产品
FY-4/AGRI	气溶胶参数产品(L2)	AOD	1次/时	4 km	www.nsmc.org.cn 发布产品
Himawari/AHI	气溶胶产品(L2)	AOD	1次/时	2 km	可开发业务产品
		AE		2 km	
Suomi-Npp/VIIRS	气溶胶产品 VIIRSAOT (L2)	AOD	1次/日	0.25°×0.25° 750 m 或 6 km	ladsweb.modaps. eosdis.nasa.gov 发布产品
	火点 VIIRSAF (L2)	火点 AF (Active Fire)	1次/日		www.eumetsat.int 发布产品
EOS-OMI/AURA	吸收性气溶胶指数产品(L3)	AAI	1次/日	0.25°×0.25°	www.temis.nl 发布产品
FY-3A、B/TOU	吸收性气溶胶指数产品 AAI(L3)	AAI	1次/日	0.5°×0.5°	NSMC 实验业务产品
Metop/GOME-2	吸收性气溶胶指数产品 (L2、L3)	AAI	1次/日	80 km×40 km	www.eumetsat.int 发布产品
Metop/AVHRR/3	火点(L2)	火点	1次/日	1 km	可开发业务产品
NOAA/AVHRR	火点(L2)	火点	1次/日	1 km	可开发业务产品

注:上述国内外卫星遥感产品数据可取自官方网站发布产品,也可依据 L1B 数据开发 L2 级产品。业务数据获取关注国家卫星气象中心数据服务网(www.nsmc.org.cn)发布产品和推荐数据发布网址(ladsweb.modaps.eosdis.nasa.gov,www.temis.nl,www.eumetsat.int,earth.esa.int 等),以及风云卫星数据直收站等业务数据获取方式。

附　录　C

（规范性附录）

利用卫星 AOD 产品反演能见度和细颗粒物（PM$_{2.5}$）质量浓度方法

C.1　卫星 AOD 产品质量检验及质量控制

C.1.1　质量检验

选择卫星气溶胶产品中气溶胶光学厚度参数，以地基观测同类数据为检验源数据，进行数据对比分析以及误差统计量评估。卫星 AOD 产品质量检验适宜选用地基 CE318 太阳光度计或同类地基太阳光度计遥感反演的 AOD 数据作为检验源数据，地基数据质量参考 AERONET 气溶胶监测网产品。检验数据集匹配规则为：空间匹配，卫星数据取地基站点 25 km 半径空间区域内的卫星数据有效像元平均值；时间匹配，匹配的地基检验源数据取卫星过境时间前后半小时的地基观测有效数据平均值。霾天气监测选用的卫星 AOD 产品，应满足表 C.1 中所列质量检验指标要求。

表 C.1　卫星 AOD 产品质量检验指标要求

质量评价参数	质量评价要求
均方根误差 RMSE	小于 0.25
线性相关系数 corr	相关系数大于 70％，corr 和 N 匹配的相关显著性超过 95％

C.1.2　质量控制

通过产品质量检验的卫星 AOD 产品，应用中针对 AOD 数据完成以下质量控制：

a)　AOD 数据剔除大于 4.0 的异常值像元，作为无效值处理；

b)　针对 AOD 有效值像元，逐像元以其周边 8×8 像元为统计计算区，AOD 像元值与统计区均值的偏差大于 2 倍标准差的像元作为无效值处理。

C.2　近地面消光系数计算

C.2.1　气溶胶层高度 ALH 计算

C.2.1.1　依据激光雷达观测的气溶胶消光系数廓线计算大气气溶胶层高度 ALH

获取地面站网激光雷达观测的气溶胶消光系数廓线，根据定义逐站计算 ALH 的值 H_g。由离散站点 ALH 数据 H_g 插值为与卫星数据匹配的格点化 ALH 数据 $H_s(x, y)$，插值方法可取克里金插值。

C.2.1.2　依据地面观测站网能见度仪观测的地面消光系数和卫星观测 AOD 计算大气气溶胶层高度 ALH

获取地面站网能见度仪观测的地面气溶胶消光系数，匹配卫星反演 AOD，时间窗口为 1.5 h，空间窗口为 0.05°，依据式（C.1）计算气溶胶层高度。利用这些离散站点的 ALH 数据 H_{g1} 插值为与卫星匹配的格点化的 ALH 数据 $H_{s1}(x, y)$。

$$H_{g1} = \frac{\tau_{s-g}}{\beta_g} \qquad\qquad\qquad (C.1)$$

式中：

H_{g1} ——大气气溶胶层高度（ALH）数据；

τ_{s-g} ——卫星遥感反演的大气气溶胶光学厚度匹配至站点位置数据；

β_g ——地面站点观测的地面气溶胶消光系数。

C.2.1.3 依据地面观测站网能见度数据和卫星观测 AOD 计算大气气溶胶层高度 ALH

获取地面站点观测的能见度，匹配卫星观测 AOD，时间窗口为 1.5 h，空间窗口为 0.05°，依据式（C.2）计算 ALH。利用这些离散站点的 ALH 数据 H_{g2} 插值为与卫星数据匹配的格点化的 ALH 数据 $H_{s2}(x,y)$。

$$H_{g2} = \frac{V_g \times \tau_{s-g}}{3.912}$$ ················（C.2）

式中：

H_{g2} ——依据地面站点数据计算的大气气溶胶层高度数据；

V_g ——地面站点观测的能见度；

τ_{s-g} ——卫星遥感反演的大气气溶胶光学厚度匹配至站点位置数据。

C.2.1.4 依据多源数据计算 ALH

参考文献[13]的计算方法，采用激光雷达，气象模式产品，模式再分析数据中气温、相对湿度、风向和风速等气象参数建立计算 ALH 数据 H_{g3} 的决策树算法，建立与卫星数据匹配的格点化的 ALH 数据 $H_{s3}(x,y)$。

C.2.2 近地面消光系数格点化数据计算

依据式（C.3），用卫星 AOD 的格点数据除以 ALH 的格点化数据，获得地面消光系数的格点数据。

$$\beta_{Ls} = \frac{\tau_s}{H_g}$$ ················（C.3）

式中：

β_{Ls} ——地面气溶胶消光系数格点数据；

τ_s ——卫星遥感反演的大气气溶胶光学厚度格点数据；

H_g ——根据地面站网观测数据推演的大气气溶胶层高度格点化数据，如式（C.1）和式（C.2）中的 H_{g1} 和 H_{g2}。

C.3 能见度格点数据估算

根据式（C.4）估算地面能见度格点数据。

$$V_{Ls} = \frac{3.912 \times H_s}{\tau_s}$$ ················（C.4）

式中：

V_{Ls} ——推演的近地面能见度格点数据；

H_s ——推演的大气气溶胶层高度格点化数据；

τ_s ——卫星遥感反演的大气气溶胶光学厚度格点数据。

C.4 近地面细颗粒物(PM$_{2.5}$)质量浓度格点数据反演

C.4.1 逐步订正方法(区域,推荐应用)

C.4.1.1 近地面消光系数计算细颗粒物(PM$_{2.5}$)质量浓度

由近地面消光系数计算细颗粒物(PM$_{2.5}$)质量浓度的统计计算步骤如下:

a) 依据 C.2 内容选择能见度数据计算地面消光系数 β_g,匹配典型站点细颗粒物(PM$_{2.5}$)质量浓度观测和相对湿度观测数据,建立统计回归样本库($M_{g-PM_{2.5}}$,β_g,f_g),时间窗口为 1.5 h,空间窗口为 0.05°。

b) 依据样本库数据和式(C.5),设定基准相对湿度 f_{g0},获取统计回归系数 a、b 值。

$$M_{g-PM_{2.5}} = \frac{\beta_g}{G} = \frac{\beta_g}{\alpha \times \left(\frac{1-f_g}{1-f_0}\right)^{-b}} \quad\cdots\cdots\cdots\cdots\cdots\text{(C.5)}$$

式中:

$M_{g-PM_{2.5}}$ ——地基观测站观测的细颗粒物(PM$_{2.5}$)质量浓度;

β_g ——地面能见度推算的地面消光系数 β_g;

G ——由近地面消光系数计算细颗粒物(PM$_{2.5}$)质量浓度所需转换函数 $G = \alpha \times \left(\frac{1-f_g}{1-f_0}\right)^{-b}$;

f_g ——近地面站点观测相对湿度(湿);

f_0 ——近地面相对湿度基准值(干),例如京津冀地区 f_0 取 0.4;

α ——统计回归系数,例如京津冀地区 $a=3.76$;

b ——统计回归系数,例如京津冀地区 $b=0.38$。

注:

$$G = \left(\frac{1}{F}\right) \times M_{EE} \times \frac{\beta}{\beta_0} = \left(\frac{M_{EE}}{F}\right) \times \left(\frac{1-f_g}{1-f_0}\right)^{-b} = \alpha \times \left(\frac{1-f_g}{1-f_0}\right)^{-b} \quad\cdots\cdots\cdots\cdots\text{(C.6)}$$

式中:

M_{EE} ——干气溶胶粒子的质量消光效率,$M_{EE} = \frac{3\overline{Q_{ext}}}{4r_{eff}\rho}$,$\overline{Q_{ext}}$ 为粒子的消光效率,r_{eff} 为有效半径,ρ 为气溶胶的质量密度;

F ——细粒子比,$G = \left(\frac{M_{PM_{2.5}}}{M_{PM_{10}}}\right)$,$M_{PM_{2.5}}$ 和 $M_{PM_{10}}$ 为细颗粒物(PM$_{2.5}$)和可吸入颗粒物(PM$_{10}$)质量浓度;

β ——较高相对湿度 f_g 下的消光系数(湿);

β_0 ——较低相对湿度 f_0 下的消光系数(干);

f_g ——较高相对湿度;

f_0 ——较低相对湿度,f_0 取 0.4。

C.4.1.2 细颗粒物(PM$_{2.5}$)质量浓度格点数据计算

细颗粒物(PM$_{2.5}$)质量浓度格点数据计算步骤如下:

a) 根据 C.2 近地面消光系数计算方法,获取近地面消光系数格点数据 β_{Ls}。

b) 依据式(C.7)计算转换函数 G 的格点化空间分布数据 G_{Ls}。

$$G_{Ls} = \alpha \times \left(\frac{1-f_{gs}}{1-f_0}\right)^{-b} \quad\cdots\cdots\cdots\cdots\cdots\text{(C.7)}$$

式中:

G_{Ls} ——由近地面消光系数计算细颗粒物(PM$_{2.5}$)质量浓度的格点化转换函数空间分布;

f_{gs} ——依据地基站网观测的相对湿度 f_g 建立的相对湿度格点化数据 f_{gs}（湿）；

f_0 ——近地面相对湿度基准值（干），如京津冀取 0.4；

a、b —— C.4.1.1 离线计算的统计系数。

c) 依据式（C.8）近实时计算细颗粒物（PM$_{2.5}$）质量浓度格点数据 $M_{Ls-PM_{2.5}}$。

$$M_{Ls-PM_{2.5}} = \frac{\beta_{Ls}}{G_{Ls}} \qquad \cdots\cdots\cdots\cdots\cdots (C.8)$$

式中：

$M_{Ls-PM_{2.5}}$ ——依据卫星观测数据计算的格点化的细颗粒物（PM$_{2.5}$）质量浓度数据；

β_{Ls} ——近地面消光系数格点化数据；

G_{Ls} ——由近地面消光系数计算细颗粒物（PM$_{2.5}$）质量浓度的格点化转换函数空间分布。

C.4.2 完全统计反演方法（区域）

利用典型站点细颗粒物（PM$_{2.5}$）质量浓度观测，建立卫星观测 AOD 与细颗粒物（PM$_{2.5}$）质量浓度之间的多元线性回归拟合关系，将温度、风速、行星边界层高度、相对湿度等气象参数全部作为拟合因子，利用交叉验证方法优化系数，从而获得卫星数据反演的近地面细颗粒物（PM$_{2.5}$）质量浓度数据，见式（C.9）；通过插值实现格点化数据分布。

$$M_{Ls-PM_{2.5}} = B + A_1 \times \tau_s + A_2 \times T + A_3 \times q + A_4 \times H + A_5 \times v + \cdots \qquad \cdots\cdots\cdots (C.9)$$

式中：

$M_{Ls-PM_{2.5}}$ ——依据卫星观测数据计算的格点化的细颗粒物（PM$_{2.5}$）质量浓度；

τ_s ——卫星观测到的 AOD；

T ——近地面温度；

q ——相对湿度；

H ——边界层高度；

v ——近地面风速；

$B, A_1, A_2, A_3, A_4, A_5$ ——统计回归系数。

C.4.3 模式反演方法（全球或区域）

基于气象场和排放清单驱动的三维大气化学传输模式可同时获得地面细颗粒物（PM$_{2.5}$）质量浓度和 AOD，同时卫星观测可反演得到 AOD，基于上述三个参数即可获得卫星反演的地面细颗粒物（PM$_{2.5}$）浓度，其计算公式见式（C.10）。

$$M_{Ls-PM_{2.5}} = \frac{M_{Lm-PM_{2.5}}}{\tau_m} \times \tau_s \qquad \cdots\cdots\cdots\cdots (C.10)$$

式中：

$M_{Ls-PM_{2.5}}$ ——依据卫星观测数据计算的格点化的细颗粒物（PM$_{2.5}$）质量浓度；

$M_{Lm-PM_{2.5}}$ ——模式数据计算的细颗粒物（PM$_{2.5}$）质量浓度；

τ_m ——模式计算的 AOD；

τ_s ——卫星观测到的 AOD。

注：能见度和细颗粒物（PM$_{2.5}$）格点化的空间分布数据计算方法在研究中不断发展，采用卫星气溶胶观测数据提高空间分布合理性和准确性是算法共同特点，业务应用可以据需要选择适用方法。

C.5 卫星数据反演的能见度和细颗粒物（PM$_{2.5}$）质量浓度检验

采用地基观测的能见度和细颗粒物（PM$_{2.5}$）质量浓度作为检验源数据，用于检验利用卫星 AOD 数据反演的能见度和细颗粒物(PM$_{2.5}$)质量浓度。检验方法和质量评价参数见 C.1.1,质量评价参数的评价要求根据应用目标要求确定。相关系数 R 不宜小于 70%;能见度 RMSE 不宜大于 1 km;细颗粒物(PM$_{2.5}$)质量浓度 RMSE 不宜大于 30 $\mu g/m^3$。

附　录　D
（规范性附录）
霾的卫星监测标识码

D.1　霾的卫星监测标识码数据融合流程

融合表 1 方法提取的霾分布标识码和表 3 方法提取的霾强度标识码形成霾的卫星监测标识码数据，数据融合方案和处理流程见图 D.1。

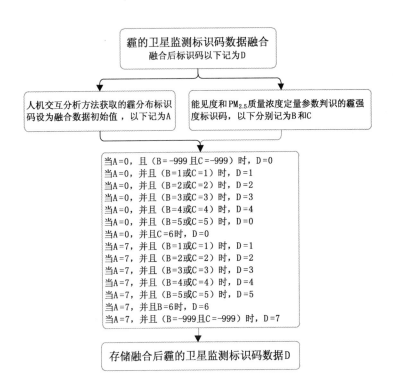

图 D.1　霾的卫星监测标识码数据融合流程

D.2　霾的卫星监测标识码图像配色方案

霾的卫星监测标识码图像配色方案如表 D.1 所示。

表 D.1 霾的卫星监测标识码图像配色方案

霾的卫星监测标识码	图像配色	R	G	B	C	M	Y	K	标识说明
0	白	255	255	255	0	0	0	0	无霾或霾不可辨,强度未辨
1	绿	0	228	0	40	0	100	0	无霾,大气透明度好
2	黄	255	255	0	0	0	100	0	轻微霾
3	橙	255	126	0	0	52	100	0	轻度霾
4	红	255	0	0	0	100	100	0	中度霾
5	紫	153	0	76	10	100	40	30	重度霾
6	褐红	126	0	35	30	100	100	30	严重霾
7	浅黄	255	255	200	6	1	30	0	有霾,强度未辨
注:霾的卫星监测标识码 1～6 的图像配色引用 HJ 633—2012 表 A.1;其他,0 为白色;7 为浅黄色;RGB 为电脑屏幕显示色彩,CMYK 为印刷色彩模式。									

附　录　E
（规范性附录）
像元面积计算公式

等经纬度投影的像元面积计算公式如下：

$$L_{\text{long}} = R_{\text{long}} \times \left(\frac{2\pi ac}{360} \sqrt{\frac{1}{c^2 + a^2 \times \tan^2\phi}} \right) \qquad \cdots\cdots\cdots\cdots\cdots (\text{E.1})$$

$$L_{\text{lat}} = R_{\text{lat}} \times d \qquad \cdots\cdots\cdots\cdots\cdots (\text{E.2})$$

$$S = L_{\text{long}} \times L_{\text{lat}} \qquad \cdots\cdots\cdots\cdots\cdots (\text{E.3})$$

式中：

L_{long}——经度方向的长度，单位为千米（km）；

L_{lat} ——纬度方向的长度，单位为千米（km）；

R_{long}——经度方向图像分辨率，单位为度（°）；

R_{lat} ——纬度方向图像分辨率，单位为度（°）；

ϕ ——像元所在纬度，单位为弧度；

S ——像元面积，单位为平方千米（km²）；

a ——6378.164，单位为千米（km）；

c ——6356.779，单位为千米（km）；

d ——111.13，单位为千米每度（km/（°））。

附　录　F

（资料性附录）

卫星遥感霾监测产品处理流程

卫星遥感霾监测产品处理流程见图F.1,包括霾监测数据预处理、霾监测内容的信息提取、霾监测专题图制作、霾监测报告编制。

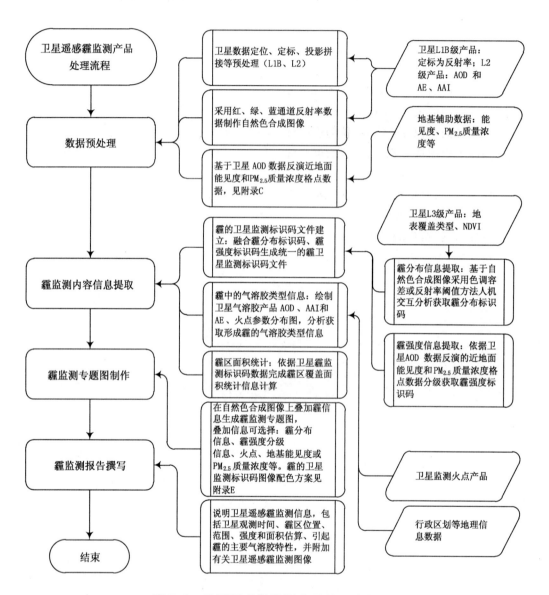

图 F.1　卫星遥感霾监测产品处理流程图

参 考 文 献

[1]　GB 3095—2012　环境空气质量标准

[2]　GB/T 31159—2014　大气气溶胶观测术语

[3]　HJ 633—2012　环境空气质量指数(AQI)技术规定(试行)

[4]　QX/T 47—2007　地面气象观测规范　第3部分:气象能见度观测

[5]　QX/T 50—2007　地面气象观测规范　第6部分:空气温度和湿度观测

[6]　QX/T 113—2010　霾的观测和预报等级

[7]　QX/T 127—2011　气象卫星定量产品质量评价指标和评估报告要求

[8]　QX/T 158—2012　气象卫星数据分级

[9]　QX/T 267—2015　卫星遥感雾监测产品制作技术导则

[10]　QX/T 306—2015　大气气溶胶散射系数观测　积分浊度法

[11]　QX/T 327—2016　气象卫星数据分类与编码规范

[12]　QX/T 344.1—2016　卫星遥感火情监测方法　第1部分:总则

[13]　He Qianshan, Li Chengcai, Geng Fuhai, et al. A parameterization scheme of aerosol vertical distribution for surface-level visibility retrieval from satellite remote sensing[J]. Remote Sensing of Environment, 2016, 181:1-13

[14]　Steve Ackerman, Richard Frey, Kathleen Strabala, et al. Discriminating clear-sky from cloud with MODIS algorithm theoretical basis document (MOD35)MODIS Cloud[C]. Version 6.1 October 2010. Cooperative Institute for Meteorological Satellite Studies, University of Wisconsin-Madison

图 B.1 雷电黄色预警信号图标

图 B.2 雷电橙色预警信号图标

图 B.3 雷电红色预警信号图标

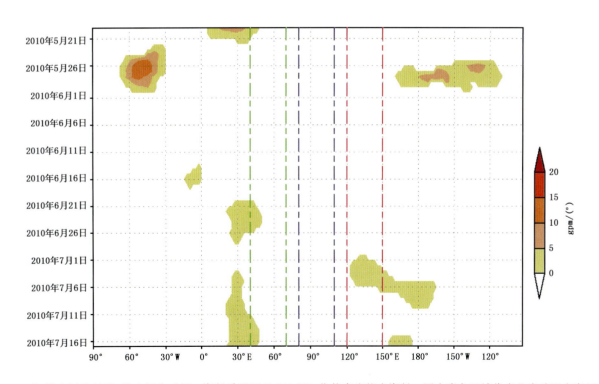

注:横坐标为经度,纵坐标为时间。资料采用逐日 500 hPa 位势高度格点资料。图中彩色区域代表北半球阻塞高压
（用南侧 500 hPa 高度梯度值表示）,颜色深浅表示阻塞强度大小。

图 A.1 北半球阻塞高压逐日监测图

表 1　海冰分布赋色表

专题信息	R	G	B	示例
海冰	83	252	252	
海水	160	190	228	
海雾	200	188	150	
云区	255	255	255	
积雪	204	236	255	
陆地	191	191	191	

注 1:红(R)、绿(G)、蓝(B)3 种基色取值范围从 0(黑色)到 255(白色),下文同上。

注 2:RGB 是日常工作中电脑显示的色值体系,CMYK 是印刷的色值体系,两者在色彩的显示上是有区别的,这里印刷的示例颜色只是参考色彩,在实际工作中应以表中的 RGB 色值为准。

表 2　海冰覆盖度赋色表

海冰覆盖度 %	R	G	B	示例
(0,30]	175	219	214	
(30,60]	42	185	204	
(60,100]	83	252	252	

注:用户可根据需求,海冰覆盖度取整或保留小数。

表 3　海冰厚度赋色表

海冰厚度 cm	R	G	B	示例
(0,5]	115	199	179	
(5,10]	54	175	218	
(10,20]	58	112	172	
(20,∞)	110	104	184	

表 4　海冰冰缘线赋色表

海冰冰缘线	R	G	B	示例
冰缘线	0	0	192	

表 5 海冰等温线赋色表

海冰等温线 ℃	R	G	B	示例
2	255	255	0	
0	207	214	62	
−2	154	182	90	
−4	63	188	46	
−6	98	178	94	
−8	68	135	196	
−10	131	133	207	
−12	121	73	191	

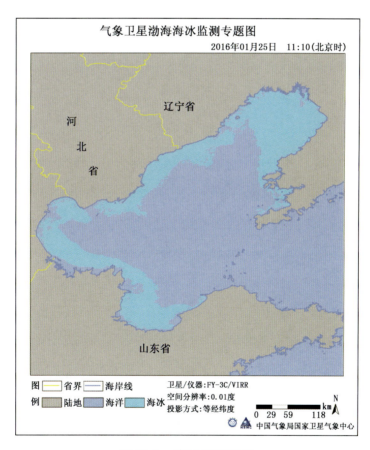

图 K.1 海冰监测图像